制药工业
三废处理技术

第二版

王效山　夏伦祝　主编

化学工业出版社

·北京·

本书在第一版的基础上，在简述制药工业三废的定义、分类、来源与特性，制药工业三废的组成，制药工业三废对环境的污染，中国环境污染防治法规体系和立法状况等内容的基础上，详细介绍了制药工业废水、废气、废渣的处理技术，并结合制药工业三废综合处理，以工程实例形式说明了制药工业三废的综合处理技术、方法和控制工艺流程。

本书可供从事制药、化工、环境保护管理等工作的相关人员参考，也可供大专院校药学、制药工程、环境科学等相关专业的师生使用。

图书在版编目（CIP）数据

制药工业三废处理技术/王效山，夏伦祝主编. —2版.
北京：化学工业出版社，2017.12（2024.9重印）
ISBN 978-7-122-30785-9

Ⅰ.①制… Ⅱ.①王…②夏… Ⅲ.①制药工业-废物处理 Ⅳ.①X787

中国版本图书馆 CIP 数据核字（2017）第 253198 号

责任编辑：刘　军　　　　　　　　　　文字编辑：孙凤英
责任校对：王素芹　　　　　　　　　　装帧设计：韩　飞

出版发行：化学工业出版社（北京市东城区青年湖南街 13 号　邮政编码 100011）
印　　装：北京科印技术咨询服务有限公司数码印刷分部
710mm×1000mm　1/16　印张 23　字数 442 千字　　2024 年 9 月北京第 2 版第 2 次印刷

购书咨询：010-64518888　　　　　　　　售后服务：010-64518899
网　　址：http://www.cip.com.cn
凡购买本书，如有缺损质量问题，本社销售中心负责调换。

定　　价：78.00 元

本书编写人员名单

主　　编　王效山　夏伦祝

副 主 编　陈小平　高家荣　吴宗好　刘修树　陈　晨

编写人员（以姓名汉语拼音为序）

陈　晨　陈小平　段贤春　高家荣　高玲莉

韩燕全　李　端　李远文　刘先进　刘修树

汤　青　汪永忠　王　可　王　磊　王效山

吴宗好　夏伦祝　张学才

主　　审　陈卫东

假如还有100年

——再版序

　　《制药工业三废处理技术》是基于药学科学工作者认识到制药工业"三废"对环境、社会和人类的不良影响而给出的基本解决方案。虽然我们一直在寻求更先进、更可靠的办法，但这些比较经典和实用的方案仍具有广泛的技术价值，因此本书再次修订出版。同时，自2010年出版以来已7年，我们赖以生存的这个地球、这个世界有了更为深刻的变化，而且越来越快，越来越复杂而难以捉摸，我认为认清这一基本事实并有所警惕，与本书出版、阅读、应用同样重要。

　　在BBC于2017年6月播出的《探索新地球》的纪录片中，英国著名的物理学家斯蒂芬·霍金（Stephen Haw King，1942年—）讲述了类似于警告的一段话："人类在地球上生活的年限仅剩下100年。在未来的100年内，人类必须离开地球，到外太空寻找可能居住的星球，否则将面临灭亡的命运。"坦白地说，霍金先生是一位早已将自己生命置之度外而又特别关心人类命运的伟大科学家，在他全部的科学论断中无不饱含悲悯生命和激越人生的双重含义。现在地球上的70亿人类大约只有极少数能见证霍金先生这一预言，我肯定是看不到了。我甚至和大多数人一样不能接受、不太相信或者直截了当地说不相信霍金先生的说法，虽然他的《时间简史》是那样的著名和在科学史上有着多次达到的人类智慧顶峰的纪录。但常识仍然告诉我们不能不认真思考该如何面对这珍贵的100年。

　　假如还有100年，动物界将加快早已开始的渐次谢幕或相反？当然，我和你们或许都已见到今年在Commonweal上的一张照片，拍摄于肯尼亚莱基皮亚的珀椰自然保护区，在这个360平方公里大的非营利野生动物自然保护区里生活着人类所能看到的最后三只北部白犀牛，北部白犀牛是白犀牛的一种，已经处于灭绝边缘，非法猎杀是导致濒危的原因。它们分别是雄性苏丹、雌性Najin和Fatu。在理论上，如果苏丹最后无法繁殖子嗣，那么这一物种将先于我们人类从地球上消失。北部白犀牛的平均寿命是40岁，44岁的苏丹早已丧失了生殖繁衍的能力，自然保护区安排了40位持枪武装巡警加以保护，在这一血脉最后的存在未被猎杀前，人类还有希望尝试采用体外授精和干细胞技术拯救这位盟友。猎杀，从根本上说也是一种物竞天择，像人类战争、星球大战一样。可是物竞天择又是人类所定义进化的自然选择，也就是说在本质上是一种进化，可见这一命题本身就十分深奥、充满迷思。如果从纯学术意义上考量，关于废物排放和制药的三废处理在100年内能不能从表象中看到实质，循着全新的学理，去发现新概念和新技术，当是解决这一问题的新视角。

假如还有 100 年，其实早已先于现在，人类已经意识到对资源使用的同时，对环境的破坏无可挽回，只是人类一直缺乏纠错机制。2017 年 4 月 21 日，英国国家电力供应公司证实，这一天英国终于迎来了自工业革命以来第一个全天不使用煤炭发电的日子，称为英国首个"无煤日"。200 年前英国是第一个使用燃煤发电的国家，世界自然基金会（WWF）气候能源部主任 Gareth Reclmond King 形容这个"无煤日"是"通往绿色经济革命的里程碑"。估计 2025 年英国会关闭现在唯一使用煤炭发电的西伯顿 1 号火电站。煤炭发电像制药一样产生废渣、废水、废气。制药工业三废处理就全球来说还没有路线图和时间表，况且环境保护的事态永远处于难能控制的变数之中。美国东部时间 2017 年 6 月 1 日下午，美国总统特朗普在白宫宣布退出《巴黎协定》，协定于 2015 年 12 月正式获得全球 195 个缔约国与欧盟一致通过。这份历史文件设想通过一揽子措施，减少温室气体排放，减缓气候变化对人类发展生存及生物物种存亡所带来不可逆影响。可以说这是迄今拯救人类最为积极的努力。总统先生这一举动，说是为了美国利益，这等于警告人类：命运共同体受制于利益。人类的尊严和人类的文明甚至人类的命运一直受利益纠缠，这是比环境恶化更为糟糕的事情。人类在 100 年内是先找到解决灭顶之灾的办法还是直面利益胁迫而束手无策，上帝也未可知。

假如还有 100 年，我想我们药师是要认错的。我国第一位诺贝尔文学奖得主莫言先生在"东亚文学论坛"上发表《哪些人是有罪的》的学术演讲中说："人类正在疯狂地向地球索取，我们把地球钻得千疮百孔，我们污染了海洋、河流和空气……制造着永难消解的垃圾。与乡下人比起来，城里人是有罪的；与穷人比起来，富人是有罪的……我们要用我们的文学作品告诉那些有一千条裙子、一万双鞋子的女人们，她们是有罪的；我们要用我们的文学作品告诉那些有十几辆豪华轿车的男人们，他们是有罪的……我们要用我们的文学作品告诉人们，维持人类生命最基本的物质是空气、阳光、食物和水，其他都是奢侈品……人类的好日子已经不多了。"当然，这是文学家以文学的教化和修为力量去劝诫或者说去演绎人生的一种可能状态。从这个观点想开去，药学家的作品——药及其"三废"带来的不良后果就不仅仅是认错的事了。我们确实不能完全肯定苯环的六元空间结构就一定是教科书中的那样，甚至关于水的结构仍是国际上没有解决的重大科学研究项目；我们创制的药的治疗作用与毒副作用并存，以至于没有哪种药能够幸免；我们对"三废"处理的技术方法，很难说都很科学，因为每一次的进步都是对曾经的否定，本书的再版就是对第一版的修订。我们争取做好的当下，实际上谁也不知道未来正确与否。

假如还有 100 年，最紧迫的就是我们要在 100 年内努力想出一些解决问题的好办法。前不久，不满 5 岁的小孙子缠着我给他讲一本图文并茂的儿童读物《爷爷一定有办法》的故事：约瑟从小就和爷爷建立了深厚的感情，他相信爷爷一定有办法把旧的变新，把坏的变好。这一流传久远、影响广泛的民间故事曾获加拿大多种文学大奖。我看到的译本是加拿大菲比·吉尔曼（Phoebe Gilman）创作的文图，读后十分感动。在约瑟幼小的时候，爷爷用一块蓝色布料为他缝制一条奇妙的毯子，毯子又舒服又暖和，还可以把梦魇通通赶跑。不过小约瑟渐渐长大了，奇妙的毯子变旧了，也破了。约瑟想：爷爷一定有办法。爷爷说："嗯，这些材料还够……做一件奇妙的外套。"爷爷拿起毯子翻过来又翻过去，拿起剪刀开始咯吱、咯吱地剪，再用针线飞快地缝进缝出……外套伴随着约瑟渐渐长大，也渐渐变得老旧、变小了，约瑟又想："爷爷一定有办法……"就这样，一次又一次，在爷爷手中又出现了背心、领带、手帕和最后的纽扣，每一次都出乎意料但都充满爱心和智慧，每一次约瑟都想到：爷爷一定有办法。但爷爷也渐渐老了，一天缝缀在约瑟吊带西裤的纽扣不见了，怎么也找不着，爷爷很难过。懂事的约瑟为了安慰爷爷，模仿爷爷口吻写下："嗯，这些材料正好……写成一个奇妙的故事。"

童话是深邃的。经过 40 亿年的漫长演变，地球变成了一个物种繁多、资源丰富、人类摇篮的美好星球。然而自人类出现，仅用了 20 万年就使地球发生了翻天覆地的变化。100 年前的 1918 年 11 月 7 日，前清大学者梁济先生问儿子梁漱溟："这个世界会好吗？"三天之后，梁济先生在北京积水潭投水自尽，留万言遗书。100 年后，另一位大学者霍金先生对地球给出了一个无限悲观的判断。两位先生所思考的都涉及人类的生死存亡。2017 年 6 月 27 日，一部筹备 15 年，跨越 50 多个国家，耗时 21 个月完成拍摄的史上投资最大的环保纪录片《Home》在全球 181 个国家同时上映。导演是著名的法国摄影师、生态学家扬·阿尔蒂斯-贝特朗（Yann Arthus-Bertrand），影片以上帝的俯瞰视角向世人展现地球的绝美和日趋危急的现状。《Home》在最后作出这样的呼唤："现在已不再是悲观的时候，让我们立即联手，重要的不是我们失去了什么，而是我们剩下的还有什么。"霍金先生告诉我们：剩下 100 年。或许在这 100 年中，人类能书写一个奇妙的故事呢，我想。

谨为序。

夏　也

2017.8.27

于沤上乱步书房

◆ 前 言 ◆

在第一版前言中表达了编者编写《制药工业三废处理技术》的初衷：为制药工业"三废"对自然环境和人类社会的严重危害表达药学科技工作者的一次集体忏悔行动，同时又是一次试图改变事件进程的自救努力。这是比较深层次的编写本书的指导思想。

在化学工业出版社的全力支持下，于 2010 年出版了《制药工业三废处理技术》第一版，并获 2012 年中国石油和化学工业优秀出版物奖。根据广大读者的需求，编写组在第一版的基础上认真审查全部内容，加强了编写团队，进行了修改和增补，奉献出《制药工业三废处理技术》第二版。

参加编写的作者都具有长期的药学教学和工作背景，都直接或间接致力于环境保护和"三废"治理，但都不能说是这方面的专家，编写这样一部专著的能力有限，再加上科技发展日新月异，第二版的编写就难免存在疏漏或不妥之处，恳请读者和专家批评指正。

全书共分为 5 章，第 1 章绪论，对制药工业三废的定义、分类、来源与特性，制药工业三废的组成，制药工业三废对环境的污染，中国环境污染防治法规体系和立法状况进行了全面的阐述；第 2 章制药工业废水处理，对制药工业废水的分类，发酵及生物工程类制药废水，化学合成类制药废水，提取与中药类制药废水和混装制剂类制药废水的处理概况、特性以及工艺设计进行了系统的介绍；第 3 章制药工业废气治理，论述了制药工业废气的主要处理方法和技术，且对制药工业废气处理的发展趋势进行了简明扼要的分析；第 4 章制药工业废渣处理，介绍了无机物废渣、化学合成药物产生的废渣、发酵生产药物产生的废渣以及中药废渣等的处理技术和方法，并举例分析了废渣的处理过程；第 5 章制药工业三废综合处理，以实例说明制药工业三废的综合处理技术、方法和控制工艺流程。全书由王效山、夏伦祝统稿、修约，由陈卫东教授主审。

在编写过程中得到皖北药业有限责任公司李利副总经理、朱立元总工程师，安徽华康医药公司王显俭总经理，安徽丰原药业有限责任公司盛太奎副总经理，马鞍山丰原药业公司刘永宏总经理，淮南市环境监测站，国药集团国瑞药业公司金仁力总经理、王健副总经理、陈松副总经理，挪威玛特文雅集团（Malthe Winje AS）爱可林环境工程有限公司张群总经理，安徽中医药大学第一附属医院章俊如、周丽、周晶、魏良兵药师，安徽中医药大学科研实验中心周安博士，安徽中医药大学药学院何黎琴教授、胡海霞、黄鹏、李传润等老师的大力支持和帮助，在此表示衷心的感谢。非常感谢化学工业出版社的大力帮助，感谢所有参考书目、论文的作者，感谢安徽省人才开发资金（引进海外留学人才资金）的资助。

编　者
2017 年 8 月 23 日

◆ 第一版前言 ◆

有这样一种判断：进入 21 世纪，人类在回望自身发展的历程时，认识到在创造巨大物质财富和高度社会文明的同时也迎来了有史以来最严峻的资源与环境危机，资源并非取之不竭，环境对污染的承受能力已接近极限。中国是世界上人口最多的国家，同时又是药品生产和消费的大国。制药工业的废水、废气、废渣对环境的影响和污染日益严重，构成了在保护人类健康的同时又危害人类健康的"二律背反"。1955 年 7 月 15 日，量子力学创始人玻恩（Max Born）、海森伯（Werner Karl Heisenberg），裂变的发现者哈恩（Hahn）等 52 位诺贝尔奖获得者发表《迈瑙宣言》："我们，下面的签名者，是不同国家、不同种族和宗教、不同政治见解的自然科学家，只有诺贝尔奖会把我们联系在一起，我们荣幸获得这种奖金，我们愉快地贡献我们的一生为科学服务。我们相信：科学是通向人类幸福生活之路。但是，我们怀着惊恐的心情看到，也正是这个科学给人类提供了自杀的手段。"著名科学家阿尔伯特·爱因斯坦（Albert Einstein）在给 5000 年以后的子孙们的信中不无忧郁地告诫：现在科学技术的超前发展，使人们一想到将来，都不得不提心吊胆和极端痛苦。伟人们的目光，比较清晰地看到了工业化发展后果糟糕的一幕，如果人类真的失去自我节制和有效控制的话。现实是，人类对自然界的每次冒犯，没有哪一次不是受到加倍惩罚的。因而这部专著的编写过程隐隐地贯穿着我们的虔诚意识：为制药工业"三废"对自然环境和人类社会的严重危害表达药学科技工作者的一次集体忏悔行动，同时又是一次试图改变事件进程的自救努力。这或许是比较深层次的编写本书的指导思想吧。

参加编写的作者都具有长期的药学教学和工作背景，都积极致力于环境保护和"三废"治理。但都不能说是这方面的专家，因为《牛津辞典》曾对"专家"一词给出这样的解释："An expert is one who knows more and more about less and less"，即"专家是在越来越窄的领域里知道越来越多的人"。我们尚不具备"more and more"和"less and less"中的任何一个。因而编写这样一部专著的能力是有限的，只是认为国内尚无一本这样的书，我们通过短时间的努力把散见于知识界、技术界的成果收集起来，呈现给我们的制药工业和关乎人类生命的药学科学，这应该是有点益处的。

全书共分为 5 章，第 1 章绪论（夏伦祝），对制药工业三废的定义、分类、来源与特性，制药工业三废的组成，制药工业三废对环境的污染，中国环境污染防治法规体系和立法状况进行了全面的阐述；第 2 章制药工业废水处理（张学才、陈小平、彭成松），对制药工业废水的分类，发酵及生物工程类制药废水，化学合成类制药废水，提取与中药类制药废水和混装制剂类制药废水的处理概况、特性以及工艺设计进行了系统的介绍；第 3 章制药工业废气处理（王效山、李端，刘先进、王可），论述了制药工业废气的主要处理方法和技术，且对制药工业废气处理的发展趋势进行了简明扼要的分析；第 4 章制药工业废渣处理（高家荣、汪永忠、段贤春），介绍了无机物废渣、化学合成药物产生的废渣、发酵生产药物产生的废渣以及中药废渣等处理技术和方法，并举例分析了废渣的处理过程；第 5 章制药工业三废综合处理（王磊、李端、汤青），实例说明制药工业三废的综合处理技术、方法和控制工艺流程。全书由王效山教授和夏伦祝教授统稿、修约。

在编写过程中得到皖北药业有限责任公司李利副总经理、朱立元总工程师，安徽丰原药业有限责任公司盛太奎副总经理，马鞍山丰原药业公司刘永宏总经理，挪威玛特文雅集团（Malthe Winje AS）爱可林环境工程有限公司张群总经理，安徽中医药大学第一附属医院章俊如、马燕、张睿、周丽药师，安徽中医药大学科研实验中心周安老师，安徽中医药大学药学院何黎琴、马凤余、胡海霞、黄鹏、李传润等老师的大力支持和帮助，在此深表衷心感谢。非常感谢化学工业出版社杨立新编审和刘军编辑的大力帮助，感谢所有参考书目、论文的作者，感谢安徽省人才开发资金（引进海外留学人才资金）资助。由于科技发展日新月异，限于编者学识水平，本书难免疏漏之处，甚至出现错误，恳请读者和专家批评指正。

编　者

2009 年 9 月 9 日

目录

第3章　制药工业废气治理　176

第5章 制药工业三废综合处理——以实例阐述制药 315
工业三废综合处理

参考文献　346

第1章
绪　论

制药工业的"三废"一般指制药工业生产过程中产生的废水、废气、废渣，它们属于环境科学所定义的污水、大气污染物和固体废物范畴。

1.1　基本概念

三百年前，当西方国家从传统农业文明走向传统工业文明的时候，带来了科技、经济的飞速发展和人类物质生活水平的极大提高，同时也以惊人的速度消耗全球自然资源，排放大量自然界无法吸纳的废弃物，打破了全球生态系统的自然循环和自我平衡，使人类与自然的关系恶化，造成日益严重的环境危机，威胁着人类的生存发展。在过去的几十年中，随着中国经济的快速发展，环境污染问题也日益严重。人口、土地、能源和环境成了影响中国 21 世纪可持续发展的重要因素。为了避免走西方工业化国家先污染后治理的老路，中国政府对环境保护和基础设施建设，给予了极大的重视。2007 年在国家"十一五"环境规划中明确提出，环境保护费用要占 GDP 的 1.35%，约人民币 15300 亿元。党的"十七大"报告中指出："建设生态文明，基本形成节约能源和保护生态环境的产业结构、增长方式、消费模式。循环经济形成较大规模、可再生能源比重显著上升。主要污染物排放得到有效控制，生态环境质量明显改善，生态文明观念在全社会牢固树立。"环境这一极其广泛的概念，不仅是影响人类生存和发展的、各种天然和经过人工改造的自然因素的总体，还深深影响着社会、经济和人类的文明。

1.1.1　水资源、水污染的定义和分类

水是生命的源泉，是人类生存和发展所需要的重要物质，是不可替代的重要资源。水作为资源尚无公认的定义，主要原因是水的表现形式具有多样性，如地表水、地下水、土壤水、降水等等，且相互之间可以转化。水资源包含水量和水质两方面，且与自然因素、社会因素、经济因素和环境因素相互影响。水资源作为一个系统，是一个非衡态、超复杂的巨大系统，可视作复变函数，涉及的学科众多，如数学、化学、物理学、气象学、生物学、水文学、地质学、生态学和地

学等，并且与人类社会系统相耦合。

在《英国大百科全书》中，水资源被定义为全部自然界任意形态的水，包括气态水、液态水和固态水的全部量。联合国教科文组织（UNECSO）和世界气象组织（WMO）将水资源定义为："可利用或有可能被利用的水源，具有足够的数量和可用的质量，并能在某一地点满足某种用途而被利用。"这些定义具有特定的内涵和外延。广义上的水资源是指人类社会能够直接或间接使用的各种水和水中物质，包括能作为生产资料和生活资料的天然水和通过工程或生物措施得到的水。

（1）水的特殊物理化学性质　水的用途和污染与其特殊的物理化学性质有关。

①沸点较高。由于氢键作用，水具有较高的沸点，常温下呈液态。因此地球上出现大量海洋、湖泊、河流和生物水。

②热容量高。水是高热容量物质，除氢和铝之外，水比其他物质的热容量要高5～30倍。这一特性，使水温的升降过程比其他物质慢，有利于影响并减缓气温的变化幅度，也有利于工业生产中的排热。

③蒸发热大。在所有液体中，水的蒸发热最大。这意味着蒸发少量水就需要大量热量。水的这种特性可以使太阳照射到地球上的热能在全球范围内分散，调节地球上各地的气温。

④反常膨胀。水温为4℃时，水的密度最大；4℃以下，因体积膨胀，密度变小，成为冰从而浮于水面，否则地球会处于冰河时期，水中生物会被冻结。

⑤优良溶剂。水能溶解化学元素周期表中的大部分元素，包括二氧化硅这类难溶物质，是优良的溶剂。这一特性完成了动植物体中物质的输送，也作为最常用、最经济的清洁剂从而被人类广泛使用。也正是因为这一性质，水极易被污染。

（2）水污染　水污染也称为水体污染，是指排入水体的污染物使该物质在水中的含量超过了水体的本底含量和水体的自净力，使水的感官性状、物理性能、化学成分、生物组成及本底发生恶化，破坏了水体的原有用途。水体污染是多方面的，目前，全世界每年约有4200多亿立方米的污水排入江河湖海，污染了5.5万亿立方米的淡水，这相当于全球径流总量的14%以上。中国水污染的高峰期出现在20世纪八九十年代，1983年我国城市污水年排放量为309亿立方米，1988～1998年污水年排放量一直高达350亿立方米，造成江河、湖泊和地下水源的严重污染。根据2001～2006年的调查统计，我国年污水排放总量为（428～536.8)×10^8t，排放总量呈上升趋势。其中制药工业的废水占有相当成分。

1.1.2　大气污染的定义和分类

按照国际标准化组织（ISO）的定义："大气污染通常是指由于人类组织或

自然过程引起某些物质进入大气中，呈现出足够的浓度，达到足够的时间，并因此危害了人体的舒适、健康和福利，或危害了环境的现象。"

排入大气的污染物种类很多，依据不同的原则，可将其进行分类。依照污染物存在的形态，可将其分为颗粒污染物与气态污染物。依照与污染源的关系，可将其分为一次污染物与二次污染物。若大气污染物是从污染源直接排出的原始物质，进入大气后其性质没有发生变化，则称其为一次污染物；若由污染源排出的一次污染物与大气中的原有成分，或几种一次污染物之间，发生了一系列的化学变化或光化学反应，形成了与原污染物性质不同的新污染物，则所形成的新污染物称为二次污染物。

(1) 颗粒污染物　进入大气的固体粒子和液体粒子均属于颗粒污染物。对颗粒污染物一般作如下分类。

① 粉尘。粉尘是指悬浮于气体介质中的小固体颗粒，受重力作用能发生沉降，但在一段时间内能保持悬浮状态。它通常是由于固体物质的破碎、研磨、分级、输送等机械过程，或土壤、岩石的风化等自然过程形成的。颗粒的形状往往是不规则的。颗粒的尺寸范围，一般是 $1\sim200\mu m$。属于粉尘类的大气污染物种类很多，如黏土粉尘、石英粉尘、粉煤、水泥粉尘、各种金属粉尘等。

② 烟。烟一般是指在冶金过程中形成的固体颗粒气溶胶。它是熔融物质挥发后生成的气态物质的冷凝物，在生成过程中总是伴有诸如氧化之类的化学反应。烟颗粒的尺寸很小，一般为 $0.01\sim1\mu m$。烟的产生是一种较为普遍的现象，如在有色金属冶炼过程中产生的氧化铅烟、氧化锌烟，在核燃料后处理场中的氧化钙烟等。

③ 飞灰。飞灰是指随燃料燃烧产生的烟气一起排出的、分散得较细的灰分。

④ 黑烟。黑烟一般是指由燃料燃烧产生的能见气溶胶。

⑤ 雾。雾是气体中液滴悬浮体的总称。在气象中指造成能见度小于1km的小水滴悬浮体。

在我国的环境空气质量标准中，还根据粉尘粒径的大小，将颗粒污染物分为总悬浮颗粒物和可吸入颗粒物。总悬浮颗粒物（TSP）指悬浮在空气中，空气动力学当量直径≤$100\mu m$的颗粒物。可吸入颗粒物指悬浮在空气中，空气动力学当量直径≤$10\mu m$的颗粒物。

颗粒物对人体健康的危害很大，其危害主要取决于大气中颗粒物的浓度和人体在其中暴露的时间。研究数据表明，因上呼吸道感染、心脏病、支气管炎、气喘、肺炎、肺气肿等疾病而到医院就诊人数的增加与大气中颗粒物浓度的增加是相关的。患呼吸道疾病和心脏病老人的死亡率也表明，在颗粒物浓度一连几天异常高的时期内死亡率有所增加。而且暴露在混合有其他污染物（如 SO_2）的颗粒物中所造成的健康危害，要比分别暴露在单一污染物中严重得多。表1-1中列举了颗粒物浓度与其产生的影响之间关系的有关数据。

表 1-1 观察到的颗粒物浓度与其产生的影响

颗粒物浓度/(mg/m^3)	测量时间及合并污染物	影　响
0.06～0.18	年度几何平均，SO_2 和水分	加快钢和锌板的腐蚀
0.15	相对湿度<70%	能见度缩短到 8km
0.10～0.15		直射目光减少 1/3
0.08～0.10	硫酸盐水平 30 mg/$(cm^2 \cdot$ 月$)$	50 岁以上的人死亡率增加
0.10～0.13	$SO_2 > 0.12mg/m^3$	儿童呼吸道发病率增加
0.20	24 h 平均值，$SO_2 > 0.25mg/m^3$	工人因病未上班人数增加
0.30	24h 最大值，$SO_2 > 0.63mg/m^3$	慢性支气管炎病人可能出现急性恶化的症状
0.75	24h 最大值，$SO_2 > 0.715mg/m^3$	病人数明显增加，可能发生大量死亡

颗粒物粒径大小是危害人体健康的另一重要因素。其主要表现在两个方面。

① 粒径越小，越不易沉积，长时间飘浮在大气中容易被人类吸入体内，且容易深入肺部。一般粒径在 $100\mu m$ 以上的尘粒会很快在大气中沉降；$10\mu m$ 以上的尘粒可以滞留在呼吸道中；$5\sim10\mu m$ 的尘粒大部分会在呼吸道中沉积，被分泌的黏液吸附，可以随痰排出；小于 $5\mu m$ 的尘粒能深入肺部；$0.01\sim0.1\mu m$ 的尘粒，50% 以上将沉积在肺腔中，引起各种尘肺病（肺尘埃沉着病，下同）。

② 粒径越小，粉尘比表面积越大，物理、化学活性越高，可以加剧生理效应的发生与发展。此外，尘粒的表面可以吸附空气中的各种有害气体及其他污染物，从而成为它们的载体，如可以承载致癌物质苯并[a]芘及细菌等。

（2）气态污染物　以气体形态进入大气的污染物称为气态污染物。气态污染物种类极多，按其对我国大气环境的危害大小，主要分为 5 种。

① 含硫化合物。主要是指 SO_2、SO_3 和 H_2S 等，其中以 SO_2 的数量最多，危害最大，是影响大气质量的最主要气态污染物。

SO_2 在空气中的浓度达到 $(0.3\sim1.0)\times10^{-6}mg/m^3$ 时，人们就会闻到一种气味。包括人类在内的各种动物，对 SO_2 的反应都会表现为支气管收缩。一般认为，空气中 SO_2 浓度在 $0.5\times10^{-6}mg/m^3$ 以上时，对人体健康已有某种潜在性影响；$(1\sim3)\times10^{-6}mg/m^3$ 时，多数人开始受到刺激；$10\times10^{-6}mg/m^3$ 时，刺激加剧，个别人还会出现严重的支气管痉挛。

当大气中 SO_2 氧化形成硫酸和硫酸烟雾时，即使其浓度只相当于 SO_2 的 1/10，其刺激和危害也将更加显著。动物实验表明，硫酸烟雾引起的生理反应要比单一 SO_2 气体强 $4\sim20$ 倍。

② 含氮化合物。含氮化合物种类很多，其中最主要的是 NO、NO_2、NH_3 等。

NO 毒性不太大，但进入大气后可被缓慢地氧化成 NO_2，当大气中有 O_3 等强氧化剂存在时，或在催化剂作用下，其氧化速度会加快。NO_2 是红棕色气体，其毒性约为 NO 的 5 倍，对呼吸器官有强烈的刺激作用。实验表明，NO_2 会迅速破坏肺细胞，可能是哮喘病、肺气肿和肺癌的一种病因。环境空气中，NO_2 浓度低于 $0.01\times10^{-6}mg/m^3$ 时，儿童（$2\sim3$ 周岁）支气管炎的发病率有所增加；

NO_2浓度为（1～3）$\times 10^{-6} mg/m^3$时，可闻到臭味；浓度为 $13 \times 10^{-6} mg/m^3$ 时，眼、鼻有急性刺激感；在浓度为 $17 \times 10^{-6} mg/m^3$ 的环境下，呼吸 10min，会使肺活量下降，肺部气流阻力增加。NO_x 与碳氢化合物混合时，在阳光照射下发生光化学反应生成光化学烟雾。光化学烟雾的成分是过氧乙酰硝酸酯（PAN）、O_3、醛类等光化学氧化剂，其危害更加严重。

③ 碳氧化合物。污染大气中的碳氧化合物主要是 CO 和 CO_2。

CO 是一种窒息性气体，进入大气后，由于大气的扩散稀释作用和氧化作用，一般不会造成危害。但在城市的冬季采暖季节或在交通繁忙的十字路口，当气象条件不利于排气扩散时，CO 的浓度有可能达到危害人体健康的水平。在 CO 浓度为 (10～15)$\times 10^{-6} mg/m^3$ 时，暴露 8h 或更长时间，有些人对时间间隔的辨别力就会受到损害。这种浓度范围是白天商业区街道上的普遍现象。CO 浓度为 $30 \times 10^{-6} mg/m^3$ 时暴露 8h 或更长时间，会对人造成损害，出现呆滞现象。一般认为，CO 浓度为 $100 \times 10^{-6} mg/m^3$ 是一定年龄范围内健康人暴露 8h 的工业安全上限。CO 浓度达到 $100 \times 10^{-6} mg/m^3$ 以上时，多数人会感觉到眩晕、头痛和倦怠。

CO_2是无毒气体，但当其在大气中的浓度过高时，使氧气含量相对减少，对人便会产生不良影响。地球上的 CO_2浓度增加会产生"温室效应"。

④ 碳氢化合物。此处主要是指有机废气。有机废气中的许多组分构成了对大气的污染，如烃、醇、酮、酯、胺等。

大气中的挥发性有机化合物（VOC），一般是 C_1～C_{10}化合物，它不完全等同于严格意义上的碳氢化合物，因为它除了含有碳原子和氢原子以外，还常含有氧原子、氮原子和硫原子。甲烷被认为是一种非活性烃，所以人们总以非甲烷烃类（NMHC）的形式来报道环境中烃的浓度。特别是，多环芳烃（PAH）中的苯并[a]芘（B[a]P）是强致癌物质，因而作为大气受 PAH 污染的依据。苯并[a]芘主要通过呼吸道侵入肺部，并引起肺癌。实验数据表明，肺癌与大气污染、苯并[a]芘含量的相关性是显著的。从世界范围内来看，城市肺癌死亡率约比农村高 2 倍，有的城市高达 9 倍。

⑤ 卤素化合物。对大气构成污染的卤素化合物，主要是含氯化合物及含氟化合物，如 HCl、HF、SiF_4 等。

气态污染物从污染源排入大气中，可以直接对大气造成污染，同时还经过反应形成二次污染物。主要气态污染物和其所形成的二次污染物种类见表 1-2。

表 1-2 气体状态大气污染物的种类

污染物	一次污染物	二次污染物	污染物	一次污染物	二次污染物
含硫化合物	SO_2、H_2S	SO_3、H_2SO_4、MSO_4	碳氢化合物	C_mH_n	醛、酮等
含氮化合物	NO、NO_2	NO_2、HNO_3、MNO_3、O_3	卤素化合物	HF、HCl	无
碳氧化合物	CO、CO_2	无			

注：M 代表金属离子。

（3）二次污染物　二次污染物中危害最大，也最受人们普遍重视的是硫酸烟雾和光化学烟雾。

① 硫酸烟雾。因为其最早发生在英国伦敦，也称为伦敦型烟雾。硫酸烟雾是还原型烟雾，是大气中的 SO_2 等硫氧化物，在有水雾、含有重金属的悬浮颗粒物或氮氧化物存在时，发生一系列化学或光化学反应而生成的硫酸烟雾或硫酸盐气溶胶。这种污染一般发生在冬季气温低、湿度高和日光弱的天气条件下。硫酸烟雾引起的刺激作用和生理反应等危害要比 SO_2 气体大得多。

② 光化学烟雾。1946 年美国洛杉矶首先发生严重的光化学烟雾事件，故又称洛杉矶型烟雾。光化学烟雾是氧化型烟雾，是在阳光照射下，大气中的氮氧化物和碳氢化合物等污染物发生一系列光化学反应而生成的蓝色烟雾（有时带些紫色或黄褐色）。其主要成分有臭氧、过氧乙酰硝酸酯（PAN）、酮类和醛类等。光化学烟雾的刺激性和危害比一次污染物强烈得多。

1.1.3　固体废物的定义和分类

我国对固体废物的定义为："在生产、生活和其他活动中产生的丧失原有利用价值或者虽未丧失利用价值但被抛弃或者放弃的固态、半固态和置于容器中的气态物品、物质以及法律、行政法规规定纳入固体废物管理的物品、物质。"

固体废物一般具有以下特性：①无主性。固体废物在丢弃以后，不再属于固体废物的产生者，也不属于其他人。②分散性。固体废物分散在不同的地方，需要进行收集。③危害性。对人类的生产和生活具有不利的影响，对生态环境和人类健康造成不同程度的危害。④错位性。一个时空领域的废物是另一时空领域的可用资源。

固体废物常用的分类方法有：

（1）按其组成可分为有机废物和无机废物。有机废物是指废物的化学成分主要是有机物的混合物；无机废物是指废物的化学成分主要是无机物的混合物。

（2）按其形态分为固态、半固态和液（气）态废物。固态废物是指以固体形态存在的废物；半固态废物是指以膏状或糊状存在并具有一定流动性的废物；液（气）态废物是指以液态或气态形式存在的废物，一般置于容器中。

（3）按其污染特性可分为危险废物和一般废物。危险废物是指列入国家危险废物名录或者根据国家规定的危险废物鉴别标准和鉴别方法认定的具有危险特性的废物；一般废物是指除危险废物以外的废物。

（4）按其来源分为城市生活垃圾、工业固体废物、矿业固体废物、危险废物和农林业固体废物。城市生活垃圾是指在城市日常生活中或者为城市日常生活提供服务的活动中产生的固体废物，以及法律、行政法规规定视为城市生活垃圾的固体废物；工业固体废物是指在工业、交通等生产活动中产生的固体废物；矿业固体废物是指在矿业生产过程中产生的尾矿、废石、矸石等固体废物；危险废物是指对人类或其他生物构成危害或潜在危害的废物及其混合物，是具有腐蚀性、急性毒性、浸出毒性、反应性、传染性、放射性等中的一种及一种以上危害特性的废物；农林业固体废物是指农业和林业生产过程中产生的农作物秸秆、林产品废物等固体废物。

（5）在 2016 年我国修订的《中华人民共和国固体废物污染环境防治法》中，固体废物被分为三大类：生活垃圾（municipal solid waste，MSW）；工业固体废物（industrial solid wastes or commercial solid wastes，ISW）；危险废物（hazardous wasters，HW）。

在固体废物的处理和处置过程中，如果处理和处置不当，固体废物中的有毒有害物质，如化学物质、病原微生物等会通过大气、土壤、地表水或地下水体进入生态系统，从而造成化学物质型污染和病原型污染，对人体产生危害。固体废物中化学物质致人疾病的途径如图 1-1 所示。

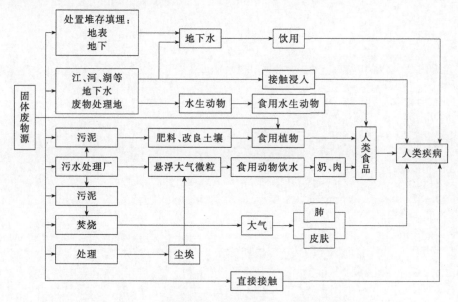

图 1-1　固体废物中化学物质致人疾病的途径

1.2　环境保护法规与三废处理

我国的《中华人民共和国环境保护法》、美国的《国家环境政策法》、日本的《环境基本法》等都是环境保护的综合性法律。这些法律通常对环境法的基本问题，如适用范围、组织机构、法律原则与制度等作了原则上的规定。因此，它们居于基本法的地位，是制定环境保护单行法的依据。据不完全统计，迄今我国已制定环境法律 6 部、资源保护法律 9 部、环境行政法规 28 件、环境规章 70 余件、地方环境法规和规章 900 余件，同时还制定了大量的环境标准。

　　我国环境保护法的基本原则之一是"开发者养护，污染者治理"原则。这一原则是有关造成环境污染和破坏的单位或个人承担责任的一项基本原则。根据这一原则，所有对环境和资源进行开发和利用的单位或个人应承担环境和资源的恢复、整治和养护的责任，所有排放废物、造成环境污染和破坏的单位或个人应承担污染源治理、环境整治的责任。所以制药工业"三废"处理是有法可依，违法必究的。本书所论及的处理方法和技术都是基本的、常用的，注重理论与"三废"处理技术密切结合，没有更多地涉及复杂技术和循环经济的范畴。

第 2 章
制药工业废水处理

制药工业废水是国际上公认的严重的环境污染源之一，其生产过程中产生的有机废水则成为环境监测治理的重中之重。制药工业已被国家环保规划列为重点治理的 12 个行业之一。自 2008 年 8 月 1 日起，中国开始实施《制药工业水污染物排放标准》，该标准中的主要指标均严于美国标准。例如，发酵类企业的化学需氧量（COD）、生化需氧量（BOD）和总氰化物排放标准与最严格的欧盟标准相接近，其中 COD 的排放限值降到了 120mg/L，而之前的限值为 300mg/L。同时，标准覆盖了制药工业的所有产品生产线，包括发酵类制药、化学合成类制药、提取类制药、中药类制药、生物工程类制药、混装制剂类制药六类。对于未达标企业，环保部门将责令其停产整顿。因此，制药企业的环保责任与其生存和发展紧密相连，严格治理制药废水并达标排放刻不容缓。

国家食品药品监督管理总局（CFDA）发布的 2015 年度食品药品监管统计年报数据显示，截至 2015 年 11 月底，我国共有原料药和制剂生产企业 5065 家。我国制药工业存在着企业数量与生产品种多但规模小、布局分散的状况，还存在着原材料投入量大但产出比小、污染突出的问题。根据不完全统计资料，每天全国药企排放的废水量约 50 万立方米；制药工业占全国工业总产值的 1.7%，而污水排放量却占全国污水排放量的 2%。

本章以制药生产过程中具有代表性的、污染较严重的发酵类、化学合成类以及提取类等产生的高浓度难降解的有机废水作为主要研究对象。随着生物工程类制药的兴起和发展，其产生的废水处理问题也应该引起足够的重视。

2.1 制药废水处理概述

制药废水处理是指采用物理、化学、物化和生化等方法对制药过程中产生的废水进行处理，目的是净化制药废水以降低污染、达标排放。在制药废水处理方法上，虽然具有一些共性，但更应注意具体分析各类废水的特殊性，按出水或排放标准要求，设计高效、经济、针对性强、技术组合合理的废水处理系统。

2.1.1 废水处理的名词术语

废水处理涉及的名词术语较多，这里仅将在实际工作中常用的予以简要说明，其他请参阅有关书籍资料。

(1) 化学需氧量或化学耗氧量（chemical oxygen demand，COD） 指在一定条件下，采用一定的强氧化剂处理水样时所消耗氧化剂的量，是表示废水中还原性物质如各种有机物、亚硝酸盐、硫化物、亚铁盐等多少的一个指标。因废水中的还原性物质主要是有机物，COD 可作为衡量其含量多少的指标：COD 越大，说明水体受有机物的污染越严重。

(2) COD_{Cr} 测定 COD 的重铬酸钾（$K_2Cr_2O_7$）法。此法氧化率高、再现性好，适用于测定水样中有机物的总量。表示在强酸性条件下，重铬酸钾氧化 1L 废水中有机物时所需的氧量，可大致表示废水中的有机物含量。另有高锰酸钾（$KMnO_4$）法比较简便，但氧化率较低，在测定水样中有机物含量的相对比较值时可以采用。

(3) 生化需氧量或生化耗氧量（biochemical oxygen demand，BOD） 废水中所含有机物与空气接触时因需氧微生物的作用而分解，使之无机化或气体化时所需消耗的氧量，以 mg/L 表示。BOD 越大，说明水体受有机物的污染越严重。

(4) BOD_5 五日生化需氧量。为了使 BOD 检测有可比性，一般采用五天时间、在一定温度下用水样培养微生物并测定水样中溶解氧的消耗情况。其数值越大，说明水中有机物污染越严重。

(5) BOD/COD 反映废水的可生化性指标。该比值越大，说明废水越容易被生物处理时。好氧生化处理时，进水废水的 BOD_5/COD 宜≥0.3。

(6) 悬浮固体（suspended substance，SS） 即水质中的悬浮物。

MLSS（混合液悬浮固体，也称混合液污泥浓度）指曝气池中污水和活性污泥混合后的悬浮固体数量（mg/L），它是计量曝气池活性污泥数量多少的指标，活性污泥法中 MLSS 为 2000～5000mg/L。

MLVSS（混合液挥发性悬浮固体）指混合液悬浮固体中有机物的数量（mg/L）。一般生活污水的 MLVSS/MLSS 值常在 0.7～0.8，工业废水则因水质不同而异。

(7) 总氮（total nitrogen，TN） 一切含氮化合物以氮计的总称。TKN 即凯氏氮，表示总氮中的有机氮和氨氮（NH_3-N），不包括亚硝酸盐氮（NO_2-N）、硝酸盐氮（NO_3-N）。

NH_3-N 指水中以游离氨（NH_3）和铵离子（NH_4^+）形式存在的氮，为水体中的营养素，可导致水体富营养化现象的产生，是水体中的主要耗氧污染物，对鱼类及某些水生生物有毒害作用。

(8) 总磷（total phosphorus，TP） 指水样经消解后将各种形态的磷转变成正磷酸盐后测定的结果，以每升水样中的含磷的质量（mg）计量。

（9）总有机碳（total organic carbon，TOC）　即废水中溶解性和悬浮性有机物中的全部碳。

（10）污泥沉降比（SV）　指曝气池混合液在 100mL 量筒中静置沉淀 30min 后，沉淀污泥与混合液的体积比（％）。SV 的测定比较简单并能说明一定问题，故成为评定活性污泥的重要指标之一。

由于正常的活性污泥在静沉 30min 后，一般可以接近它的最大密度，故 SV 可以反映曝气池正常运行时的污泥量，可用于控制剩余污泥的排放；它还能及时反映出污泥膨胀等异常情况，便于查明原因，及早采取措施。

（11）污泥指数（SVI）　全称为污泥容积指数，是指曝气池出口处混合液经 30min 静沉后，1g 干活泥所占的容积（mL）。SVI 值能较好地反映出活性污泥的松散程度（活性）和凝聚、沉淀性能；SVI 值过低说明泥粒细小紧密、无机物多，缺乏活性和吸附能力；SVI 值过高说明污泥难以沉淀分离并使回流污泥的浓度降低，甚至出现"污泥膨胀"，导致污泥流失等后果。

（12）污泥龄　污泥龄是曝气池中活性污泥总量与每日排放剩余污泥量的比值（单位：日）。在运行稳定时，剩余污泥量就是新增长的污泥量，因此污泥龄即是新增长的污泥在曝气池中的平均停留时间，或污泥增长一倍时平均所需要的时间。

（13）排水量　指生产设施或企业排放到企业法定边界外的废水量。包括与生产有直接或间接关系的各种外排废水（含厂区生活污水、冷却废水、厂区锅炉和电站废水等）。

（14）单位产品基准排水量　指用于核定水污染物排放浓度而规定的生产单位产品的废水排放量上限值。

2.1.2　废水处理的原理和方法

废水处理的基本方法包括物理法、化学法、物化法和生化法。各种方法均有其优势和不足，处理效果和应用目的也有区别。工程实践中，对制药废水处理的工艺设计常需针对性地组合应用多种方法和技术。这里，先对各种基本方法的原理与特点予以简要介绍。

2.1.2.1　废水处理方法的基本原理及特点

（1）物理处理法　通过物理作用分离、回收废水中不易溶解的呈悬浮或漂浮状态的污染物而不改变污染物化学本质的处理方法称为物理处理（physical treatment）法，以热交换原理为基础的处理法也属于此范畴。废水经过物理处理过程可使一些污染物和水得到分离。

物理法具体可分为重力（沉降和上浮）分离法、离心（水旋和离心机）分离法以及筛滤（格栅、筛网、布滤、砂滤）截留法等。处理单元操作包括：调节

(adjust)、离心分离 (centrifugal separation)、除油 (oil elimination)、过滤 (filtration) 等。

物理法设备简单，操作方便，分离效果良好，广泛用于制药废水的预处理或一级处理。

(2) 生物处理法 利用微生物的代谢作用氧化、分解、吸附废水中呈溶解和胶体状态的有机物及部分不溶性有机物，并使其转化为无害的稳定物质从而使水得到净化的方法称为生物处理 (biological treatment) 法，也称生化法。

生物处理过程的实质是一种由微生物参与进行的有机物分解过程。这里的微生物主要是细菌，其他微生物如藻类和原生动物也参与该过程，但作用较小。

处理单元操作包括：好氧生物处理 (aerobic biological treatment)、厌氧生物处理 (anaerobic biological treatment) 或称厌氧消化。两种处理方法的原理与特点如下。

① 好氧生化法的基本原理与特点。在游离氧（分子氧）存在的条件下，利用好氧微生物（主要是好氧细菌）分解废水中以溶解状和胶体状为主的有机污染物，从而使其稳定、无害化的处理方法。处理的最终产物是二氧化碳、水、氨、硫酸盐和磷酸盐等稳定的无机物。

当废水与微生物接触后，水中的可溶性有机物透过细菌的细胞壁和细胞膜从而被吸收进入菌体内；胶体和悬浮性有机物则被吸附在菌体表面，由细菌的外酶分解为溶解性的物质从而进入菌体内。

这些有机物进入菌体后，在微生物酶的催化作用下分三个阶段被氧化降解：(a) 大的有机物分子被降解为单糖、氨基酸、甘油和脂肪酸等构成单元；(b) 前一阶段的产物部分被氧化为二氧化碳、水、乙酰基辅酶 A、α-酮戊二酸（又称 α-氧化戊二酸）和草醋酸（又称草酰乙酸）中的一种或几种；(c) 有机物氧化的最终阶段即三羧酸循环，乙酰基辅酶 A、α-酮戊二酸和草醋酸被氧化为二氧化碳和水。

在有机物降解的同时，还发生微生物原生质的合成反应，在第一阶段中分解生成的构成单元可以合成碳水化合物、蛋白质和脂肪，再进一步合成细胞原生质（细胞质）。合成所需的能量则从有机物各个氧化降解阶段释放出的能量中获得。

废水好氧生物处理中的生化反应可粗略地用下列二式表示（COHNS 代表废水中复杂的有机物）。

$$微生物细胞 + COHNS + O_2 \longrightarrow 较多的细胞 + CO_2 + H_2O + NH_3$$

$$硝化细胞 + NH_3 + O_2 \xrightarrow{(NO_2)} 较多的硝化细菌 + NO_3^- + H_2O$$

这些反应依赖于生物体系中的酶来加速，按其催化反应分为氧化还原酶和水解酶，还包括脱氨基、脱羧基、磷酸化和脱磷酸等酶。许多酶只有在一些辅酶或活化剂存在时才能进行催化反应，如钾、钙、镁、锌、钴、锰、氯化物、磷酸盐离子在许多种酶的催化反应中是不可或缺的辅酶或活化剂。所以，在废水处理时要供给微生物充足的氧和各种必要的营养源如碳、氮、磷以及钾、镁、钙、硫、钠等元素，同时应控制微生物的生存条件如 pH 值宜为 6.5～9、水温宜为 10～35℃等。

通过好氧生物代谢活动，废水中的有机物约有 1/3 被分解、稳定，并提供其生理活动所需的能量；约有 2/3 的有机物被转化，合成为新的原生质即进行微生物自身的生长繁殖。后者就是废水生物处理中的活性污泥或生物膜的增长部分，通常称其为剩余活性污泥（生物污泥）或生物膜。

在废水生物处理过程中，产生的剩余污泥经固液分离后需进一步处理或处置。因其有机质含量较高、熟化程度较好，一般经浓缩压滤成饼后作为农田肥料使用，也可作为污水生物处理反应器的启动污泥外售，或运至垃圾场填埋。

② 厌氧生化法的基本原理与特点。在与空气隔绝（无游离氧存在）的条件下，利用兼性厌氧菌和专性厌氧菌的生化作用对有机物进行生物降解称为厌氧生化法或厌氧消化法。处理的最终产物是甲烷和二氧化碳等气体。

如图 2-1 所示，有机物的完全厌氧分解（又称厌氧消化）过程可分为三个阶段，即水解酸化，产氢、产乙酸和产甲烷阶段，主要依靠水解产酸菌、产氢产乙酸菌和甲烷菌的共同作用来完成。

（a）污水中的不溶性大分子有机物，如多糖、淀粉、纤维素等借助于从厌氧菌分泌出的细胞外水解酶得到溶解并通过细胞壁进入细胞，在水解酶的催化下将复杂的多糖、蛋白质、脂肪分别水解为单糖、氨基酸、脂肪酸等，并在产酸菌的作用下降解为较简单的挥发性有机酸、醇、醛类等。

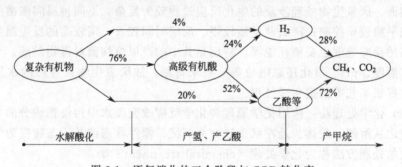

图 2-1　厌氧消化的三个阶段与 COD 转化率

（b）产氢产乙酸菌将第一阶段产生的有机酸进一步转化为氢气和乙酸等。

（c）甲酸、乙酸等小分子有机物在产甲烷菌的作用下，通过甲烷菌的发酵过程将这些小分子有机物转化为甲烷和二氧化碳。

由此可见，在水解酸化阶段 COD、BOD 值的变化不是很大，仅在产气阶段由于构成 COD 或 BOD 的有机物多以 CO_2 和 CH_4 的形式逸出，才使废水中 COD、BOD 的含量明显下降。

一些有机酸或醇的气化过程列举如下。

乙酸： $$CH_3COOH \longrightarrow CO_2 + CH_4$$

丙酸： $$4CH_3CH_2COOH + 2H_2O \longrightarrow 5CO_2 + 7CH_4$$

甲醇： $$4CH_3OH \longrightarrow CO_2 + 3CH_4 + 2H_2O$$

乙醇： $$2CH_3CH_2OH + CO_2 \longrightarrow 2CH_3COOH + CH_4$$

影响厌氧消化的因素有温度、pH 值、养料、有机毒物、厌氧环境等。厌氧消化对温度的突变十分敏感，要求日变化小于 $\pm 2℃$；温度突变幅度太大，会导致系统停止产气。工程上所谓的中温消化温度为 30～38℃（以 33～35℃ 为多），高温消化温度为 50～55℃。

在厌氧生物处理过程中，有机物的转化分为三部分：部分转化为 CH_4，还有部分被分解为 CO_2、H_2O、NH_3、H_2S 等无机物且同时为细胞的合成提供能量，少量有机物被转化、合成新的原生质。因仅有少量有机物用于原生质的合成，故相对于好氧生物处理法，其污泥增长率小。

厌氧生物处理将环境保护、能源回收和生态良性循环有机结合起来，其优点在于：(a) 有机物负荷及去除率高，BOD 去除率可达 90% 以上，COD 去除率可达 70%～90%；(b) 不需因增加氧源而鼓风曝气，运行能耗低；(c) 能将有机污染物转变成以甲烷为主体的可燃性气体（沼气）并作为能源回收利用；(d) 可直接处理高浓度有机废水，不需要大量稀释水，产生的剩余污泥量较少且易于脱水浓缩并作为肥料使用；(e) 可杀死病原菌，不用投加氮、磷等营养物质；(f) 提高废水的可生化性，对好氧微生物不能降解的一些有机物可能获得更好的处理效果。

然而，厌氧生物处理涉及的生化反应过程较为复杂，不同种属间细菌的相互配合或平衡较难控制；厌氧菌繁殖较慢、反应时间较长，需较高的反应温度以维持较高的反应速度也要消耗能源，特别是其中的产甲烷细菌对毒物敏感，对环境条件（温度、pH、氧化还原电位等）要求苛刻。故厌氧生物处理后的水质通常还需要好氧工艺等的进一步处理。

(3) 化学处理法　应用化学原理和化学反应改变废水中污染物成分的化学本质，使之从溶解、胶体、悬浮状态转变为沉淀、漂浮状态或从固态转变为气态从而除去的处理方法称为化学处理（chemical treatment）法。

化学处理方法有中和处理法、化学沉淀处理法、氧化还原处理法等。处理单元操作包括：中和（neutralization）、化学沉淀（chemical precipitation）、化学氧化还原（chemical oxidation reduction）、臭氧氧化（ozone oxidation）、电解（electrolysis）、光氧化（photo-oxidation）等。

以中和处理法为例。制药废水的酸碱性除因直接含有酸碱外，还常含有酸式盐、碱式盐以及其他无机物和有机物。其一般的处理原则和方法是：①高浓度酸碱废水应优先考虑回收利用，根据水质、水量和不同工艺要求进行厂区或地区性调度，尽量重复使用；如重复使用有困难或浓度偏低、水量较大，可采用浓缩的方法回收酸碱；②低浓度酸碱废水如酸洗槽、碱洗槽的清洗水则进行中和处理，并按照以废治废的原则，如酸、碱废水相互中和或利用废碱（渣）中和酸性废水、废酸中和碱性废水。

与生物处理法相比，化学处理法能迅速、有效地去除废水中多种剧毒和高毒等种类更多的污染物，特别是生物处理法不能奏效的一些污染物。如以折点氯化法或碱化吹脱法去除氨氮，以化学沉淀法去除磷，以氧化法（臭氧、二氧化氯、高锰酸钾等）去除难以生物降解的有机污染物等。故可作为前处理措施或生物处理后的三级处理措施。

化学处理法具有设备容易操作、易于实现自动检测和控制、便于回收利用、能实现一些工业用水的闭路循环等优点。但此法需投放化学药剂，使处理成本加大且处理后容易产生大量难以脱水的污泥，某些试剂的过量使用还可能造成水体的二次污染，导致其发展一度受到限制。

近年来由于用途广泛的多种化学处理药剂和设备相继问世，价格也逐渐降低，因而化学处理法将获得更大的发展空间。

（4）物化处理法 应用物理化学原理去除废水中的污染物质，污染物在处理过程中通过相转移的变化从而得到去除的方法称为物理化学处理（physical-chemical treatment）法。污染物在物化过程中可以不参与化学变化或化学反应，直接从一相转移到另一相，也可以经过化学反应后再转移。

例如：为去除悬浮的和溶解的污染物而采用的混凝-沉淀和活性炭吸附的两级处理，即是一种比较典型的物理化学处理系统。

物化处理法主要有混凝法、吸附法、离子交换法、膜分离法、萃取法等。处理单元操作包括：混凝（coagulation）、气浮（floatation）、吸附（adsorption）、离子交换（ion exchange）、扩散渗析（diffusion dialysis）、电渗析（electrodialysis，ED）、反渗透（reverse osmosis，RO）、超滤（ultra filtrate，UF）等。

与生物处理法相比，此法占地面积少，出水水质好且比较稳定，对废水水量、水温和浓度变化的适应性强，可去除有害的重金属离子，除磷、脱氮、脱色效果好，管理操作易于自动检测和自动控制等。但处理系统的设备费和日常运转费较高，多用于制药废水的三级或深度处理，必要时用于预处理。

2.1.2.2 废水处理方法的组合应用

由上所述可知，废水的基本处理方法各有所长。生物处理法作为目前普遍应用的主要技术，成本低、操作管理方便，可使一般废水处理后达到常规排放标准，而物理、化学或物化处理常可针对性地用于制药废水的预处理或后续处理（包括深度处理）。因此，每一种方法单独运用往往难以达到处理要求。我们通过废水的自然处理系统进一步加深对综合应用多种基本方法处理废水的理解。

自然处理系统（natural treatment system）分为稳定塘系统（aquatic

system）和土地处理系统（soil-based system）：①稳定塘又名氧化塘或生物塘系统，通过水-水生生物系统（菌藻共生系统和水生生物系统）对废水进行自然处理；②土地处理系统，利用土壤-微生物-植物系统的陆地生态系统的自我调控机制和对污染物的综合净化功能，对废水进行净化。由此可见，自然净化作用主要是利用土壤浅表层中的物理作用、化学作用和微生物的生化作用的结果。

自然处理系统具有工艺简单、操作管理方便、建设投资（仅为常规处理技术的 $1/2 \sim 1/3$）和运转成本（仅为常规处理技术的 $1/2 \sim 1/10$）较低并且能够进行综合利用的特点，可大幅度降低废水处理成本，效果良好，净化水质能够达到二级以上的处理水平。但是，自然处理系统占地面积大，处理效果受气候影响，若设计运行不当时还可能造成二次污染。

2.1.3 制药废水的类别和性质

不同产品或工艺产生制药废水的性质、特点存在显著差异，应当以工艺为依据进行分类处理。分行业及其不同工艺的污染物控制技术标准体系，目前已为大多数发达国家所接受。

2.1.3.1 制药废水的类别

美国针对制药企业的污染物排放指南与标准分为五个类别：发酵产品类（A类）、提取产品类（B类）、化学合成类（C类）、混装制剂类（D类）、研究类（E类）。

我国的药物体系总体上可分为化学合成药、中药与天然药物、生物制品三大类，制药工业包括这三大类药物的原料药或制剂生产，产生的废水种类因此而不同。我国的《制药工业水污染物排放标准》按照制药生产工艺路线将制药工业及其产生的废水分为以下六类。

（1）发酵类制药 发酵类制药指使用粮食等有机原料通过微生物发酵的方法产生抗生素或其他的活性成分，然后经过分离、纯化、精制等工序生产出药物的过程。

按产品种类分为：①抗生素类，根据化学结构又分为 β-内酰胺类、氨基糖苷类、大环内酯类、四环素类、多肽类和其他类；②维生素类，主要包括维生素 B_{12}、维生素 C 等；③氨基酸类，主要包括赖氨酸、谷氨酸、苯丙氨酸、精氨酸、缬氨酸；④其他，例如核酸类药物辅酶 A、甾体类药物氢化可的松、酶类药物细胞色素 C 等药物可以采用微生物发酵的方法进行生产。

发酵类药物的生产工艺过程基本相似，一般都经过菌种筛选、种子制备、微生物发酵、发酵液预处理和固液分离、提纯、精制、干燥、包装等步骤。

发酵类药物最初从抗生素生产发展起来，至今仍以抗生素为主。发酵类制药广义上从属于生物工程类制药，但发酵类制药生产历史悠久、工艺成熟、应用广泛，加之抗生素等发展迅速，发酵类制药已经独立成为制药工业的一个门类。

（2）化学合成类制药　化学合成类制药指采用一个化学反应或者一系列化学反应生产药物活性成分的过程，包括完全合成制药和半合成（主要原料来自提取或生物制药方法生产的中间体）制药。化学合成类制药的生产过程主要通过化学反应合成药物或对药物中间体结构进行改造得到目的产物，然后经脱保护基、分离、精制和干燥等工序得到最终产品。

化学合成类制药产生较严重污染的原因是化学合成工艺比较长、反应步骤多，形成产品化学结构的原料只占原料消耗的 5%～15%，辅助性原料等却占原料消耗的绝大部分，而这些原料大部分最终转化为"三废"。化学合成类制药企业排放的废水化学成分较复杂，废水的可生化性相对较低，处理难度较大。

我国生产的化学合成类产品主要分为神经系统类、抗微生物感染类、呼吸系统类、心血管系统类、激素及影响内分泌类、维生素类、氨基酸类和其他类。由于具体品种生产工艺各异且较为复杂，难以确定单位产品的废水排放量。《制药工业水污染物排放标准》中采取了按现行药物分类结合主要代表性药物生产工艺确定单位产品废水排放量的办法。

（3）提取类制药　提取类制药指运用物理、化学、生物化学的方法，将生物体（人体、动物、植物、海洋生物等，不包括微生物）中起重要生理作用的各种基本物质经过提取、分离、纯化等手段制造药物的过程。

提取类药物按药物的化学结构可分为以下几种：氨基酸类药物、多肽及蛋白质类药物、酶类药物、核酸类药物、糖类药物、脂类药物以及其他类药物。

提取类药物的范围与传统意义上的生化药物、中药的定义和范围交叉较多，既有区别又有联系。提取类药物一般包括传统意义上的不经过化学修饰或人工合成的生化药物和以植物提取为主的天然药物，还有近些年来新发展的海洋提取药物。

以下药物不属于提取类药物：①用化学合成、半合成等方法制得的生化基本物质的衍生物或类似物列入化学合成类；②菌体及其提取物列入发酵类；③动物器官或组织及小动物制剂类药物如动物眼制剂、动物骨制剂等列入中药类。

（4）中药类制药　凡是以中国传统的医药学理论（如四气五味、升降浮沉、归经、补泻润燥、配伍反畏等）为指导而用于防病、治病、保健的药物均可称为中药。中药类制药指以药用植物和药用动物为主要原料，根据国家药典生产的中药饮片和中成药产品。

中药分为中药材、中药饮片和中成药。其中，中药材是生产中药饮片、中成药的原料；中药饮片是根据辨证施治及调配或制剂需要，对经产地加工的净药材进一步切、炮制而成；中成药则指用于传统中医治疗的任何剂型的药品，常以中药饮片作为原料生产。

中药与提取类药物的区别：中药是以药用植物和药用动物为主要原料、以中医药理论为指导生产的中药饮片或中成药产品，侧重于复方研究，注重疗效的高低；提取类药物则是在西医药或其他学科理论指导下从药用植物和药用动物中提取的比较单一的有效成分，侧重于药物某种或某类有效成分的含量高低，更注重质量控制而非药物的实际疗效。从生产工艺上讲提取类药物的生产流程长于中药，在提取工艺后一般还需要进行分离精制；从组分上看中药多为复合成分，而提取类药物多为单一成分。

（5）生物工程类制药　生物工程类制药指利用微生物、寄生虫、动物毒素、生物组织等，采用现代生物技术方法（主要是基因工程技术等）生产作为预防、治疗、诊断等用途的多肽和蛋白质类药物、疫苗等产品的过程，包括基因工程药物、基因工程疫苗、克隆工程药物等。

生物工程类制药按生物工程学科范围可分为发酵工程制药、细胞工程制药、蛋白质与酶工程制药、基因工程制药四类。但如前所述，发酵类制药单独归成一类。

（6）混装制剂类制药　混装制剂类制药指将具有生物活性的药物（称为原料药）与一定的辅料通过混合、加工和制造而形成的药物临床使用品（称为药物制剂）的生产过程，亦即为满足临床应用需要将原料药通过不同的物理生产工艺制备成为各种类型的药物制剂。

我国的制药工业水污染物排放标准中，按产品的种类、生产工艺将混装制剂类制药分为固体制剂类、注射制剂类和其他制剂类三个类别，将口服液、中药糖浆等液体制剂归入中药类。不同的药物制剂因生产工艺不同而导致其污染物的性质、组成、产生量有区别。

需要指出的是，以上分类在制药生产过程中存在着一定的交叉和联系。例如，发酵类制药生产的药物常需化学合成加以提高或修饰，有些化学合成类制药的原料来自于发酵类制药的初步产品，而在制药生产的提纯和精制阶段则可能综合采用生物、物理和化学等诸多工艺。所以，制药工艺过程较为复杂，制药废水的组成应视具体情况而定。

此外，制药废水的分类还可按废水中主要污染物成分分为无机废水和有机废水，按废水中污染物的酸碱性分为酸性、碱性等，按废水处理难易程度和危害性分为易处理危害性小的废水、易生物降解无明显毒性的废水、难生物降解又有毒性的废水等。

2.1.3.2　制药废水的性质及特点

制药工业废水中的污染物多属于结构复杂、有毒害作用和生物难以降解的有机物质，许多废水呈明显的酸碱性，部分废水中含有过高的盐分。由于制药企业一般根据市场的需求决定产量，故排放废水的波动性很大。若在同一生产线上生产不同产品时，所产生废水的水质水量差别也可能很大。

制药废水的性质：污染物成分复杂，有机物种类多且浓度高，pH 值变化大，SS、COD、BOD_5、NH_3-N 和含盐量高以及气味重、色度深等。制药废水往往含生物抑制性物质，具有一定的生物毒性从而导致可生化性差，并且常间歇排放，因此是一种较难处理的工业废水。

制药废水可简要地归结为高浓度难降解的有机废水，即 COD 一般大于 2000mg/L、可生化性指标 BOD_5/COD 一般小于 0.3 的有机废水。考虑到制药废水中可能残留某些药物成分等有毒害性的物质，排放到水体中会对生态环境造成不良影响，我国各类制药工业水污染物排放标准中均选择了急性毒性的废水控制指标，以期有效控制有毒有害污染物对环境的影响。

2.1.4　制药废水处理的工程设计

对于成分复杂的制药废水进行有效治理乃至回收再利用，无疑需要构建完备的系统处理工程。废水处理的基本技术是构建这一系统处理工程的基础。

2.1.4.1　废水处理工程设计原则

制药废水处理的工程设计应该遵循废水处理的基本原则并高效灵活地选择运用各种处理方法或操作单元，进而实现各类制药废水的具体处理目标。

（1）全面规划　近期与远期相结合的废水处理工程设计，应以经过主管部门批准的、全面规划后的建设项目可行性研究报告和该项目环境影响报告书的结论为依据，还应充分考虑近期需要与远期发展相结合的问题。在布局上，以及在选择处理流程和处理构筑物时，应当留有将来增扩、改进的余地，以适应不断发展的技术水准和排放标准的要求。

（2）清污分流　分质处理在排水系统划分上执行清污分流的原则。采取分质处理，既可提高最终的处理效果，又可节省处理费用、降低能耗。

例如，含酸污水、含碱污水、含硫污水、生活污水、清洗废水等混合在一起，水量大、污染物种类多，浓度因稀释而降低但又不能达标，这种废水较难处理。如果分质处理单一污染物的少量污水，则简单、方便、处理效果好且节省费用。

（3）局部处理与集中处理相结合　局部处理就是对废水进行分级控制和污染源的局部预处理。经局部处理后，可将污水中高浓度的特殊污染物回收或再集中处理，可以大大降低集中处理的难度及成本。

（4）技术先进，经济合理，运行可靠　这是选择废水处理工艺的核心问题。贯彻这一原则，必须进行多方案的技术经济指标对比，不断优化设计方案，使之臻于完善。

技术先进不是一味地追求高、新、奇，而是针对废水本身的性质，采用最简捷的成熟技术工艺，实现有效处理，同时不产生二次污染。

（5）处理后的废水再资源化回用　废水处理仅以达标排放为目的是远远不够的。将处理后的废水最大限度地予以回用、节约水资源是废水处理工程应努力达到的长远目标。如城市污水处理后作为中水回用，二级处理后的污水经深度处理后用作循环水、补充用水等。

（6）达标排放，保护环境　废水工程设计要求采取一切可能的保证措施实现达标排放。如设置必要的调节设施、均质设施、连通超越管线、采取绿化消防、仪表自控、污水外排前的监控以及未达标污水返回重新进行处理的措施等，必须在设计中考虑周全，以实现达标排放、保护环境的目的。

2.1.4.2　制药废水处理的级别

按对废水处理的程度，可作如下分级。

（1）预处理或一级处理（preliminary or primary treatment）　从废水中去除部分或大部分悬浮物和漂浮物，中和废水中的酸和碱等。处理流程多采用格栅──→沉砂池──→沉淀池以及废水物理处理法中的各种处理单元。

经过一级处理后，悬浮固体的去除率为 $70\%\sim80\%$，而 BOD 的去除率只有 $25\%\sim40\%$，废水的净化程度不高。

（2）二级处理（secondary treatment）　从废水中大幅度地去除胶体和溶解性有机物等。常采用生物处理方法，如活性污泥法和生物滤池法等。以 BOD 为例，二级处理后去除率为 $80\%\sim90\%$，通常可达排放标准。好氧生物处理法的各种处理单元大多能够完成这种要求。

废水经过二级处理后一般仍含有相当数量的污染物，如 BOD_5 $20\sim30mg/L$、COD_{Cr} $60\sim100mg/L$、SS $20\sim30mg/L$、NH_3-N $15\sim25mg/L$、P $6\sim10mg/L$，此外还含有致病细菌、病毒和重金属等有害物质。如果直接排放至河流、湖泊、水库等，可能会导致水体的富营养化。故在某些特殊情况下或有特殊要求时，尚需采用三级处理方法进一步净化。

（3）三级或深度处理（tertiary or advanced treatment）　采用物化或生化法进一步去除二级处理未能去除的污染物，包括微生物未能降解的有机物、磷、氮和可溶性无机物等。常用的方法有化学凝聚、砂滤、活性炭吸附、臭氧氧化、离子交换、电渗析和反渗透等。

三级或深度处理常以废水回收、再用为目的，通常需达到工业用水、农业用水和饮用水的标准。虽然在二级处理后再增设处理单元或系统耗资较大，管理也较复杂，但能充分利用水资源。许多国家建立了废水三级处理厂。

2.1.4.3　制药废水处理的工艺选择与系统最优化设计

废水处理方法经过近百年的发展已较为成熟，但由于制药废水复杂多变的水质特点以及制药企业迅猛发展后废水处理量的增加，必须不断改进并采取组合多种方法的手段加以完善。同时，还应兼顾废水处理系统的最优化设计。

（1）制药废水处理的工艺选择　制药废水处理的基本工艺流程如图 2-2 所示。包括废水调节池、生化处理池和物化处理池等构筑物和设备。

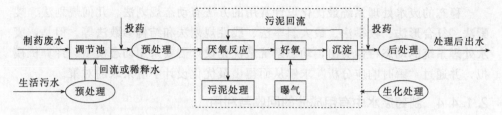

图 2-2　制药废水处理的基本工艺流程

首先采取必要的物理法进行预处理，如设调节池调节水质、水量和 pH，采用格栅截留、自然沉淀和上浮等分离方法。也可结合实际情况再选用某种物化或化学法处理，以降低水中的 SS、盐度及部分 COD，减少废水中的生物抑制性物质，提高废水的可降解性，为废水的后续生化处理奠定良好基础。

预处理后的废水再进行生化处理。可根据其水质特征选择某种厌氧、好氧工艺或厌氧-好氧等组合工艺处理。生化处理池采用两段或三段生化处理工艺，包括厌氧池、好氧池和污泥沉淀池。第一段生化处理工艺采用高容积负荷和大微生物量，第二和第三段生化处理工艺采用低容积负荷。若出水要求较高，生化处理工艺后还需采取其他方法进行后续处理。

高效而经济的废水处理工艺在脱色和提高可生化性的同时，能尽量减少物化污泥的产生。确定具体工艺时，应综合考虑废水的性质、工艺的处理效果、基建投资及运行维护等因素。总体原则是技术可行、高效实用、合理经济。

(2) 废水处理系统最优化设计　废水处理系统最优化设计（optimization design of wastewater treatment system）是指用最优化的原理和方法，设计出效率最高、费用最少、能耗最低的废水处理系统，其内容包括确定系统目标函数，建立系统过程模型及约束条件。

由于废水处理系统的复杂性，一般采用固定各子系统所共有的基本设计变量的办法，把处理系统分解成独立的子系统，先分别实现子系统的最优化，再综合协调各子系统从而使总系统最优化。这种优化设计方法可节省 30%～40% 的系统费用。

例如，常用的完全混合活性污泥法废水处理系统是由"废水处理"和"污泥处理"这两个子系统组成的，前者有初次沉淀池、曝气池、二次沉淀池、循环泵、污泥泵、机械曝气等构筑物和设备；后者有污泥浓缩池、消化池、真空过滤机、初次污泥泵、浓缩污泥泵和污泥最后处理等构筑物和设备。以往对上述系统均按传统经验方法设计，20 世纪 60 年代开始采用定量的过程数学模式和实验决定参数的方法进行废水处理系统的设计。由于最优化设计依据系统内各单元之间的定量关系，使整个系统达到最优目标，所以比传统设计合理经济。随着对各单元过程和系统最优化设计方法的不断研究，目前已经开发出了一些方法和计算机程序，正在逐步实现废水处理系统的最优化设计。

稳态的废水处理系统最优化设计常用的方法有动态规划法、几何规划法、搜索法、复合形法、枚举法、最大斜率法、线性规划法和结构参数法等。但是，废水处理系统的动态特性突出，动态系统最优化设计需要采用动态模型、计算机模拟，并通过"瞬时响应分析"求解从而得出最优化设计中应采取的对策。

2.1.4.4 制药废水中有用成分的回收与利用

一般而言，对制药废水中有用成分的回收与利用流程复杂，成本也较高，先进高效的制药废水综合治理技术是最终彻底解决污染问题的关键所在。但是，毋庸置疑的是许多制药废水中存在大量可以回收利用的成分，而且不少企业已经取得了切实可行的成功经验。

例如，某制药厂用吹脱法处理甲醛气体含量较高的生产废水，经回收后的甲醛可配成福尔马林试剂或作为锅炉燃烧热源，4～5年内即收回投资成本。另有制药厂针对其医药中间体废水中高达5%～10%的铵盐，采用固定刮板以及薄膜蒸发、浓缩结晶等方法，回收约30%的（NH$_4$）$_2$SO$_4$、NH$_4$NO$_3$，可作肥料或回用。

薯芋皂苷元为合成多种甾体激素的原料，其生产废水中含有大量有机物、酸、无机盐类，处理难度大、运行费用高，难以进行彻底治理。某科研机构对该类废水补充一定量的淀粉质原料，在强酸及高温加压条件下，使淀粉水解为单糖和多糖从而达到酒精发酵所需的条件，再接种经多次分离出的某种酵母菌；经一定时间发酵后蒸馏得到工业酒精，取得明显的环境效益和经济效益。

乙腈、二甲基甲酰胺（DMF）广泛应用于制药工业，由此产生的制药废水中含有乙腈、DMF以及溶解在其中的各种盐类。丁立等针对乙腈与水共沸体系的分离进行了盐析实验，研制了适合于乙腈、水和DMF体系的复合盐析剂，得到纯度为99.7%的乙腈产品和纯度为99.5%的DMF产品。

采用先进的生产工艺是制药企业担负环保责任的前提要求，落后、低水平的生产工艺必然带来严重污染。同时应大力发展循环经济、积极推进清洁生产。环境友好工艺对于减少污染、减少能耗物耗、提高产量是非常重要的。比如，采用酶裂解法环境友好工艺生产6-APA，单位产品的COD产生量减少42.86%，氨氮减少9.15%，总P减少100%，原辅料消耗减少65.86%。通过工艺的改革创新可有效提高原辅料的利用率以及中间产物、副产品的回收率，尽可能减少资源消耗和废物产生，尽可能回收利用可再生资源。

2.1.4.5 生化法处理制药废水的工程调试及管理

生化法为目前制药废水处理工程中应用的常规技术，成本低、操作管理方便。由于生产不同药品所产生的废水水质有很大差别，其运行调试和日常管理十分重要。许多制药企业根据GMP改造要求，建成了较完善的废水处理设施，但未掌握其调试及日常运行管理的特点，导致难以充分发挥处理效果。例如，厌氧池和生物接触氧化池不能正常生长代谢、挂膜效果不佳、废水处理站建成后长期运行不正常从而导致废水不能达标排放等。因此，应根据具体水质，采取相应的措施，确保生化池的正常运转。

这里以白明超等总结的广州某制药厂相关经验为例，介绍生化法处理制药废水系统的调试及日常管理工作。

(1) 工程概况　广州某制药厂原有一套两级生物接触氧化处理系统，用来处理全厂废水。近几年生产不断发展和产品结构变化，尤其是头孢类产品的废水中含有大量的抗生素物质，对废水站的生化处理系统有较大抑制作用，使废水不能达标排放。该厂在 GMP 改造时，新建了一套厌氧-好氧生化废水处理系统。高浓度生产废水经厌氧-好氧生化处理后，和生活废水混合进入原两级生物接触氧化处理系统处理。全厂废水水质、水量，设计水质处理参数及废水处理站各构筑物工艺参数见表 2-1～表 2-3。

表 2-1　废水水质、水量表

类别	来源	排水量 /(m³/d)	COD$_{Cr}$ /(mg/L)	BOD$_5$ /(mg/L)	SS /(mg/L)
生产废水	头孢车间	250	3000	1450	280
	软胶囊口服液车间	200	600	320	160
生活废水	食堂和办公楼等	480	300	150	180

表 2-2　设计水质处理参数　　　　　单位：mg/L

项目	生产废水			生活废水		
污染物浓度	COD$_{Cr}$	BOD$_5$	SS	COD$_{Cr}$	BOD$_5$	SS
处理前参数	1930	980	230	300	150	180
处理后参数	≤80	≤20	≤60	≤80	≤20	≤60

注：高浓度生产废水的设计处理水量为 20m³/h，混合后原两级生物接触氧化废水处理系统处理水量为 45m³/h。

表 2-3　废水处理站各构筑物工艺参数

序号	废水处理构筑物	有效容积/m³	停留时间/h	备注
1	格栅池	5.0	0.25	
2	厌氧水解池	576	28.8	
3	集水池	74	3.7	新建高浓度生产
4	生物铁微电解池	100	5.0	废水处理系统
5	生物接触氧化池	160	8.0	
6	沉淀池	36	1.8	
7	预曝气综合调节池	260	5.8	
8	一级生物接触氧化池	157	3.5	原两级生物接触
9	二级生物接触氧化池	116	2.6	氧化处理系统
10	沉淀池	72	1.6	
11	过滤池	60	1.5	

(2) 废水处理工艺流程　废水处理的工艺流程见图 2-3。

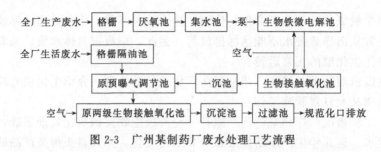

图 2-3　广州某制药厂废水处理工艺流程

（3）工程调试　该废水处理站于 2003 年 5 月建成投入试运行，厌氧池以生物铁和半软性尼龙为填料，生物接触氧化池和生物铁微电解池悬挂弹性立体填料，沉淀池填料为聚丙烯斜管蜂窝填料，生物接触氧化池采用微孔曝气器进行曝气，生物铁微电解池采用曝气软管。

制药废水具有毒性和抗生素类难生物降解物，为加快挂膜速度，缩短调试时间，宜采用接种培菌，使设施尽快投入运行。调试主要指对生物处理池的生物菌进行培养和驯化，即在厌氧池、生物铁微电解池和生物接触氧化池分别实现生物菌的正常新陈代谢。

① 厌氧生化处理调试。（a）接种污泥的选择与处理。可引进同类特征废水的污泥接种，应尽量选用含甲烷菌多的污泥，如城市废水处理厂的厌氧消化污泥，经脱水的厌氧、好氧污泥，以及长期储存、排放废水的阴沟、水塘污泥等。对过稠的接种污泥，可用水稀释、过滤、沉淀，去除污泥中夹带的大颗粒固体和漂浮杂物。（b）影响调试的因素。厌氧调试所需时间较长，一般 16～24 周不等。影响调试的因素除接种污泥外，还有废水的水质特征、有机质负荷和有毒污染物负荷、环境条件、填料种类等。a）pH 值。pH 值变化将直接影响产甲烷菌的生存与活动，厌氧池的 pH 值应维持在 6.5～7.8 之间，最佳范围为 6.8～7.5。厌氧池具有一定的缓冲能力，正常运行时，进水 pH 值可略低于上述值。b）温度。采用中温调试。大多数产甲烷菌的适宜温度在中温 35～40℃ 之间，中温条件下，产甲烷菌种类多，易培养驯化、活性高。应控制厌氧池温度波动范围一般 1d 内不宜超过 ±2℃，避免温度超过 42℃。c）碱度。合理的厌氧池碱度（以 $CaCO_3$ 计）范围为 2000～4000mg/L。d）基质的碳、氮、磷比例及微量元素。厌氧处理要维持正常运行，废水中必须含有足够的细菌用以合成自身细胞物质的化合物，甲烷菌的主要营养物质为氮、磷、钾和硫及其他必需的微量元素。厌氧池中的营养物质比例一般取 BOD_5：N：P＝（200～300）：5：1，而生物接触氧化池和生物铁微电解池中主要营养物质的比例一般取 BOD_5：N：P＝100：5：1。细菌所需要的微量元素非常少，但微量元素缺乏会导致细菌活力下降，在调试阶段应加入适量的微量元素。（c）厌氧池调试操作。a）将接种污泥投入厌氧池，用稀释的废水浸泡 2d，调节厌氧池内 pH 值在 7.0～7.5 之间。b）向厌氧池注入约 1/3 池容的生产废水，再补充生活废水至设计容量，调试初始应采用较低负

荷，一般为正常运行负荷的 1/6～1/4，或取 0.1～0.3kg COD/(m³·d)。c) 按约 1/4 的设计处理量连续进水。废水处理设计方案中厌氧池无回流泵，在调试阶段，应安装临时回流泵，将厌氧池出水回流，以增加池内生物菌数量，以免污泥大量流失，回流比约 1∶4。生物接触氧化池同期进行调试，为防止调试阶段厌氧池高浓度废水对生物接触氧化池的冲击，应控制从厌氧池流入生物接触氧化池的废水量。d) 应注意池内的温度变化，升温不能过快。当厌氧池出水 pH＜6.5 时应增加进水中的碱量，要及时对 pH 进行检测。e) 在上述情况下稳定运行 2～3 周，可逐步提高厌氧池容积负荷，每次提高 0.3kg COD/(m³·d) 左右，稳定运行 2 周左右。在此期间，应注意观察厌氧池出水情况，若 pH 值降低，应加大投碱量；若调整负荷后发生异常，应采取降低负荷或暂时停止进水等措施，待稳定后再提高负荷。f) 若出水水质效果好且稳定时，可逐步加大从厌氧池到生物铁微电解池的水量，最终实现厌氧池出水全部流入生物接触氧化池。g) 当厌氧池进水浓度提高至原水浓度时，直接进水，应经 10d 稳定观察，若运行正常，可逐步取消回流泵。h) 正常的成熟污泥呈深灰到黑色，带焦油气，无硫化氢臭，pH 值在 7.0～7.5 之间，污泥易脱水和干化。当进水量达到设计要求，并取得较高的处理效率，产气量大，含甲烷成分高时，可认为厌氧调试基本结束。

　　② 好氧生化处理调试。好氧生化处理调试包括生物铁微电解池调试和生物接触氧化池调试。（a）主要控制条件。氧化池 pH 值应维持在 6.0～8.5 之间。若进水 pH 值急剧变化，在 pH＜5 或 pH＞10.5 时，将引起生物膜脱落，这时应投加化学药剂予以中和，使其保持在正常范围。应确保生物接触氧化池和生物铁微电解池内废水中有足够的溶解氧，一般以 2～4mg/L 为宜。（b）好氧生化处理调试操作。a) 将从外运来的活性污泥投入生物接触氧化池，污泥量为池容的 0.01～0.05。b) 将预曝气调节池废水泵入生物接触氧化池（1/5～1/3 池容），再加满自来水。控制此时生化池中水的 pH 值为 7 或稍大于 7。由于此时池内污染物浓度较高，不必加入营养物和碳源。c) 启动罗茨鼓风机，闷曝（不进水连续曝气）8h，停止曝气，静置沉淀 0.5h 后，再继续闷曝。以后曝气每隔 8h 可停止曝气，静置沉淀 0.5h 后继续曝气。d) 闷曝气 1d 后，可少量补充废水（从调节池）。e) 在曝气过程中要控制生化池中溶解氧含量在 2～4mg/L 之间，并需测试污泥沉降比。若该值逐渐减小，说明这些污泥已黏附在填料上。f) 每天加入适量的微量元素、更换约 1/3 池容的废水，经过数日闷曝气、静置沉淀、补充废水之后，可以按设计流量的 1/3～1/2 连续进水。为防止进水量太小影响潜水废水泵的寿命，在废水泵安装时，应在泵后安装一带闸阀的回流支管，使一部分废水通过支管回流至调节池内。g) 驯化与培菌同时进行，挂膜速度很快，一般一周后在填料表面上就可以看到有很薄的一层膜。h) 若微生物膜增殖正常，约 7d 后，生物接触氧化池出水一部分可流入沉淀池，一部分仍然回流至调节池。即可连续进水、回流。i) 大约 20d 后，填料上将挂上一层橙黑色生物膜，可按

设计水量进水。j）在此情况下稳定运行 1 个月左右，这时挂膜基本完成，微生物开始大量繁殖。此时应密切注意监测水质变化情况，避免负荷突变对生化池造成冲击。若液面有大量泡沫产生且数量不断增加，覆盖生化池，说明曝气量过大或有大量合成洗涤剂与其他物质进入，应减少曝气量，投加除泡剂，也可以在生化池周边安装自来水蓬头喷淋去除泡沫。k）随着时间的延长，生物膜开始新陈代谢，老膜剥落，出水中出现悬浮物，标志着挂膜阶段结束，可进入正常运行阶段。(c) 生化池运行状态判断。a）颜色。运行良好时混合液呈棕褐色且色泽鲜明；运行恶化时呈深褐色或黑色。b）气味。运行良好时不产生讨厌气味，应为略带霉味的泥土气味；运行恶化时废水有一种类似腐败鸡蛋的恶臭味。c）泡沫。在生化池内出现少量的泡沫，属正常现象；在出水中出现白色泡沫翻滚，表示悬浮固体浓度过高。d）pH 值。运行正常时，pH 值应在 6.5～8.5 之间；若下降，可能是曝气过量，有毒物质进入，可加入生石灰（或工业 Na_2CO_3）进行调节。

③ 注意事项。（a）在水力冲击下，厌氧池和好氧生化池内束状填料可能发生纤维束缠绕、成团、断裂等现象，缠绕、成团有可能是安装不利造成的，可通过适当加大水力负荷和曝气强度来解决。纤维束断裂，应及时更换。（b）好氧生化池调试开始时，曝气量应从小气量开始，随着废水进水量增加而逐步增大，保证生化池废水中溶解氧为 2～4mg/L。（c）调试阶段每周应对厌氧池和好氧生化池的进出水质取样检测，了解水质变化情况，掌握生物膜生长状况。（d）厌氧池和好氧生化池应预留一条束状弹性立体填料，钢绳上端系绑在操作平台护栏上，填料部分自然垂落入废水中，下端不要固定，调试一段时间后或日常运行时，可将此填料束拉出水面查看生物膜生长情况。当厌氧池调试完成之后，好氧生化池运行正常，整个调试工作基本结束。

（4）日常运行管理　废水处理站调试完成后，即可投入正常运行。日常管理工作主要包括各废水处理工艺单元的管理、设备维护保养和安全操作等。若管理不善，会造成生物膜脱落，影响厌氧消化和好氧生化处理的效果，废水难以达标排放。

① 各岗位应有工艺系统网络图、安全操作规程等，并应示于明显位置。该制药厂连续生产，废水站应 24h 有专人管理。

② 废水站运行管理人员必须熟悉本站废水处理工艺和设施、设备的运行要求与技术指标，运行管理人员和操作人员应按要求巡视检查构筑物、设备、电器和仪表的运行情况，并如实做相关运行记录，包括每天进水量、有无异常情况、设备故障等。

③ 操作人员发现各处理单元或设备运行不正常时，应及时处理或上报主管部门；罗茨鼓风机、水泵等设备出现故障时，应启动备用设备；自动控制系统出现故障时，应启动手动控制系统，并立即上报，请相关专业人员维修，不要擅自拆卸。

④ 根据各设备要求,定时检查、添加或更换润滑油。如果出现设备或供电故障使罗茨鼓风机不能正常工作,导致好氧生化池不能曝气的情况,应及时请有关人员排除故障。每次停止曝气时间不能超过8h,以免生物膜脱落。

⑤ 构筑物的结构及各种闸阀、护栏、管道、支架和盖板等定期进行检查、维修及防腐处理,并及时更换被损坏的照明设备。

⑥ 及时清运格栅池内栅渣,经常巡查并清理池面上的漂浮杂物,如树叶、塑料袋等,以免堵塞管道及水泵。沉淀池污泥每周抽排一次。

⑦ 了解掌握车间生产及排放废水变化情况,及时采取措施,避免厌氧池负荷突变,影响生物膜生长。应经常观察好氧生化池的生物膜生长状况、上清液透明度及污泥的颜色、状态、气味等,并定时测试和计算反映污泥特性的有关项目。因水温、水质的变化而在沉淀池引起的污泥膨胀、污泥上浮等不正常现象,应分析原因,并针对具体情况,调整系统运行工况,采取适当的措施恢复正常。

⑧ 每周至少抽取一次各处理工艺单元的水样进行检测,掌握各处理单元处理效率和水质变化等运行情况,并做好相关记录。

2.1.5 制药废水处理的技术进展

制药工业迅速发展的同时,制药废水排放在世界范围内引起高度关注。自20世纪80年代开始,发达国家逐渐将规模较大的常规原料药生产向发展中国家转移,制药废水处理技术研究由此也得到深入发展。

关于制药废水的处理,国内外已有不少研究成果,但制药类别及工艺的多样性使制药废水目前尚难有统一的处理办法。具体的工艺路线设计取决于废水的性质和特点,并需应用先进高效的处理技术。一般应通过预处理提高废水的可生化性并初步去除污染物,再结合生化以及后续处理达到排放指标。对于高浓度难降解的制药废水,直接进行生化处理不仅降低了处理效率,而且会加大成本,甚至达不到排放要求。而采用物化等技术进行预处理或后续处理则可创造有利于生化处理的条件并提高出水的水质水平。

开发经济、有效的复合水处理单元是亟待解决的课题。同时,应强化清洁生产并在废水处理前期统筹规划适当的回收利用途径,从而达到经济效益和环保效益的统一。

2.1.5.1 制药废水生化处理技术与进展

生化处理法是比较成熟和经济的制药废水处理方法,包括好氧生物法、厌氧生物法、厌氧-好氧生物组合等方法。一般来说,对于中低浓度的有机废水可采用好氧生物处理法,对于高浓度有机废水和有机污泥则采用厌氧生物处理法。作为制药废水广泛应用的生化处理技术,目前仍在不断改进和完善之中,主攻方向为快速、高效、低耗、经济的生化处理新工艺。

近些年来,各种新型高效生物反应器相继出现并逐渐得到应用。新型高效生物反应器具有体积小、占地省、负荷高、抗冲击、污泥龄长、污泥量少等优点。第三代高效生物反应器是在厌氧升流式生物反应器的基础上，通过改进其结构、三相分离器和污泥颗粒化三个要素发展而成。其基本特征包括：①载体生物膜或污泥组成的污泥床处于悬浮、膨胀或流化状态，生物传质效率得以提高；②选择高度活性、沉降性能好（沉速高达 50m/h）的颗粒污泥或生物膜颗粒；③内部设置三相分离器，不设外部沉淀池；④液体和气体的上升流速（v_{up} 在 4～10m/h）高，水力剪切和颗粒间的磨损作用使生物膜薄、活性高，从而达到约 40kg COD/（$m^3 \cdot d$）的高有机负荷；⑤反应器内泥水混合程度高，抗冲击负荷能力强。

(1) 好氧生物处理工艺　各种好氧生物处理 (aerobic biological treatment) 技术均基于普通活性污泥法工艺（图 2-4）的改型。

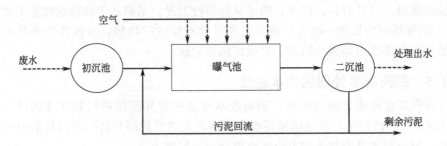

图 2-4　普通活性污泥法处理系统

由于普通活性污泥法存在着废水原液需要大量稀释、运行产生泡沫多、易发生污泥膨胀、剩余污泥量大、污染物去除率低等缺点，在传统活性污泥净化机理和氧的传递机理深入研究的基础上，目前对好氧生物处理技术的改进主要通过曝气方法和微生物固定技术、合理设置构筑物、加强预处理等环节加以完备。

好氧生物处理工艺可分为活性污泥法和生物膜法两种类型。①活性污泥是由大量繁殖的活性微生物、微生物氧化的残留物以及吸附其上而未被生物降解的有机物和无机物所构成的絮凝体，它有巨大的表面积和很强的吸附性能，其中微生物（主要是好氧和兼性细菌）为活性污泥组成和净化功能的主体。②生物膜是指附着在构筑物挂膜介质上、由好氧和兼性微生物生长繁殖形成的纤维缠绕状结构的好氧层（1～2mm）；生物膜法因其固体表面上附着的微生物生态体系较稳定，对废水水质水量的变化适应性较强，管理也较方便。

活性污泥法如接触稳定法、加压生化法、深井曝气法、氧化沟法、序批式活性污泥法（SBR 法）及其改进工艺、吸附-生物降解法（AB 法）、HCR（high performance compact reactor）工艺等；生物膜法如生物滤池、生物转盘、生物接触氧化法、生物流化床法、膜生物反应器（MBR 法）等。

① 加压生化法。加压的目的是提高溶解氧（DO）的浓度。一般可使 DO 达

20mg/L 以上从而充足供氧，既有利于加快好氧生物降解速度，也有利于增强好氧生物的耐冲击负荷能力。

② 深井曝气法。深井曝气法是一种高速活性污泥系统，深井中 DO 一般可达 30～40mg/L，充氧能力可达 3kg/h。深井直径为 1～6m，深度一般为 50～150m。

该法具有氧利用率高（60%～90%）、处理效果好（COD 去除率 70% 以上）、耐水力和抗有机负荷冲击能力强、占地面积小、运行费用低、无污泥膨胀、产泥量少、冬季保温佳等优点。

20 世纪 80 年代中后期，我国各地制药企业曾经建立投用 30 余处深井曝气废水处理设施，但存在可能出现渗漏而污染地下水质，以及深井施工较难、基建成本较大等问题。然而，近些年来的研究表明，20m 超深层曝气工艺能有效解决渗漏污染问题，值得进一步关注和深入研究。

③ 氧化渠法。又名氧化沟（oxidation ditch）法，是由荷兰卫生工程研究所在 20 世纪 50 年代研制开发的废水生物处理技术。它利用连续循环曝气池（cintinuous loop reactor，CLR）作生物反应池，是在传统活性污泥法基础上发展起来的兼有连续循环、完全混合、延时曝气法处理废水的一种环形渠道。

氧化沟主要由三部分组成：格栅和曝气沉砂池组成的预处理部分、氧化沟生物处理部分和污泥脱水部分。平面多为椭圆形，总长可达几十米甚至几百米以上。在沟渠内安装与渠宽等长的机械式表面曝气装置，常用的有转刷和叶轮等。曝气装置一方面对沟渠中的污水进行充氧；另一方面推动污水和活性污泥混合，在沟渠中做不停地循环流动。这样，形成明显的溶解氧浓度梯度，在空间上构成好氧区、缺氧区和厌氧区，在其中就可完成对废水的硝化与反硝化处理，实现良好的脱氮功能。

由于氧化沟法较长的水力停留时间（hydroli retention time，HRT）、较低的有机负荷和较长的污泥停留时间（sludge retention time，SRT），也即污泥泥龄，具有净化程度高、耐冲击、运行稳定可靠、操作简单、运行管理方便、维修简单、投资少、能耗低等特点。其主要缺点是曝气时间长、动力消耗大，以及曝气池容积大、占地面积大等。

在工程应用中具代表性的形式有：多沟交替式（如三沟式，五沟式）氧化沟及其改进型、卡鲁塞尔（Carrousel）氧化沟及其改进型、奥贝尔（Orbal）氧化沟及其改进型、一体化氧化沟等。氧化沟工艺现已广泛用于处理中小流量的生活污水和工业废水，可以间歇运转，也可以连续运转。在制药废水处理方面，Orbal 氧化沟已应用于处理合成制药废水等。

例如，合建式一体化氧化沟（图 2-5）集曝气、沉淀、泥水分离和污泥回流功能为一体，无需建造单独的二沉池，从理论上来看最经济合理。

④ 间歇式活性污泥法。间歇式活性污泥法（sequencing batch reactor activated

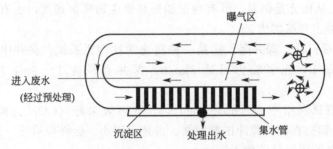

图 2-5　合建式一体化氧化沟示意图

sludge process，SBR 法）是传统活性污泥法的变型，也可称为序批式活性污泥法，由一个或多个 SBR 池组成。

　　它与普通活性污泥法最大的不同之处在于：普通活性污泥法工艺中如曝气、沉淀等操作过程分别在各自的构筑物中进行，而 SBR 工艺中按时间改变各单元操作过程且均在同一 SBR 池中完成。故 SBR 法装置结构较简单，若水量较小时只需一个间歇反应池，不需要再单独设曝气池、沉淀池、调节池，最大范围地节省了占地面积和基建投资。此外，SBR 法无需污泥回流，运行费用低。

　　如图 2-6 所示，SBR 运行时废水分批进入池中，依次经历进水、反应（曝气）、沉淀、排水和闲置（待机）这五个采用系统自动控制的独立阶段；通过水位自动控制进水及排水，通过时间自动控制反应及沉淀。从进水开始到闲置结束的时间称为一个操作周期，可不断地反复运行。一个周期所需的时间根据处理负荷及出水要求而异，其中反应约占 40％；有效池容为周期内进水量与所需污泥体积的和。

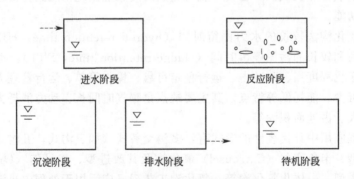

图 2-6　SBR 工艺基本操作周期

　　在 SBR 法中发生的过程是典型的非稳定过程，底物和微生物浓度的变化在时间上呈理想推流状态，在空间上呈完全混合状态。与连续反应式活性污泥法相比，处理废水浓度梯度大、流程短、效率高，并且因交替出现缺氧、好氧状态能抑制专性好氧菌的过量繁殖、有利于脱氮除磷，又因泥龄短可限制丝状菌生长繁殖而不会发生污泥膨胀。

由此可见，SBR 法在废水处理工艺中具备简易高效、运行稳定、管理灵活、多功能以及占地少、节能、费用低等显著优点，为目前比较先进的一种技术，特别适合处理间歇排放和水量、水质波动大的制药废水。

随着简单便宜的程序逻辑控制器（PLCs）以及电频传感器和自动阀的普及，SBR 法已经逐渐成为我国大型制药废水处理项目的主导工艺，如东北制药厂、华北制药厂、哈尔滨制药总厂、成都联邦制药有限公司等制药废水处理工程中均广泛应用了此项技术。

SBR 法在应用中也发现了一些问题和不足，有待进一步完善和发展。比如，SBR 法污泥沉降、泥水分离时间较长，其容积负荷一般在 1kg COD/($m^3 \cdot d$) 以内，在处理高浓度废水时易发生高黏性膨胀；可考虑投加粉末活性炭，以减少池内泡沫、改善污泥脱水沉降性能，从而获得较高的去除率。此外，因其控制点多、对设备依赖性强，导致较高的设备故障率等。

目前对 SBR 法的改型和发展工艺主要包括：循环曝气活性污泥法（cyclic activated sludge system，CASS 法）、循环式活性污泥法（cyclic activated sludge technology，CAST 法）、间歇循环延时曝气活性污泥法（ICEAS 法）、一体化活性污泥法（UNITANK 法）又称交替生物池法、改良型 SBR（modified SBR，MSBR）及 DAT-IAT（demand aeration tank-interm ittent aeration tank）工艺等。

例如，CASS 工艺分为生物选择区、兼氧区和好氧区三个反应区。好氧区（主反应区）为去除有机污染物的主要场所。生物选择区通常在兼氧条件下运行，进入的污水和从好氧区内回流的活性污泥在此混合接触，创造合适的微生物生长条件并选择出絮凝性细菌，有效地抑制丝状菌的大量繁殖，改善污泥沉降性能，防止污泥膨胀。兼氧区能起到辅助生物选择区对进水水质、水量变化的缓冲作用，还能促进磷的进一步释放和强化反硝化作用。CASS 工艺运行可靠、污染物去除效果好。

⑤ 吸附-生物降解法。吸附-生物降解（adsorption-biodegradation，AB）法由德国 Bohnke 教授于 20 世纪 70 年代创立。简言之就是两段活性污泥处理工艺，分为 A 段（吸附段）和 B 段（生物氧化段）。

其主要构筑物：A 段由吸附池（或称曝气池）与中间沉淀池（或称中沉池）组成，B 段由曝气池（或称 B 段曝气池）与二次沉淀池组成；不设初沉池，以 A 段为一级处理系统；A 段、B 段各自拥有独特的微生物种群和独立的污泥回流系统。

连续工作的 A 段曝气池是 AB 法工艺的主体，它通过外界不断地接种和饲养具有很强繁殖能力和抗环境变化能力的短世代（污泥龄仅为 0.3~0.5d）原核微生物，所以其抗冲击负荷（水质、水量、pH 和有毒物质等）能力强，能够以负荷率通常为普通活性污泥 50~100 倍的超高负荷活性污泥吸附废水中的有机物并予以降解。在 A 段中，借吸附、絮凝、分解和沉淀等作用，废水中大约 40%的有机物可被去除。经过 A 段处理的废水进入 B 段后，B 段曝气池受冲击负荷得以显著缓冲和调节，残留的有机物继续被氧化，从而达到较高的废水处理效率并获得良好的出水水质。

由于 A 段、B 段相互独立的污泥回流系统设计，使 A 段沉淀池所产生的活性污泥回流到 A 段曝气池内、B 段沉淀池所分离出来的活性污泥回流到 B 段曝气池内，有利于系统功能的稳定运行。

此外，A 段的产泥量很大，污泥中含磷量高于常规活性污泥法；B 段在很低的负荷下运行，污泥龄（一般为 15～20d）较长，利于生长期缓慢的硝化菌繁殖。因此，AB 法具有良好的脱氮除磷功能。AB 法的上述工艺过程显示其特别适用于处理浓度较高和水质、水量变化较大的制药废水。杨俊仕等采用水解酸化-AB 生物法工艺处理抗生素废水，工艺流程短、节能，处理费用也低于同种废水的化学絮凝-生物法处理方法。

但是，在 AB 法中超高有机负荷下的 A 段如果运行控制得不好，就容易出现厌氧状况从而产生恶臭气体；而 A 段产生的污泥量较大（约占整个处理系统污泥产量的 80%）且剩余污泥中的有机物含量高，给污泥的最终稳定化处置带来较大压力。

⑥ HCR 法。HCR（high performance compact reactor）是一种高效的好氧生物处理工艺，由德国克劳斯塔尔（Clausthal）工科大学物相传递研究所于 20 世纪 80 年代发明。

如图 2-7 所示，HCR 系统主要包括：集成反应器、两相喷头、沉淀池以及配套的管路和水泵等。集成反应器为圆形容器，其外筒两端被封闭，连接着各种管道；内筒两端开口。两相喷头安装在反应器上部的正中央。循环水泵提升高压水，流经喷头射入反应器，由于负压作用同时吸入大量空气。水流和气流的共同作用又使喷头下方形成高速紊流剪切区，把吸入的气体分散成细小的气泡。富含

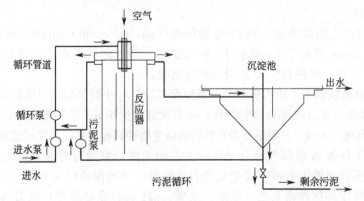

图 2-7 HCR 工艺流程示意

溶解氧的混合污水经导流筒到达反应器底部后，又向上返流形成环流，再经剪切向下射流，如此循环往复运行。于是，污水被反复充氧，气泡和微生物菌团被不断剪切细化，并形成致密细小的絮凝体。

HCR 采用快速高效的氧传递转输方式，溶解氧（DO）多保持在 5 mg/L 左右，反应器中的微生物群落能快速适应污染物种类和浓度的变化，这对于特殊工业废水的处理十分有利。如甲醛废水、苯酚废水、苯甲醛废水等，采用 HCR 工艺处理都获得了很好的效果。

已经运行的 HCR 工程系统表明：该工艺适用范围广，COD 负荷及去除率高，操作运行效果好，设计集成合理、占地面积少，具有推广应用的价值。

⑦ 生物活性炭法。生物活性炭法主要应用于要求较高或水质处理难度大的水质处理，可作为废水厌氧-好氧生化处理后续的深度处理工艺。

该法既能发挥活性炭的物理吸附作用，又能充分利用附着微生物对污染物的降解作用，进一步提高废水 COD 的去除率，对氨氮、色度的去除率也较常规方法要高。另外，粉末活性炭因吸附有毒的抑制物从而降低对微生物的抑制影响。但是，生物活性炭法处理成本较高，尚难以广泛应用。

⑧ 曝气生物滤池与生物接触氧化法。曝气生物滤池属于处理低浓度废水的另一种后续深度处理工艺。与生物活性炭法相比，处理成本不高，因而在废水深度处理中的应用相对较多。其最大的特点是集生物接触氧化和截留悬浮固体于一身，不需要二沉池，处理过程停留时间短、处理负荷相对较高、出水水质较好。但此工艺易发生滤池堵塞和环境卫生问题。生物接触氧化法的处理构筑物是浸没曝气式生物滤池，也称生物接触氧化池。

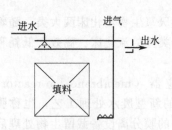

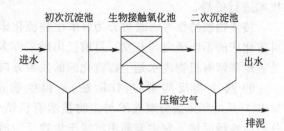

图 2-8　生物接触氧化池示意　　　　图 2-9　生物接触氧化法的基本流程

如图 2-8 所示，生物接触氧化池池内设置填料，长满生物膜的填料淹没在废水中；同时，通过鼓风曝气从池底对池体内废水进行充氧。鼓入的空气既能不断地补充失去的溶解氧，又使废水处于流动状态从而保证废水与填料充分接触，废水中的有机物在与生物膜接触的过程中即被微生物吸附、氧化分解和转化为新的生物膜。填料壁上的生物膜生长至一定厚度后，微生物因缺氧而进行厌氧代谢，产生的气体及曝气形成的冲刷作用会造成生物膜的脱落，并促进新生物膜的生长；脱落的生物膜则随出水流出池外进入二沉池。生物接触氧化法的基本流程见图 2-9。

生物接触氧化法集活性污泥和生物膜法的优势于一体，由于填料比表面积大，池内生物固体量高且充氧条件良好，具有占地面积小、抗冲击能力强、工艺运行稳定、剩余污泥量少、高效节能、管理方便等优点。

许多工程采用两段法，目的在于驯化不同阶段的优势菌种，充分发挥不同微生物种群间的协同作用，提高生化效果和抗冲击能力。

在实际运行中，要保持其对废水中 COD 良好的去除率，通常要求进水的 COD 浓度不大于 1000mg/L。如果进水浓度高，池内易出现大量泡沫；负荷过高则生物膜过厚，从而引起填料堵塞，应有防堵塞的冲洗措施。此法易大量产生后生动物（如轮虫类），造成生物膜瞬时大块脱落，影响出水水质；填料及支架等则导致建设费用增加。

生物接触氧化法虽然存在着不足，但组合应用有实用价值。在制药废水的处理中，以厌氧消化、酸化作为前处理工序，采用接触氧化法处理效果较佳。哈尔滨北方制药厂采用水解酸化-两段生物接触氧化工艺处理制药废水，运行结果表明，该工艺处理效果稳定、工艺组合合理。

⑨ 生物流化床法。生物流化床法是一种新型的生物膜法工艺，其载体在流化床内呈流化状态，使固（生物膜）、液（废水）、气（空气）三相之间得到充分接触。生物膜载体（如砂、焦炭、活性炭、玻璃珠、多孔球等）微粒间剧烈碰撞，生物膜表面不断更新，微生物始终处于生长旺盛阶段。由于生化池在各处理段中保持高浓度生物量，传质效率极高，从而使废水的基质降解速度快、水力停留时间（HRT）短，运转负荷比一般活性污泥法高 5～10 倍，耐冲击负荷能力强。麦迪霉素、四环素、卡那霉素等制药废水已采用生物流化床技术进行处理。

按生物膜特性等因素可分为好氧生物流化床和厌氧生物流化床两大类。随着对流化床的不断研究与开发，目前已出现了许多新类型的流化床。高效、低耗和处理难降解有机物废水是生物流化床的发展方向之一。

⑩ 膜生物反应器（MBR 法）。膜生物反应器（membrane bio-reactor，MBR）是近年来膜分离技术与生物技术有机结合的新型废水处理工艺，也称膜分离活性污泥法。它主要利用沉浸于生物反应池中的膜分离设备截留生物处理后的活性污泥和大分子有机物，省去了二沉池。这样，池内活性污泥浓度及污泥停留时间（SRT）可提高 2～5 倍，水力停留时间（HRT）相对大为减少；同时还可通过分别控制水力停留时间（HRT）和污泥停留时间（SRT），使难降解的物质在处理池中不断反应从而被降解。其优点是反应器中污泥浓度高、有机污染物去除负荷和去除率高、出水悬浮物浓度低、有较好的脱氮脱磷效果、管理方便、易于实现自动化控制。

MBR 主要由膜分离组件及生物反应器两部分组成，包括三类反应器：曝气膜-生物反应器（aeration membrane bioreactor，AMBR），萃取膜-生物反应器

(extractive membrane bioreactor，EMBR)，固液分离型膜-生物反应器（solid/liquid separation membrane bioreactor，SLSMBR）。

MBR 综合了膜分离技术和生物处理的特点，通过膜分离技术大大强化了生物反应器的功能，具有容积负荷高、剩余污泥量少、抗冲击能力强、出水质量高、优良的消毒特性以及占地面积小等优点。与传统的生物处理方法相比，是最具应用前途的废水处理新技术之一。

进入 20 世纪 90 年代中后期，MBR 在制药废水处理中进入了实际应用阶段。Livinggston 等利用专性细菌降解特定有机物的能力，首次采用了萃取膜-生物反应器处理含 3,4-二氯苯胺的工业废水，水力停留时间（HRT）为 2h，去除率达到 99％。白晓慧等采用厌氧-膜生物反应器工艺处理 COD 为 25000mg/L 的医药中间体酰氯废水，对 COD 的去除率保持在 90％以上。朱安娜等采用纳滤膜对洁霉素废水进行分离实验发现，MBR 降低了废水中洁霉素对微生物的抑制作用，且可回收洁霉素。还有研究报道采用中试规模的膜生物反应器处理发酵类制药废水，取到了较好的效果。

尽管 MBR 存在着膜污染方面的问题，但随着膜技术的不断发展，它将会在制药废水处理领域中得到更加广泛的应用。

（2）厌氧生物处理工艺　厌氧生物处理（anaerobic biological treatment）技术已广泛应用于各种工业废水的处理中。但经单独厌氧方法处理后，出水 COD 难以达标，一般还应再进行好氧生化等后续处理。此外厌氧反应器的设计和运行控制难度较大，故需加强对高效厌氧反应器的开发设计及其运行条件的深入研究。

自 1881 年法国 Louis Mouras 发明"自动净化器"起，利用厌氧消化过程来处理城市污水和剩余污泥的厌氧反应器便开始较大规模地开发应用，如化粪池、双层沉淀池及各种厌氧消化池等，这些统称为"第一代厌氧生物反应器"。

20 世纪 70 年代中后期，世界范围的能源危机加剧，由于厌氧生物处理法具有节省能耗的显著优点，利用厌氧生物处理有机废水的工艺才重新得以深入研究和应用，并逐渐与好氧生物处理工艺并驾齐驱，如厌氧接触法（anaerobic contact process）、厌氧滤池（AF）、上流式厌氧污泥床（UASB）反应器、厌氧流化床（AFB）反应器、上流式厌氧污泥床过滤（UBF）反应器、厌氧附着膜膨胀床（AAFEB）反应器、厌氧生物转盘（ARBC）和挡板式厌氧反应器等现代高速厌氧消化反应器统称为"第二代厌氧生物反应器"。

20 世纪 90 年代以后，在以形成如图 2-10、图 2-11 所示的厌氧颗粒污泥（granular sludge）为重要特征的上流式厌氧污泥床（UASB）反应器广泛应用的基础上，发展出了厌氧膨胀颗粒污泥床（EGSB）反应器、厌氧内循环（IC）反应器、厌氧折流板（ABR）反应器等，这些反应器统称为"第三代厌氧生物反应器"。

图 2-10　厌氧颗粒污泥

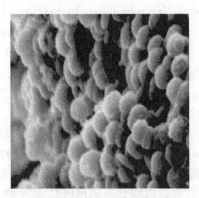

图 2-11　厌氧颗粒污泥表面

第一代反应器属于低负荷系统,第二、三代反应器属于高负荷系统。采用厌氧生物法处理低浓度有机废水高效节能,处理高浓度有机废水则不仅节能,而且是一种产能方式。

目前,国内外在制药废水处理中应用的主要有:上流式厌氧污泥床(UASB)反应器、上流式厌氧污泥床过滤(UBF)反应器、厌氧折流板(ABR)反应器、厌氧膨胀颗粒污泥床(EGSB)反应器和厌氧内循环(IC)反应器等。

① UASB 法。上流式厌氧污泥床(up-flow anaerobic sludge bed,UASB)反应器是厌氧生物处理技术研究取得突破进展的主要标志,于 1977 年由荷兰 Lettinga 教授发明,至今仍为制药废水厌氧生物处理的主流技术。

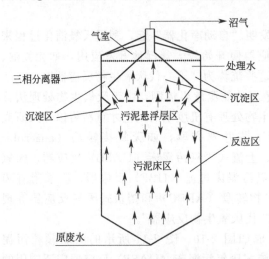

图 2-12　UASB 构造示意图

UASB 多用钢筋混凝土建造,形状有圆形、方形、矩形,由污泥床(反应区)、气液固三相分离器(包括沉淀区)和气室三部分组成。高度一般为 3～8m,其中污泥床 1～2m、污泥悬浮层 2～4m。反应器内污泥平均浓度为 30～40g/L,底部 60～80g/L;颗粒粒径一般为 1～2mm,相对密度为 1.04～1.08。

如图 2-12 所示。反应器下部为高浓度、高活性,并具良好沉淀和凝聚性能的厌氧污泥构成的污泥床反应区,从其底部自下而上流入的污水中的有机污染物在此间经过厌氧发酵降解为沼气。因水流和沼气气泡的搅动,污泥床之上形成一个污泥浓度差较小的稀薄固液悬浮层,并上升进入反应器上部设置的三相分离器。之后，沼气集中在气室导出；固液混合液中的污泥絮凝成颗粒并在重力作用下沉降至反应器下部的污泥床；与污泥分离后的处理出水则从三相分离器的沉淀区溢流堰上溢出。

UASB 不同于其他厌氧处理方法的一个最大特点就是能在反应器内实现污泥的颗粒化，其运行的关键也在于反应器内能否形成沉降性能佳、产甲烷活性高的颗粒污泥。污泥颗粒化过程大致分为接种启动期、颗粒污泥形成期和颗粒污泥成熟期三个时期，颗粒污泥成熟期的容积负荷达到 16kg COD/(m³·d) 以上。

运行稳定后的 UASB 负荷能力大，有机污染物去除率高，HRT 短，不需要搅拌，能应对一定幅度的负荷冲击、温度和 pH 变化，较适于制药废水的处理。如华北制药厂 20 世纪 80 年代初期即开始 UASB 技术处理各种抗生素废水的试验研究，并证实该工艺能够用于大型生产性装置的高浓度制药废水处理。

但 UASB 对水质和负荷的突然变化较敏感，进水中悬浮物需控制在 100mg/L 以下，进水上升流速宜控制在 1～2m/h 以内，污泥床内的短流现象也影响其处理能力。例如，采用 UASB 法处理卡那霉素、氯霉素、磺胺嘧啶、维生素 C 和葡萄糖等制药生产废水时，通常要求控制 SS 含量，否则难以保证去除率；若采用二级串联 UASB，COD 去除率可达 90% 以上。

水解升流式污泥床（HUSB）是改进的 UASB，较之全过程厌氧池有以下优点：可将废水中的大分子、不易生物降解的有机物降解为小分子、易生物降解的有机物，改善废水的可生化性；反应迅速，池体积小并能减少污泥量；不需密闭、搅拌，不设三相分离器，降低了造价并利于维护。

② UBF 法。上流式厌氧污泥床过滤（up-flow blanket filter，UBF）反应器是一种新型复合式厌氧生物反应器，由加拿大 Guiot 于 1984 年结合 UASB 和 AF（厌氧滤池）的优点研制而成。它在高浓度颗粒污泥床的上部增加了由填料及其表面附着的生物膜组成的滤料层，改善了反应器的性能。

当沼气、污泥和水的混合物通过填料层时，夹带的污泥被截获，从而降低了污泥流失或生物量的突然被洗出，并且促进污泥与气泡的分离。由于强化了累积微生物的能力，反应器负荷更高、对不良因素（例如有毒物质）的适应性更强、启动速度更快，能够高效稳定地处理高浓度难降解有机废水。UBF 反应器目前在工程中的应用还较少，领域有待进一步拓展。需要解决的问题主要包括反应器的结构优化、颗粒污泥培养技术、填料价格昂贵等。

在制药废水处理方面，河南某药厂采用 UBF 法处理其废水，反应器高 12m、直径 8m，处理废水 200m³/d，COD 去除率达 77% 以上，取得了较好的效果。此外，该复合式厌氧反应器已用来处理维生素 C、双黄连粉针剂等制药废水。

③ ABR 法。厌氧折流板（anaerobic baffled reactor，ABR）反应器是美国 Stanford 大学 McCarty 和 Bachmann 等在 1982 年前后研制开发的一种新型高效

厌氧生物反应器。ABR 综合了多种第二代厌氧生物反应器的优点，属于分阶段多相厌氧生物处理工艺技术。

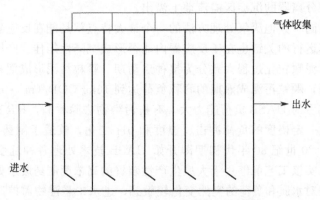

图 2-13　ABR（折流式厌氧反应器）示意

ABR 反应器的结构特点如图 2-13 所示。反应器被分隔成若干串联的反应室，整体近似于推流式，而各反应室内基质与微生物呈较完全混合状态；它不需要设置三相分离器，不同反应室的微生物易于形成独自的优势种群。

ABR 法目前实际应用还较少，其反应器构造的优化设计和参数有待进一步研究。试验表明用 ABR 法处理制药工业废水，COD 和 BOD_5 均达到了较高的去除效率。邱波等对 ABR 处理含有金霉素类抑制剂的高浓度制药废水进行了研究，发现当温度在 30～40℃范围内变化、容积负荷为 5.625kg COD/(m^3 · d)、HRT 为 53.3h 时，ABR 对 COD 的去除率为 75% 以上。

④ EGSB 法和 IC 法。厌氧膨胀颗粒污泥床（expanded granular sludge bed，EGSB）和厌氧内循环（internal circulation，IC）反应器都是在 UASB 的基础上发展起来的第三代厌氧生物反应器。EGSB 反应器可以在较低温度下处理较低浓度的有机废水，而 IC 反应器主要应用于处理高浓度有机废水。

EGSB 中的代表性工艺为 20 世纪 80 年代荷兰 BIOTHANE 公司首创的 Biobed EGSB 反应器，从 20 世纪 90 年代起逐渐在世界范围内开始应用。它利用外加的出水循环，使反应器内部形成约 8m/h 而远超过 UASB 反应器的上升流速，提高了反应器内基质与微生物之间的接触及反应。EGSB 能在 30kg COD/(m^3 · d) 的超高负荷下处理多种废水，适用于处理低温、低浓度和难处理的有毒废水。在制药废水处理方面，可用于抗生素废水的处理，对青霉素等含高硫酸盐的制药废水效果更佳。

IC 反应器由荷兰 PAQUES 公司在 20 世纪 80 年代中期研发成功。其特征是在反应器中设有两级三相分离器，污泥床在极高负荷的情况下依靠厌氧过程本身所产生的大量沼气运行。通过两级三相分离器实现 SRT 大于 HRT，获得高污泥浓度；通过大量沼气和内循环的搅动使泥水充分接触，获得良好的传质效果。整个反应器实现内部无动力循环，克服了 EGSB 反应器在较快的上流速度下颗粒污泥易流失的缺点。该技术去除有机物的能力远超过 UASB 等普通厌氧处理技术，而且 IC 反应器容积小、投资少、占地省、运行稳定，是一种值得推广的高效厌氧处理技术。

（3）厌氧-好氧组合处理工艺　直接采用好氧法处理高浓度有机废水，需要加入大量稀释水，同时增加了能耗；而厌氧处理虽然能够承受较高的有机物浓度和负荷且产能，但处理后的出水 COD 等难以达到排放要求且操作管理相对复杂。若串联组合应用厌氧、好氧工艺则可取得扬长避短的效果，还可达到脱氮除磷的目的，因而在工程实践中得到了广泛应用。

厌氧-好氧生物组合目前已成为处理制药废水等高浓度有机废水的主流工艺，包括厌氧-好氧活性污泥法（A/O 法）、厌氧-缺氧-好氧活性污泥法（anaerobic/anoxic/oxic，A^2/O 或 AAO 法）、厌氧-二级好氧活性污泥法（A/O^2 或 AOO 法）等。

用厌氧-好氧工艺处理制药废水，BOD_5、COD 等的去除率易于达标且处理效果稳定。各段反应池溶解氧（DO）的浓度范围为：厌氧池 0.2mg/L 以下，缺氧池 0.2～0.5mg/L 之间，好氧池宜为 2mg/L。DO 是影响有机物去除效果的一个重要因素，特别是在以除磷脱氮为目的的情况下，DO 浓度的控制显得尤为重要。

厌氧-好氧生物组合工艺的预处理方法选择应以适合后续厌氧处理为目的。近年来的研究表明，经过厌氧水解（酸化）即将厌氧处理控制在其第一阶段的过程后，废水的 COD 去除虽少，但可改变好氧条件下有些难降解有机物的化学结构，提高好氧生物的降解性能或废水的可生化性，有利于后续的好氧生物降解。

产酸菌因世代周期短，对温度及有机负荷的适应性均强于甲烷菌，能保证水解反应高效率稳定运行。因此，厌氧水解可以作为各种生化处理的预处理，在制药废水处理中以厌氧水解代替厌氧处理的水解酸化-好氧组合工艺得到了广泛应用；而后续的好氧处理一般多采用生物接触氧化工艺。

水解酸化反应器对废水的处理效率高、所需条件温和、造价及运行成本低、占地面积少，具有工程推广价值。例如，某生物制药厂采用水解酸化-二段式生物接触氧化工艺处理制药废水，运行稳定，有机物去除效果显著，COD、BOD_5 和 SS 的去除率分别为 90.7%、92.4% 和 87.6%。

（4）光合细菌处理法　光合细菌（photosynthesis bacteria，PSB）属于水圈微生物的一种，是地球上最早出现的具有原始光能合成体系的原核生物。PSB 可以利用光能（包括微弱的光照）进行光合作用，其中红假单胞菌属的许多菌株能以小分子有机物作为供氢体和碳源迅速增殖，从而具有分解和去除有机物的能力，这是 PSB 能够处理高浓度有机废水的原因所在。

在好氧、微好氧和厌氧条件下，PSB 法均可代谢有机物，对处理高浓度有机废水有着传统废水生物技术所无法比拟的优势。此外，PSB 法承受有机负荷越高处理效果越好、不产生沼气、受温度影响小、有除氮除盐能力、设备占地小、动力消耗少、投资低、处理过程中产生的菌体可用作饲料和肥料等。

应用 PSB 法时，要以处理的废水对菌种进行驯化、培育；又因 PSB 仅能利用有机酸、氨基酸、糖类及挥发性脂肪酸等小分子有机物，采用厌氧酸化预处理可使 PSB 的处理效果大为提高。

PSB 法可用来处理某些食品加工、化工和发酵等工业的废水。另有试验研究表明，利用 PSB 法处理中药废水，出水 COD 去除率达 90%，BOD 去除率达 95%。其建设投资较传统生物处理法节省 25% 以上，曝气能耗较传统生物法节省 70%～80%，而且产生的光合污泥回用可实现废水资源化处理。

2.1.5.2 制药废水物化处理技术与进展

物化技术一般用于高浓度、难降解制药废水的预处理或后续处理，必要时也作为主体处理工序应用，往往起到不可替代的作用。对于可生化性较差、生物毒性较强的制药废水，物化处理可提高可生化性、消除毒性；对于不能达标的生化处理出水，进一步对其进行物化处理的目的在于实现排放要求。

当然，对于高浓度制药废水来说，仅靠物化处理难以达标，且物化处理的设备和日常运转费用较高、操作管理较复杂等。对制药废水的物化处理技术仍有待深入研究。

根据制药废水的水质特点，目前应用的物化处理方法主要包括混凝、氧化絮凝、吸附、气浮、氨吹脱、离子交换和膜分离法等。

(1) 混凝法　混凝处理法为目前国内外普遍采用的一种水质处理方法，广泛用于制药废水的预处理及后续处理过程中。它是通过向废水中投加混凝剂，使其中的胶体微粒等发生凝聚和絮凝（合称混凝）从而相互聚结形成较大颗粒或絮凝体，进而从水中分离出来以净化废水的方法。混凝处理可去除废水中的细分散固体颗粒、乳状油及胶体物质等。

在制药废水处理中使用的混凝剂包括硫酸亚铁、三氯化铁、硫酸铝（AS）、聚合硫酸铁（PFS）、聚合磷酸铁（PFP）、聚合硅酸铁（PSF）、聚合硅酸硫酸铁（PFSS）、聚合氯化铁（PFC）、聚合氯化铝（PAC）、聚合硫酸铝（PASS）、聚合硫酸铁铝（PAFS）、聚合硫酸氯化铁铝（PAFCS）、聚丙烯酰胺（PAM，其中 CPAM 为阳离子聚丙烯酰胺，APAM 为阴离子聚丙烯酰胺）等。

混凝处理法一般先投加聚合硫酸铁（PFS）、聚合硫酸氯化铁铝（PAFCS）等无机絮凝剂，再加入少量的聚丙烯酰胺（PAM）等有机高分子絮凝剂，具体投加量按实际情况以达到经济实用的效果为佳。郑怀礼对中药制药废水的处理研究表明：每种絮凝剂都存在一最佳投药量，PFS 与 PAC 为 80～100mg/L，PFSS 为 1.0mg/L，PFS 较 PAC 有更好的絮凝效果；有机阳离子高分子絮凝剂可增强 PFS 与 PAC 的絮凝效果，而对 PFSS 影响不明显。

一般来讲，混凝剂的分子量越大，混凝活性就越高。近年来，混凝剂的发展方向是由低分子向聚合高分子发展，由功能单一型向复合型发展。

影响混凝效果的因素有水温、pH 值、浊度及硬度等。例如，聚合氯化硫酸铝和聚合氯化硫酸铁铝处理 COD_{Cr} 为 $1000\sim4000mg/L$ 的制药废水，其最佳工艺条件：pH 值 $6.0\sim7.5$、搅拌速度 $160r/min$、搅拌时间 $15min$、一次处理混凝剂投加量 $300mg/L$、沉降时间 $150min$，COD_{Cr} 去除率在 80% 以上；若分两次投药，处理效果更佳。

（2）氧化絮凝法　氧化絮凝是一项处理高浓度工业有机废水的新技术，通过电解催化氧化或 H_2O 与铁盐等催化氧化反应机制，产生具有极强氧化性的羟基自由基（HO·），借助 HO· 具有"攻击"有机物分子内高电子云密度部位的特点，使大部分微生物难降解的有机物迅速变为易分解的小分子有机物，甚至往往会被 HO· 彻底矿化为 CO_2 和 H_2O。进一步通过投加絮凝剂，将形成的絮状有机物分离去除。

该方法尤其适用于高浓度、难生物降解的工业有机废水的预处理，或经生化处理后达不到排放标准的工业废水的深度处理。这一方法对改善废水的可生化性效果显著，对 COD 等有机物的去除率一般可达 $20\%\sim40\%$。

（3）吸附法　吸附处理法是利用吸附剂（多孔性固体）吸附去除或吸附并回收废水中的某种或多种污染物，从而使废水得到净化的方法。

按机理有物理吸附、化学吸附和交换吸附之分。按接触、分离的方式可分为：①静态间歇吸附法，即将吸附剂投入反应池的废水中，使吸附剂和废水充分接触，经过一定时间达到吸附平衡后，利用沉淀法再借助过滤将其与废水分离；②动态连续吸附法，即当废水连续通过吸附剂填料时，吸附去除其中的污染物。

吸附法的单元操作分三步：①使废水和固体吸附剂接触，废水中的污染物被吸附剂吸附；②将吸附有污染物的吸附剂与废水分离；③吸附剂进行再生或更新。

常用的吸附剂有活性炭、活性煤、腐殖酸类、大孔吸附树脂等。炉渣、焦炭、硅藻土、褐煤、泥煤、黏土等虽为廉价吸附剂，但它们的吸收容量小，效率低。

在制药废水预处理中应用吸附法可取得经济、实用的效果。例如，武汉健民制药厂采用煤灰吸附-两级好氧生物工艺处理其废水，结果显示 COD 去除率达 41.1%，并提高了 BOD_5/COD 值。再如，使用煤灰或活性炭吸附处理生产中成药、米菲司酮、双氯灭痛、洁霉素、扑热息痛、维生素 B_6 等产生的废水，实用有效、投资小、操作简便，且处理后废水的 COD 浓度大幅度降低。

（4）气浮法　气浮法也称浮选法，是在废水中通入大量微细气泡，加压到 $345\sim483kPa$ 达饱和，使其黏附废水中的污染物；在气浮设备释放到常压时，黏合体密度因小于水而上浮到水面并被撇出，从而实现了固-液或液-液分离的废水净化过程。

气浮法包括布气气浮（IAF）、溶气气浮（DAF）、电解气浮、生物及化学气浮等多种形式，是用于处理含油废水与去除 TSS 的一种非常有效的方法。通常，气浮法作为对含油废水二级生物处理之前的预处理，以保证生物处理进水水质的相对稳定；或是作为二级生物处理后的深度处理，确保排放出水水质符合有关标准的要求。

由于分离效率高，并兼有向水中充氧曝气的作用，气浮法特别适用于处理低温、低浊、高藻、高色和受有机物污染的原水。工程应用研究表明，除分离污水中密度接近于水的微细悬浮颗粒状态的无机及有机悬浮物外，气浮法对于水中溶解性有机物也有一定的去除效果，还可以有效地用于活性污泥的浓缩。

在发酵及中药类制药废水处理中，常以气浮法作为预处理工序或后处理工序，主要用于含有高沸点溶剂或悬浮物废水的预处理，以提高处理效率，如庆大霉素、土霉素、麦迪霉素等废水的处理。庆大霉素废水经化学气浮处理后，COD 去除率可达 50% 以上，固体悬浮物去除率可达 70% 以上；又如新昌制药厂采用美国麦王 CAF® 涡凹气浮系统配合适当的药剂对制药废水进行预处理，COD 的平均去除率可达 25% 左右。

（5）氨吹脱 废水中的氨氮主要以铵盐和游离氨两种形态存在，吹脱法即是在一定条件下，将铵盐较充分地转化成游离氨，并采用空气迅速将其吹脱去除。

高浓度氨氮（NH_3-N）废水由于微生物受到 NH_3-N 的抑制作用，采用传统生化工艺处理效率低，同时氨氮废水多数含盐量大，很难进行生化处理，因而此类废水的去氨脱氮成为生物处理前预处理需要解决的关键问题。

例如，乙胺碘呋酮废水处理的赶氨脱氮法。又如，低温催化氧化 吹脱技术是在高效复合催化剂的催化作用下，将废水中的铵盐最大限度地转化为游离氨，同时减小废水中氨和其他混合气体中氨的分压，加快游离氨释出的解吸过程和传递速率，再配合专用设备进行低风压吹脱，使游离氨能够快速与废水分离。

（6）离子交换法 废水离子交换处理法是借助于离子交换剂中的交换离子同废水中的离子进行交换，从而去除废水中有害离子的方法。

其交换过程为：①被处理溶液中的某离子迁移到附着在离子交换剂颗粒表面的液膜中；②该离子通过液膜扩散（简称膜扩散）进入颗粒中，并在颗粒的孔道中扩散从而到达离子交换剂中交换基团的部位上（简称颗粒内扩散）；③该离子同离子交换剂上的离子进行交换；④被交换下来的离子沿相反途径转移到被处理的溶液中。

离子交换反应是瞬间完成的，而交换过程的速度主要取决于历时最长的膜扩散或颗粒内扩散。离子交换依当量关系进行，交换剂具有选择性，反应可逆。可应用于各种废水处理并去除或回收相关污染物质，具有广阔的前景。

（7）膜分离法　膜分离技术在各领域水处理中的应用越来越广泛，它能处理传统方法难以处理的或高浓度、生化性差的工业废水，COD 浓度的高低对其处理效果无太大影响。

膜分离技术具有两个功能：过滤分离和浓缩，它是纯物理过程。前已述及的膜生物反应器（membrane bioreactor，MBR）即为该技术与生物技术有机结合的新型废水处理工艺，在制药废水处理中已展现出广阔的应用前景。

膜的种类繁多，按分离机理进行分类有反应膜、离子交换膜、渗透膜等；按膜的性质分类有天然膜（生物膜）和合成膜（有机膜和无机膜）；按膜的结构型式分类有平板型、管型、螺旋型及中空纤维型等。

膜分离技术是最有发展潜力的高新技术之一，主要优点为设备简单、操作方便、易于实现自动化控制、无相变及化学变化、处理效率高、脱氮除磷效果好和节约能源等，但还存在膜组件价格高与膜污染等问题。若能利用天然物质或生物物质制备各种新型膜，则既经济又能消除二次污染。

可以预见，随着膜材料的改进和膜工艺的完善，21 世纪的膜工业和膜法水处理技术将会实现突飞猛进的发展。

2.1.5.3　制药废水化学处理技术与进展

化学处理方法有中和处理法、化学沉淀处理法、氧化还原处理法等。它能迅速、有效地去除废水中的多种剧毒和高毒等污染物，可作为前处理措施或生物处理后的三级处理，特别适用于生物处理法难以解决的一些污染物。但应注意过量使用某些化学试剂容易导致水体的二次污染。

近年来，在制药废水处理方面应用的化学法包括铁炭法、Fenton 试剂处理法、高级氧化技术、电解法等。

（1）铁炭法　Fe-C 技术因经济、稳定而被广泛地研究与应用。在酸性（pH值为 3～6）条件下，铁屑与炭粒形成无数微小原电池，释放出活性极强的新生态 ［H］从而与溶液中的许多组分发生氧化还原反应，同时产生较高活性的新生态 Fe^{3+}；随着水解反应进行，形成以 Fe^{3+} 为中心的胶凝体，从而达到对有机废水的降解效果。

实际运作表明，以 Fe-C 作为制药废水的预处理步骤，其出水的可生化性大大提高。在常温、常压下利用浸滤柱内加装活性炭-铁屑为滤层，以 Mn^{2+}、Cu^{2+} 作催化剂对四环素制药废水处理，结果证实活性炭具有较大的吸附作用，同时形成的 Fe-C 微电池将铁氧化成氢氧化铁絮凝剂，使固液分离、浊度降低。楼茂兴等采用铁炭-微电解-厌氧-好氧-气浮联合工艺处理甲红霉素、盐酸环丙沙星等医药中间体生产废水，COD 去除率达 20%。

（2）Fenton 试剂处理法　亚铁盐和 H_2O_2 的组合称为 Fenton 试剂，它能有效去除传统废水处理技术无法去除的难降解有机物。将紫外光（UV）、草酸盐

（$C_2O_4^{2-}$）等引入 Fenton 试剂中，更使其氧化能力大大加强。

在有紫外光的 Fenton 体系中，紫外光与铁离子之间存在着协同效应，使 H_2O_2 分解产生羟基自由基的速率大大加快，促进有机物的氧化去除。程沧沧等以 TiO_2 为催化剂、9W 低压汞灯为光源，用 Fenton 试剂对制药废水进行处理，取得了脱色率 100％、COD 去除率 92.3％的效果，而且硝基苯类化合物从 8.05mg/L 降至 0.41mg/L。

（3）高级氧化技术　高级氧化技术（AOPs）是国内外十多年来对难降解有机废水处理研究的重点方向，汇集了现代光、电、声、磁、材料等各相近学科的最新研究成果，主要包括化学氧化法、电化学氧化法、湿式氧化法、超临界水氧化法、光催化氧化法和超声降解法等。

AOPs 利用活性极高的自由基（如 HO·）氧化分解废水中的有机污染物，其标准氧化还原电位高达 2.8V，能与水体中的许多高分子有机物发生反应；同时，HO· 引发及传播自由基链反应，氧化分解废水中的有机污染物甚至直接降解、矿化，改善其生化性。

化学氧化法通过选择氧化剂、控制投加量和接触时间，几乎可以处理所有的污染物。如 Balcioglu 等对三种抗生素废水进行臭氧氧化处理的结果显示，不仅 BOD_5/COD 的值有所提高，而且 COD 的去除率均为 75％以上。臭氧氧化技术发展较快，在难生物降解废水的生物处理中用作预处理氧化技术，以使其转变成容易降解的有机化合物，但由于臭氧的发生装置和臭氧处理装置还存在低效、价高的问题，对高浓度废水的处理并不经济。

光催化氧化技术利用光激发氧化将 O_2、H_2O_2 等氧化剂与光辐射相结合，主要包括 UV-H_2O_2、UV-O_2 等工艺，可以用于处理污水中的 $CHCl_3$、CCl_4、多氯联苯等难降解物质。紫外光催化氧化技术具有新颖、高效、对废水无选择性等优点，尤其适用于不饱和烃的降解，且反应条件也比较温和、无二次污染，具有很好的应用前景。

作为一种新型处理方法的超声波与紫外线、热、压力等处理方法相比，对有机物的处理更直接、对设备的要求更低，正受到越来越多的关注。肖广全等用超声波-好氧生物接触法处理制药废水，在超声波处理 60s、功率 200W 的情况下，废水的 COD 总去除率达 96％。

超临界水氧化法在水的超临界状态下，通过氧化剂（氧气、臭氧等）完全氧化有机物，反应温度高、速度快，可在几秒钟内将有机物氧化成 CO_2 和 H_2O。但对反应器材料要求也高，目前还未能找到一种理想的能长期耐腐蚀、耐高温和耐高压的反应器材料。

其他利用高能电子发生装置或脉冲发生装置产生的电能电子束与水分子碰撞、形成激发态从而发生氧化降解作用的处理技术，去除率高、设备占地小、操作简单，但各种发生装置的技术要求高且价格昂贵，有的还需要特殊的防护措施，若要真正投入运行还需进行大量研究。

（4）电解法　废水电解处理法是应用电解的基本原理，使废水中有害物质通过电解转化成为无害物质以实现净化的方法。废水电解处理包括电极表面电化学作用、间接氧化和间接还原、电浮选和电絮凝等过程，分别以不同的作用去除废水中的污染物。

其主要优点有：①使用低压直流电源，不必大量耗费化学药剂；②在常温、常压下操作，管理简便；③如废水中污染物浓度发生变化，可以通过调整电压和电流的方法，保证出水水质稳定；④处理装置占地面积不大。但在处理大量废水时电耗和电极金属的消耗量较大，分离的沉淀物不易处理利用，主要用于含铬废水和含氰废水的处理。

该法处理废水因具有高效、易操作等优点而得到人们的重视，同时电解法又有很好的脱色效果。李颖采用电解法预处理核黄素上清液，COD、SS 和色度的去除率分别达到 71%、83% 和 67%。

2.1.5.4　其他组合处理技术与进展

制药废水处理的各种方法（物理法、化学法、物化法和生化法）均有其优势和不足，处理效果和应用目的也有区别，故在各种处理方法改进的基础上加以合理地组合应用尤为必要。充分考虑处理目标、处理效率、处理成本的综合平衡，具体分析各类废水的特性，选择针对性强及多种方法组合处理应为制药废水处理实际工作中遵循的基本原则。

前述内容中很多已涉及废水处理方法的组合运用。厌氧-好氧生物组合作为目前处理制药废水的主流工艺已重点予以了介绍，进一步的组合处理方法归纳如下：

（1）物理法与生物法组合包括：①物理法与好氧生物处理组合；②物理法与厌氧生物处理组合；③物理法与组合生物处理组合。

（2）化学法与生物法组合包括：①化学法与好氧生物处理组合；②化学法与厌氧生物处理组合；③化学法与组合生物处理组合。

（3）物化法与生物法组合包括：①物化法与好氧生物处理组合；②物化法与厌氧生物处理组合；③物化法与组合生物处理组合。

近些年来，结合各种单元处理方法的改进与发展，制药废水组合处理工艺的研究成果在工程实践中得到了广泛应用。其中，物化法与生化法的组合应用研究较为活跃。

例如，赵庆良等采用加压溶气气浮-完全混合推流式活性污泥工艺处理某厂制药废水，技术可行、灵活稳定。杨志勇等采用气浮-SBR-滤池工艺处理制药废水，耐冲击负荷能力高、不产生污泥膨胀、出水 $COD \leqslant 100mg/L$、$BOD_5 \leqslant 30mg/L$、$SS \leqslant 70mg/L$，而且该工艺运行费用较低、操作简单、易于维护。赵艳锋等采用接触氧化-气浮-多级生化处理组合工艺处理高浓度制药废水，系统COD、SS、BOD$_5$去除率分别达95.7％、96.8％、99.8％，具有处理效率高、抗冲击负荷强、运行稳定等优点。肖利平等采用微电解-厌氧水解酸化-序批式活性污泥法（SBR）串联工艺处理化学合成制药废水，该工艺对废水水质、水量的变化具有较强的耐冲击能力，COD去除率达86％~92％。

其他如气浮-UBF-CASS工艺处理高浓度中药提取废水、气浮-水解-接触氧化工艺处理化学制药废水、复合微氧水解-复合好氧-砂滤工艺处理抗生素废水、厌氧-好氧-气浮过滤及吸附-混凝-高级化学氧化法处理制药废水等都取得了较好的处理效果。

2.1.6　制药废水处理后的达标排放

污染物排放标准是为实现环境质量目标，结合技术、经济条件和环境特点，对排入环境中的污染物或有害因子所作出的控制规定即排放的极限值。它是控制污染源的重要手段和实现环境质量的重要保障。近些年来，我国相继发生了诸如太湖蓝藻、松花江事件以及云南滇池、淮河流域等环境污染事故，国家已启动了包括长江、黄河、淮河、海河等六个流域的项目限批，这些区域的污水排放COD标准限制在50mg/L以内，这也将引导未来新建企业选择建厂厂址。

在我国，制药工业被列入环保治理的12个重点行业之一，原因在于：①制药生产原材料投入量大、产出比小，大部分物料最终形成废弃物从而导致比较突出的污染问题；②制药过程中产生的有机废水是环境的主要污染源；③产品种类繁多，仅化学合成类我国现已能生产原料药1500多种、制剂34种剂型约4000多个品种，并且医药产品更新快、生产规模小且过程复杂，导致治污难度加大。

2.1.6.1　制药工业水污染物排放标准的制定原则

国家环境安全的重要方针之一是将行业污染物排放标准作为源头控制依据。美国于1976年11月率先专门针对制药工业生产企业制定了相应的污染物排放指南与标准。随着我国制药工业的发展，制药工业污染物按照《污水综合排放标准》（GB 8978—1996）已不能适应制药企业的发展和国家环境管理的需要。《制药工业水污染排放标准》于2008年8月1日起开始实施，其制定原则包括以下方面。

（1）遵循国家有关的法规和各项技术政策，符合制药工业的产业结构调整和发展趋势，适应新形势下的环境管理需要。

（2）体现标准的科学性、先进性和可操作性。以当前我国推行的重点环保实用技术以及制药工业已采用的先进污染防治技术为基点，结合当前我国制药工业的产品种类、污染物排放现状和企业管理水平，控制指标和标准值建立在一定的经济可行的生产技术和污染防治措施基础上。同时借鉴国外经验，注重与国外标准接轨。

(3) 标准值的确定以推行企业清洁生产为前提。新建项目（包括改、扩建项目）应采用新技术、新工艺，充分考虑循环利用，减少物耗，控制生产全过程最小量化产生污染物。

(4) 浓度控制与总量控制相结合的原则。即不仅要有浓度标准，还要有总量控制标准。对于废水排放，设置两种控制指标，即最高允许排放浓度和单位产品基准排水量。最高允许排放浓度规定废水中污染物允许排放的最高浓度限值，该指标可控制废水瞬时排放的浓度；为控制污染物排放总量，标准中同时规定单位产品基准排水量，以避免企业简单地采用稀释的方式来达到浓度限值。每一制药生产企业的废水排放都必须同时符合这两种限值要求。

(5) 分类指导原则。体现新建企业与现有企业的区别，强调对新建企业的控制；给现有企业一定时间的过渡期。为了保护环境敏感地区，对环境敏感区内制药企业的污水排放制定更为严格的标准，以确保环境敏感地区的环境和生态质量。

(6) 国家排放标准和地方排放标准相结合。国家排放标准中，排放指标限值不与环境质量的功能区类别直接挂钩，即标准不分级。当执行国家标准不能满足当地环境功能要求时，省（直辖市）政府可以制定严于国家标准的地方标准。

(7) 直接排入环境水体的废水，执行排放标准。排入设置二级或二级以上城镇污水处理厂城镇下水管网的废水，应符合污水处理厂的进水水质要求。

(8) 定量与定性相结合原则。对易于定量的，制定具体的标准值进行控制；对不易定量的，则提出定性的规定与要求，这些定性规定与要求同样具有约束力。

2.1.6.2 制药工业水污染物排放标准的指标限值

制药工业水污染物排放标准除控制常规因子外，还要针对各类制药生产的具体情况，对特征污染因子加以控制，否则也将对生态环境和人体健康造成严重危害。制药工业水污染物排放标准的控制指标包括以下三类。

(1) 常规污染物　TOC、COD、BOD_5、SS、pH、氨氮、色度、急性毒性。

(2) 特征污染物　总汞、总镉、烷基汞、六价铬、总砷、总铅、总镍、总铜、总锌、氰化物、挥发酚、硫化物、硝基苯类、苯胺类、二氯甲烷。

(3) 总量控制指标　单位产品基准排水量。《制药工业水污染排放标准》对新建制药企业提高了行业环保的准入门槛，对现有制药企业废水排放有期限地要求达到愈加严格的限值标准；而在国土开发密度较高、环境承载能力开始减弱或环境容量较小、生态环境脆弱从而容易发生严重水环境污染问题、需要采取特别保护措施的地区，现有和新建制药企业均应执行水污染物特别排放限值。现有、新建、特别排放三类制药企业执行的主要指标的具体限值标准以及单位产品基准排水量参见表2-4～表2-6。

表 2-4　制药工业一些主要水污染物排放限值　　　单位：mg/L

制药废水类别	排放点源分类	悬浮物(SS)	生化需氧量(BOD$_5$)	化学需氧量(COD$_{Cr}$)	氨氮(以 N 计)	总有机碳(TOC)	注
发酵类	现有企业	100	60(50)	200(180)	50(45)	60(50)	见表 2-6
	新建企业	60	40(30)	120(100)	35(25)	40(30)	
	特别排放	10	10	50	5	15	
化学合成类	现有企业	70	40(35)	200(180)	40(30)	60(50)	见表 2-5
	新建企业	50	25(20)	120(100)	25(20)	35(30)	
	特别排放	10	10	50	5	15	
提取类	现有企业	70	30	150	20	50	500m³/t
	新建企业	50	20	100	15	30	
	特别排放	10	10	50	5	15	
中药类	现有企业	70	30	130	30	30	300m³/t
	新建企业	50	20	100	8	25	
	特别排放	15	15	50	5	20	
生物工程类	现有企业	70	30	100	15	30	见表 2-6
	新建企业	50	20	80	10	30	
	特别排放	10	10	50	5	15	
混装制剂类	现有企业	50	20	80	15	30	300m³/t
	新建企业	30	15	60	10	20	
	特别排放	10	10	50	5	15	

注：1. 括号内数值适用于同时生产该类产品原料药和混装制剂的联合生产企业。

2. 备注栏为规定的单位产品基准排水量，其计量位置应与污染物排放监控位置一致。

表 2-5　化学合成类制药工业单位产品基准排水量　　　单位：m³/t

序号	药物种类	代表性药物	单位产品基准排水量
1	神经系统类	安乃近	88
		阿司匹林	30
		咖啡因	248
		布洛芬	120
2	抗微生物感染类	氯霉素	1000
		磺胺嘧啶	280
		呋喃唑酮	2400
		阿莫西林	240
		头孢拉定	1200
3	呼吸系统类	愈创木酚甘油醚	45
4	心血管系统类	辛伐他汀	240
5	激素及影响内分泌类	氢化可的松	4500
6	维生素类	维生素 E	45
		维生素 B$_1$	3400
7	氨基酸类	甘氨酸	401
8	其他类	盐酸赛庚啶	1894

表 2-6　发酵及生物工程类制药工业单位产品基准排水量

类别		代表性药物	单位产品基准排水量/(m³/t)
发酵类	抗生素 β-内酰胺类	青霉素	1000
		头孢菌素	1900
		其他	1200
	四环类	土霉素	750
		四环素	750
		去甲基金罗霉素	1200
		金霉素	500
		其他	500
	氨基糖苷类	链霉素、双氢链霉素	1450
		庆大霉素	6500
		大观霉素	1500
		其他	3000
	大环内酯类	红霉素	850
		麦白霉素	750
		其他	850
	多肽类	卷曲霉素	6500
		去甲万古霉素	5000
		其他	5000
	其他类	洁霉素、阿霉素、利福霉素等	6000
	维生素	维生素 C	300
		维生素 B₁₂	115000
		其他	30000
	氨基酸	谷氨酸	80
		赖氨酸	50
		其他	200
	其他发酵类		1500
生物工程类①	细胞因子②、生长因子、人生长激素		80000
	治疗性酶③		200
	基因工程疫苗		250
	其他生物工程类		80

① 生物工程类单位产品基准排水量单位为 m³/kg 产品。

② 细胞因子主要指干扰素类、白介素类、肿瘤坏死因子及相类似药物。

③ 治疗性酶主要指重组溶栓剂、重组抗凝剂、重组抗凝血酶、治疗用酶及相类似药物。

2.1.6.3　制药工业水污染物排放标准的分类

制药工业水污染物排放标准按照产品、生产路线分为六类。

（1）《发酵类制药工业水污染物排放标准》（discharge standards of water pollutants for pharmaceutical industry fermentation products category）（GB 21903—2008）自 2008 年 8 月 1 日起实施，本标准适用于发酵类制药工业企业的水污染防治和管理，以及发酵类制药工业建设项目的环境影响评价、环境保护设施设计、竣工环境保护验收及其投产后的水污染防治和管理。本标准也适用于与发酵类药物结构相似的兽药生产企业的水污染防治与管理。

(2)《化学合成类制药工业水污染物排放标准》（discharge standards of water pollutants for pharmaceutical industry chemical synthesis products category）（GB 21904—2008）自 2008 年 8 月 1 日起实施，本标准适用于化学合成类制药工业企业的水污染防治和管理，以及化学合成类制药工业建设项目环境影响评价、环境保护设施设计、竣工环境保护验收及其投产后的水污染防治和管理；也适用于专供药物生产的医药中间体工厂（如精细化工厂）的水污染防治与管理。本标准也适用于与化学合成类药物结构相似的兽药生产企业的水污染防治与管理。

(3)《提取类制药工业水污染物排放标准》（discharge standard of water pollutants for pharmaceutical industry extraction products category）（GB 21905—2008）自 2008 年 8 月 1 日起实施，适用于提取类制药工业企业的水污染防治和管理，以及提取类制药工业建设项目的环境影响评价、环境保护设施设计、竣工环境保护验收及其投产后的水污染防治和管理。本标准也适用于与提取类制药生产企业生产药物结构相似的兽药生产企业的水污染防治和管理。

本标准适用于不经过化学修饰或人工合成提取的生化药物、以动植物提取为主的天然药物和海洋生物提取药物生产企业；不适用于用化学合成、半合成等方法制得的生化基本物质的衍生物或类似物、菌体及其提取物、动物器官或组织及小动物制剂类药物的生产企业。

(4)《中药类制药工业水污染物排放标准》（discharge standard of water pollutants for pharmaceutical industry Chinese traditional medicine category）（GB 21906—2008）自 2008 年 8 月 1 日起实施，适用于中药类制药工业企业的水污染防治和管理，以及中药类制药工业建设项目的环境影响评价、环境保护设施设计、竣工环境保护验收及其投产后的水污染防治和管理。

本标准适用于以药用植物和药用动物为主要原料、按照国家药典生产中药饮片和中成药各种剂型产品的制药工业企业；本标准也适用于藏药、蒙药等民族传统医药制药工业企业以及与中药类药物相似的兽药生产企业的水污染防治与管理。当中药类制药工业企业提取某种特定药物成分时，应执行提取类制药工业水污染物排放标准。

(5)《生物工程类制药工业水污染物排放标准》（discharge standards of water pollutants for pharmaceutical industry bio-pharmaceutical category）（GB 21907—2008）自 2008 年 8 月 1 日起实施，适用于生物工程类制药工业企业的水污染防治和管理，以及生物工程类制药工业建设项目的环境影响评价、环境保护设施设计、竣工环境保护验收及其投产后的水污染防治和管理。

本标准适用于采用现代生物技术方法（主要是基因工程技术等）制备作为治疗、诊断等用途的多肽和蛋白质类药物、疫苗等药品的企业；不适用于利用传统微生物发酵技术制备抗生素、维生素等药物的生产企业。生物工程类制药的研发机构可参照本标准执行。本标准也适用于利用相似生物工程技术制备兽用药物的企业的水污染物防治与管理。

（6）《混装制剂类制药工业水污染物排放标准》（discharge standard of water pollutants for pharmaceutical industry mixing/compounding and formulation category）（GB 21908—2008）自 2008 年 8 月 1 日起实施，适用于混装制剂类制药工业企业的水污染防治和管理，以及混装制剂类制药工业建设项目的环境影响评价、环境保护设施设计、竣工环境保护验收和建成投产后的水污染防治和管理。通过混合、加工和配制，将药物活性成分制成兽药的生产企业的水污染防治和管理也适用于本标准。本标准不适用于中成药制药企业。

2.1.6.4　制药工业水污染物项目的分析方法

应按照制药工业水污染物排放标准中规定的方法测定，如化学合成类制药废水中的污染物项目分析方法见表 2-7。其他类别废水详见《制药工业水污染物排放标准》。

表 2-7　化学合成类制药废水中的污染物项目分析方法

序号	污染物项目	分析方法标准名称	方法标准编号
1	pH 值	水质　pH 值的测定　玻璃电极法	GB 6920—1986
2	色度	水质　色度的测定	GB 11903—1989
3	悬浮物	水质　悬浮物的测定　重量法	GB 11901—1989
4	化学需氧量	水质　化学需氧量的测定　重铬酸盐法	GB 11904—1989
		高氯废水化学需氧量的测定　氯气校正法	HJ/T 70—2001
		高氯废水化学需氧量的测定　碘化钾碱性高锰酸钾法	HJ/T 132—2003
5	五日生化需氧量	水质　五日生化需氧量（BOD$_5$）的测定　稀释与接种法	GB 7488—1987
6	总氮	水质　总氮的测定　碱性过硫酸钾消解紫外分光光度法	GB 11894—1989
		水质　总氮的测定　气相分子吸收光谱法	HJ/T 199—2005
7	总磷	水质　总磷的测定　钼酸铵分光光度法	GB 11893—1989
8	氨氮	水质　铵的测定　蒸馏和滴定法	GB 7479—1987
		水质　铵的测定　蒸馏和滴定法	GB 7481—1987
		水质　铵的测定　纳氏试剂比色法	GB 7478—1987
		水质　氨氮的测定　气相分子吸收光谱法	HJ/T 195—2005
9	总有机碳	水质　总有机碳（TOC）的测定　非色散红外线吸收法	GB 13193—1991
		水质　总有机碳的测定　燃烧氧化-非分散红外吸收法	HJ/T 71—2001
10	急性毒性	水质　急性毒性的测定　发光细菌法	GB/T 15441—1995
11	总汞	水质　总汞的测定　冷原子吸收分光光度法	GB 7468—1987
12	总镉	水质　铜、锌、铅、镉的测定　原子吸收分光光度法	GB 7475—1987
13	烷基汞	水质　烷基汞的测定　气相色谱法	GB 14204—1993
14	六价铬	水质　六价铬的测定　二苯碳酰二肼分光光度法	GB 7447—1987
15	总砷	水质　总砷的测定　二乙基二硫代氨基甲酸银分光光度法	GB 7485—1987
16	总铅	水质　铜、锌、铅、镉的测定　原子吸收分光光度法	GB 7475—1987
17	总镍	水质　总镍的测定　丁二酮肟分光光度法	GB 11910—1989
		水质　总镍的测定　火焰原子吸收分光光度法	GB 11912—1989

续表

序号	污染物项目	分析方法标准名称	方法标准编号
18	总铜	水质 铜、锌、铅、镉的测定 原子吸收分光光度法	GB 7475—1987
		水质 铜的测定 二乙基二硫代氨基甲酸钠分光光度法	GB 7474—1987
19	总锌	水质 锌的测定 双硫腙分光光度法	GB 7472—1987
		水质 铜、锌、铅、镉的测定 原子吸收分光光度法	GB 7475—1987
20	总氰化物	水质 氰化物的测定 第一部分 总氰化物的测定	GB 7486—1987
21	挥发酚	水质 挥发酚的测定 蒸馏 4-氨基安替比林分光光度法	GB 7490—1987
22	硫化物	水质 硫化物的测定 亚甲基蓝分光光度法	GB/T 16489—1996
		水质 硫化物的测定 直接显色分光光度法	GB/T 17133—1997
23	硝基苯类	水质 硝基苯、硝基甲苯、硝基氯苯、二硝基甲苯的测定 气相色谱法	GB 13194—1991
24	苯胺类	水质 苯胺类化合物的测定 N-(1-萘基)乙二胺偶氮分光光度法	GB 11889—1989
25	二氯甲烷	水质 挥发性卤代烃的测定 顶空气相色谱法	GB/T 17130—1997

2.1.6.5 国外制药工业相关标准概况

美国制药工业发达，当前占有全球第一的医药产品市场份额，美国也最早专门针对制药工业生产企业制定了相应的污染物排放指南与标准。如图 2-14 所示。

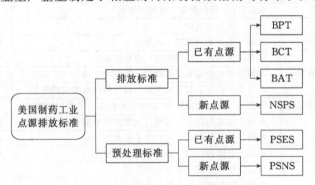

图 2-14 美国制药工业点源排放标准

美国制药工业点源排放标准按照处理后水的出路分为排放标准和预处理标准。其中，排放标准是指制药企业直接排入水域所必须遵守的标准，并按新点源和已有点源两种情况分为 BPT（应用现有最佳实用控制技术的排放标准）、BCT（应用最佳常规污染物控制技术的排放标准）、BAT（应用最经济可行的技术的排放标准）和 NSPS（新点源排放标准）四类；预处理标准指处理出水进入公共污水处理厂时需要达到的进水水质标准，分为 PSES（现有点源预处理标准）和 PSNS（新点源预处理标准）。

根据生产工艺，美国将制药工业企业分为五个类别，即：发酵产品类（A类）、提取产品类（B类）、化学合成类（C类）、混装制剂类（D类）、研究类（E类），针对每一类别的生产工艺及特点分别制定污染物控制指标，共规定了

43 种污染物控制因子。

世界银行于 1998 年 7 月发布的《污染预防与消除手册》中规定了制药企业废气、废水及固体废物的排放标准指南；其中的规定不具有强制性，但有一定的指导意义。

此外，欧盟虽然没有针对制药工业的污染控制标准，但在《污染综合防治指令》（IPPC 指令）中按六大行业（能源工业、金属制造加工业、采矿加工业、化学工业、废物管理和其他）设立了排放限值，而在《某些工艺和工业装置的有机溶剂排放限制》中对制药工业有机溶剂的排放作出了规定。

2.2　发酵与生物工程类制药废水处理

按生物工程学科范围，生物工程可分为发酵工程、细胞工程、蛋白质与酶工程、基因工程四类。但由于发酵类制药生产历史悠久、工艺成熟、应用广泛，加之抗生素等发展迅速，发酵类制药已经成为制药工业的一个独立门类。生物工程类制药则指利用微生物、寄生虫、动物毒素、生物组织等，采用现代生物技术方法（主要是基因工程技术等）生产的作为预防、治疗、诊断等用途的多肽和蛋白质类药物、疫苗等产品的过程，包括基因工程药物、基因工程疫苗、克隆工程药物等。

发酵类制药指通过发酵的方法产生抗生素或其他活性成分，然后经过分离、纯化、精制等工序生产出药物的过程，产品种类可分为抗生素类、维生素类、氨基酸类和其他类。发酵类制药中，抗生素生产占据特殊地位。抗生素无论是其医疗作用和影响，还是其品种、产量以及生产工艺特点等都具有代表意义，故本节以抗生素生产废水的处理为主要内容。

2.2.1　发酵类制药生产概况

抗生素（antibiotics）是微生物在其生命过程中（或利用化学、生物或生化方法）产生的生物活性物质，具有在低浓度下选择性抑制或杀灭他种微生物或肿瘤细胞能力的作用，是人类控制感染性疾病、保障身体健康的重要药物。抗生素种类繁多、生产方式多样，其中以发酵形式的生产为主，也是目前发酵类制药中消耗较多的品种。用于临床或其他用途的抗生素类药物主要有 β-内酰胺类、四环类、氨基糖苷类、大环内酯类、多肽类以及其他类等 6 个种类，数百个品种。我国自 20 世纪 50 年代初开始生产抗生素，现已成为主要的抗生素生产国之一，生产企业 300 多家，可生产 70 多个品种，产量占全球的 20%～30%。

抗生素生产过程中仍有许多技术难点，如发酵液中抗生素得率仅为 0.1%～3%，且分离提取率仅为 60%～70%，因此存在着原料利用率低、提炼纯度低、废水中残留抗生素含量高等诸多问题。而每生产 1t 产品，排放的高浓度废水就达 150～850m³，因此造成严重的环境污染。

2.2.2 发酵类制药废水的特性

发酵类制药是通过微生物的生命活动,产生可以作为药物或药物中间体的物质,再通过各种方法将它们分离出来的过程。此类物质包括抗生素、维生素、氨基酸、核酸、有机酸、辅酶、酶抑制剂、激素、免疫调节物质等。

发酵类制药废水污染源主要来自菌渣的分离、药物的提取和精制、溶剂的回收及设备、地面冲洗水等产生过程,如图2-15所示。根据调研资料,发酵类抗生素生产的废水污染物浓度高、水量大,废水中所含成分主要为发酵残余物、破乳剂和残留抗生素及其降解物,还有抗生素提取过程中残留的各种有机溶剂和一些无机盐类等。其废水成分复杂、碳氮营养比例失调(氮源过剩),硫酸盐、悬浮物含量高,废水带有较重的颜色和气味,易产生泡沫,含有难降解物质、抑菌作用的抗生素并且有毒性等,从而导致生化降解困难。发酵类抗生素生产过程排放的废水可以分为以下四类。

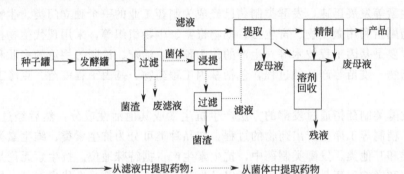

图2-15 发酵类制药工艺流程及废水排放点

(1) 生产过程排水是最主要的一类废水,包括废滤液(从菌体中提取药物)、废母液(从滤液中提取药物)、其他母液、精制纯化过程的溶剂回收残液等,如图2-15所示。该类废水最显著的特点是浓度高、酸碱性及温度变化大、含有药物残留。虽然水量未必很大,但是污染物含量高,在全部废水中COD_{Cr}比例高、处理难度大。

(2) 辅助过程排水包括工艺冷却水(如发酵罐、消毒设备冷却水)、动力设备冷却水(如空气压缩机、制冷机冷却水)、循环冷却水、系统排污、水环真空设备排水、去离子水制备过程排水、蒸馏(加热)设备冷凝水等。此类废水污染物浓度低,但水量大且季节性强、企业间差异大,也是近年来企业节水的目标。需要注意的是,一些水环真空设备的排水中溶剂、COD_{Cr}含量很高。

(3) 冲洗水包括容器设备冲洗水(如发酵罐的冲洗废水等)、过滤设备冲洗水、树脂柱(罐)冲洗水、地面冲洗水等。其中,过滤设备冲洗水(如板框过滤机、转鼓过滤机等过滤设备冲洗水)中污染物浓度也相当高,废水中主要是悬浮物；树脂柱（罐）冲洗水量比较大，初期冲洗水中污染物浓度高，并且酸碱性变化较大，也是一类主要废水。

（4）生活污水与企业的人数、生活习惯、管理状态有关，但不是主要废水。

通过以上分析可知，发酵类制药废水中水量最大的是辅助过程排水，COD_{Cr}产生量最大的是直接工艺排水，冲洗水也是不容忽视的重要废水污染源。其特点可以归纳为以下几点。

① 排水点多，高、低浓度废水若单独排放，有利于清污分流，分类处理。

② 高浓度废水间歇排放，酸碱性及温度变化较大，需要较大的收集调节装置。

③ COD_{Cr}含量高。该类高浓度废水的 COD_{Cr} 含量一般在 10000mg/L 以上，主要为发酵残余基质及营养物、溶剂提取过程的萃取余液、蒸馏釜残液、离子交换过程中排出的吸附废液、发酵过滤液及染菌倒罐废液等。表 2-8 列出了几种发酵类制药废水的水质情况。

表 2-8 几种发酵类制药废水（废母液）的水质情况

废水来源	主要水质指标/(mg/L)				
	COD_{Cr}	BOD_5	TN	SS	SO_4^{2-}
青霉素	约 27800	约 14900			约 7000
维生素 C	30000		约 3898	约 3469	
D-核糖	92000	39000			
赖氨酸	25600	16800	2028		15000
维生素 B_{12}	68500~114000	44200~73500		5220	2500~2900

④ 碳氮比低。发酵过程中为满足发酵微生物次级代谢过程的需要，一般控制生产发酵的 C/N 为 4:1 左右，这样废发酵液中的 BOD_5/N 一般在 1~4 之间，与废水处理微生物的营养要求相差甚远，严重影响微生物的生长与代谢，不利于提高废水生物处理的负荷及效率。

⑤ 含氮量高。主要以有机氮和氨态氮的形式存在，发酵废水经生物处理后氨氮指标往往不理想，并且在一定程度上影响 COD_{Cr} 的去除。

⑥ 悬浮物（SS）浓度高。抗生素废水中 SS 主要为发酵的残余培养基质和发酵产生的微生物丝菌体，如庆大霉素废水 SS 为 8000mg/L 左右，青霉素废水为 3000~23000mg/L。

⑦ 硫酸盐浓度高。由于硫酸铵是发酵的氮源之一，硫酸是提炼和精制过程中重要的 pH 调节剂，硫酸铵和硫酸的大量使用，造成很多发酵制药废水的硫酸盐浓度高，如链霉素生产废水中硫酸盐含量为 3000mg/L 左右，最高可达 5500mg/L，青霉素生产废水为 5000mg/L 以上，给废水的厌氧处理带来困难。

⑧ 废水中含有微生物难以降解甚至对微生物有抑制作用的物质。发酵或者提取过程中因生产需要投加的有机或无机盐类，如破乳剂 PPB（十二烷基溴化

吡啶）、消泡剂（聚氧乙烯丙乙烯甘油醚等）、黄血盐、草酸盐、残余溶剂（甲醛、甲酚、乙酸丁酯等有机溶剂）和残余抗生素及其降解物等，这些物质在废水中达到一定浓度时会对微生物产生抑制作用。资料表明，废水中青霉素、链霉素、四环素、氯霉素浓度低于 100mg/L 时，不会影响好氧生物处理，而且可被生物降解，但当其浓度大于 10mg/L 时会影响好氧污泥活性，降低处理效果。而卡拉皮辛等认为青霉素、链霉素浓度为 500mg/L 时，不抑制好氧活性污泥的呼吸。园田等认为青霉素、链霉素、卡那霉素浓度低于 5000mg/L 时，对厌氧发酵没有影响。张希蘅等的研究表明草酸浓度低于 5000mg/L 时，厌氧消化基本不受抑制，超过 12500mg/L 时消化过程完全被抑制。甲醛对厌氧消化的临界毒物浓度为 400mg/L（连续法）等。许多研究者做过各种抑制物容许浓度的试验，结果颇有参差，这与所用微生物的种群、驯化情况及具体试验条件有关。

⑨ 成分复杂，pH 易波动。抗生素废水中含有中间代谢产物、表面活性剂和提取分离中残留的高浓度酸、碱和有机溶剂等原料，成分复杂。易引起 pH 波动，影响生化效果。

⑩ 发酵生物制药废水一般色度较高。这给废水处理过程的脱色带来困难，致使一般废水处理工艺的色度指标不够理想。

2.2.3　发酵类制药废水处理的工程设计

2.2.3.1　废水处理工程设计的主要环节

废水处理工程设计包括的主要环节有：①确定废水的水质、水量、排放规律和环境质量要求；②合理地划分废水处理系统；③确定废水处理流程；④做好废水处理场的总体设计，处理好平面高程、预留发展的关系。

（1）确定废水的水质、水量、排放规律和环境质量要求　废水的水量和水质一般经设计计算确定。为了使水质、水量更加准确，还应参照同类工厂或地区的实际运行数据进行补充、修正后确定，这样更加符合实际情况。

废水的水量应根据废水来源，如生产污水、生活污水、污染雨水、清净废水、未预见水量等分别计算。同时还要了解废水排放规律是连续排放还是间歇排放，其平均流量和最大流量分别是多少，最大流量时持续时间有多长，发生事故时排水情况和跑、冒、滴、漏的概率及严重程度等，以便合理地确定废水处理工程设计的规模。

废水的水质更应该参照同类企业的实际运行数据，特别对主要污染物和影响处理效果的污染物，应以实际运行数据为主。对水质的物理指标、化学指标和生物指标，力求全面准确。

设计前还应该搜集地方性水质排放标准，严格按照批准的《环境影响报告书》中对环境质量的要求，如排放标准、污染物排放总量等，确定废水处理工程设计的最终目标值。

（2）合理划分废水处理系统　为了做到按质分类处理废水，应将废水处理系统按照污染物的性质、浓度和处理后水质的要求，经技术经济比较后合理地划分。一个城市或地区除有排放综合性废水及生活污水的社区外，还有排放各种各样工业废水的企业、单位，如对于一个工业区的污水处理厂来说，不同类型的工厂排出的生产废水，必须在各厂中进行预处理，达到总污水处理厂的进水指标后，再进入工业区的集中污水处理厂，经统一处理后达标排放。

（3）确定废水处理工艺流程　确定废水处理工艺流程是废水处理工程设计最核心的环节，技术水准要求高，影响制约因素多，除参考同类性质废水处理的典型流程外，必要时还应补充一些实验，对处理效果进行验证。在确定工艺流程的过程中，应注意以下几个方面。

① 首先应衡量污水的生物降解性质。对那些难以生物降解或不能生物降解的污水，应采用物理或化学方法处理；可生物降解的污水则用生物法处理。

② 按照污水浓度选择合适的生物处理方法。浓度低的污水采用好氧生物法处理；浓度较高的污水采用厌氧生物处理，经厌氧处理还达不到处理要求的，仍需进一步进行好氧生物处理。一般情况下，污水中 COD_{Cr} 高于 1000mg/L 时，要达到同样的处理深度，采用厌氧或厌氧＋好氧生物法处理要比采用好氧法处理在经济上更为合适，而且 COD_{Cr} 值越高，采用厌氧生物法处理的优越性越明显。但是，对于 COD_{Cr} 值高达 50000～100000mg/L 以上的废水，则应首先采用物理或化学方法回收有用物质后再进行处理。

③ 对于适合好氧生物处理的污水，还应该考虑污水中是否有抑制生物过程或较多非生物降解组分（如污水的 BOD/COD＜0.3 时，属于难生物降解污水）。如果存在这些组分时，可以采用活性炭活性污泥法处理。

④ 对于生物降解性能好的污水，可选择生物膜法，也可选择活性污泥法。生物膜法的优点是操作方便，耐冲击负荷，剩余污泥量少且易沉降分离。其缺点是投资较高，容积负荷较小，处理深度较低，一般情况下多用于两级生物处理的第一级。活性污泥法设备简单，投资省，容积负荷和处理深度都较高。其缺点是耐冲击性较差，有时产生污泥膨胀，破坏了正常运行。但活性污泥法历来都是污水生物处理中使用最广泛、最普遍的工艺过程。

⑤ 对于需要脱氮的污水，则要采用能进行硝化和反硝化的生物脱氮工艺。硝化过程是在较低的生物负荷下进行的，因此采用活性污泥法较合适；反硝化过程能在较短时间内完成，宜采用生物膜法。

⑥ 对于生物降解性较差或水质波动较大的污水，采用混合式活性污泥法具有操作弹性大的优点，但出水水质一般不如推流式。对于易生物降解的污水，要着重考虑防止污泥的膨胀问题，可根据具体情况选择推流式活性污泥法或序批式间歇活性污泥法。

(4) 废水处理厂的总体设计　废水处理厂的总体设计应贯彻布局合理、流程通畅、节能降耗、防护安全、方便管理、环境优美等原则。

平面应按功能区布置，通过多种布置方案综合比较后确定。在高程布置上应充分利用地形，优先考虑重力流布置，尽量减少污水的提升次数。

除考虑平面布置、自动控制、化验分析、辅助设施等外，还应适当考虑远期的改进和发展余地。

2.2.3.2　发酵类制药废水的处理工艺

国内有关调研表明，发酵类制药废水的污染物主要为常规污染物，即 COD_{Cr}、BOD、SS、pH、色度和氨氮等。发酵类制药废水的处理方法主要包括物化处理方法、好氧生化处理方法、厌氧生化处理方法及其组合处理等，大多数采用厌氧-好氧二级处理工艺。各种处理工艺的具体论述详见本章上一节内容。

处理发酵类抗生素生产废水，曾经普遍采用的是混合稀释后好氧生化法。高浓度废水先通过清洁废水高倍稀释、降低其生化抑制影响，再采用传统的好氧生化处理方法降解废水中的有机污染物。虽然此种处理方法工艺简单、污染物去除效果稳定，但需要将废水中的污染物稀释到很低的浓度才能进行生化处理，稀释水量和能耗很大。随着废水处理技术的发展以及企业节水工作的推进，混合稀释后的好氧生化处理法已逐渐被能够适应较高浓度废水的处理方法所代替。

近些年对于抗生素生产废水的治理，主要采用预处理-厌氧（或水解酸化）-好氧组合生化处理工艺，即高浓度废水先经预处理、厌氧生化处理，出水再与低浓度废水混合进行好氧生化（或水解-好氧生化）处理；或者高浓度废水先与其他废水混合，然后采用预处理、好氧（或水解-好氧）生化处理的流程（图 2-16）。

图 2-16　抗生素废水处理工艺流程图

(1) 物化处理　包括物化预处理和生化后续物化处理。在采用生化处理抗生素生产废水时，由于残留抗生素对微生物的抑制作用造成废水处理过程复杂、成本高和效果不稳定，故采用物化（预处理)-厌氧-好氧-物化（后续处理）工艺流程。物化处理在发酵类制药废水中的应用如下。

① 气浮法作为发酵类废水的预处理，对去除废水中悬浮物、改善废水可生化性有较好的效果。化学气浮适用于悬浮物含量较高废水的预处理，具有投资少、能耗低、工艺简单、维修方便等优点，但不能有效地去除废液中的可溶性有机物，尚需用其他方法做进一步的处理。

② 混凝沉淀为发酵类废水预处理常用的另外一种方法。混凝是在加入凝聚剂后通过搅拌使失去电荷的颗粒相互接触从而絮凝形成絮状体，便于其沉淀或过

滤进而达到分离的目的；沉淀是利用重力沉淀将密度比水大的悬浮颗粒从水中分离或除去。通常，混凝沉淀处理后不仅降低了污染物的浓度，而且废水的生物降解性能也能明显得到改善。主要用于去除发酵类制药废水中难生化降解的固体培养基成分、胶体物以及蛋白质等。

目前对青霉素、林可霉素以及庆大霉素、麦迪霉素等废水的预处理常采用这一方法。有人对小诺霉素等抗生素废水进行混凝沉淀试验发现，加入硫酸亚铁等凝聚剂后，可以使体系中存在三价铁，从而改善絮体的沉降性能，激活废水中降解微生物的某些酶的活性。投加的硫酸亚铁还可与废水中的有机硫化物，特别是硫醇类化合物形成铁盐沉淀从而去除。此外，硫酸亚铁对酯、硝基化合物具有强大的、有选择的还原作用，可以将其还原成可生化的氨基化合物，也可削减硝基化合物对微生物的抑制作用，同时还可以去除一部分 COD，提高生化效果。

③ 高级氧化技术是国内外十多年来废水物化处理技术研究的重点，对处理难降解有机废水比较有效，它主要是利用复合氧化剂或光照射等催化途径产生氧化能力极强的羟基自由基（HO·）。HO·作为高级氧化过程的中间产物，可以诱发后面链反应的发生，对难降解物质特别适用，而且 HO·可以无选择地与废水中的各种有机物发生反应，将其氧化分解，这个过程是一个条件比较温和的物理化学过程，具有可控性，可以满足不同的处理要求，是一项高效节能的废水处理技术。

应用各种化学催化氧化技术，能在很短的时间内把难降解甚至有毒性的废水完全无害化，废水无害化已成为应用物化技术处理制药废水的主要目标之一。根据产生自由基和反应条件的不同，可将高级氧化技术分为湿式氧化、超临界水氧化、光化学氧化、声化学氧化、电化学氧化以及相应的催化氧化。各种高级氧化技术的应用前景广阔，但由于其具有高投入、高成本和操作管理高难度等问题，目前在工程中的应用还比较少。

④ Fe-C 微电解工艺始于 20 世纪 60 年代。该工艺主要是应用金属腐蚀原理所组成的微电池对废水进行处理（联邦德国、苏联等国家相继申请了专利）。20 世纪 70 年代，苏联的科学工作者把铁屑用于印染废水的处理，20 世纪 80 年代此法引入我国。此后，有大量文献报道，并在电镀、印染、化工等行业的废水处理中有大量应用，工艺也日趋成熟。近年来，微电解法是国内水处理研究的热点之一，作为工业污水预处理手段，不仅工艺简单，操作方便，应用范围广泛，而且还具有可自发进行反应等优点，从而受到广泛关注。有关报道显示，在处理含有硝基苯、二硝基氯苯、对硝基苯胺等的废水和酸化废水、有机酸性废水等难生物降解的废水中，采用微电解工艺可提高废水的可生化性、去除废水的色度。而在中药废水、制罐废水、酿酒废水等高浓度有机废水的处理中，微电解工艺可以去除废水中相当一部分的 COD，为后续处理工艺扫清障碍。

微电解反应器内的填料主要有两种：一种是单纯铸铁屑，一种是铸铁屑与惰性颗粒（如石墨、活性炭、焦炭等）的混合填充物。铸铁是铁和碳的合金，即由纯铁和碳化铁及一些杂质组成。铸铁中的碳化铁为极小的颗粒，分散在铁内。碳化铁比铁的腐蚀趋势低，因此，当铸铁浸入具有导电性的水中时，就构成了成千上万个细小的微电池。当体系中有焦炭等阴极材料存在时，又可以组成宏观电池。纯铁作为阳极，碳化铁及杂质或焦炭等作为阴极，发生电极反应。发生的电极反应及由此引起的一系列作用，可改变废水中污染物的性质，阴极过程也可以是有机物的还原。例如，微电解法处理二硝基氯苯废水时，废水中的硝基可以全部转化为胺基，从而使废水的色度降低，BOD_5/COD 值从 0.02 升到了 0.475，使废水的可生化性大幅度提高，从而达到高效处理废水的目的。

该处理技术从开始应用至今，表现出了许多的优点，可具体概括为：（a）废水处理中所用的铁一般为废弃的刨花铁屑，废水的处理费用较低，符合"以废治废"的理念；（b）可同时处理多种毒物，占地面积小，系统构造简单，整个装置易于定型化及设备制造工业化；（c）适用范围广，在多个行业如印染废水、电镀废水、石油化工废水等废水治理中都有应用且效果可行；（d）处理效果好，从实际运行来看，该工艺对各种毒物的去除效果均较理想；（e）使用寿命长，操作维护方便，微电解塔（床）只要定期添加铁屑，惰性电极不用更换，腐蚀电极每年补充投入两次便可。

（2）厌氧生物处理　厌氧处理与好氧处理相比，具有有机负荷高、污泥产率低、产生的生物污泥易于脱水、营养物需要量少、不需曝气、能耗低、可以产生沼气、回收能源、对水温的适应范围广、活性厌氧污泥保存时间长等优点，因而成为发酵类制药废水组合处理系统中的重要环节。在工程应用上，目前多采用厌氧消化和水解酸化两种工艺。

① 厌氧消化工艺。需严格控制厌氧环境的生化过程，主要采用以下几种反应器。

（a）升流式厌氧污泥床（UASB）反应器具有结构简单、处理负荷高、运行稳定等优点，通常要求废水中 SS 含量不能过高，以保证 COD_{Cr} 较高的去除率，对运行控制的要求较水解处理和好氧处理严格。在处理庆大霉素、金霉素、卡那霉素、维生素、谷氨酸等发酵类制药废水中的应用最为广泛。

（b）厌氧复合床反应器即 UASB 和 AF（厌氧滤池）相结合的反应器，也称为 UBF 反应器。对运行控制的要求没有 UASB 要求严格，改善了反应器的性能。目前较多地应用于青霉素、红霉素、卡那霉素、麦迪霉素以及维生素类等一些新建的发酵类制药废水处理系统。

（c）厌氧膨胀颗粒污泥床（EGSB）反应器是 UASB 的改进型，其运行时较大的上升流速使颗粒污泥处于悬浮状态，从而保证进水与污泥颗粒充分接触，适于处理高硫酸盐、高氮以及对厌氧消化毒物较敏感的废水。对低温和相对低浓度的污水来说，在沼气产率低、混合强度较低的条件下，可得到比 UASB 反应器更好的运行结果。但这种反应器与 UBF 相比对运行控制的要求较严格，主要用于处理青霉素、链霉素等含氮、硫酸盐高的发酵类生产废水处理系统。

国内外一些抗生素工业废水的厌氧生物处理工艺及运行参数如表 2-9。

表 2-9　抗生素工业废水的厌氧生物处理工艺及运行参数

厌氧工艺	废水类型	处理规模	COD$_{Cr}$		HRT	COD 容积负荷 /[kg/(m³·d)]	应用厂家	投入使用时间
			进水 /(mg/L)	去除率 /%				
普通厌氧消化工艺	青霉素废水	小试	4400	(81)	20d		美国 Rutgers 大学	1949
	青霉素、链霉素、卡那霉素	300L/d	10000~20000	(86)			日本	1976
	青霉素	400m³/d	46000	96		4.2	日本明治公司	1985
	四环素、卡那霉素等	1100m³/d	30000	90		3	东北制药总厂	1976
	土霉素、麦迪霉素	138m³/d	25000	80	6d	5	清江制药厂	1990
	土霉素	小试	6000~9000	80	8.4d		西安光华药厂	1986
厌氧滤池（AF）	核糖霉素	33L/d	<40000	85	6d	5	上海制药厂	1985
折流板反应器（ABR）	庆大霉素、金霉素	13m³/d	10000~20000	77~89	30h	5	福建抗菌素厂	1995
厌氧污泥床反应器（UASB）	味精、土霉素、制菌霉素	450m³/d×2	25000	85	10d	2	绍兴制药厂	1982
	柠檬酸、庆大霉素	400m³/d	13000	90	24h	13.1	无锡制药二厂	1987
	庆大霉素（占 60%）	1200m³/d	40000	85	48h	15	无锡制药二厂	1989
	维生素 C、SD、葡萄糖混合	1m³/d	4000	90	25h	4	东北制药总厂	1993
	混合	3m³/d	7000~10000	80	48h		哈尔滨制药厂	1987
厌氧流化床（ABF）	青霉素	100m³/d	25000	80	28.8h	5	华北制药厂	1992
颗粒污泥膨胀床（EGSB）	抗生素、酵母	3000m³/d	5000	60		15	荷兰 GIST 公司	1984

② 水解酸化工艺。在兼氧或非严格厌氧的环境下，通过微生物的水解及产酸发酵等作用，将复杂的大分子有机物转为简单有机物等产物的过程。水解酸化属非甲烷化的厌氧生化过程，通过这一过程使废水中一些难生化降解的物质转化为易降解物质，从而有利于后续的生化处理。

目前在发酵类制药工业废水处理中，较多地采用水解酸化与好氧生化相组合的工艺（表 2-10）。

表 2-10　抗生素废水的水解酸化-好氧生物处理工艺及运行参数

| 废水来源 | 水力停留时间/h | | 处理规模/(m³/d) | COD$_{Cr}$ | | COD$_{Cr}$容积负荷/[kg/(m³·d)] | 备注 |
	水解酸化	好氧工艺		进水/(mg/L)	去除率/%		
四环素、林可霉素、克林霉素	—	—	—	4000	92	—	两段接触氧化
洁霉素	7	5/5	中试	5000	95	—	投菌两段接触氧化
强力霉素	11.3	10	小试	1500	89	1.32	
利福平、氧氟沙星、环丙沙星	91	86	450	18000	—	—	接触氧化
青霉素、庆大霉素	17	14.3	2700	5273	—	4.93	
乙酰螺旋霉素	14.4	—	2000	≤12000	90		
洁霉素、土霉素	12	4	小试	2500	92		接触氧化
阿维霉素	10	6	小试	6000	90	16.2	两段接触氧化
卡那霉素			小试	2000	92.9		两极膜化 A/O

③ 硫酸盐对抗生素废水厌氧生物处理的影响。通过对高浓度抗生素废水水质的监测发现，COD$_{Cr}$/SO$_4^{2-}$ 为 3～15。抗生素废水有别于其他废水的特点主要表现在：抗生素废水中含有残留的抗生素及其中间代谢产物、表面活性剂和有机溶剂等，这些物质对微生物产生强烈的抑制作用，也包括对硫酸盐还原菌（SRB）的抑制；而在抗生素生产的提取和精制过程中使用了大量的硫酸盐，排放的生产废水中 SO$_4^{2-}$ 的浓度较高，使得脱硫效率降低，给废水的厌氧生物处理带来严重的影响。

抗生素废水中非溶解性有机物和芳香族化合物等难降解物质的含量较高，这些有机物若被甲烷菌（MPB）及硫酸盐还原菌（SRB）利用，必须先经过水解发酵细菌和产酸发酵细菌作用，将大分子物质分解为小分子物质，因此生物反应时间延长，增加了处理难度。

在抗生素废水处理工艺方面，由于高浓度 SO$_4^{2-}$ 对甲烷菌产生强烈的初级抑制和次级抑制，以至影响了厌氧消化过程的正常进行。近年来，国内外学者对此进行了深入研究，采用单相厌氧反应器或两相厌氧工艺处理含 SO$_4^{2-}$ 废水均取得一定效果。杨景亮、赵毅等采用硫酸盐生物还原-硫化物生物氧化-产甲烷工艺处理含 SO$_4^{2-}$ 的青霉素废水，将硫酸盐还原与有机物甲烷化分开，以避免 SO$_4^{2-}$ 对甲烷菌造成的竞争抑制，发现当进水 SO$_4^{2-}$ 浓度为 1600mg/L、COD$_{Cr}$/SO$_4^{2-}$＞3时，SO$_4^{2-}$ 去除率＞85％，但这些工艺在反应器去除效率、稳定控制措施和运行成本以及生产运行的可行性等方面尚存在一些问题，需进一步研究解决。

针对抗生素废水中 SO$_4^{2-}$ 浓度较高的特点，有报告采用水解酸化-好氧生物处理工艺进行了生产性动态连续流试验，历时 180d，考察了 SO$_4^{2-}$ 对水解酸化-厌氧工艺系统的影响，以期为实际工程提供有价值的启动、运行策略和技术依据。在经历近一个月的启动阶段后进入提高负荷阶段，进水 COD$_{Cr}$ 浓度在 3000～20000mg/L 间波动。

（a）采用水解酸化-厌氧消化工艺处理含高浓度 SO$_4^{2-}$ 的抗生素废水，试验系统

对 SO_4^{2-} 表现出较强的承受能力和较好的处理效果，COD_{Cr} 的总去除率为 75.5%，SO_4^{2-} 的总去除率为 95.2%，在不增加脱硫设施的情况下使废水得到有效处理。

(b) 当水解酸化反应器进水中 $SO_4^{2-} > 1000mg/L$ 时，COD_{Cr} 去除率没有受到明显影响（平均为 30% 左右），COD_{Cr}/SO_4^{2-} 值最低达到 3，SO_4^{2-} 浓度最高为 1325mg/L，SO_4^{2-} 平均去除率为 57.5%；原水 pH 值＝5 时，反应器运行正常；水解酸化反应器最大容积负荷达到 16.84kg $COD_{Cr}/(m^3 \cdot d)$，有效降低了毒性物质的抑制作用。

(c) 复合厌氧反应器中，硫酸盐还原率平均达到 87.8%，COD_{Cr} 去除率＞60%，最大容积负荷达 8.57kg COD/$(m^3 \cdot d)$；出水中 SO_4^{2-} 的浓度＜70mg/L，完全消除了对甲烷菌（MPB）的不良影响；比产气率随着 COD_{Cr}/SO_4^{2-} 值的增高而增加，其平均值为 0.32m³/kg COD。

(d) 对于含有大量难降解有机物和含氮有机物的抗生素废水，在水解酸化反应阶段，硫酸盐还原作用改变了水解酸化反应器中的发酵形态（由丙酸型发酵向乙酸型发酵转化），使发酵产物的组成更有利于甲烷菌的代谢作用。

(3) 好氧生物处理 发酵类制药废水属于高浓度有机废水，常规好氧活性污泥工艺难以承受 COD_{Cr} 浓度在 10g/L 以上的废水，实际应用也证明好氧活性污泥处理效率较低，故好氧生物处理前一般多组合厌氧或水解酸化处理工艺。

21 世纪前，好氧生化处理以活性污泥法、深井曝气法、生物接触氧化法为主，近年来则以生物接触氧化法前组合水解酸化及不同类型的序批式间歇活性污泥法（SBR 法）为多。

① 活性污泥法是传统的废水处理方法，目前国内有些制药废水处理系统仍在沿用这种处理方法，但对其处理系统的曝气方式及微生物固定措施等已有改良和提高。

② 生物接触氧化法兼有活性污泥法和生物膜法的特点，通常作为水解酸化的后续处理，或直接处理混合调节后的发酵类制药生产废水，其 COD_{Cr} 的去除率一般可达 80%～90%。目前，主要用于土霉素、麦迪霉素、红霉素、洁霉素、四环素等制药废水的处理以及用于厌氧生化装置出水的后续处理。

③ SBR 法在一个废水处理生物反应器上可完成传统活性污泥工艺的全过程。由于系统的非稳态运行，反应器中的生物相十分复杂、微生物种类繁多、各种微生物交互作用，强化了该工艺的处理效能，有机负荷、COD_{Cr} 去除率均比传统活性污泥法高，而且可去除一些理论上难以生物降解的有机物质。SBR 法已应用于许多发酵类制药废水如青霉素、四环素、庆大霉素等生产废水的处理。

④ 循环式活性污泥工艺（CASS）是 SBR 的变形工艺，其运行可靠、污染物去除效果好。CASS 工艺对发酵类制药废水中 COD_{Cr} 的去除率可达 80%～90%，对 BOD 的去除率约为 95%，同时具有较好的脱氮除磷效果，近年来在发酵类制药废水处理中的应用较多。其他好氧生物处理工艺如前节所述。

国内外一些抗生素工业废水好氧生物处理工艺及运行参数见表 2-11。

表2-11 抗生素工业废水好氧生物处理工艺及运行参数

处理工艺	废水类型	处理规模/(m³/d)	COD(BOD$_5$)进水/(mg/L)	COD(BOD$_5$)去除率/%	污泥浓度/(g/L)	HRT/h	BOD$_5$容积负荷/[kg/(m³·d)]	应用厂家	投入使用时间	备注
活性污泥法	青霉素废水为主	2200	(3116)	(95)	8~12	14~25	2.9~4.8	美国 Abott 厂	1954	涡轮曝气
	青霉素、链霉素、卡那霉素混合废水	2400	(1600)	(93)	5~6	6~8	1.2	日本制果皮阜厂	1971	混合曝气
	青霉素废水	500	(4000)	(97.5)			1.95	瑞典法门塔厂	1971	混合曝气
	青霉素、头孢菌素混合废水	5000	3000	90	4~6			哈尔滨制药总厂	2001	0.6m×80m
深井曝气法	乙酰螺旋霉素废水	600	2000	58.5	6~7	3.5		苏州第二制药厂	1980	0.8m×100m
	洁霉素等混合废水	200	(1200)	(96)				苏州第四制药厂	1980	1.0m×100m
	四环素等混合废水	200	(2000)	(95)			2.7	上海制药二厂	1980	
生物流化床	青霉素、链霉素、卡那霉素混合废水	3500	2000	75	7	14	2.77	山东鲁抗公司	1982	
	黄连素废水	150	1200	75	9~15		2.6	东北制药总厂	1981	
接触氧化法	青霉素、红霉素、四环素混合废水	COD 60kg/d	2000	80	7~10	8.5	1.89	上海制药三厂	1981	
	青霉素、红霉素、四环素混合废水	200L	2000	77	9	10		上海制药三厂	1981	
	氨苄青霉素	2×2.5	1000	85		10~14	<2.5	上海制药四厂	1981	
	青霉素及其半合成品种混合废水	6000	1600	85	6~8	12~16		华北制药集团	1998	
SBR 法	青霉素混合废水	2000	3000~5000	85	6			江西东风制药公司	1997	后接接触氧化法
	青霉素、链霉素、卡那霉素混合废水	16000	3000	90				山东鲁抗公司	1998	CASS
	乙酰螺旋霉素废水	600	<1000	80	4			苏州第二制药厂	1998	ICEAS
	四环素废水	5000	3400	80	5~6	24		华药天星公司	2000	ICEAS
	青霉素、头孢菌素废水	12000	5500	90	5~6	36		石药集团中润公司	1999	CASS

2.2.3.3　发酵类制药废水处理流程设计

发酵类制药废水的处理流程通常可归结如下。

（1）对于抑制毒性较小、有机污染物相对较易生化降解的发酵类制药生产废水（如维生素 C 废水等），直接采用调节预处理-厌氧消化（或水解酸化）-好氧生化处理的流程，废水 COD_{Cr} 的去除率一般可达到 93％～95％。

（2）对于抑制毒性较强、有机污染物相对较难生化降解的发酵类制药生产废水（如青霉素、土霉素废水等），以混凝沉淀（或气浮）预处理改善可生化性后，废水再进行水解酸化（或厌氧消化）-好氧生化-后续物化的流程处理，COD_{Cr} 去除率一般也可达到 93％左右；再采用生物炭或曝气生物滤池进行深度生化处理，COD_{Cr} 的去除率可进一步提高。

（3）对于难生化降解的发酵类制药生产废水，采用氧化絮凝预处理-水解酸化-好氧生化-后续物化的流程处理，废水 COD_{Cr} 的去除率可达 95％～97％；但氧化絮凝处理过程的成本较普通预处理过程要高。在具体的废水处理工艺选择中，应根据废水处理的效率及成本进行综合权衡。

（4）发酵类制药废水的典型处理工艺流程如图 2-17～图 2-23，可供参考。

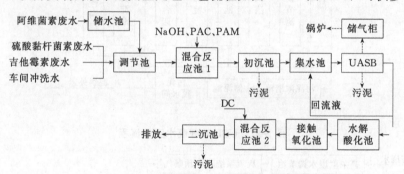

图 2-17　混合发酵类废水处理工艺流程

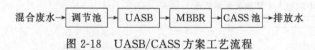

图 2-18　UASB/CASS 方案工艺流程

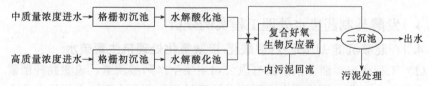

图 2-19　复合好氧生物法处理制药废水工艺流程

图 2-20　水解酸化-膜法处理抗生素废水工艺流程

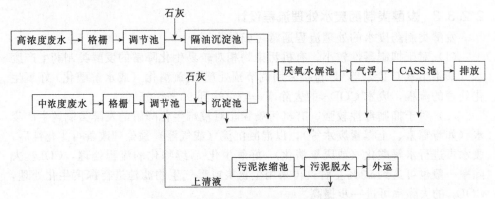

图 2-21　厌氧水解-CASS 工艺流程

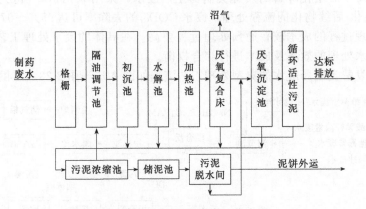

图 2-22　UBF 处理废水工艺流程

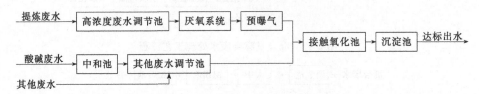

图 2-23　厌氧-好氧处理废水工艺流程

2.2.4　发酵类制药废水处理工程实例分析

2.2.4.1　混凝沉淀-UASB-水解酸化-接触氧化处理抗生素废水

（1）工程概况　浙江某制药有限公司主要生产阿维菌素、硫酸黏杆菌素、吉他霉素等抗生素药。阿维菌素主要用于杀灭牲畜的寄生虫和农作物的寄生虫，溶于有机溶剂，基本不溶于水；硫酸黏杆菌素和吉他霉素均用于杀灭牲畜的寄生虫，易溶于水。

该企业以粮食为原料，主要采用发酵生产工艺。生产废水（水量为 $253.5\text{m}^3/\text{d}$、COD_{Cr} 为 9469mg/L）主要包括来自生产车间的工艺废水（表 2-12）

和地面、设备冲洗水（水量为 $100m^3/d$、COD_{Cr} 为 2000mg/L）。

表 2-12 工艺废水水量、水质、组分及排放方式

车间名称	废水种类	水量/(m³/d)	CODcr/(mg/L)	组分	排放方式
阿维菌素	发酵滤液	17.5	25000	发酵产物	2天排1次
	乙醇回收废液	10.0	50000	乙醇	2天排1次
	丙酮回收废液	1.0	13000	丙酮	2天排1次
硫酸黏杆菌素	吸附后流出液	50.0	8000	发酵产物	每日间歇排放
	树脂再生废液	25.0	10000	发酵产物、酸、碱	每日间歇排放
吉他霉素	萃取回收乙酸丁酯后废液	50.0	12000	发酵产物乙酸丁酯	每日间歇排放
	合计	153.5	14336		

废水中含有多种抗生素中间体、产品残留物和大量菌丝体、胶状物等抑制微生物的物质，有机物及凯氏氮浓度高，含盐量高（其中 Cl^- 达 2200mg/L 左右），阿维菌素发酵滤液和乙醇回收废液的 COD_{Cr} 分别高达 25000mg/L 和 50000mg/L，工艺混合废水的 COD_{Cr} 高达 15000mg/L，TKN（总凯氏氮）达 290mg/L，呈酸性，并有一定的色度。该公司原有一套 $200m^3/d$ 规模（实际处理 $100m^3/d$）的膜生化处理设施，对于 COD_{Cr} 为 15000mg/L 的进水，经膜处理后，再加 NaClO 氧化（目前已不允许），出水 COD_{Cr} 可达 100mg/L 以下。但在运行过程中膜组件经常堵塞、清洗，无法连续正常运行，且投资、能耗、运行成本高，NaClO 用量大，产生二次污染。特别是当处理规模进一步扩大时，不适合再将该工艺应用于工程设计。因此，该公司为了寻求一个投资低、能耗低的最佳处理工艺，通过招投标筛选了两家候选单位，按各自的工艺流程进行了两个多月的中试。

目前生产废水量合计为 $253.5m^3/d$，企业要求工程按 $1000m^3/d$ 一次设计，分两期实施（每期 $500m^3/d$），以满足未来生产发展的需要。要求出水执行《污水综合排放标准》（GB 8978—1996）二级标准。各车间的实际采样监测，包括冲洗水在内的车间混合废水水质见表 2-13。全厂生产混合废水采样监测的水质结果见表 2-14，水质监测结果指工艺废水，不含冲洗水，COD_{Cr} 与表 2-12 工艺废水相当。综合表 2-13、表 2-14 的结果可知，BOD/COD＝0.4～0.5，TKN/NH_3-N＝1.8。

表 2-13 各车间混合废水水质监测结果

车间名称	废水量/(m³/d)	CODcr/(mg/L)	BOD₅/(mg/L)	NH₃-N/(mg/L)	Cl⁻/(mg/L)	pH 值
阿维菌素	47.1	10700	4950	82.1	1670	5.2
硫酸黏杆菌	123.9	5070	2140	70.3	2300	4.9
吉他霉素	82.5	5640	2310	60.1		5.6
合计	253.5	6300	2717	69.2	2126	5～5.4

表 2-14　全厂生产混合废水水质监测结果

项目	pH 值	COD_{Cr} /(mg/L)	BOD_5 /(mg/L)	TKN /(mg/L)	NH_3-N /(mg/L)	Cl^- /(mg/L)	K^+ /(mg/L)	Na^+ /(mg/L)
实测值		13000	6500	290	160	2280	232	2951
设计值	5.2	10000	4500	210	115	2200		

（2）设计处理工艺流程及评价

① 经筛选后的两候选投标单位设计的处理工艺流程如图 2-24、图 2-25 所示。

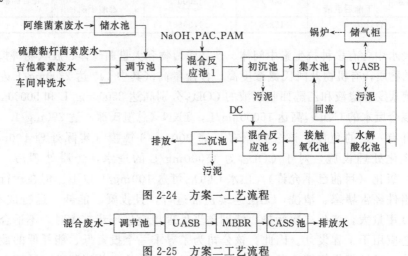

图 2-24　方案一工艺流程

混合废水 → 调节池 → UASB → MBBR → CASS 池 → 排放水

图 2-25　方案二工艺流程

② 处理工艺流程评价

（a）方案一：该工艺流程基本合理，具有一定的针对性。首先，针对各车间生产废水排放方式的不同，单独对阿维菌素废水（2 天排 1 次）进行分流储水，然后再与其他生产废水一同引入调节池，有利于水质、水量的均化；其次，在 UASB 前设置了预处理系统，一可削减部分颗粒状抑制物质对厌氧的不利影响；二可调节合适的 pH、降低后续生化系统负荷；三是 UASB 与集水池配套工作，有利于稳定合适的 UASB 进水负荷及 VFA、pH 的调整，保证了 UASB 系统及后续生化系统的畅通；四是该工艺利用接触氧化法无需污泥回流的特性，通过投加 DC 脱色剂在二沉池中分离脱色。（b）方案二：该工艺流程欠合理，针对性欠佳。首先，工艺未对车间废水的不同排放方式分流储水，将使后续生化系统受到冲击；其次，缺少预处理系统及 pH 调整（源于对水质误判）措施，将会使 UASB 等处理单元难以稳定运行，不利于全流程的畅通；三是由于缺少预处理系统，高浓度的污染物及抑制物质单靠生物法难以实现出水达标，即使能达标，也必须提高能耗及补加相应的处理设施；四是因 MBBR 出水 BOD/COD 值已相当低，CASS 池进水 BOD_5 有可能已几乎为零，CASS 池则等同于虚设，不如改设脱色沉淀池，还可降低能耗。

因此，从处理针对性及工艺合理性方面考虑，推荐方案一。

（3）中试结果及经济指标比较

① 中试工艺分别按方案一和方案二工艺运行，结果见表 2-15。

表 2-15 系统稳定运行时对 COD_{Cr} 处理效果

项目	COD_{Cr}/(mg/L)				
	进水	初沉池	UASB	好氧池	二沉池
方案一	9650	7506	1155	未测	272
方案二	9688		2132	276.5	无

注：方案一水解酸化池出水未测，方案二 CASS 未试验。

表 2-15 中的结果表明，由于方案二缺少预处理系统（中试时已对原水进行了 pH 调整，与原方案二处理工艺已有实质性差异），导致 UASB 单元的 COD_{Cr} 去除率比方案一低 6.6%，即出水 COD_{Cr} 高 977mg/L，将余下负荷全由好氧池承担，必须为此付出高能耗的代价。同时从表 2-15 还可看出，既然 MBBR 出水 COD_{Cr} 已达标，CASS 池无需设置。即试验结果缺乏对其设计工艺流程合理性的论证。

② 主要经济指标比较。根据两种方案的工艺流程及参数，按处理 500m³/d （一期）的药耗、电耗、水、汽、人工等耗费，列于表 2-16。表中单价或费率已予以统一调整，以求比较的真实性。某些项目进行了补缺：方案一增补了 PAM、自来水用量，方案二增补了液碱、蒸汽。其中 DC 脱色剂因方案二无此单元，出于可比性考虑，表中未计。经调整后的运行费用，两方案均有不同程度的增长。

表 2-16 运行费用计算比较结果

项目	费率或单价	方案一		方案二	
		消耗量	费用/(元/d)	消耗量	费用/(元/d)
电耗	0.65 元/(kW·h)	723kW·h	469.95	1039.2kW·h	675.48
PAM(固体)	30000 元/t	2.3kg/d	69.00	2.3kg/d	69.00
PAC(固体)	2000 元/t	250kg/d	500.00	20kg/d	40.00
液碱	800 元/t	250kg/d	200.00	250kg/d	200.00
自来水	2 元/m³	25m³/d	50.00	25m³/d	50.00
蒸汽	100 元/t	1.5t/d	150.00	1.5t/d	150.00
人工	1200 元/(人·月)	7 人	280.00	10 人	400.00
沼气回收	0.571 元/m³	1400m³/d	−800.00		
合计			918.95		1584.48

由此可见，电耗及运行费用方案一均低于方案二：前者分别为 1.446kW·h/m³ 和 1.838 元/m³；后者分别为 2.078kW·h/m³ 和 3.169 元/m³。

单从经济角度分析，方案一若无沼气回收项，原来的运行费用为 3.438 元/m³，主要高在药剂用量上（1.538 元/m³），而方案二的药剂费仅为 0.618 元/m³，两者相差 0.92 元/m³。但从技术的科学性及工艺的可行性分析，前述已做比较分析。故综合比较结果，确定方案一为推荐工艺。

（4）推荐工艺参数确定

① 最佳投药量。取同一试样水若干（pH 值为 5.2、COD_{Cr} 为 9650mg/L），分别倒入 4 只 500mL 烧杯内，加入 NaOH（30%）至 pH 值为 7.5，及不同量的 5%PAC，搅拌反应 10min；再加适量 0.1%PAM 溶液，絮凝 5min，静置 1h，取上清液分析化验。结果见表 2-17 所示。

表 2-17 最佳投药量试验结果

PAC 投量/(mg/L)	0	250	500	700	1000
COD_{Cr}/(mg/L)	9650	8347	7575	7353	7459
COD_{Cr} 去除率/%	0	13.5	21.5	23.8	22.7

从表 2-17 中可知，当 PAC 为 250～700mg/L 时，COD_{Cr} 去除率随 PAC 投量的增加而上升。但 500mg/L 后上升不明显，投量再增加，COD_{Cr} 去除率反而略有下降，故最佳投量确定为 500mg/L。

② UASB 最佳运行参数。UASB 试验经历了一个较长的历程：初始将混合废水直接进行摇瓶试验，经 20 多天后，COD_{Cr} 去除率为 30%～50%。后采用 UASB，但完成污泥接种后活性低，转而用模拟废水进行厌氧试验。经稳定运行后，容积负荷从 1.68kg COD_{Cr}/(m³·d)，逐步增至 5.6kg COD_{Cr}/(m³·d)；HRT 从 3d 降至 0.92d，COD_{Cr} 去除率从 88% 增至 90.5%，说明厌氧启动成功。之后逐步增加进水中工业废水的比例，直至全部为混合废水。试验结果见表 2-18。

表 2-18 UASB 运行结果（直接进废水）

日期	HRT/d	COD_{Cr}			容积负荷/[kgCOD_{Cr}/(m³·d)]	ΔCOD_{Cr}/(mg/L)	产气率/(m³/kgCOD_{Cr})
		进水/(mg/L)	出水/(mg/L)	去除率/%			
0516	2.20	5050	1460	71.1	2.30	3590	0.134
0520	2.30	4850	1260	74.0	2.11	3590	0.136
0525	2.10	5130	1310	74.5	2.44	3820	0.141
0530	2.15	5080	1060	79.1	2.36	4020	0.137
0603	1.96	4830	960	80.1	2.46	3870	0.155
0608	1.90	5070	1160	77.1	2.67	3910	0.164
0614	2.10	5070	1520	70.0	2.41	3550	0.177
0624	1.96	5070	1270	75.0	2.59	3800	0.176
0704	2.00	5070	1040	79.5	2.54	4030	0.174
0718	2.10	5260	1430	72.8	2.50	3830	0.172
0726	1.90	5320	1050	80.3	2.80	4270	0.178
0804	2.10	5640	1520	73.0	2.69	4120	0.194
0823	2.00	5640	1160	78.7	2.73	4480	0.190
平均	2.06	5160	1246	75.8	2.51	3914	0.164

表 2-18 表明，当 UASB 进水为未经混凝沉淀预处理（但已经调整 pH）的原水且废水 HRT 为 50h 左右时，平均容积负荷为 2.5kg $COD_{Cr}/(m^3 \cdot d)$，相应的 COD_{Cr} 平均去除率仅达 75.8%；平均产气率仅为 0.164m^3/kg COD_{Cr}，与理论值有较大差异（<0.35m^3/kg COD_{Cr}），因为有一部分沼气溶于水和用于有机物合成。同时说明有抑制物质存在，影响了厌氧阶段 COD_{Cr} 的去除率。

③ 水解酸化-接触氧化运行参数。将表 2-18 中的 UASB 出水作为水解酸化-接触氧化的进水，从 6 月 8 日开始试验。结果见表 2-19（其中水解酸化 HRT 约为总 HRT 的 2/5）。

表 2-19 表明，对于原水未经混凝沉淀的 UASB 出水，当水解酸化池容积负荷为 0.6kg $COD_{Cr}/(m^3 \cdot d)$、总 HRT 为 50h 左右时，该单元的平均 COD_{Cr} 总去除率达 76% 左右。

表 2-19　水解酸化-接触氧化运行结果

日期	HRT/d	COD_{Cr}			容积负荷/[kg $COD_{Cr}/(m^3 \cdot d)$]	备注
		进水/(mg/L)	出水/(mg/L)	去除率/%		
0608	2.30	1160	310			未达稳定
0611	2.20	1470	502			未达稳定
0614	2.10	1520	521			未达稳定
0621	1.95	1310	542			未达稳定
0624	1.96	1270	502			未达稳定
0704	2.00	1040	276	73.5	0.52	基本稳定
0718	2.10	1430	330	76.9	0.68	基本稳定
0726	1.90	1050	275	73.8	0.55	基本稳定
0804	2.10	1520	360	76.3	0.72	基本稳定
0823	2.00	1160	243	79.1	0.58	完全稳定
平均	2.02	1240	297	75.92	0.61	完全稳定均<300mg/L

(5) 中试工艺设计参数及联动运行

① 中试工艺设计参数。（a）预曝气调节池。HRT＝24h，池底设穿孔曝气管，气水比为 2:1。（b）混合反应池 1——初沉池。合建式，反应区 HRT 为 15min。初沉池为竖流式，表面水力负荷为 0.8$m^3/(m^2 \cdot h)$，PAC 投加量为 500mg/L。（c）集水池——UASB。集水池 HRT 为 2.6h。UASB 容积负荷为 2.5kg $COD_{Cr}/(m^3 \cdot d)$，HRT 为 3d。（d）水解酸化池——接触氧化池。水解酸化池 HRT 为 20h，内置组合填料，底部设穿孔曝气管。接触氧化池 HRT 为 30h，内置组合填料，底部设穿孔曝气管。总容积负荷为 0.6kg $COD_{Cr}/(m^3 \cdot d)$，约合污泥负荷≤0.1kg $COD_{Cr}/(kgSS \cdot d)$。（e）混合反应池 2——二沉池。合建式，反应 HRT 为 15min，二沉池为竖流式，无活性污泥回流系统，表面水力负荷为 0.8$m^3/(m^2 \cdot h)$。DC 脱色剂投加量为 100mg/L。

② 联动运行结果。联动运行结果见表 2-20。

表 2-20　系统联动运行的处理效果

日期	原水 COD_{Cr} /(mg/L)	初沉池 COD_{Cr}		UASB COD_{Cr}		二沉池 COD_{Cr}		COD_{Cr} 总去除率/%
		出水 /(mg/L)	去除率 /%	出水 /(mg/L)	去除率 /%	出水 /(mg/L)	去除率 /%	
0916~0917	9650	7480	22.49	1190	84.09	294	75.29	96.95
0918~0919	9650	7320	24.14	1225	83.26	277	77.39	97.13
0920~0921	9650	7560	21.66	1250	83.46	270	78.40	97.20
0923~0924	9650	7530	21.97	1195	84.13	265	77.82	97.25
0925~0926	9650	7570	21.55	1200	84.15	272	77.33	97.18
0927~0928	9650	7530	21.97	1110	85.26	264	76.22	97.26
0929~0930	9650	7550	21.76	970	87.15	264	72.78	97.26
平均	9650	7506	22.20	1155	84.60	272	76.40	97.18

(6) 讨论及改进建议

① 抗生素废水中污染物浓度高、含盐量高，通常偏酸性，且有较高的 TKN，普遍含有多种抑制物质。因此，工艺流程中通常应有包括调整 pH 在内的预处理设施，且生化系统宜以生物膜法为主体，防止因有机污泥负荷低而导致污泥不易沉淀分离的现象发生。

② 针对本工程以发酵废水为主的特点，采用简单的混凝沉淀做预处理，不仅可削弱抑制物质、改善后续生化性能，而且可削减生化有机负荷、降低好氧能耗，保证实现出水达标排放。

③ 强化 UASB 单元的处理，是节能降耗的有效措施。该废水未经预处理的 UASB 单元中 COD_{Cr} 平均去除率达 75.8%，而经预处理后去除率上升至 84.6%。

④ 当 UASB 出水 COD_{Cr} 维持在 1250mg/L 以下时，经水解酸化-接触氧化和脱色处理后，COD_{Cr} 去除率达 76% 左右，相应的污泥负荷为 0.1kg COD_{Cr}/(kgSS·d)。

⑤ 工程结束后对方案进行了优化调整，将水解酸化池改为兼氧池，将集水池改为缓冲池，并将接触氧化池中的污泥回流至兼氧池。工程连续稳定运行已达 3 年之久。日常运行监测结果显示，厂区总排水口的水质一直保持在：COD_{Cr} <100mg/L、BOD_5 <20mg/L、NH_3-N<15mg/L，达到了一级出水标准（GB 8978—1996）。

2.2.4.2　复合好氧生物法处理高浓度抗生素废水

东北某大型制药厂是中国医药行业的重点骨干企业和抗生素原料药的重点生产基地，在药品的生产过程中，要排放出大量的抗生素生产废水、辅助车间生产废水以及生活污水等。其废水的主要成分有发酵残渣、菌丝体、有机溶剂及各种悬浮固体和无机盐类。为此，该厂在大量试验研究的基础上建设了大型抗生素废水处理工程，先后建成了连续流和间歇式 2 种好氧生物处理工程，经过对比运行，复合式好氧生物处理技术表现出处理效率高、出水效果好的特点，可为同类高质量浓度有机废水好氧生物处理工程的建设提供技术参考数据。

（1）处理工艺与试验方法

① 废水水质与水量。抗生素生产过程中要排放大量的废水，虽然近年来工厂通过实施清洁生产和净化水回收措施，使得生产废水和污染物的排放数量都有了大幅度的削减，但是综合来看，废水的污染物质量浓度有增高的趋势。因此，工程研究和设计时应充分考虑废水水质特点，选择适应范围宽、运行稳定的废水处理工艺。表 2-21 列出了本例好氧处理中采用的抗生素废水水质与水量。

表 2-21　好氧池进水水质水量

COD_{Cr}/(mg/L)	BOD_5/(mg/L)	SS/(mg/L)	pH 值	Q/(m³/d)
2700~5600	1300~2300	240~960	4~6	14000~18000

② 废水处理工艺。抗生素综合废水处理工程采用了复合水解酸化-复合好氧生物处理技术。由于生产废水中所含污染物的数量和种类差异较大，尤其是难生物降解物质的含量相差明显，因此，将废水分流为中、高质量浓度两种废水分别进入污水处理厂的复合式水解酸化反应器，两种质量浓度废水按不同运行参数分别进行（厌氧、微氧）水解酸化处理，水解处理后废水混合进入复合好氧处理反应器，该好氧反应器是该工程的主体处理设施。生产性废水处理工艺流程如图 2-26 所示。

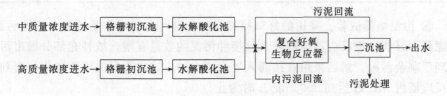

图 2-26　复合好氧法处理抗生素废水工艺流程

③ 复合好氧处理反应器的构成。复合生物技术是近年来得到快速发展的一种新型污水生物处理工艺，但基本仍处于试验研究及小规模应用阶段，将复合好氧处理技术应用于高质量浓度、难降解的大型工业废水工程中仍少见报道。该工程所采用的复合好氧处理反应器由生物选择段、悬浮污泥段和附着污泥段三段组成，其结构如图 2-27 所示。该复合好氧处理反应器具有高效、广谱和抗冲击负荷的特点。

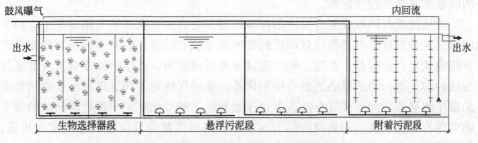

图 2-27　复合好氧处理反应器结构图

(a) 反应器前端采用四段式生物选择器，并在选择器中投加球形悬浮填料。设置生物选择器可以有效抑制污泥膨胀的产生；在选择器中投加填料有利于形成复合的生态体系，在生态体系中存在世代时间长、对难降解物质吸附降解能力强的微生物种群。

(b) 在反应器后端设置组合填料，池中同时存在悬浮污泥与附着污泥。该段的设置提高了污泥的质量浓度，延长了 SRT，并且由于污泥比重的增加提高了二沉池中污泥的沉降性能。

(c) 由于前、后端的填料设置，中间活性污泥段的污泥质量浓度可以提高到5000mg/L，增强了反应器的处理能力。

④ 分析方法。试验中所采用的主要分析项目及测定方法如表 2-22 所示。

表 2-22　分析项目及测定方法

分析项目	分析方法与监测仪器
pH	pHS-3C 型精密酸度计
化学需氧量（COD_{Cr}）	重铬酸钾法
生化需氧量（BOD_5）	稀释接种法
溶解氧（DO）	YSI 便携式溶解氧测定仪
生物相	生物显微镜
氨氮	钠氏试剂光度法

⑤ 污泥培养试验。采用的好氧接种污泥来自同类制药企业的剩余活性污泥，考虑到本好氧生物反应器体积较大且接种污泥的数量有限，故补充部分城市污水处理厂剩余污泥。然后采用直接通入生产废水的方式进行污泥培养驯化，直到好氧反应器内 MLSS 达到 2000mg/L 时为止。

(2) 试验结果与讨论

① 连续流式与间歇式复合反应器的比较分析。在活性污泥法中存在连续流式与间歇式活性污泥法之分。间歇式活性污泥法如 SBR、CASS 等工艺，由于占地小、处理效果好等优点，在污水处理工程中得到广泛的应用。目前，对于复合反应器的研究也已扩展至间歇式反应器，CASS 工艺由于在进水处设置了生物选择区，如在曝气区增设填料，则形成含有生物选择段、悬浮污泥段与附着污泥段的间歇式复合生物反应器。

连续流式与间歇式复合反应器存在的差异表现在：在容积利用效率上，由于间歇式复合反应器当污泥质量浓度较高时需要较长的沉淀时间，容积利用率低于连续流式复合反应器；在微生物生态体系的形成方面，连续流式复合反应器更易形成种群丰富、形式复杂的复合生态体系，在曝气池的不同区段可形成相对稳定的微生物群落，间歇式复合反应器由于水质的不断变化不利于世代时间长的微生物的生存繁殖，抗冲击负荷的能力也较差；间歇式复合反应器的建设成本更低，但是设备运行效率较低，运行成本更高。从生产性试验对比情况看，在相同的进水水质和水量、HRT、MLSS 和曝气量的条件下，连续流式复合反应器的处理效果更好，出水水质更稳定。因此认为对于难生物降解废水采用连续流运行方式更为适宜。

② 有机物处理效果分析。该工程的污水水质情况复杂，好氧处理的进水 COD_{Cr} 质量浓度波动较大，最大值将近 6000mg/L，最小值低于 1500mg/L。复合水解酸化出水的 BOD_5/COD_{Cr} 为 0.45 左右，单纯从可生化性看是比较好的。但是，必须看到由于抗生素废水中含有大量的抑制微生物生长的抗生素，在采用常规的"稀释倍数法"大比例稀释测定 BOD_5 值与实际值相差较大，所以仅采用 BOD_5/COD_{Cr} 比来衡量废水的生物处理难度是不准确的，对本废水采用常规的好氧处理工艺达不到处理要求也说明了这一点。

从图 2-28、图 2-29 可以看出，复合式连续流好氧处理反应器对抗生素综合废水的处理效果为：对 COD_{Cr} 和 BOD_5 的处理效率一直维持在 95% 左右，出水 COD_{Cr} 浓度达到 200mg/L，出水 BOD_5 浓度长期低于 50mg/L，这说明这种反应器对难降解物质的去除效果良好。

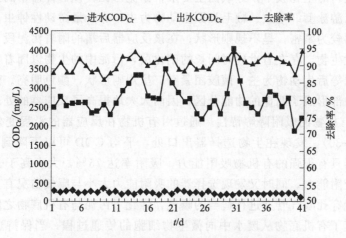

图 2-28　复合好氧反应器对 COD_{Cr} 的去除效果

③ 生物相分析指示。生物的种类、活性及复杂程度在一定程度上反映了处理系统的处理性能与效果，对生物相分析是监测和评价污水处理系统处理能力的有效手段。对比常规的好氧处理反应器，复合好氧处理反应器中微生物生存的基础环境由原来的气、液两相转变成气、液、固三相，这种转变为微生物创造了更丰富的存在形式，形成更为复杂的复合式生态系统。微生物构成了一个由细菌、真菌、藻类、原生动物、后生动物等多个营养级组成的复杂生态系统；并构成了一个悬浮好氧型、附着好氧型、附着兼氧型、附着厌氧型的多种不同活动能力、呼吸类型、营养类型的微生物系统。

通过镜检可以发现，在生物选择器中，同时存在兼性菌及好氧菌，兼性菌主

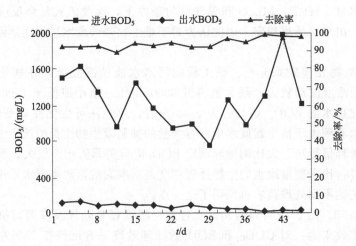

图 2-29 复合好氧反应器对 BOD_5 的去除效果

要存在于填料的生物膜中，好氧菌主要来自回流污泥，该选择器中的指示生物数量较少，以游泳型纤毛虫、鞭毛类原生动物为主，有少量游动性钟虫，游离细菌多，菌胶团较为紧密，呈不规则形状；在该反应器后端的附着污泥段，生长着大量的好氧微生物，存在着世代时间长的硝化菌，污泥中的生物以固着型纤毛虫和轮虫、线虫等后生动物为主，菌胶团紧密，呈规则形状，颜色明亮。微生物种群在反应器内部形成了明显的功能分区，因而大大地提高了反应器的处理能力。

④ 对有机物的吸附降解特性。通过对有机物在反应器的沿程变化情况进行分析（图 2-30），发现在生物选择器出口处，平均 COD 可以下降到 800mg/L，说明选择器具有很强的有机物吸附能力，吸附率达 75%，大大高于普通好氧处理工艺的吸附能力。同时又发现选择器的吸附能力大小与曝气情况有关，在选择器底部设置穿孔曝气管并进行适当的曝气，强化了污泥与有机底物之间的传质作用，并加速了有机底物从废水中向微生物细胞的传递过程，当保持选择器区的 DO＝0.7～1.0mg/L 的微氧状态时吸附效果最好。对 DO 的分布进行分析，发现在反应器前端 DO 一直较低，直到反应器的末端才发生了明显的上升，说明尽管有机物大部分已在选择器中被吸附，但是有机物降解主要在悬浮污泥段进行，因此合理控制悬浮污泥段的曝气分布既可增强处理效果又节省运行成本。

（3）结论

① 复合好氧处理反应器在容积利用率、微生物生态及成本等方面比间歇式复合反应器更具优势，其对抗生素废水的 COD 及 BOD 去除率均可达 95%，出水 BOD_5 质量浓度长期低于 50mg/L，对难降解物质的去除效果良好，优于常规工艺。

② 复合好氧处理反应器由于独特的结构设置，有利于形成复合的微生物生

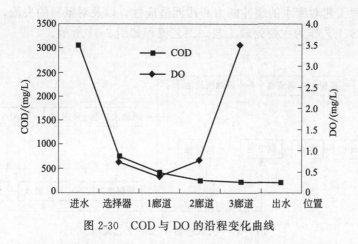

图 2-30 COD 与 DO 的沿程变化曲线

态体系,微生物种群丰富并形成良好的功能分区,因而大大地提高了反应器的处理能力。

③ 在生物选择器中设置填料并进行适当的曝气,不仅可以提高生物的多样性和污泥数量,而且加速了有机底物的传质过程,对有机物的吸附率可达 75% 以上。在选择器内进行合理的曝气,可做到以低处理成本降解有机物。

2.2.4.3 厌氧水解-CASS 工艺处理抗生素废水

某制药厂是一家综合型的制药生产企业,主要生产青霉素及其半合成类、头孢菌素类及心脑血管用药等 30 多种原料药和制剂产品,生产过程中排放的废水主要包括生物发酵废水、溶剂废水、提炼废水及冷却废水等,其中高浓度废水量为 5000m³/d,中浓度废水量为 15000m³/d,主要含有酯类、醇类、有机酸、硫酸、丙酮、消泡剂及菌丝等污染物质,pH 值经常变化,带有颜色和气味,悬浮物含量高,含有难降解物质和有抑菌作用的抗菌素,具有有机物浓度高、水质波动大及毒性较大等特点。废水各项指标如表 2-23 所示。

表 2-23 某制药厂抗生素废水水质情况

废水种类	水量 /(m³/d)	COD_{Cr}	BOD_5	SS	SO_4^{2-}	NH_4-N	油	pH 值
		/(mg/L)						
中浓度废水	15000	3400	1750	400	3000	120		5
高浓度废水	5000	10000	5000	600	6000	150	250	5
综合废水	20000	5000	2562.5	450	3750	127.5		5

(1)工艺流程 废水中 SS 浓度高,且主要为发酵的残余培养基质和发酵产生的微生物丝菌体,油和 SO_4^{2-} 浓度较高,而且废水 pH 值偏低,呈酸性,因此,在预处理中投加石灰调节 pH 值,同时降低 SO_4^{2-} 浓度。经过加药后的废水进入隔油沉淀设施。

由于废水中硫酸根浓度高达 3750mg/L,不适合采用完全厌氧处理工艺,并考虑到处理工艺对废水的缓冲能力和污泥适应性，以及对氨氮的去除，采用厌氧水解-CASS 工艺作为主要处理工艺。工艺流程如图 2-31 所示。

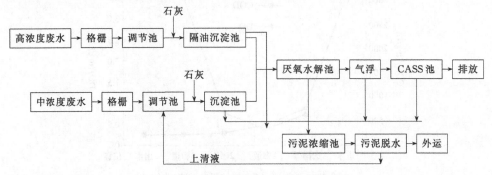

图 2-31　厌氧水解-CASS 工艺流程

（2）工艺流程说明

① 格栅作为废水处理中的预处理方法，应用广泛。采用该方法可以有效去除废水中的较大悬浮物，保护后续处理稳定运行及提升泵的正常运转。

② 由于废水瞬时变化系数较大，为保证后续处理构筑物稳定运行，在废水进入沉淀池之前设置调节池，进入调节池的废水可通过水泵逐渐提升至废水预处理设施，使废水能相对稳定地进入水处理系统；调节池中设水下搅拌机，以防止沉淀。

③ 在隔油沉淀池前投加石灰水调节 pH 值，同时去除部分 SO_4^{2-}，防止在厌氧水解段产生大量 H_2S；另外考虑到废水含油量较高，在沉淀池中增设隔油设施，防止废水中的油类进入后续处理系统。

④ 经过预处理后的废水进入厌氧水解池。由于废水浓度较高，直接采用好氧工艺处理会延长废水停留时间，增大池容与一次性投资，同时产泥量相对增大，增加污泥处理系统的投资及运行费用；另一方面废水中残留有许多制药菌，在好氧状态下会分泌抑制微生物生长的有毒物质，因此，需在厌氧条件下抑制其活性。考虑到以上两个因素，在好氧生化之前设置厌氧水解工艺。

该单元采用原有水解池进行改造，改造内容有：第一，在水解池中投加 40% 的复合填料，以提高水解池中的生物总量，缓解废水对微生物的冲击；第二，增设水解池的污泥自身回流量，使水解池末端沉淀的污泥回流至水解池首端，以保证池中的污泥量并提高水解池的缓冲能力。厌氧水解池通过穿孔管进行适量曝气，一方面使废水中溶有一定量的氧气，保持水中的氧化还原电位，控制硫酸还原菌的繁殖，防止产生大量 H_2S；另一方面，利用空气的搅拌，使废水与污泥充分混合，防止产生沉淀。多余的污泥进入污泥浓缩池进行浓缩。

⑤ 经厌氧水解后的废水中含有很高的 SS，其中包括大量的丝菌体和大分子有机物，因此，利用气浮方法对其进行去除。气浮采用溶气气浮，废水中投加絮

凝剂和助凝剂；气浮产生的浮渣排入浮渣池，浮渣池中的浮渣经泵提升进入污泥浓缩池。

⑥ 气浮后的废水进入 CASS 生物处理系统。CASS 工艺是在序批式活性污泥法（SBR）的基础上，将反应池沿长度方向设计为两部分，前端设置生物选择区（也称预反应区），后端为主反应区。在主反应区后部安装可升降的自动撇水装置（滗水器），曝气、沉淀和排水在同一反应器内周期性循环进行，取消了常规活性污泥法的二沉池。

在预反应区中，废水中的溶解性有机物能通过酶反应机理迅速去除。通过维持预反应区的缺氧状态，可有效防止污泥膨胀。为了增大污泥浓度，提高处理效率，设置回流泵将主反应区的污泥回流到预处理区，进行反硝化过程，达到生物脱氮的目的，污泥回流量约为 20%；同时，可以利用阀门控制定期完成剩余污泥的排放。

在主反应区完成废水中绝大部分有机物、氨氮及磷的去除，保障出水全面达标。该系统运行周期为 8h，整个运行过程由自动化控制系统来完成。CASS 工艺采用连续进水，每一操作循环由下列四个阶段组成：曝气阶段、沉淀阶段、滗水阶段、闲置阶段（闲置也可与滗水同时进行）。

（a）曝气阶段（6.0h）。供气方式为鼓风机供气，采用微孔曝气头向反应池内供氧，溶解氧浓度控制在 2.0mg/L 左右。此时有机污染物被微生物氧化分解成二氧化碳和水，同时污水中的氨氮通过硝酸盐菌的硝化作用转化为硝酸盐。

（b）沉淀阶段（1.0h）。曝气阶段完成后进行沉淀反应，此时反应池逐渐由好氧状态向缺氧状态转化，开始进行反硝化反应。

（c）滗水阶段（1.0h）。沉淀结束后，滗水器开始工作，自上而下逐层滗水，滗水率约为 18.7%。

（d）闲置阶段。闲置与滗水同时进行。

（3）主要处理构筑物及设备选型

① 格栅池。自动格栅除污机 2 台，栅条间隙为 10mm。高浓度废水格栅的型号为 JS-1200，电机功率为 1.1kW；中浓度废水格栅的型号为 JS-2200，电机功率为 2.2kW。

② 调节池。调节池的结构形式为地下式钢筋混凝土结构。高浓度废水调节池 1 座，主体尺寸为 12.5m×10m×4.5m，有效容积为 500m³，水力停留时间为 2.4h；中浓度废水调节池 1 座，主体尺寸为 12.5m×20m×4.5m，有效容积为 1000m³，水力停留时间为 1.6h。

③ 平流式隔油沉淀池。高浓度废水隔油沉淀池 2 格，结构形式为钢筋混凝土结构，主体尺寸为 14.8m×3.6m×3.5m，有效容积为 340m³，水力停留时间为 1.6h。

④ 平流式沉淀池。中浓度废水平流式沉淀池 4 格，设置隔油装置，结构形式为钢筋混凝土结构，主体尺寸为 20m×3.6m×3.5m，有效容积为 920m³，水力停留时间为 1.45h。

⑤ 厌氧水解池。结构形式为钢筋混凝土结构，单格尺寸为 48m×11m×3.6m，共 6 格，有效容积为 9500m³，水力停留时间为 11.4h，容积负荷为 COD8.95kg/(m³·d)，复合填料为 4200m³。厌氧水解池设置污泥回流系统。

⑥ 气浮池。采用一体化溶气气浮设备共 8 套，型号为 CF-100，单台处理量为 100m³/h，功率为 15kW。

⑦ CASS 池。CASS 池 9 座，结构形式为钢筋混凝土结构，采用微孔曝气，单池尺寸为 55m×12m×7.0m，有效水深为 6m，有效容积为 35640m³，污泥负荷为 COD_{Cr} 0.25kg/(kg MLSS·d)，水力停留时间为 42.8h。曝气池所需空气量为 600m³/min，微孔曝气器 14500 套。

⑧ 滗水器。采用不锈钢滗水器 9 套，型号为 BH500，电机功率为 0.75kW。

⑨ 污泥浓缩池。污泥浓缩池 3 座，结构形式为钢筋混凝土结构，单池尺寸为 ϕ16m×3.9m，泥深为 3.4m，单池容积为 680m³，污泥停留时间为 12h。

⑩ 其他。污泥刮泥机 3 台，型号为 CG16A，电机功率为 0.75kW。污泥脱水机房：二层框架结构污泥脱水机房 1 座，建筑面积为 400m²，内有污泥脱水机 3 台，电机总功率为 31.63kW。

(4) 运行费用分析　工程总运行费用 1.55 元/(m³·d)，其中人工费 0.06 元/(m³·d)，药剂费 0.45 元/(m³·d)，电费 1.01 元/(m³·d)，设备维修费 0.04 元/(m³·d)。单位重量 COD_{Cr} 运行费用为 0.31 元/kg。

(5) 系统运行结果　在系统投入运行前，进行清水试车，采用清水代替废水，模拟水处理系统实际运行状态。试运行采用临近抗生素污水处理的剩余污泥作为接种污泥。

水解酸化启动初始阶段采用低负荷运行，反应器负荷 COD_{Cr} 低于 2kg/(m³·d)，之后稳步提升污泥负荷。随着试运行时间的延长，污泥流失量增大，当水解酸化池内的平均污泥量低于 4g/L 时，可以用潜污泵把带出的污泥回流至水解酸化池。

在水解酸化池的运行负荷达到设计负荷的 50% 时，启动气浮设备。气浮设备的调试主要是调节气浮设备气固比，将溶气水和压缩空气调节至最佳范围。

好氧系统的启动在水解酸化池负荷达到 60% 以上之后进行。与厌氧系统相比，调试时间相对较短，采用接种污泥启动更快。

经过近 4 个月时间的调试，系统基本运行正常，对系统进行连续半年的监测，各反应阶段的 COD_{Cr} 去除率见表 2-24，排放口出水指标如表 2-25 所示。

表 2-24 污水水质随处理流程的变化情况

项目	原水	预处理	水解	气浮	生化	排放标准
COD/(mg/L)	5000	4250	2975	2082.5	276	<300
COD 去除率/%		15	30	30	87	
BOD$_5$/(mg/L)	2562.5	2178	1524.7	1143.5	30	<100
BOD$_5$ 去除率/%		15	30	25	97	
SS/(mg/L)	450	225	201.5	100	20	<150
SS 去除率/%		50	10	50	80	
NH$_3$-N/(mg/L)	127.5	127.5	127.5	127.5	30	<50
NH$_3$-N 去除率/%					76	
pH 值	5	7.3	6.8~7.0	6.8~7.0	7.0	6~9

表 2-25 系统运行监测结果

时间		进水 COD/(mg/L)	出水 COD/(mg/L)	COD 去除率/%
1 月	上半月	5031	292	94.2
	下半月	5312	265	95.0
2 月	上半月	5736	267	95.3
	下半月	5485	297	94.6
3 月	上半月	6121	271	95.6
	下半月	4366	210	95.2
4 月	上半月	4171	231	94.5
	下半月	5076	249	95.1
5 月	上半月	6718	330	95.1
	下半月	5450	273	95.0
6 月	上半月	5009	230	95.4
	下半月	4149	237	94.3
7 月	上半月	5535	264	95.2
	下半月	4080	257	93.7
平均		5160	276	94.6

由表 2-25 可见，进水水质波动较大，但处理后的出水水质变化不大，达到《污水综合排放标准》中第二类污染物最高允许排放标准的二级排放标准。

（6）结论

① 采用厌氧水解-CASS 工艺处理抗生素废水是可行的，系统稳定运行后，处理效果稳定，出水达到第二类污染物最高允许排放标准的二级排放标准。

② 该系统自动化控制程度高，便于操作管理。

③ 系统耐冲击负荷能力强，运行稳定可靠。

2.2.4.4 UBF 处理抗生素废水

河南天方药业股份有限公司的废水处理工程采用预处理/两相厌氧/好氧工艺处理乙酰螺旋霉素、红霉素、淀粉生产混合废水，出水水质达到《污水综合排放标准》（GB 8978—1996）的生物制药工业二级排放标准。该制药厂废水处理一期工程于 1998 年投产运行并达标验收后，分别于 2000 年、2002 年、2004 年进行了三次扩建，使总处理能力达7200m³/d。

(1) 设计进、出水水质　抗生素生产废水中有一部分属高浓度有机废水，残留的抗生素和溶剂对微生物具有一定的抑制作用，同时废水中含有不少生物发酵代谢产生的生物难降解物质，因此综合废水的生物降解性较差。该废水处理站的设计进、出水水质见表2-26。

表 2-26　废水处理站设计进、出水水质

项目	COD/(mg/L)	pH 值	SS/(mg/L)	BOD₅/(mg/L)
进水水质	7470～10500	5.8～8.5	376～2000	3350～5160
出水水质(排放标准)	≤300	6～9	≤150	≤100

(2) 工艺流程　在废水处理站几次扩建过程中，根据生产运行情况对工艺流程进行了优化，2004年扩建时采用的废水处理工艺流程如图2-32所示。

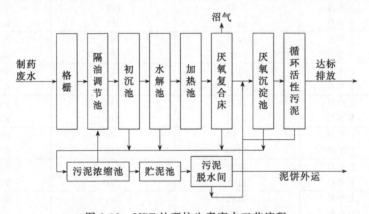

图 2-32　UBF处理抗生素废水工艺流程

其中厌氧复合床（UBF）反应器为产甲烷反应器，钢制，尺寸为ϕ8m×12m，共28台，总容积为16800m³，总有效容积为14000m³，UBF内壁做玻璃钢防腐，外壁做保温层；单台UBF的容积负荷为4kgCOD/(m³·d)，HRT＝2.2d，反应温度为30～35℃，设计流量为300m³/h，填料层容积为100m³；从UBF下部进水、上部出水，反应器顶部设三相分离器，沼气脱硫后收集到气柜综合利用。

(3) 影响UBF稳定运行的主要因素

① 水质因素如下。

(a) pH。pH值是影响厌氧微生物（如甲烷菌）生命活动的重要因素，甲烷菌适宜生长的pH值为6.5～7.8。当pH值为6.8～7.2时产甲烷菌活性最高，超出此范围活性随之下降；当pH值＜6.2时，产甲烷菌的生长明显被抑制，而产酸菌的活性仍很旺盛，常导致pH值降至4.5～5.0，引起反应器的酸败。较高的pH值对甲烷菌的生长代谢也有抑制作用，但毒性没有低pH值时大。

在连续式厌氧消化工艺中,只要温度、发酵原料组成不变,溶液的 pH 值将主要取决于有机负荷率。在有机负荷率不变时,pH 值趋向于某一固定值。有机负荷是否适中可以从 pH 值的变化间接地表现出来,所以检测反应器出水的 pH 值是一种推测反应器运行情况良好与否的最直接且简单易行的方法。

稳定运行期间,UBF 进水的 pH 值为 4.7～6.3,平均值为 5.5;出水 pH 值为 6.7～7.1,平均值为 7.0。从预处理至 UBF 反应器进水,均没有投加任何药剂调整 pH 值。经检测,距反应器底部 1m 处 pH 值为 7.04。分析认为厌氧处理的最适 pH 值范围是指反应器内反应区的 pH 值,并不是进水的 pH 值。酸化废水进入 UBF 反应器后,由于甲烷化过程和稀释作用及碱度的缓冲作用可以迅速改变进水的 pH 值,使 pH 值上升,从而使反应区 pH 值保持在微生物生长的最适范围。

(b) 温度。UBF 反应器的主要功能是甲烷化反应,对温度变化比较敏感,冬季反应器进水需加热至 30～35℃,夏季不需要加热。

(c) 悬浮物 (SS)。螺旋霉素废水中有时含有大量 SS。正常情况下,酸化反应器出水 SS 为 691～1498mg/L,平均值为 988mg/L;当发酵过程不正常,发酵罐出现染菌现象时,导致整个发酵过程失败,必须将发酵废液排放到废水中。此时废液中含有大量的菌丝体,SS 可高达 4～5g/L。菌丝体沉降性能差,初沉池和水解池中其去除率较低,导致大量 SS 进入 UBF 反应器。3～5 月为发酵罐染菌的高发季节,有 20 多天进入 UBF 的 SS 高达 3～4g/L,UBF 受到强烈的冲击。

图 2-33 给出了冲击前后 UBF 内污泥浓度的变化情况,两次测定时间间隔 30d。由图可知,距反应器底部 1m 处 MLSS 由 60.37g/L 下降到 30.47g/L,浓度降低了 50%;而距反应器底部 2.5m、4.0m、5.5m、7.0m 处的 MLSS 都有所增加,分别由 8.71g/L、3.05g/L、2.54g/L、1.90g/L 增加到 12.57g/L、7.01g/L、5.89g/L、4.80g/L。污泥沉降性能变差,部分颗粒污泥解体,絮状污泥增多。观察到反应器顶部有污泥膨胀现象,部分颗粒污泥和絮状污泥随出水流失。

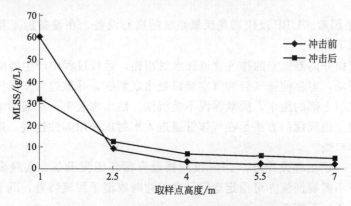

图 2-33　冲击前后 UBF 内污泥浓度的变化

显微观察发现，冲击前污泥床中的颗粒污泥主要以球形颗粒污泥为主，少量呈椭球形和圆柱形，颜色为黑色，表面光滑发亮，边界清晰，颗粒密实。经高浓度 SS 冲击后密实的圆形污泥颗粒减少，薄片状污泥增多，污泥的黏度变小，附着能力变差，颗粒表面没有光泽，边界模糊并遭到破坏，有些颗粒表面有破损，不易下沉，污泥颜色变为黄褐色。分析原因主要有以下几个方面。

a) 进水中有机悬浮物浓度高使反应器的有机负荷增大，导致微生物的生长环境有了很大改变，加速了颗粒污泥表面发酵性细菌和产酸性细菌的生长，并分泌大量胞外聚合物。由于胞外聚合物的主要成分是糖醛酸，黏性较大，因此上清液过滤速度较慢。同时由于黏性物质可能堵塞颗粒污泥表面的孔隙从而使中间产物在颗粒污泥中的传质受阻，颗粒污泥内部的产气也不易释放出来，由此引起颗粒污泥膨胀、易于上浮。

b) 厌氧发酵释放的沼气气泡和布水系统产生的上升水流将使反应器内的污泥同时受到水流剪切力、颗粒碰撞摩擦力、泡振力和气泡尾涡混掺力等 4 种力的混掺作用。这 4 种力叠加后的综合作用与反应池内的颗粒污泥强度相适应时，才能使颗粒污泥顺利产生并得以保持。当高浓度悬浮物进入反应器后，与颗粒污泥产生的摩擦、碰撞及剪切强度大于颗粒污泥的强度，加强了颗粒的破碎或剥落程度，使颗粒污泥结构遭到破坏。

c) 一些不能生物降解的 SS 进入 UBF 反应器会形成浮渣或占据一部分有效容积，并会导致颗粒污泥解体，使悬浮物质与厌氧微生物混合，将厌氧微生物"挤"出厌氧反应器，从而降低了厌氧污泥的活性与反应器中活性厌氧污泥的含量，使污泥呈黄褐色。由此可见，高浓度有机悬浮物对 UBF 反应器的稳定运行有较大影响。

d) COD_{Cr}：稳定运行期 UBF 进水 COD_{Cr} 为 5729～10010mg/L，平均值为 7120mg/L；UBF 出水 COD_{Cr} 为 612～1040mg/L，平均值为 735mg/L，平均去除率为 90%，这说明厌氧水解池出水大约有 90% 的有机物可以被 UBF 内的微生物降解。

② 设备因素。UBF 反应器是厌氧系统的核心设备，在设备加工和运行过程中要注意以下几点。

(a) 三相分离器气室的排气管道和水封相连，运行过程中产生的沼气通过水封时产生震动，容易使排气管和气室接口处出现裂缝，导致边气室漏气。泄漏气体搅动反应器上部的废水，厌氧污泥不能沉淀，随出水流失，从而影响反应器的稳定性。避免该问题的方法是在气体管道进入水封前采用柔性连接，避免震动传递至气室接口处。

(b) 在一期工程设计时，UBF 反应器设有循环回流设备。实践表明系统在设计负荷下不需要回流亦可稳定运行，在扩建时取消了回流装置，既节省了工程造价又降低了运行能耗。

（c）UBF 反应器上部悬挂弹性立体填料，运行多年填料表面基本无挂膜现象。填料的主要功能是改善上部的水力条件，截留污泥，加快气液分离。填料区不是主要反应区，无需采用亲水表面材料。

（d）布水均匀是设备达到设计负荷的关键，布水器的安装一定要平整。运行中要尽量防止无机悬浮物进入，并且要定期排泥，避免布水器因大量厌氧污泥淤积导致布水不均，从而使设备的有效反应容积减小，无法达到设计流量。

（4）总结

① 采用 UBF 反应器处理抗生素废水，在进水 pH 值为 4.7～6.3 的酸性条件下可稳定运行，无需投加碱性物质，pH 值在此范围内的波动对系统的稳定运行影响不大。

② 高浓度有机悬浮物的连续冲击会导致污泥沉降性能变差，甚至出现污泥膨胀，部分颗粒污泥和絮状污泥随出水流失，对系统的稳定运行有较大影响。

③ 钢制 UBF 反应器的布水器安装要确保平整，并定期排泥。三相分离器的排气管和气室要采用柔性连接，避免因震动导致气室内的气体泄漏而影响处理效果。

2.2.4.5 膜生物反应器（MBR）工艺处理抗生素废水中试研究

研究采用水解酸化工艺为预处理手段、膜生物反应器（MBR）为主要生物处理手段，对多种抗生素混合废水的处理进行系统研究，较全面地考察处理该类废水的关键工艺参数和处理效果，为该工艺引入抗生素废水处理领域提供技术支持。

（1）试验方法

① 试验用水。为考察膜生物反应器（MBR）工艺对抗生素废水处理的广谱适用性，中试试验用水取自华北某制药园区的青霉素、6-APA、氨苄、羟氨苄、头孢氨苄、7-ADCA、头孢拉定、头孢唑啉钠和阿维、伊维以及除草剂 HB 等数十种废水的混合废水。其中，高浓度有机废水 COD_{Cr} 浓度为 10000～40000mg/L，低浓度废水 COD_{Cr} 浓度为 1500～2000mg/L，综合废水 COD_{Cr} 浓度为 4500～5500mg/L。测试的平均水质见表 2-27。

表 2-27 华北某制药园区混合废水水质指标　单位：mg/L（pH 值除外）

COD_{Cr}	BOD_5	TOC	pH 值	总氮	氨氮	硫酸盐
4950	1700	970	6～8	504	231	2750

BOD_5/COD_{Cr} 的平均测试结果为 0.34，表明该废水的可生化性较差。主要是因为抗生素的生产发酵周期较长，每生产罐批的发酵周期约为 150h。此时，培养基中易利用的有机物已在发酵过程中基本被微生物代谢利用掉，发酵残液（即生产废水）中剩余的有机污染物中主要为不易被微生物利用的大分子有机物、无机盐类、氨氮、残留的抗生素药物效价及其降解产物等。这些物质对废水

COD$_{Cr}$有较大贡献，但又不易被微生物降解去除，造成废水 BOD$_5$/COD$_{Cr}$ 的比值偏低。

② 试验装置。试验装置的设计处理规模为 15m^3/d。试验流程如图 2-34 所示。

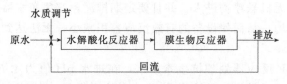

图 2-34 MBR 工艺试验流程图

中试装置采用循环回流硝化反硝化厌氧（水解酸化）-好氧膜生物反应器处理工艺。废水通过计量泵送入水解酸化反应器，在反应器中，酸化产生的有机酸促使非离子氨向离子氨转变，有效降低了非离子氨的含量，降低了氨的毒性，使氨氮的硝化过程顺利进行；水解酸化反应器的出水靠重力流入好氧膜生物氧化区，有机氮及 NH$_4^+$ 在硝化细菌的作用下转化为 NO$_2^-$、NO$_3^-$，部分膜出水通过回流泵返回水解酸化反应器，进行强化脱氮处理。

③ 接种污泥。接种污泥直接利用华北制药集团三废处理中心废水处理厂的活性污泥，经过适当驯化后用于系统接种。

（2）试验结果与讨论

① COD$_{Cr}$ 进水负荷的影响及其控制。在传统的活性污泥法中，由于二沉池固液分离的能力有限和考虑到污泥浓度的影响，因此曝气池内微生物浓度只能维持在一个有限的范围内，进水 COD$_{Cr}$ 容积负荷成为重要的设计参数。进水 COD$_{Cr}$ 容积负荷反映了有机物进入反应器的速度，会影响生物反应器的处理效率。而在膜生物反应器中，由于膜的高效截留作用，生物反应器内的微生物浓度可以维持在很高的水平，同时膜还能对反应器中的大分子有机物产生截留作用，因此进水容积负荷对生物处理效果可能会产生不同程度的影响。

本试验从污泥培育启动、装置联动运行与提高负荷、稳定运行 3 个阶段考察了抗生素废水 COD$_{Cr}$ 容积负荷对去除效率的影响。

（a）污泥培育阶段。水解酸化与膜生物反应器采取单级并联运行的方式，水解酸化反应器进水 COD$_{Cr}$ 浓度控制在 1500～2500mg/L，膜生物反应器进水 COD$_{Cr}$ 浓度控制在 1000～2000mg/L。测试各处理单元的运行指标，根据出水 COD$_{Cr}$ 及污泥指标情况，分阶段逐步增加进水量和进水 COD$_{Cr}$ 浓度。经过 20d 的污泥培养，水解酸化反应器与膜生物反应器的污泥已表现出良好的生化特征：水解酸化反应器进水量达 7.2m^3/d，COD$_{Cr}$ 容积负荷达 6.5kg/(m^3 · d)，膜生物反应器污泥浓度达 8g/L，进水量达 6.0m^3/d，COD$_{Cr}$ 容积负荷达 3.5kg/(m^3 · d)。

（b）装置联动运行与提高负荷运行阶段。系统装置串联运行，膜生物反应器中的部分混合液回流至水解酸化反应器，并通过控制两段式膜生物反应器中前置氧化段溶氧的变换，强化膜生物反应器和系统的硝化反硝化脱氮功能。在此期间控制系统进水 COD_{Cr} 浓度基本稳定在 2500～3000mg/L 之间，通过增加系统的处理水量提高系统的 COD_{Cr} 容积负荷，经历 25d 的提高负荷运行，系统进水量达到 $15m^3/d$，水解酸化反应器进水 COD_{Cr} 容积负荷达 15～18kg/(m³·d)，膜生物反应器的进水 COD_{Cr} 容积负荷达 10kg/(m³·d)。

（c）稳定负荷运行阶段。在此阶段控制系统的 COD_{Cr} 容积负荷基本不变，膜生物反应器的进水 COD_{Cr} 容积负荷为 8kg/(m³·d)。此阶段又分为 2 种运行状态运行。第 1 种情况为系统进水的 COD_{Cr} 浓度在 4000mg/L 左右，处理水量为 $9.6m^3/d$；第 2 种情况为系统进水的 COD_{Cr} 浓度在 5000mg/L 左右，处理水量为 $7.2m^3/d$。在此条件下系统连续稳定运行 55d。运行结果见图 2-35和图 2-36。

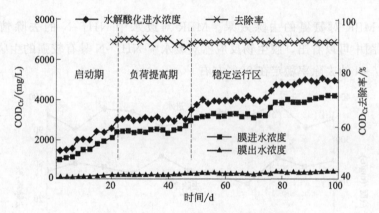

图 2-35　COD_{Cr} 进水负荷与去除率关系

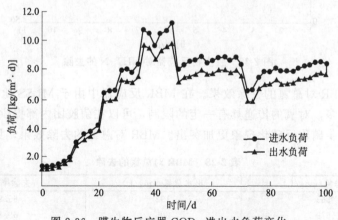

图 2-36　膜生物反应器 COD_{Cr} 进出水负荷变化

从图 2-35 和图 2-36 可以看出，在装置联动运行与提高负荷运行阶段，虽然污泥的活性培养已达到运行的要求，但此阶段由于容积负荷的变化，系统的 COD_{Cr} 去除率波动较大；稳定运行阶段，在 2 种运行情况下系统的 COD_{Cr} 去除率较稳定。从总体的启动阶段可以看出，系统的 COD_{Cr} 去除率保持了较高的数值，达到了 90% 以上。

综合考虑，对于抗生素废水的处理，建议 COD_{Cr} 进水容积负荷控制在 7~10g/L 之间运行，既可以保证高的有机物去除率，又可以保证系统运行的稳定性。

② MBR 的脱氮功能。由于膜的隔离作用，膜生物反应器几乎能将所有的微生物截留在反应器中，使反应器中的活性污泥浓度提高，因此理论上污泥龄可以无限长。这样就使得生长速度很慢的硝化细菌得以在反应器中积累，且随着活性污泥浓度 (MLSS) 的逐渐提高，硝化细菌数量不断增加，因此反应器的硝化能力很强。

(a) MBR 对氨氮的去除效果。MBR 对废水中 NH_4^+-N 的去除情况见图 2-37。从图中可以看出，膜生物反应器对废水中 NH_4^+-N 具有较强的生物氧化功能，NH_4^+-N 的去除率稳定在 80% 左右。

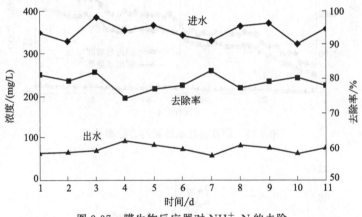

图 2-37　膜生物反应器对 NH_4^+-N 的去除

(b) MBR 对总氮的去除效果。在 MBR 反应器中由于 MLSS 比普通活性污泥法高出许多，对氧的传递具有一定的限制，可以在菌胶团内部提供较多的厌氧环境，使同步硝化反硝化现象更加突出。MBR 对总氮的去除效果，见表 2-28。

表 2-28　MBR 对总氮的去除

进水总氮/(mg/L)	出水总氮/(mg/L)	去除率/%
563	192	65.9
679	205	69.8
598	201	66.4

（3）结论

① 针对抗生素废水成分复杂、有机物浓度高、溶解性和胶体性固体浓度高、pH 值经常变化且可生化性较差的特点，采用水解酸化工艺作为生物处理的预处理手段，采用膜生物反应器工艺作为好氧生物处理手段，有机物去除率高且稳定。试验结果表明，用膜生物反应器工艺处理抗生素废水是可行的。

② 考察有机物负荷对膜生物反应器处理效果的影响，得到 COD_{Cr} 进水容积负荷可以达到 $10kg/(m^3 \cdot d)$ 以上，COD_{Cr} 的去除率可达到 90%。

③ 膜生物反应器具有较强的脱氮效果。通过试验得到，其对 NH_4^+-N 的去除率稳定在 80% 左右，总氮的去除率在 65% 以上。

2.2.4.6　厌氧-好氧处理工艺处理链霉素制药废水

（1）水质水量　华北制药集团华胜公司是以链霉素为主要产品的制药企业，其排放的链霉素生产废水污染物浓度高，成分复杂，处理难度较大。华胜公司每天的总排水量约 7000t，其中高浓度有机废水 650t，COD_{Cr} 浓度在 8000mg/L 左右，SO_4^{2-} 浓度在 750mg/L 左右；酸碱废水水量约 2400t/d，pH 值在 1～13 之间，波动较大；其他废水 COD_{Cr} 浓度相对较低。根据环保部门的要求，公司排水需要达到《污水综合排放标准》（GB 8978—1996）生物制药行业二级标准。

（2）工艺流程　根据上述情况，华北制药集团环保所根据链霉素废水处理技术研究的新进展，结合其他抗生素废水处理工程的成功经验提出了技术方案，废水处理工艺流程见图 2-38。

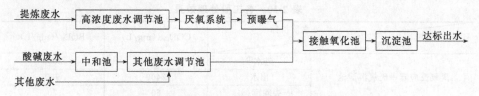

图 2-38　厌氧-好氧工艺处理链霉素制药废水工艺流程

由图 2-38 可见，高浓度废水进入调节池，对废水的水质水量进行调节，然后废水与部分低浓度废水混合（控制 COD_{Cr} 浓度约 6000mg/L）由污水泵提升进入厌氧反应器，通过厌氧菌群的生物代谢去除部分有机污染物（COD_{Cr} 去除率约 60%）。厌氧出水与其他低浓度废水混合，经预曝气池和污泥选择池顺序自流进入接触氧化池，进行好氧生物处理，出水经二沉池达标排放。

厌氧和好氧装置的排泥进入污泥浓缩池进行浓缩。浓缩后的污泥由污泥进料泵提升进入污泥脱水机进行脱水，产生的泥饼可作农肥外运。浓缩池上清液和污泥脱水机的滤液回流至调节池继续处理。

工艺中关键的厌氧反应器采用的是厌氧流化床形式，通过运行发现，按照厌氧膨胀床（EGSB）运行取得了很不错的效果，这个情况同 Biothane 公司在荷兰

Gist 开发其 Biobed 的过程相类似，污泥沉淀性能大大改善，出水稳定达标。污水处理主要设施及参数列于表 2-29。

表 2-29　污水处理主要设施及参数

名称	规格/m	数量	总容积/m³
高浓度废水调节池	12×6×5	1 座	360
集水槽	ϕ2.5×2.5	2 台	24.5
厌氧反应器	ϕ3.4×22.5	4 台	816
汽提塔	ϕ1.2×11	2 台	25
厌氧沉淀池	8×5×4	1 座	160
预曝气池	15×10×5	1 座	750
中和池	18×15×4.5	1 座	
H_2S 净化系统		1 套	
其他废水调节池	18×15×4.5	1 座	
接触氧化池	30×22×4.5	1 座	2 单元
沉淀池	ϕ18.0×3.5	1 座	
污泥浓缩池	ϕ6.0×4.5	1 座	
鼓风机房	6×21	1 座	
污泥脱水机房	8×12	1 座	

（3）运行情况　各工段处理效果见表 2-30。由表可见，处理后的废水达到国家《污水综合排放标准》（GB 8978—1996）中的二级排放标准。

表 2-30　各工段处理效果

主要处理工段	水质指标	COD_{Cr}/(mg/L)	BOD_5/(mg/L)
厌氧反应器+厌氧沉淀池	进水①	6000	3000
	出水	2400	900
	去除率/%	60	70
预曝气	进水	2400	900
	出水	2160	765
	去除率/%	10	15
接触氧化池+二沉池	进水②	1200	450
	出水	250	50
	去除率/%	79	89

① 高浓度废水稀释后。

② 与其他低浓度废水混合。

（4）经济指标　项目分两步实施，总投资近 1500 万元，吨水处理费用（不包括折旧）约 1.4 元/t。

2.2.4.7　厌氧水解酸化-生物接触氧化法处理抗生素废水实例

山东某大型抗生素厂主要生产青霉素、庆大霉素、链霉素等十多种产品，其生产废水有 15％采用厌氧水解酸化-生物接触氧化法进行处理，取得了良好的效果。设计水质、水量如下：水量 2700m³/d；COD$_{Cr}$ 4200～6000mg/L；BOD1600～2200mg/L；SS1000～2400mg/L；pH 值 6～8。

（1）废水处理工艺流程　该废水处理工艺流程见图 2-39。

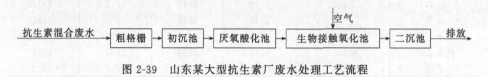

图 2-39　山东某大型抗生素厂废水处理工艺流程

抗生素混合污水流经粗格栅、初沉池后进入厌氧酸化池，通入一定量的空气，利用厌氧发酵过程的水解酸化段，使水中不溶性的有机物转化为可溶性的有机物，将难降解的大分子物质转化为易生物降解的小分子物质，大大提高了污水的可生化性。

在生物接触氧化池中，废水自下向上流动，在填料下直接布气，生物膜受到气流的搅动，加速了生物膜的更新，使其经常保持较高的活性，而且能够避免填料堵塞现象。本工艺处理能力大，对冲击负荷有较强的适应性，污泥生成量少，不会产生污泥膨胀，无需污泥回流，易于维护管理，便于操作。

（2）主要处理构筑物

① 厌氧酸化池。矩形钢筋混凝土结构，一座分两格，每格尺寸 20m×10m×5m，总容积为 2000m³，池内设半软性填料 720m³，填料高度为 1.8m，底部设有微孔曝气系统，有效停留时间为 17.0h，气水比为 5∶1。

② 生物接触氧化池。矩形钢筋混凝土结构，共一座，尺寸 20m×20m×5.5m，总容积为 2200m³，池内设半软性填料 1800m³，填料高度为 4.5m，底部设有微孔曝气系统，有效停留时间为 14.3h，气水比为 45∶1。

（3）运行效果

① 厌氧酸化-生物接触氧化法反应处理单元从接种、驯化到正常运行历时 2 个月。接种污泥取自啤酒厂生物接触氧化池。调试时，分别向厌氧酸化池和生物接触氧化池投加一定量的接种污泥，之后通入 COD$_{Cr}$ 为 2000mg/L 的生产废水进行闷曝，厌氧酸化池可间歇曝气，生物接触氧化池连续曝气。4d 后连续进水，投配青霉素、麦白霉素、链霉素、螺旋霉素、大观霉素等十多种生产废水混合液，间断调整进水浓度、投配负荷、两池的气水比。45d 时填料挂膜基本完好、运行基本正常。

当厌氧酸化池气水比为 5∶1、氧化池气水比为 45∶1 时，厌氧酸化池去除容积负荷可达 4.93kg COD$_{Cr}$/(m³·d)，生物接触氧化池去除容积负荷为 5.15kg COD$_{Cr}$/(m³·d) 以上。出水 COD$_{Cr}$ 浓度可降至 443mg/L。两池的处理效果见表 2-31 和表 2-32。

表 2-31　厌氧酸化池进、出水水质

时间	流量/(m³/d)	CODCr/(mg/L)		BOD/(mg/L)	
		进水	出水	进水	出水
9 月	2730	5106	3778	1680	1361
10 月	2755	5275	3956	2115	1671
11 月	2440	5924	4473	1715	1372
12 月	2712	4920	3656	1630	1328
次年 1 月	2632	4919	3738	1715	1380
次年 2 月	2740	5436	3984	1698	1341
平均	2668	5263	3930	1759	1409

表 2-32　生物接触氧化池进、出水水质

时间	流量/(m³/d)	CODCr/(mg/L)		BOD/(mg/L)		SS/(mg/L)	
		进水	出水	进水	出水	进水	出水
9 月	2730	3778	529	1361	163	2210	150
10 月	2755	3956	517	1671	195	1140	68
11 月	2440	4473	377	1372	155	1190	125
12 月	2712	3656	344	1328	127	1970	170
次年 1 月	2632	3738	468	1380	155	1570	159
次年 2 月	2740	3984	427	1341	120	855	95
平均	2668	3930	443	1409	152	1489	128

② 技术经济指标。运行费用 0.553 元/kg CODCr；产污泥量 0.36kg/kg CODCr。

③ 抗生素废水经厌氧水解酸化-生物接触氧化法处理，出水 COD 浓度、有机物污染负荷大幅度降低。但要达标排放，还需对污水进一步处理。建议对生物接触氧化池出水投加硫酸铝或聚合铝进行混凝沉淀。经混凝沉淀后，出水 CODCr 可降至 300mg/L（达 GB 8978—1988 行业污水排放二级标准）。

(4) 厌氧水解酸化-生物接触氧化法处理抗生素废水的优缺点

① 以厌氧水解酸化-生物接触氧化法处理高浓度抗生素有机废水，在经济和技术上是可行的。该法克服了常规好氧活性污泥法处理高浓度有机废水能耗高、稀释水量大、占地面积大以及运行费用高等缺点。

② 此工艺可实现高浓度进水（CODCr 5273mg/L）和高去除容积负荷 [厌氧酸化池 4.93kg CODCr/(m³·d)，氧化池 5.15kg CODCr/(m³·d)]。

③ 本工艺处理能力大，对冲击负荷有较强的适应性，污泥生成量少，运行费用低，不需污泥回流，而且可降低基建费用。

2.2.4.8　华中医药集团抗生素废水处理实例

华中医药集团以生物发酵法生产乙酰螺旋霉素为主，年产量 450t，发酵抗生素的生产过程中有微生物发酵以及分离提取等几个主要工序，生产原料除了粮食以外还需要大量的有机溶剂。在上述一系列生产操作过程中会产生不同种类的有机废水，各种废水的有机污染程度变化大，部分废水属高浓度有机废水，废水中含有残留的抗生素和溶剂，对微生物具有一定的抑制作用，同时废水中含有不少生物发酵代谢产生的生物难降解物质，其综合生物降解性能差。

生产乙酰螺旋霉素产生的废水主要分两部分：一部分为溶剂废水，废水主要成分为脂类、醇类和发酵过程中的一些代谢产物及抗生素残留等；另一部分为板框废水，废水主要成分为菌丝体，悬浮物较多。两种废水的水质情况见表 2-33。

表 2-33　废水水质

项目	温度/℃	COD_{Cr} /(mg/L)	BOD_5 /(mg/L)	SS /(mg/L)	SO_4^{2-} /(mg/L)	油 /(mg/L)	pH 值
溶剂废水	28	21009	10379	468	164	302	7.5
板框废水	25	2176	859	908			7.0

废水处理工程设计规模为 2500m³/d，进水为全厂混合废水，处理后水质达到国家《污水综合排放标准》（GB 8978—1996）生物制药工业二级排放标准，具体指标为：pH 值 6～9，SS≤150mg/L，COD_{Cr}≤300mg/L，BOD≤100mg/L。

（1）工艺流程　为了保证工程的可靠性和设计的合理性，根据小试、中试研究结果以及相关工程经验，确定该废水处理工艺流程见图 2-40。

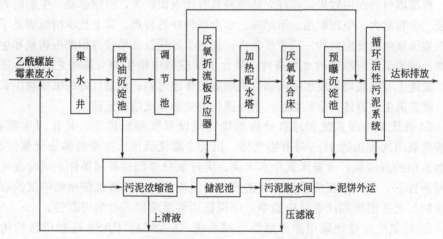

图 2-40　华中医药集团抗生素废水处理工艺流程

（2）工艺特点　该抗生素废水处理工程由预处理系统、厌氧生物处理系统和好氧生物处理系统组成，工艺特点如下。

① 预处理系统采用隔油沉淀池和调节池，以去除抗生素废水中残留的溶剂和悬浮物，同时预处理系统具有均化水质、水量的作用，为后续生物处理创造十分有利的条件，能够有效提高生物处理系统的可靠性和运行的稳定性。

② 厌氧处理系统采用两相厌氧工艺，水解酸化采用厌氧折流板反应器（ABR），甲烷发酵采用厌氧复合床反应器（UBF）。废水中含有一些对生化反应

具有抑制作用的部分残留抗生素和生物发酵过程中产生的难降解大分子物质。废水进入水解酸化反应器，多种水解菌能够改变抗生素的结构，把大分子有机物转化为小分子有机物，消除抗生素的毒性从而提高废水的可生化性；经过酸性发酵的废水再进入 UBF 能够进行正常的甲烷发酵。两相厌氧工艺提高了厌氧处理系统的处理效率和运行稳定性。

③ 厌氧折流板反应器（ABR）为钢筋混凝土结构，1 座分 2 组，每组尺寸为 25m×6m×5.5m，每组分 3 格，每格下部为锥形斗，锥形斗底部设有排泥循环管，可以排出剩余污泥和进行污泥回流，每格下流室和上流室的容积比为 1∶3，第 3 格在上流室上部设有 2m 高的弹性立体填料，既扩大了反应器容积，改善了水流状态和传质效果，又有利于强化沉淀效果及阻止污泥流失。

④ 厌氧复合床反应器（UBF）为钢结构，共 8 座，每座反应器直径为 8m、高为 12m，底部为布水器，在反应器的 5～7m 处设有 2m 高的弹性立体填料，在 8～12m 高处为三相分离器和排水装置。在工程设计应用中采取的技术措施有：三相分离器的设计采取沼气的二次分离技术，创造较好的泥水分离条件，提高沼气的分离效果，减少厌氧污泥的流失；底部布水器的设计通过水力计算及控制，形成整体连续进水、局部脉冲间断进水，达到有效混合与均匀布水的效果；选用弹性立体填料，提高填料的作用效果，弹性立体填料具有比表面积大、空隙率高、生物附着能力强、生物量大、坚固耐用、不结球、水力条件好的特点。以上技术措施满足了现代高效厌氧生物反应器的三项重要条件：提高了处理设备单位容积的生物量和生物种类；改善了反应器中的水力条件，强化了反应器中微生物与基质之间的传质作用，加速了有机底物从废水中向微生物细胞的传递过程；创造良好的微生物生长环境，改善微生物群体的生长状态，增强微生物生态系统的稳定性。

⑤ 在厌氧处理系统和好氧处理系统之间设置预曝沉淀池，其作用主要有：吹脱厌氧出水带出的 H_2S 等有害气体，沉淀去除厌氧出水夹带的部分厌氧污泥，增加水中的溶解氧，改善厌氧出水水质，为好氧处理创造有利条件。同时在某些不利条件下，当厌氧反应器受到冲击发生污泥流失时，预曝沉淀池能够沉淀收集流失的污泥并回流到厌氧反应器中，以保证厌氧反应器运行的可靠性。

⑥ 好氧生物处理采用循环活性污泥系统（CASS）。CASS 是利用活性污泥基质积累再生理论，将生物选择器与间歇式活性污泥法加以有机结合从而研究开发的新型高效好氧生物处理技术。CASS 主要具有以下特征：根据生物选择性原理，利用位于反应器前端的预反应区作为生物选择器，对进水中有机物进行快速吸附及吸收作用，提高了处理效率，增强了系统运行的稳定性；可变容积的运行提高了系统对水质、水量变化的适应性和操作的灵活性；根据生物反应动力学原理，使废水在反应器内的流动呈现出整体推流而在不同区域内为完全混合的复杂流态，不仅保证了稳定的处理效果，而且提高了容积利用率；通过对生物反应速率的控制，使反应器以厌-好氧状态周期循环运行，微生物种类多，生化作用强，

运行费用低；工艺结构简单，投资费用省，而且运行管理方便；采用组合式模块结构，布置紧凑，占地面积小。

⑦ 抗生素废水经厌氧系统处理后进入好氧生物处理系统，BOD/COD为0.2～0.3。为了提高好氧生物处理系统进水的可生化性与污泥的活性，提高好氧系统的处理效果，部分废水未经厌氧处理直接从调节池进入好氧生物处理系统。

⑧ 在厌氧处理过程中产生的大量优质沼气通过水封器、脱水器、脱硫器进入沼气柜，作为热风炉的燃料，用以烘干抗生素发酵过程中产生的菌渣，具有显著的经济效益。

（3）运行结果　监测表明，该工艺运行稳定，出水水质可以达标排放。进、出水水质的监测结果见表2-34。

表 2-34　进、出水水质监测结果

项目	COD$_{Cr}$/(mg/L)	BOD/(mg/L)	SS/(mg/L)	pH 值
进水	8690	4230	719	7.06
出水	249	22	76	7.76
排放标准	300	100	150	6～9

2.2.4.9　一体式平片膜生物反应器处理抗生素废水

相对于传统的污水处理方法，膜生物反应器（MBR）由于其诸多优势而备受青睐。而与分置式膜生物反应器相比，一体式膜生物反应器又具有运行能耗低、不因循环泵的剪切对污泥絮体产生不良影响等优点。

（1）材料与方法

① 试验装置与流程。一体式膜生物反应器的试验装置与工艺流程如图2-41所示，该试验装置由生物反应器、一体式膜组件、膜抽吸系统及自动控制等系统组成。其中生物反应器为活性污泥鼓风曝气反应池，有效容积为47L，反应器中间有一隔板，一侧放膜组件。膜组件下方设有穿孔管曝气，在供给微生物分解废水中有机物所需氧气的同时，在平片膜表面形成循环流速以减轻膜面污染。抽吸系统采用型号BT01-100的兰格蠕动泵，对浸没于反应器中的膜组件进行抽吸。自动控制部分采用时间控制器对抽吸泵及进水泵进行控制。一体式MBR中的处理水经蠕动泵抽吸进入净水池，净水池的水作为膜冲洗水备用。

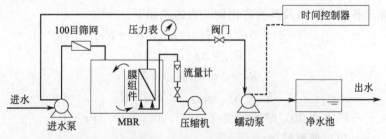

图 2-41　一体式膜生物反应器试验装置与工艺流程

制药工业三废处理技术

② 试验用水。试验用水为上海某制药厂的抗生素废水，稀释后废水的基本水质情况如表 2-35 所示，进水经 100 目筛网过滤后进入反应器。

表 2-35　实验用水水质

测试项目	$COD_{Cr}/(mg/L)$	$SS/(mg/L)$	$NH_3-N/(mg/L)$	pH 值
数据	2500~4000	400~1000	3.5~7.4	6~8

③ 试验用膜。试验用膜为平片膜，由中科院上海原子核研究所膜分离技术研究开发中心提供，膜组件自行研制，平片膜材质为 PVDF（聚偏氟乙烯），截留分子量为 14 万，膜有效面积为 0.05m²。

④ 试验方法。

（a）水通量的测定。水通量的测定由下式得出：

$$j_\theta = V_\theta/(At) \tag{2-1}$$

式中　j_θ——θ（℃）下所测定的实际膜通量；

V_θ——θ（℃）下在 t 时间内实际过滤液的体积；

A——平片膜有效面积。

在测定膜的水通量时，为了便于比较试验不同阶段水温所带来的差异，该试验将不同温度下测得的数据换算成 20℃下的通量值，换算公式为：

$$j_{20} = j_\theta(\eta_{w\theta}/\eta_{w20}) \tag{2-2}$$

式中　j_{20}——换算成 20℃时的通量；

$\eta_{w\theta}$——θ（℃）下纯水的黏度；

η_{w20}——20℃时纯水的黏度。

注：以下的通量 j 皆经上式转换为 20℃下的通量值。

（b）阻力分析方法。膜污染可以分为物理污染、化学污染及生物污染，对于不同的反应器形式、生物的不同生长阶段、不同的组件形式及不同的运行方式，占主导地位的污染形式不同。在本试验中，膜污染阻力可以分为三部分：一部分为膜固有的阻力（R_m）；一部分为泥饼阻力（R_c），包括浓差极化、膜表面的吸附及沉积等形成的阻力，可以采用水冲洗、海绵擦洗等方法将其除去；另一部分为膜孔的吸附及堵塞阻力（R_f），这部分阻力可以采用化学清洗等方法全部或部分去除。通过试验测定的有关通量数据，用 Ris（resistance-in-series）阻力模型计算出各部分阻力及其所占比例。表达式如下：

$$R_t = \Delta p/(\mu_1 j_1) = R_m + R_c + R_f \tag{2-3}$$

$$R_m = \Delta p/(\mu_0 j_0) \tag{2-4}$$

$$R_f = \Delta p/(\mu_0 j_0) - R_m \tag{2-5}$$

$$R_c = \Delta p/(\mu_1 j_1) - R_m - R_f \tag{2-6}$$

式中　μ_0——纯水在 20℃时的黏度（$\mu_0 = 1.0050 \times 10^{-3}\text{Pa·s}$）；

μ_1——膜过滤液黏度。

　　测定过程如下：a）在不同的抽吸压力下，用新膜对纯水进行过滤，通过公式（2-4）计算出膜的固有阻力；b）用该膜对反应器混合液进行过滤，利用公式（2-3）可以得出运行过程中膜总阻力的瞬时值；c）一定时间后，把膜组件从反应器中取出，用清水无压力清洗，并用柔软的海绵擦去膜面吸附物，然后对纯水进行过滤，由公式（2-5）得到膜孔吸附及堵塞阻力；d）由公式（2-6）可得膜表面的泥饼阻力。

　　（2）结果和讨论

　　① 处理效果。用前述工艺流程和试验方法，使用该制药厂废水处理站的污泥接种半个月后，直接把 PVDF 平片膜浸没于反应器中以 4＋6 的周期运行（4min 抽吸，6min 停抽），反应器的运行参数见表 2-36。

表 2-36　膜生物反应器运行参数

测试项目	水温/℃	pH 值	泥龄/d	水力停留时间/d	曝气量/(m³/h)
数据	15～20	6.0～7.6	500	1.5	1.4

　　一体式 MBR 进、出水 COD_{Cr} 及 MLSS 的变化情况如图 2-42。在此运行过程中，反应器中 MLSS 的质量浓度经过一段时间后基本维持在 15g/L 左右，出水 COD_{Cr} 去除率为 86%。可见，水中悬浮和溶解的 COD_{Cr} 并没有在 MBR 中累积。但运行至 1 月中旬，膜出水 COD_{Cr} 与上清液 COD_{Cr} 相比，并没有多大差别，由此可知，PVDF 膜所起的作用主要是截留水中悬浮物，使 MLSS 维持在较高浓度，从而达到高效降解水中有机物的目的。

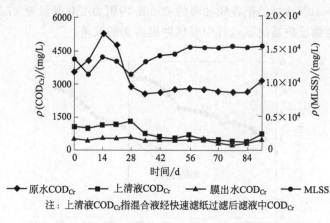

注：上清液COD_{Cr}指混合液经快速滤纸过滤后滤液中COD_{Cr}

图 2-42　一体式 MBR 进、出水 COD_{Cr} 及 MLSS 的变化

　　② 过滤过程中的阻力分析。

　　（a）膜固有阻力的测定。新膜黏结后，放入纯水中浸泡 24h 以消除环境对膜性能的影响，调节抽吸压力，连续测定 5 次对应压力下的通量，取其平均值，由公式（2-4）可以得出，膜固有阻力 R_m 为 $1.082 \times 10^{12} \, m^{-1}$。

（b）PVDF 膜放入反应器后总阻力的变化。为了考察 PVDF 膜在尽量长时间运行中阻力的变化，我们把膜组件在设定压力 30kPa、MLSS 13.8g/L、曝气量 1.45m³/h 的条件下放入反应器中进行连续抽吸运行。由图 2-43 可知，总阻力经大约 25min 渐趋稳定，从开始的 $2.81 \times 10^{12} \, m^{-1}$ 逐渐上升至 $5.29 \times 10^{12} \, m^{-1}$。也就是，膜固有的阻力从开始占总阻力的 98.6% 逐渐降低至 52.4%。可见，尽管反应器曝气冲刷对减弱悬浮固体向膜面的吸附迁移有一定作用，由于很高的悬浮固体浓度，导致较高的黏度（实测黏度高达 $6.3 \times 10^{-3} \, Pa \cdot s$），膜污染随时间加剧。

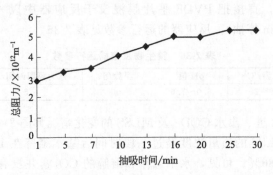

图 2-43　PVDF 膜在恒定压力（30kPa）下总阻力随时间的变化规律

同时也考察了 PVDF 膜在设定周期（4min 抽吸，6min 停抽）下运行，期间不进行任何清洗时总阻力的变化规律，如图 2-44 所示。可见，间歇运行 27d，阻力达到 $5.34 \times 10^{12} \, m^{-1}$。把连续抽吸的 25min 内阻力变化延长至 27d，充分体现了一体式膜生物反应器间歇运行中曝气冲刷膜面的效果。

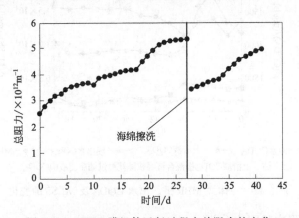

图 2-44　PVDF 膜组件运行过程中总阻力的变化

③ PVDF 膜水力清洗及海绵擦洗后的阻力比较。长期运行过程中，泥饼阻力是导致膜通量下降的主要因素。表 2-37 显示，在 1d 的连续运行过程中，泥饼

阻力占总阻力的比例从开始的 35.87% 上升至 94.01%。新开发的 PVDF 平片膜组件,其优点在于能够通过简单便捷的在线海绵擦洗的方法,消除泥饼阻力(如图 2-44),从而使水通量迅速恢复接近初始通量。

表 2-37　运行过程中阻力分布的分析

运行时间/h	阻力/$\times 10^{12} m^{-1}$				$R_c : R_t$/%
	R_m	R_c	R_f	R_t	
1		1.01	0.72	2.81	35.87
10	1.082	12.67	0.85	14.60	86.77
24		35.21	1.16	37.45	94.01

在一体式 MBR 中,泥水混合液处于循环流动状态,在运行过程中,膜表面泥饼层处于一种动态的相对稳定状态,形成膜过滤的主要阻力,并且由于膜的长期使用,形成阻力的因素也具有累积效应;而且,化学清洗价格昂贵、操作复杂且不可能完全恢复膜通量。因此,海绵的定期在线擦洗对于膜通量的增强非常有利。再者,从长期运行的角度来看,在线擦洗至少可以减弱各种阻力因素的累积,从而具有积极的实践意义。

(3)结论

① 由于膜过滤对混合液悬浮固体的完全截留,尽管原水含有少量抑菌物质,出水 COD_{Cr} 去除率仍可达 86%。

② 膜组件长时间运行导致膜污染,因此必须对其进行定期的清洗,而平片膜组件具有清洗高效、操作简单的优点。

③ 平片膜组件只需用简单的在线海绵擦洗的方法,便可以部分恢复膜通量,从而减少价格昂贵的化学清洗,具有相当的实用价值。

④ 膜性能指标有压力与通量两个变量,而运用 R_{is} 阻力模型可以统一两者,因此,在研究膜生物反应器中的膜性能时,用阻力这个指标分析是可行的。

2.2.4.10　甲红霉素、环丙沙星制药废水处理工程

浙江义乌华义医药公司是浙中地区规模较大的医药中间体生产企业,生产的医药品种繁多,达 100 多个品种,经济效益显著,是医药行业的重点企业。该厂生产过程中产生的废水有机物浓度高,且有毒性,因生产情况随市场供求变化而变化,其排放的废水水质、水量波动很大,相应处理难度也较大。

经过试验、分析、充分论证,对于这类复杂医药废水确定了一套易操作、效果好的处理工艺。含氨浓度高的废水单独处理;对高浓度有机废水进行预处理,再与低浓度废水混合,进行厌氧、好氧联合处理。该工程经半年多的调试运行表明,处理系统运行效果良好,各项指标均达到国家污水综合排放(GB 8978—1996)一级标准。

(1)水质、水量及处理要求

① 废水来源及成分。华义医药公司拥有 8 个主要生产车间,生产不同医药产品,

所排放的废水水质、水量各不相同，重点车间排放废水的主要污染物成分见表2-38。

表 2-38 重点车间排放废水的主要污染物成分

车间产品	废水主要污染物成分
甲红霉素	二氯甲烷、甲醇、二甲基亚铵根离子等
盐酸环丙沙星	甲苯、胺化物、环丙羧酸沙星等
蒽诺	异戊醇、乙基哌嗪等
C-304	三乙胺、二氯甲烷、甲苯、亚硫酸根离子等
吡啶氯化物	甲醇、醋酸钠、甲苯、硫酸根离子等
Z-303	甲醇、异戊醇、甲苯、氨氮等
奥美拉唑	甲苯、间氧苯甲酸钠、甲醇、硫酸根离子等
OA35	乙酸乙酯、甲醇等

上述各车间排放的废水污染物成分、含量相差很大，还有冷却、冲洗水，在车间出口即实现浓稀分流、清污分流，为污水分质处理做好准备，含高浓度氨的废水装桶单独处理。

② 废水水量、水质。该厂混合排放水量为600t/d，其中高浓度含氨废水为6～7t/d，含有机污染物的废水按COD_{Cr}浓度不同分为三股废水汇流，水量及水质见表2-39。

表 2-39 设计水量、水质

废水	水量/(t/d)	COD_{Cr}/(mg/L)	BOD_5/(mg/L)	氨氮/(mg/L)	含盐量/%	pH 值
含氨废水	6	1.4×10^4	1.2×10^3	1.1×10^3	8～10	3～10
高浓度废水	50	2.7×10^4	1.6×10^4	2.1×10^2	3～5	6～10
低浓度废水	250	1.2×10^3	3.7×10^2	25		6～9
冷却、冲洗水	300	50	28			6～9

③ 排放要求。设计排放要求达到综合污水排放一级标准：$COD_{Cr} \leqslant 100mg/L$，$BOD_5 \leqslant 30mg/L$，pH 为6～9，氨氮$\leqslant 15mg/L$。

(2) 废水处理工艺 废水处理工艺见图2-45。

图 2-45 高浓度含氨废水处理工艺流程

① 工艺流程。因废水中的抗生素成分有抑制微生物的作用，处理难度较大。为了提高废水处理效率，降低处理成本，依据废水水质特点，其中甲红霉素、吡啶氯化物、奥美拉唑等生产工艺废水因含盐量高、水量较少采用蒸发浓缩-结晶的方法处理，工艺流程见图2-45。而另外5个生产车间的工艺废水因含有机物浓度高，宜采用气提、催化氧化、厌氧、好氧联合处理工艺，流程见图2-46。

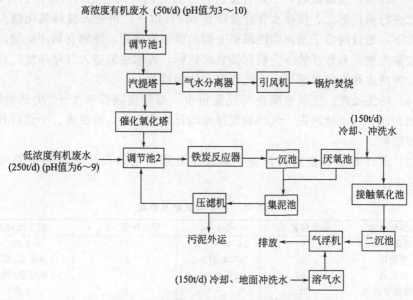

图 2-46　高浓度有机废水处理工艺流程

② 工艺流程说明。该厂废水因其成分复杂、盐含量高，分为 5 个处理单元，即含氨废水处理、高浓度有机废水预处理、混合废水好氧前处理、混合废水好氧处理及污泥处理。

（a）含氨废水处理。因水量较少（6～7t/d）、盐含量很高（达 5%～10%），若回收铵盐，具有明显的经济效益；若进入生化系统，会给生化处理带来更大难度。因此采用蒸发、浓缩、结晶回收浓度 30% 左右的 $(NH_4)_2SO_4$、NH_4NO_3 作肥料或回用，极少量残液采取焚烧法处理。

（b）高浓度有机废水预处理。汇流预曝调节池 1，因废水中含多种易挥发有机污染物，如甲苯、甲醇，本工艺采用气提预先分离，以降低废水恶臭；气相有机物经引风系统引入锅炉焚烧；气提后的废水进入催化氧化塔，降解和氧化有机物及对微生物有抑制作用的污染物，氧化塔出水 COD_{Cr} 为 1.05×10^4 mg/L，去除率 60% 左右。

（c）混合废水好氧前处理。氧化塔出水与低浓度有机废水混合进入预曝调节池 2，出水 COD_{Cr} 为 2.475×10^3 mg/L，浓度仍很高，一般的好氧处理工艺不适用。为提高处理效果，采用铁炭处理、厌氧消化后续处理，该工艺主要利用铁炭在水溶液中形成原电池，通过微电池作用使废水中含苯环结构化合物及长链碳氢化合物得到部分氧化分解。厌氧消化处理，使废水进一步水解或进行厌氧微生物降解，以利于后续的好氧处理，提高废水可生化性。

（d）混合废水好氧处理。厌氧池出水 COD_{Cr} 达 1600mg/L，因含盐量为

0.3%～0.5%，盐量太高，不宜直接进行好氧处理，而应先利用该厂的冷却水、冲洗水进行稀释配比，使废水含盐量降至 0.2% 以下，再进入接触氧化池。在好氧条件下，通过附着于池内弹性填料上面的微生物吸附、降解有机污染物，经二沉池去除生物膜和悬浮物。为确保排放水达标，废水最后进入气浮系统，并采用冷却、冲洗水作为气浮溶气水，气浮出水达标排放。

（e）污泥处理。厌氧池剩余污泥量很少，每年定期排放 1～2 次到集泥池，一沉池污泥、二沉池污泥、气浮装置浮渣均排入集泥池，经脱水、干化后外运填埋或作肥料。

（3）设计参数和主要构筑物　该废水处理工程的设计参数和主要构筑物见表 2-40。

表 2-40　主要构筑物及参数

构筑物名称	有效容积/m³	尺寸/m	设计停留时间/h	数量或材质
预曝调节池 1	50	5.5×4×3	24	1 座
气提塔	50	$\phi 2.8, H5.5$	24	2 座串联（钢制）
氧化塔	50	$\phi 2.8, H5$	24	2 座串联（钢制）
预曝调节池 2	225		18	1 座
铁炭反应器		$\phi 3, H2$	24	1 座
一沉池	80	4×6.5×4	4	1 座
厌氧池	600	19×8.4×4.8	40	1 座
接触氧化池	600	20×8×4.8	32	1 座
二沉池	60	3×8×4.8	4	1 座

（4）工程处理效果　经过半年多的调试运行，各个处理单元均已处于正常运行状态。该处理工程在运行中应注意以下几点：一是废水的计量与配比要合适；二是预曝调节池 2 中的废水要充分混匀；三是进入接触氧化池的废水 COD_{Cr} 浓度要控制得当，并补加营养成分；四是在焚烧处理气体或残液时须严格按操作规程执行。该工程经义乌市环境监测站监测验收，综合运行监测结果见表 2-41。

表 2-41　工程综合运行监测结果

项目	COD_{Cr}/(mg/L)	BOD_5/(mg/L)	氨氮/(mg/L)	pH 值
进水	50～2.7×10⁴	78～1.95×10³	65～1.78×10³	6～10
平均	2475	643	213	6～10
出水	91	23	13	6～9
标准	100	30	15	6～9

（5）主要经济技术指标　主要经济技术指标见表 2-42。表中的装机容量是指工程总装机容量；工程造价是指工程总投资；运行成本包括电费、药剂费、人工费，不包括设备维修和折旧费。

表 2-42　主要经济技术指标

项目	指标	项目	指标
处理能力/(m³/d)	600	装机容量/kW	39
工程造价/万元	152.95	运行成本/(元/m³)	3.63

（6）总结　生产甲红霉素、环丙沙星等医药中间体的废水是高浓度难处理废水，高浓度含氨废水采用蒸发、浓缩回收铵盐；有机废水分质处理，高浓度废水采用先气提、氧化预处理后与稀浓度废水混合的方法。铁炭、厌氧、好氧联合处理工艺是可行的，具有很好的处理效果。该工程运行后，预计每年 COD$_{Cr}$、BOD$_5$、SS 的削减量分别为 1485t、385t、127t，回收铵盐 95t。半年多的运行情况表明，该工艺设施运行稳定，管理方便，处理后的废水可以达标排放。

2.2.4.11　焚烧工艺

在美国，几乎每个化学制药厂都有焚烧处理装置。国内制药行业中最早进行焚烧处置的是东北制药总厂。近两年华北制药集团、石家庄制药集团和哈尔滨制药总厂等几家大型企业先后建立了比较规范的焚烧系统。如华北制药集团三废治理中心，危险废物焚烧项目的投资近 300 万元，占地约 2000m²，规模为日平均处置危险废物 8t，最大处理量为 350kg/h 废液或 50kg/h 固体废物。其具体焚烧工艺流程见图 2-47。

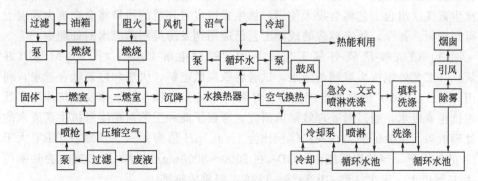

图 2-47　华北制药集团焚烧处置系统工艺流程

焚烧是对于在生产过程中排放的废水不仅含有大量的有机物，而且含有相当数量的无机盐物质，或者其中含有相当数量的不能降解甚至有毒的物质，无论用物化法或物化-生化法都很难处理或达不到处理目标的情况下，即对于制药工业中浓度极高、成分极复杂、可生化性极差的废渣、废水或废液（一般是高浓度母液和溶剂回收釜残液）进行无害化处置的最佳途径。焚烧的处理费用一般比较高，较妥善的办法是一个工业园区建一套相当规模的危险废物焚烧处理系统，并且配套相应的热能回收系统，便于环保管理，同时可避免二次污染。

发达国家已把高科技应用在焚烧技术的研究上，使焚烧技术迅速发展，为化学工业及制药工业中高浓度有机废水的焚烧处理提供了广阔的应用前景。目前国外已广泛采用流化床沸腾炉处理生化池排出的活性污泥,我国北京燕山石化总厂自行设计的活性污泥沸腾焚烧炉也已在生产上应用。由于流化过程中固体颗粒悬浮于干燥介质中,因而流体与固体接触面较大,热容量系数可达 2200～7000MW/(m³·℃);又由于物料剧烈搅动,大大减少了气膜阻力,因而热效率较高,可达 60%～80%。流化床装置密封性能好,传动机械又不接触物料,因此不会有杂质混入,这对要求纯度高的制药工业是十分重要的。被流化的物料大多为粉状、颗粒状或晶状,便于装载和运输。

2.2.5 发酵类制药废水处理工艺总结

抗生素废水是含难降解物质、生物毒性物质、高硫和高氮的有机废水。其主要的处理工艺"预处理-水解酸化-好氧"已为人们所接受,并在实际运用中发挥了巨大作用。目前人们研究较多的主要是厌氧、好氧处理的单元操作,旨在寻求高效低耗的厌氧或好氧处理反应器以及简单合理有效的联合工艺,并建立生产性处理示范装置,确定最佳运行参数。如刚刚诞生并产业化应用的"水解酸化-膜生物反应器"工艺就是一种简单合理高效的抗生素废水处理工艺。

随着人们对发酵类制药废水成分的逐渐了解以及对高效反应器的深入研究,各种新的处理工艺不断完善,相信更多的处理工艺简单、效果好、运行费用低的抗生素废水组合工艺将会投入使用,抗生素废水对环境的污染将会在更大程度上得到控制。如今,越来越多的成熟工艺已应用到发酵类制药废水的处理中。

(1) 微电解-厌氧-好氧工艺 采用"铁微电解-UASB(厌氧)-MBR(好氧)"工艺处理抗生素制药废水,试验将铁炭微电解、厌氧和好氧联合起来,利用厌氧(UASB)的高效处理能力和好氧(MBR)的微生物富集及截留作用来处理抗生素废水。通过对处理效果的研究,考察了此种工艺对难降解抗生素废水的处理效果。试验证明:在铁炭体积比为 1:1、pH 值为 4～5、厌氧段 HRT 大于5h 的条件下,当抗生素废水 COD_{Cr} 在 2000～8000mg/L 时,总 COD_{Cr} 去除率可达 85% 以上,出水达到 GB 8978—1996 二级排放标准。

(2) 水解酸化-厌氧-好氧工艺 采用"水解酸化-UFB(厌氧)-CASS(好氧)"工艺处理高浓度抗生素废水,试验所用的水解酸化反应器有效容积为21.24m³,高度为 4.7m,接触填料采用悬浮球形填料,填料占容积的 27%;厌氧处理采用复合床(UBF)反应器,体积为 62L;好氧处理采用周期循环活性污泥系统(CASS)反应器,体积为 64L。运行结果表明:水解酸化反应器的最大COD_{Cr} 容积负荷可达 16.84kg/(m³·d);厌氧复合床处理水解酸化后的抗生素废水,当容积负荷为 6.0kg/(m³·d) 时,反应器对 SS、COD_{Cr}、BOD_5 的去除率分别为 75.6%、91.7%、96.1%;厌氧出水采用周期循环活性污泥系统进行处理,当容积负荷为 1.6kg/(m³·d) 时,反应器对 SS、COD_{Cr}、BOD_5 的去除率分别为 91.6%、88.7%、95.4%。

(3) 微电解-水解酸化-好氧工艺　采用"微电解-水解酸化-CASS"工艺处理抗生素类高浓度土霉素废水，实验中厌氧水解酸化阶段采用了有机玻璃槽，好氧阶段采用 CASS 池，进行了中试试验。试验结果表明：在 pH 值为 1.5~3.5 时，微电解对土霉素碱分子有较高的破坏效果，降解率高。在好氧阶段采用 CASS 单元操作，曝气时间相对于传统的生化处理方法大大缩短，HRT 仅为 6h，显示出了明显的节能效果；处理后各项指标都达到了国家排放标准，而且实验还表明整个工艺具有投资省、运行稳定、抗冲击负荷、出水稳定等特点。

(4) 两相厌氧系统工艺　采用"两相厌氧系统-好氧"工艺处理乙酰螺旋霉素废水，其中水解酸化阶段采用 ABR 反应器，甲烷化阶段采用 UFB 反应器，废水经过格栅、沉淀隔油池和调节池等预处理单元后进入两相厌氧处理系统。结果表明：当系统进水 pH 值为 5.46，VFA、COD_{Cr}、BOD_5 值分别为 1376mg/L、2597mg/L、4126mg/L 时，若 ABR 反应器的水力停留时间为 12h，则出水 pH 值升高至 6.18，VFA 浓度升高至 3281mg/L，BOD_5/COD_{Cr} 由 0.48 升高至 0.52；当 UFB 的水力停留时间为 39h 时，COD_{Cr} 和 BOD_5 的去除率分别为 90.4% 和 94.5%。

(5) 水解酸化-AB 法工艺　杨俊仕等人采用了"水解酸化-AB 生物法"工艺进行了多品种抗生素工业废水处理的试验研究，实验废水 COD_{Cr} 3283.9mg/L、BOD_5 1348.9mg/L、NH_3-N 22.0mg/L、色度 325 倍，处理后的出水指标分别为 287.8mg/L、21.3mg/L、2.6mg/L 和 70 倍，各项去除率为 91.2%、98.4%、88.2% 和 78.5%。容积有机负荷 A 级为 2.3kgCOD_{Cr}/(m³·d)、B 级为 3.3kgCOD_{Cr}/(m³·d)，出水达到国家 GB 9678—88 生物制药行业废水排放标准，比报道的化学絮凝-生物法处理同种废水的运行费用低。

(6) 混凝-水解酸化-CASS 工艺　"混凝-水解酸化-CASS"工艺已应用于国内生产广谱类抗生素的某大型制药企业的废水处理，采用曝气、混凝（投加 PAM）及水解酸化组成的预处理工艺能有效地对 COD_{Cr} 高达 20g/L、处理量为 5000m³/d 的高浓度抗生素废水进行预处理。主要生化处理装置——CASS（循环活性污泥系统），是引进国外的新型污水生物处理工艺，该系统合理的构造形式能有效控制污泥的膨胀。运用于该厂的这套 CASS 系统，采用 6 组并联，池内设置半软弹性填料，均匀布置 6000 只气头，其对废水 COD_{Cr} 的去除率达到 90% 以上。系统总运行周期为 12h，含连续进水、曝气 8h、滗水 1.5h、闲置 0.5h；整个系统控制灵活，各运行周期内可灵活调控曝气量、进水量、滗水量等。

(7) 涡凹气浮-工程菌-MSBR 工艺　浙江新昌制药厂的抗生素废水原来采用"混凝-厌氧-A/O"处理工艺，最终出水 COD_{Cr} 为 150~300mg/L，不能满足排放要求。2000 年建成的"涡凹气浮-工程菌兼氧-MSBR"工艺处理废水取得了成功，所排放水中 COD_{Cr} 仅为 73mg/L（平均值）。工艺中采用的涡凹气浮（CAF）

系统是美国 Hydrocal 环保公司为去除水中油脂和 SS 而设计的，原理是经过独特的涡凹曝气将微气泡注入废水中，对废水中的有机物、油脂、SS 的去除率可达 26％；处理中一次性投加大量的工程菌（0.4％），采用为处理抗生素废水专门培养的工程菌兼氧池。MSBR 工艺实质上是 A^2/O 工艺与 SBR 系统串联而成，并集中了两者的优势，因而处理后的出水稳定、高效。

（8）水解-生物选择器-SBR 工艺　河北制药厂排放的青霉素废水水量达到 6000m³/d，处理工艺采用"水解酸化-生物选择器-SBR"。处理过程中，水解酸化时间达 15h，有利于难降解的苯环物质、大分子有机物开环断链变为易生物降解的小分子物质。酸化池后接生物选择器，达到使回流的活性污泥和原水中有机物质充分混合和吸附的作用，实现回流微生物的淘劣选优培养和驯化，并能抑制丝状菌的生长和繁殖，对后续 SBR 好氧反应中污泥膨胀的控制具有重要的意义。

2.2.6　生物工程类制药废水处理

生物工程类制药指利用微生物、寄生虫、动物毒素、生物组织等，采用现代生物技术方法（主要是基因工程技术等）生产作为预防、治疗、诊断等用途的多肽和蛋白质类药物、疫苗等药品的过程，其产品主要包括基因工程药物、基因工程疫苗、克隆工程药物等。

自 1982 年第一个生物技术药物重组人胰岛素上市以来，以基因工程为核心的生物技术迅猛发展，使全球生物医药产业进入了一个前所未有的崭新时代。正如化学药物在 20 世纪取得的巨大成就推动全球医药产业的高速发展一样，21 世纪必将成为生物技术世纪。生物医药是未来医药产业发展的重要方向，也是世界各国重点发展的领域。

2.2.6.1　生物工程类制药生产概况

经过 30 余年的发展，已经有 150 多个生物技术药物上市，其中一些成为市场上重磅炸弹式的药物。大部分发达国家均把生物技术作为发展医药工业的战略重点，今后创新的生物技术药物将逐步涌现，生物仿制药也会不断上市。根据有关部门预测，未来我国生物技术药物的年均增长率不低于 25％。

目前，我国生物工程类制药工业已涵盖了基础创新、临床研究、应用开发、工艺优化等各个研发环节，主要生物技术药物企业有复兴医药、天坛生物、长春高新（金赛药业）、华兰生物、双鹭药业、沃森生物、安科生物、上海莱士等。市场上的国产生物药品主要包括干扰素系列、促红细胞生成素、集落刺激因子系列、肿瘤坏死因子、胰岛素和生长激素等，但由于缺乏具有知识产权的产品，大部分品种拥有多个厂家，同质化竞争严重。此外，中国可生产预防 26 种病毒、病菌感染的 41 种疫苗，年产量超过 10 亿个剂量单位，其中用于预防乙肝、脊髓灰质炎、麻疹、百日咳、白喉、破伤风等常见传染病的疫苗产量达 5 亿人份，且在满足国内防病需求的同时，已开始向世界卫生组织提供，用于其他国家的疾病预防。

2.2.6.2　生物工程类制药废水特性

国内生物工程类制药企业的总体特征是：投资虽大但绝对产量都很小，研发型企业或者研发-生产一体化的企业较多；部分企业与传统的化学合成、发酵制药等混合生产。而由于一些生物医药配套服务体系如安全评价体系、药品检测体系等的建设尚不完全，导致药品、生物菌种管理混乱，因此生物工程制药的生物安全问题必须引起高度重视。

（1）生物工程类制药废水来源与特点

① 生产工艺废水，包括微生物发酵的废液、提取纯化工序所产生的废液或残余液、发酵罐排放的洗涤废水、发酵排气的冷凝水、可能含有设备泄漏物的冷却水、瓶（塞）洗涤水、冷冻干燥排放水等。

② 实验室废水，包括一般微生物实验室废弃的含有致病菌的培养物、料液和洗涤水，生物医学实验室的各种传染性材料的废水、血液样品以及其他诊断检测样品，重组 DNA 实验室废弃的含有生物危害的废水，实验室废弃的诸如疫苗等的生物制品，其他废弃的病理样品、食品残渣以及洗涤废水。

③ 实验动物废水，包括动物的尿液、粪便以及笼具、垫料等的洗涤废水及消毒水等。

生物工程类制药的高浓度废水出现在发酵环节，但与传统抗生素发酵相比，生物工程类制药的发酵规模较小，废水产生量要少得多。而生产设备洗涤、反应过程及冻干粉针剂生产中冷冻干燥等产生的废水必须加以处理后排放。此外，在基因工程制药中，由于盐析、沉淀、酸化等是常规生产步骤，所以酸洗废水是其中一类重要的废水。

根据国内调研资料得知，生物工程类制药企业的实际废水产生量大约为200m/d，污染物的混合 COD_{Cr} 浓度大约在 1000mg/L 以下（多数为几百），经过二级生化后可能达到的排放浓度在 100mg/L 左右或以下。对于少数尚不能达标的企业来说，主要应该加强工艺的完善和管理。

（2）生物工程类制药的生物安全性

① 急性毒性。主要是来自于带有病毒、活性菌种等的废水、废气或固体废物直接与人所接触导致的急性中毒。急性毒性的预防主要在于日常的严格监控和管理，特别是企业自身，通过加强消毒、灭活等方面，严格贯彻GMP 的要求，确保活性菌种不出车间或实验室，确保涉及带毒操作的工艺全过程灭活、灭菌。

② 慢性毒性。生物医药产品残留的微量效价通过药尘、固体废物、废水、废气等进入环境，在环境中累积，对周围环境中的人群造成长期影响，这类影响包括抗药性、慢性遗传毒性等。比如大量抗生素在其被摄入机体后，会随血液循

环分布到淋巴结、肾、肝、脾、胸腺、肺和骨骼等各组织器官中，动物机体的免疫能力就被逐渐削弱，人和动物的慢性病例增多，一些可以形成终生坚强免疫的疾病，频频复发。抗生素还会导致抗原质量降低，直接影响免疫过程，从而对疫苗的接种产生不良影响。长期使用抗生素会引起畜禽内源性感染和二重感染，因为抗生素虽都有自己的抗菌谱，但基本都难以避免在作用于病原菌的同时影响机体内有益菌群的生长，因此，长期、大量使用抗生素会造成机体内菌群失调，微生态平衡破坏，潜伏在体内的有害菌趁机大量繁殖从而引起内源感染。另外一种情况是，抗生素会消灭体内的敏感菌，在体内有些微生物附着点上造成大量空位，为外界耐药病菌的乘虚而入提供机会，从而造成外源感染。二重感染也是由于施用大量抗生素杀灭某种细菌时，破坏了微生态平衡，另外一种或多种内源或外源病菌随即再次感染机体造成的。

③ 生物入侵。随着转基因技术、克隆技术在生物医药行业中的应用，新的物种可能通过正常的排放和异常的泄漏进入环境，改变环境的物种多样性，进而带来新的疾病或新的遗传问题。鉴于目前国际上对转基因生物的安全性尚没有定论，因此在生物入侵方面，环境安全的潜在问题只能通过加强与完善管理措施来预防和控制。

生物安全性的问题，目前主要通过急性毒性加以控制。

(3) 生物工程类制药的特征污染物生物　工程制药中使用的乙醇、甲醇、乙二醇等容易生化的有机溶剂，一般通过 COD_{Cr}、TOC 两项综合因子控制。生物工程类制药的特征控制因子包括挥发酚、甲醛、乙腈、总余氯等。

虽然污染物特征因子比较多，但用量都很少，而且实验室化验废水占了主要部分。甲醛具中等毒性且属于可疑致癌物质，主要用于除菌消毒工艺；挥发酚类使用也相对较多；乙腈具中等毒性，主要使用在层析过程和实验室过程；目前采用 NaClO 等含氯消毒工艺较多，以总余氯指标控制。此外，环氧乙烷具中等毒性，应用于消毒工艺，但目前水中环氧乙烷的分析测试方法尚不成熟。

2.2.6.3　生物工程类制药废水处理工艺

根据该类废水的特性来确定该类废水的处理工艺。目前生物工程类制药废水的处理常用物化法、生物法、物化法-生物法联用等；废水处理的核心技术是二级生化，然后增加消毒工艺。

(1) 发酵工序的废液　一般情况下，发酵工序的废液浓度高，但由于其产生量很少，所以通常作为危险废物交由有资质的单位处理。根据企业调研，该部分废水通常作为废液委托有资质的单位处置，一般不在厂内处理。

(2) 其余工艺的废水处理　目前企业对废水的处理基本上都是以二级生化为主，从常规污染物的出水浓度看，出水基本可达到国家规定的排放标准。但考虑到工艺废水中可能残留的活性菌种等因素，应该增加消毒工艺，所以目前最佳的实用技术就是二级生化加消毒的组合工艺，该工艺基本能够满足生物工程类制药废水处理的要求。

（3）生物安全的防治技术

① 生物工程类制药涉及的生物安全性问题主要是：所接触病毒、活性菌种的废水、废液以及动物房的动物尸体等将病毒或活性菌种带出工厂，进入环境。因此，要求对"接触病毒、活性细菌等的生产工艺污水和废液进行全过程灭活、灭菌处理"。GMP 强调了在该类制药生产过程中必须对其灭活，"企业生产、实验研发等过程使用病毒或活性菌种的过程必须全程设置灭活、灭菌设施，设施措施必须经过专题可行性论证"，否则不能通过 GMP。灭活和灭菌的工艺目前最为常用的是高温消毒。

② 生物安全柜是实验室研发机构和生物制药企业中菌种操作的重要设备。生物安全柜中通常设置高效过滤器。

③ 大部分生物工程类制药企业有动物房，饲养的动物主要用于药物试验，因此其也可能将所使用的毒素传播出去，因此要求动物房废水应该单独收集、单独处理。

④ 生产工艺中废水和废气的产生源主要是溶剂的使用，按照国家 GMP 认证的要求，生产工艺中使用的溶剂应该尽量回收，因此要求生产工艺中使用的溶剂应该设置回收装置。

⑤ 生物制药类企业中对生物安全威胁最为重要的物质是气溶胶，这也是目前国际上关注的重点。生物气溶胶可以通过实验室的操作人员、实验室动物的饲养和废弃物的处置、生产车间的操作等传播进入环境。因此必须通过控制颗粒物的排放和全过程的灭菌、灭活控制，最大可能地减少生物气溶胶可能带来的风险。

以某生物制药有限公司为例，简要说明该类废水的处理工艺流程：该生物制药有限公司的主要产品是重组人溶栓因子（rh-NTA）冻干粉针和抗体化抗原乙型肝炎治疗疫苗，废水处理量不是很大，各类废水混合后污染物浓度不高，而且水的可生化性较好。处理工艺首先对可能带菌的废水进行灭菌处理，需进行灭菌的废水通过密闭管道排入废水收集槽，采取适当的灭菌方法处理后再进行生化处理；对于残留有活的菌体或细胞的反应器、储罐和管路，采取在位或拆零灭菌，杀死残留的活菌体或细胞之后再对罐体进行清洗；经灭菌的废水与其余生产废水和生活污水混合后，进行生化处理。

2.2.6.4　生物工程类制药废水处理实例

采用某生物制药公司的生产废水，经化学混凝沉淀及 pH 值调节后作为试验用废水，水质特性见表 2-43。

表 2-43　某生物制药公司生产废水成分一览表

项目	pH 值	SS/(mg/L)	COD$_{Cr}$/(mg/L)	BOD$_5$/(mg/L)	NH$_3$-N/(mg/L)
1 号水样	7.7	23	2637	625	161
2 号水样	6.8	18	2355	569	137
3 号水样	7.4	22	2586	597	137
4 号水样	7.1	19	2532	585	143
5 号水样	7.3	21	2554	593	159
平均值	7.3	21	2533	594	150

（1）实验装置　自制 ABR 反应槽一台，外形尺寸为 1200mm×300mm×1000mm，COD$_{Cr}$ 容积负荷为 5kg/(m³·d)，HRT 为 3.6h，隔室数为 4 个。一体化平板膜生物反应器一套，外形尺寸为 1050mm×630mm×1200mm，由曝气池和膜组件及配套抽吸泵、风机及仪表自控系统组成；膜池有效容积为 0.5m³，膜组件的处理能力为 2m³/d [平均膜通量 0.4m³/(m²·d)]。

（2）主要测试手段　COD$_{Cr}$——化学需氧量速测仪 QCOD-2F（深圳市昌鸿科技有限公司），以及加热装置等；BOD$_5$——恒温培养箱（上海试科仪器科技有限公司），DO——200A 型溶解氧测定仪（贝尔分析仪器有限公司），以及过滤仪器等；氨氮——752 型紫外分光光度计（南京麒麟分析仪器有限公司），以及蒸馏装置等；pH——B-4（上海诚磁电子有限公司）等。

（3）结果与结论　在连续运行条件下，COD 的去除效果列于表 2-44，NH$_3$-N 的变化情况列于表 2-45。

表 2-44　ABR-MBR 联合工艺 COD 出水水质及去除率

项目	进水 COD$_{Cr}$ /(mg/L)	ABR 出水 COD$_{Cr}$ /(mg/L)	去除率 /%	MBR 出水 COD$_{Cr}$ /(mg/L)	总去除率 /%
1 号水样	2637	536	79.7	18.7	99.3
2 号水样	2355	513	78.2	22.9	99.0
3 号水样	2586	489	81.1	17.7	99.3
4 号水样	2532	547	78.4	20.5	99.2
5 号水样	2554	564	78.0	25.3	99.0

表 2-45　ABR-MBR 联合工艺 NH$_3$-N 出水水质

项目	1 号水样	2 号水样	3 号水样	4 号水样	5 号水样
进水 NH$_3$-N/(mg/L)	161	137	149	143	159
出水 NH$_3$-N/(mg/L)	0.5	0.2	0.3	0.8	0.9

① 本试验研究表明了 ABR-MBR 联合工艺在生物制药废水处理中的可行性，可进一步探讨有机负荷、水力负荷以及 MBR 膜污染的问题；

② ABR-MBR 联合工艺在对生物制药废水的处理过程中，克服了现有生物处理系统的一些不足，具有积极的推广应用意义；

③ ABR 反应器和膜生物反应器（MBR）的共同特点在于污泥停留时间

（SRT）与水力停留时间（HRT）完全分离，使反应器容积大大缩小，处理能力大大提高，是一种有发展前途的节能型生物反应技术。同时，通过试验确定的一些设计参数是工程设计和运行成功的有效保证。

2.3 化学合成类制药废水处理

化学合成类制药指采用一个化学反应或者一系列化学反应生产药物活性成分的过程，包括完全合成制药和半合成制药。所谓半合成制药是因其主要原料来自提取或生物制药方法生产的中间体。由于发达国家环保费用高，传统的化学原料药已无生产优势，跨国制药企业逐渐退出一些成熟的原料药领域，转移到环保要求较低的发展中国家。

我国加入WTO后，凭借在化学原料药领域的生产和人力成本的优势，成功地开拓了国际市场，已成为全球化学原料药的生产和出口大国之一。然而，大部分化学原料药的生产能耗较大、环境污染严重、附加值较低，化学合成类制药企业面临的三废处理、环境保护的压力不断加大。随着企业技术的进步和节水率的提高，单位产品用水量逐步减少，导致企业综合废水中污染物浓度有较大幅度的提高，一些执行《污水综合排放标准》（GB 8978—1996）二级标准的污水处理装置，出水指标开始出现不稳定现象，尤其COD和BOD值较难稳定达标。

2.3.1 化学合成类制药生产概况

医药产品中的许多活性成分均通过化学合成工艺所产生。目前在临床治疗中，化学合成药物占据着不可替代的地位。根据CFDA南方医药经济研究所的数据，我国医药工业总产值保持了持续增长的态势，2015年达到28000万亿元，其中，化学制药工业实现工业总产值11430亿元。

我国生产的化学合成类产品主要分为神经系统类、抗微生物感染类、呼吸系统类、心血管系统类、激素及影响内分泌类、维生素类、氨基酸类和其他类，具体包括镇静催眠药（如巴比妥类、苯并氮杂䓬类、氨基甲酸酯类等）、抗癫痫药、抗精神失常药、麻醉药、解热镇痛药和非甾体抗炎药、镇痛药和镇咳祛痰药、中枢兴奋药和利尿药、合成抗菌药（如喹诺酮类、磺胺类等）、拟肾上腺素药、心血管系统药物、解痉药及肌肉松弛药、抗过敏药和抗溃疡药、寄生虫病防治药物、抗病毒药和抗真菌药、抗肿瘤药、甾体药物等，全球常用的化学药物约1850种，中国药企可生产的品种达1783个。

虽然我国的化学原料药及中间体种类齐全，价格低廉，极具市场竞争力，但通过国际市场注册和认证的产品却不多，较大部分以化工产品形式进入国际市场。比如我国大量出口到印度的青霉素工业盐，经过印度进一步深加工后，才以药品的身份进入欧美市场。部分企业为了抢占国际市场份额竞相压价，造成低价恶性竞争，大量廉价产品涌入国际市场，使国外反倾销、反垄断诉讼此起彼伏；

加之我国反倾销预警机制不健全，企业缺乏应诉经验，处境很被动。能源、原料的涨价，出口退税率降低和美元汇率的变化，使某些传统出口原料药正在失去优势。由于原料药产业能耗大、污染重，频繁出现环境污染问题，实质是以牺牲环境为代价，成为世界原料药的"廉价"工厂。2015 年，新修订的《中华人民共和国环境保护法》开始执行，环境保护已经成为制药工业转型升级成功的关键标志之一。

2.3.1.1 化学合成类制药生产工艺

化学合成类制药过程主要是通过化学反应合成药物或对药物中间体结构进行改造得到目的产物，然后经脱保护基、分离、精制和干燥等工序得到最终产品（如图 2-48）。

图 2-48　化学合成药物生产工艺流程

由于生产的具体品种不同，化学合成反应过程繁简不一，存在显著差异。一般而言，合成一种原料药需几步甚至十几步反应，使用原材料数种或十余种甚至高达 30～40 种；原料总耗有些达每产 1kg 产品耗原料 10kg 以上，高的超过 200kg；而且化学合成原料品种多，具有生产工序复杂，使用原料种类多、数量大、原材料利用率低等特点。

2.3.1.2 化学合成类制药废水产生点源

化学合成类制药产生较严重污染的原因是合成工艺比较长、反应步骤多，形成产品化学结构的原料只占原料消耗的 5%～15%，辅助性原料等却占原料消耗的绝大部分，这些原料最终大部分转化为"三废"。因而"三废"产生量大、废物成分复杂、污染危害严重。

化学合成类制药废水主要来自批反应器的清洗水，清洗水中包括未反应的原材料、溶剂，以及大量因化学反应（例如：硝化、氨化、卤化、磺化、烃化反应）不同而异的化合物。

三种常规合成类制药的生产工艺流程及其废水产生点源，如图 2-49～图 2-51 所示。

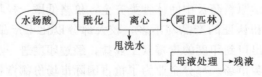

图 2-49　阿司匹林生产工艺流程及其废水点源

图 2-50　甲氧苄啶生产工艺流程及其废水点源

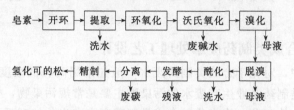

图 2-51　氢化可的松生产工艺流程及其废水点源

传统批反应器是化学合成工艺的主要设备。一批合成药生产完成后，清洗设备，选用不同的原料、按照不同的配方，就可以生产不同的产品，但也会产生不同的污染物。此外，在化学合成工艺中作为反应和纯化使用的多种有机溶剂包括苯、氯苯、丙酮、氯仿等等，也是重要的污染源之一。化学合成类制药废水的产生点源主要包括以下 5 种。

（1）工艺废水　如各种结晶母液、转相母液、吸附残液等。

（2）冲洗废水　包括反应器、过滤机、催化剂载体、树脂等设备和材料的洗涤水，以及地面、用具等的洗刷废水等。

（3）回收残液　包括溶剂回收残液、副产品回收残液等。

（4）辅助过程废水　如密封水、溢出水等。

（5）厂区生活废水。

2.3.2　化学合成类制药废水的特性

化学合成类制药企业的终端废水是各类产品废水的混合体，几乎含有生产过程中使用的全部物料成分，以及生产过程中的所有产物成分（包括中间体和未知物），一般都具有生物毒性、高盐、高氨氮和高 pH 值的特点，而且废水水质和水量还会随着生产产品与产量的调整而时常变化。通过以上对化学合成类制药生产工艺与产生废水情况的分析，可归纳其废水特性如下。

（1）化学合成类制药废水的污染物主要是常规污染物，即 COD、BOD、SS、pH、色度、氨氮等污染物；

（2）废水含有残余的生成物、反应物、催化剂、溶剂等，BOD、COD 和 TSS 浓度高；

（3）废水含盐量高，无机盐常成为合成反应的副产物从而残留在母液中；

（4）废水的 pH 值变化大，波动范围为 1.0～11.0；

（5）废水营养源不足，某些成分具有生物毒性，可生化性较差。

与发酵类制药废水相比，化学合成类制药废水产生量较小，并且污染物明确，种类也相对较少。根据国内相关监测统计数据显示，化学合成类制药企业的 COD 浓度范围在 423～32140mg/L，大多数企业在 15000mg/L 以下；BOD 浓度范围在 300～8000mg/L，大多数企业在 1000mg/L 以下；SS 浓度范围在 80～2318mg/L，大多数企业在 500mg/L 以下；NH_3-N 浓度范围在 4.8～1764mg/L。

2.3.3 化学合成类制药废水处理工艺设计

工程实践中，对化学合成类制药废水一般先采用高、低浓度废水混合调节。由于化学合成类制药企业生产废水的污染物主要是常规污染物，生化技术仍为此类废水处理的主体工艺。许多化学合成类制药废水在生化处理系统中，化合物对单位体积生物量的浓度太高或毒性太大，应在处理之前进行物化预处理，然后再进行厌氧-好氧（或水解酸化-好氧）生化及物化法后续处理；有些企业的废水水质复杂，就要用到电催化、芬顿氧化、功能菌，甚至采用超滤、纳滤技术，如此对污染物的处理效果较好。

《化学合成类制药工业水污染物排放标准》对于 pH 值、色度、悬浮物、BOD_5、COD、氨氮、总氮、总磷、总有机碳、急性毒性等 25 项污染物的排放限值做了规定。实际上，废水中的污染物因子远不止这些项目，也有些标准列出了 60 多项污染物。然而，即使污染物的种类繁多、治理难度大，以目前的技术能力还是能够加以解决，问题的关键是企业有没有足够的资金来支撑高额的运行成本。

2.3.3.1 化学合成类制药废水处理工艺流程

化学合成类制药废水处理工艺流程如图 2-52 所示。

图 2-52　化学合成类制药废水处理工艺流程

（1）在厌氧生化处理装置上，多采用厌氧污泥床反应器（UASB）、厌氧复合床反应器（UASB＋AF）、厌氧颗粒污泥膨胀床反应器（EGSB）等形式。

（2）在好氧生化处理装置上，20 世纪 80 年代至 90 年代初期以活性污泥法、深井曝气法、生物接触氧化法为主，近年来则以水解-好氧生物接触氧化法以及不同类型的序批式活性污泥法居多。

（3）目前国内大部分的化学合成类制药企业均采用厌氧-好氧生物处理技术，见表 2-46。处理每吨废水的运行费一般在 2.5 元以下，但个别厂家较高、最高达到 16.4 元/t。

表 2-46 国内化学合成类制药厂废水处理情况汇总

企业名称	企业规模	水质	COD /(mg/L)	BOD /(mg/L)	SS /(mg/L)	pH 值	NH₃-N /(mg/L)	磷酸盐 /(mg/L)	色度	处理工艺	运行费 /(元/m³)
山东×××	特大	进水	2888	1098	454	6	131			厌氧-好氧	5.1
		出水	248	55	28.3	6.88~7	18.8				
上海××药业有限公司	大二	进水	3421	492	2318	7.04~7.6	100			厌氧-好氧	5
		出水	56	5	23	7.8	20				
华药××	大二	进水	4049	1346						厌氧-好氧	2.3
		出水	608	68							
××股份有限公司	特大	进水	4200	1200		5				气浮-厌氧-好氧	2.5
		出水	270	25	60	6.5~7.5	24.2	0.6	10		
		出水									
杭州××药业集团有限公司	大二	进水	3000		80	6.8			200	厌氧-好氧	2.5
		出水	250		42	7.0			100		
××制药集团有限责任公司	大二	进水	20000							厌氧-好氧	16.4
		出水	1000								
广州××制药股份有限公司	大一	进水	3900	1500	400	5.1	110	25		厌氧-好氧	1.6
		出水	250	30	100	7.5	40				
××合成制药有限公司	大二	进水	4000						23.3	厌氧-好氧	6.5
		出水	300						2		
		出水	900					8			
上海××制药有限公司	大二	进水	1500	600~700			<100		<40	厌氧-好氧	2.35
		出水	250	150	<400		25		<40		
××制药厂	大中	进水	1600			2.0	230	16		厌氧-好氧	8
		出水	296			7.0	50	1.0			
天津××药业集团××制药厂	中二型	进水	1586	266	96.5	7.92	49.1			厌氧-好氧	
		出水	944	102	86	7.76	57.6				
山东××制药股份有限公司（设施1）	大型	进水	20000	8000	500	5.8	300	18	10000	厌氧-好氧	10
		出水	300	80	40	7.2	250	4	200		
山东××制药股份有限公司（设施2）	大型	进水	2700	1000	380	7.8	750	5	1000	厌氧-好氧	5
		出水	300	80	40	7.2	250	4	200		
湖北××药业有限公司	大二	进水	960	300			365			厌氧-好氧	2.18
		出水	283	59.2	32		39.2				

企业名称	企业规模	水质	COD /(mg/L)	BOD /(mg/L)	SS /(mg/L)	pH 值	NH₃-N /(mg/L)	磷酸盐 /(mg/L)	色度	处理工艺	运行费 元/(m³)
东北制药××厂（设施1）	特大型	进水	12883	5600	150	6～9	105		60	厌氧-好氧	
		出水	2502	600	40	6～9	20		10		
东北制药××厂（设施2）	特大型	进水	15341	6700	150	6～9	110		60	厌氧-好氧	
		出水	2250	709	40	6～9	21		10		
浙江××药业股份有限公司	大一型	进水	11393							厌氧-好氧	
		出水	337								
江苏××制药有限公司	大一型	进水	8500		400	1～4	70		140	厌氧-好氧	2.48
		出水	500		100	7.8	25		120		
张家口××制药有限公司	大一型	进水								厌氧-好氧	2.5
		出水	268	39.8	171	6.79～7.82	5.37	0.532			
浙江××股份有限公司	大二型	进水	3500				105			厌氧-好氧	
		出水	<100				<15				
大庆××制药厂	中型	进水	423	123.1						厌氧-好氧	
		出水	<100								
辽宁××制药有限公司	中外合资	进水	1164.3		101.3		4.8			厌氧-好氧	0.9
		出水	100		77.8		3.8				
		出水	122								

（4）表2-46中的数据表明，大部分处理装置的出水指标基本可达到《污水综合排放标准》（GB 8978—1996）二级排放标准（COD＜300mg/L，BOD₅＜30mg/L）的要求；尤其企业设置排入城镇二级污水处理厂系统装置的出水，可稳定达到三级排放标准（COD＜1000mg/L，BOD₅＜300mg/L）的要求。

（5）新颁布实施的《制药工业水污染物排放标准》出水指标严于《污水综合排放标准》（GB 8978—1996）。因此，在《制药工业水污染物排放标准》（化学合成类）编制说明中，厌氧-好氧法成为化学合成类制药企业推荐采用的废水处理技术。

从表2-47所示的五家企业的实际处理效果可见，厌氧-好氧生物废水处理技术的效果良好，对COD等污染物的去除率较高，出水COD、BOD、SS、pH等各项指标可达到《制药工业水污染物排放标准》（化学合成类）规定的要求，且投资成本和运行费用也较低。

表 2-47　厌氧-好氧法处理合成类制药废水应用实例

企业名称	企业规模	水质	COD /(mg/L)	BOD /(mg/L)	SS /(mg/L)	NH₃-N /(mg/L)	处理工艺	工程投资/万元	实际处理能力/(m³/d)	运行费/(元/m³)
××合成制药有限公司	大二	进水	7200	3000	400		厌氧-好氧	1800	1200	7.39
		出水	<150	70	5					

续表

企业名称	企业规模	水质	COD /(mg/L)	BOD /(mg/L)	SS /(mg/L)	NH₃-N /(mg/L)	处理工艺	工程投资/万元	实际处理能力/(m³/d)	运行费/(元/m³)
上海××药业有限公司	大二	进水	3421	492	2318	100	厌氧-好氧	4000	4000	5
		出水	56	5	23	20				
山东××医药股份有限公司	特大	进水	2888	1098	454	131	厌氧-CASS	17600	18000	5.1
		出水	248	55	28.3	18.8				
浙江××股份有限公司	大二	进水	2000~3500			105	厌氧-好氧	3000	1000	
		出水	<100			<15				
辽宁××制药有限公司	中外合资	进水	1164.3		101.3	4.8	厌氧-好氧	209	1500	0.9
		出水	100		77.8	3.8				

2.3.3.2 水解酸化-好氧法处理工艺分析

（1）处理工艺流程 以浙江某药业公司拟建废水处理工程为例予以说明。如图 2-53 所示，废水通过细格栅去除漂浮物和固体砂粒，进入调节池调节水量、均化水质后，进入反应沉淀池加药絮凝，再进入厌氧水解（酸化）池进行水解酸化，流入氧化池进行氧化反应，在池内曝气充氧。废水流出氧化池、进入二沉池沉淀后清水排放，污泥排至污泥池，经机械脱水干化，制成泥饼外运。

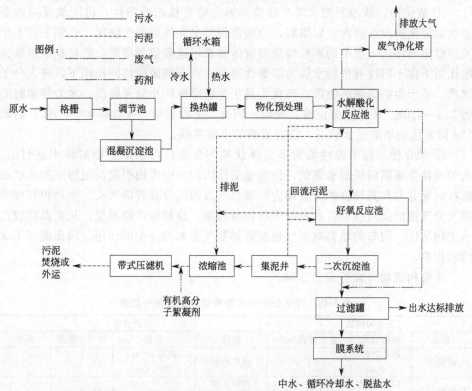

图 2-53 化学合成类制药废水水解酸化-好氧处理工艺流程

（2）运行条件 该处理工艺的特点是在生化法高效处理有机污染物的同时，加强预处理和后处理。污水处理的主体是细菌，因此运行的关键在于掌握细菌的生长规律、促进其快速繁殖、强化其活力，以提高废水处理的能力：①营养主要为碳水化合物、氮化合物、水、无机盐类（一般为氮、磷）和维生素，废水要辅以尿素和铵盐、磷盐等，通常按 $BOD_5：N：P＝100：5：1$ 投入好氧处理系统，细菌靠酶的催化作用完成氧化与合成等生化反应；②好氧处理需设鼓风机房供给氧；③大多数细菌适宜的温度为 20～40℃、pH 值范围为 6～8，运行期间加强控制。

（3）主要装置

① 格栅。拦截大的漂浮物，如瓶盖、树枝、塑料袋等，防止其流入处理系统。

② 固液分离机。采用回转式细密格栅过滤固体废物，减少处理系统的堵塞、沉淀和不溶性 COD 含量。

③ 均质调节池。池型为对角线出流式，使间断排出的不同水质、温度及流量的污水得到均化，污水处理系统中的细菌处在稳定的水质、温度和流量环境中从而不受冲击。

④ 酸化池。该池利用水解产酸菌迅速分解有机物的特性，将厌氧反应控制在水解酸化阶段。池内设置填料，为细菌提供呈立体状的生物床，以利于其上生长的微生物将进入水中的颗粒物质和胶体物质迅速截留和吸附，然后在水解细菌的作用下将不溶性有机物水解为溶解性物质，在产酸菌的协同作用下，将大分子物质、难于生物降解的物质，转化为易于生物降解的小分子物质。水力停留时间为 2.5～4.0h。酸化池集沉淀、吸附、网捕、生物絮凝、生物降解于一体。启动15d 即可达到培菌正常状态，获得成熟的水解菌膜。

⑤ 氧化池。池中弹性填料呈立体状均匀分布，污水从生物群体中滤过时，均匀地接受细菌的吸附和氧化，使普通活性污泥法中害怕引起污泥膨胀的丝状细菌在此充分发挥其较强的分解能力。填料下方均匀设置着曝气头，生物膜直接受到上升气流的强烈搅动，衰老的生物膜易脱落，膜新陈代谢很快，从而保持较高的生物活性。均布的填料对空气也起着切割气泡和再分配的作用，因而提高了氧的利用率。

主要构筑物及设备见表 2-48。

表 2-48　污水处理场主要构筑物及设备一览表

主要构筑物			主要设备				
名称	结构型式	建筑面积/m²	名称	规格	单位	数量	备注
格栅井	钢筋混凝土框架	8	固定格栅	沟宽 0.5m 深 1.0m	台	1	
均质调节池	钢筋混凝土地下池	16	回转式固液分离机		台	1	

主要构筑物			主要设备				
名称	结构型式	建筑面积/m²	名称	规格	单位	数量	备注
一泵房	钢筋混凝土框架	8	潜水污水泵	$Q=140m^3/h$ $H=18m$	台	2	1台备用
酸化池	钢筋混凝土地下池	16	离心式鼓风机	$Q=1.0m^3/min$ $H=0.049MPa$	台	2	1台备用
接触氧化池	钢筋混凝土地下池	17	投药装置	$\phi100mm$	套	2	
初滤池		15	板框压缩机	$L=1000mm$	套	1	
生物碳池		18					

（4）经济技术参数（中试规模）

① 处理规模及建筑面积。处理规模为20m³/d；建筑面积为800m²。

② 投资。总投资为35万元，运行成本为1.66元/t水。见表2-49。

表2-49　污水处理场投资、运行成本一览表

投资/万元		运行成本/(元/t水)		
名称	数量	名称	数量	备注
建筑构筑物	9.2	电费	1.20	按1.2kW·h/t,水1.0元/(kW·h)计
设备购置	17.25	人工费	0.10	按2人,工资600元/(人·月)
安装工程	3.0	药剂费	0.36	
设计调试	6.0			
合计	35.45		1.66	

（5）预计处理效果　COD去除率为94.24%、BOD去除率为98.3%、SS去除率为90.5%。预计处理效果见表2-50。

表2-50　污水处理效果

项目	进水	出水					
		调节池	气浮池	酸化池	氧化池	初滤池	生物碳池
COD浓度/(mg/L)	1507.5	1507.5	1356.25	1085.4	217.08	173.67	86.84
去除率/%			10	20	80	20	50
BOD浓度/(mg/L)	724.5	724.5	652.05	521.64	30	24	12
去除率/%			10	20	94.3	20	50

（6）处理方案分析

① 主要特点。(a) 该处理工艺兼有生物膜法和活性污泥法两者的优点，工艺流程简单，操作、维护、管理方便，经济节能；(b) 经水解处理后BOD_5/COD值升高、可生化性强，处理时间短，净化率高；(c) 填料间的生物膜易发生堵塞及板结现象，需采用软性填料接触氧化结合碱式氧化铝混凝处理。

② 可行性分析。合成车间的生产废水含COD较高，水量为3.3m³/d，含COD为25700mg/L；全厂生活污水、冲地坪水和生产废水混合后约20m³/d，

经计算混合水质 COD 为 1507mg/L，若一并采用酸化水解-好氧法处理工艺，进水水质 COD 在 3000mg/L 以下。因此，采用此处理工艺措施可行，设计依据充分，国内应用厂家较多、工艺成熟，经济合理，处理效果好。处理后出水水质 COD 去除率达 98％以上，COD、BOD、SS 可达一级排放标准。

2.3.3.3　高温深度氧化处理工艺简介

高温深度氧化处理技术包括：湿式空气氧化技术（WAO）、超临界水氧化处理技术（SCWO）和焚烧技术。各技术的原理、特征或性能比较如下。

(1) 湿式空气氧化技术（WAO）　WAO 是在高温（150～250℃）和高压（0.5～20MPa）下，以空气或纯氧化剂将有机污染物氧化分解为无机物或小分子有机物的化学过程。操作中将废液增压并混入高压空气，通过热交换器升温后进入空气氧化反应器，反应产物经热交换器换热升温后进入冷却塔继续冷却，然后经气液分离器分离出气体和液体，再送往后续处理。

该工艺 COD 的去除率为 60％～96％。该厂废水经 WAO 法处理后，仍需其他工艺处理，才能达标排放。

(2) 超临界水氧化技术（SCWO）　SCWO 的技术原理：将水的温度和压力升高到临界点（T_c=374℃，p_c=22.1MPa）以上，水处于一种既不同于气态也不同于液态和固态的新液体态——超临界态，水成为超临界水，水中的氢键不再存在；超临界水中通入氧气后，氧在超临界水中极好地溶解，有机物的氧化可以在富氧的均一相中进行；同时，极高的反应温度（400～600℃）也使反应速度加快，可在几秒钟内使废水中有机物达到很高的破坏率，且反应彻底，可使有机物转化成二氧化碳、氮气、氢气和水，氯转化成氯离子的金属盐，而硝基物转化成氮气，硫转化成硫酸盐。

超临界水氧化在某种程度上与简单的燃烧法过程相似，在氧化过程中放出大量的热，一旦运行正常，反应热不但能满足废水加温的需要，还可产生大量热能，用于生产中。

SCWO 处理工艺对有机物的去除率可达 99.99％。因此，它与传统的处理方法相比，具有高效、节能、无二次污染等明显的优点，是一种有发展前途的高浓度有机废水处理技术。20 世纪 80 年代以来，SCWO 工艺在国外发展较快，得到广泛应用。在国内，河北省轻工设计研究院已成功采用此技术和设备对高浓度有机废水进行示范，同时中科院生态所、东北制药总厂、福建农药厂也已在示范应用。超临界水氧化法废水处理工艺流程见图 2-54。

如图 2-54 所示，废水经过滤后流入集水池，经细筛网过滤后由高压泵打入预热器，之后进入反应器（反应器由直径＜150mm 的管道制成，材质耐腐蚀、能承受高压）采用超高压空气泵将空气打入反应器，在超临界状态下，高浓度有机废水中的所有有机物便转化成无害的二氧化碳、氮气、氢和水，超临界水蒸气通入汽轮机，带动发电机发电。部分超临界水蒸气再进入预热器充分利用余热。

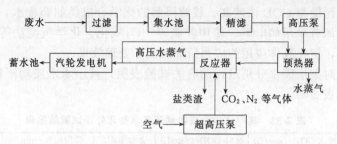

图 2-54　超临界水氧化法废水处理工艺流程

该处理工艺运行后无有毒废水、废气排放，不形成二次污染，技术上是可行的。

（3）焚烧技术　焚烧技术是将高浓度有机废水在高温下进行氧化分解，使有机物转化成 CO_2 和水，而无机物生成盐和水。

其焚烧过程为：将有机废水精滤后喷入焚烧炉中，在 1200℃ 以上的高温下，水雾完全汽化，有机物焚烧。焚烧后的烟气经吸收、洗涤后排放。该处理方法不需后续处理。

（4）高温深度氧化三种处理方法比较　三种高温深度氧化处理方法的经济、技术比较见表 2-51。

表 2-51　三种高温氧化处理方法的经济、技术比较一览表

参数及指标	超临界水氧化法	湿式空气氧化技术	焚烧法
温度/℃	＞400	150～350	1200～2000
压力 MPa	30.0～40.0	2.0～20.0	常压
催化剂	不需	可加入	不需
停留时间	≤60s	15～20min	≥100min
去除率/%	≥99.99	70～90	99.99
能否自燃	能	不能	不能
排出物	无毒、无色	有毒、有色	含 NO_x
能否达标排放	能	不能	能
后续处理	不需要	需要	不需要
投资/万元	65	50	80～105
运行费用/(元/t)	6.5	10	1300～1600

由表 2-51 可见，超临界水氧化法和焚烧法对 COD 的去除效率最高，几乎彻底去除，而湿式空气氧化法处理后的水不能达标排放，还需后续处理；从投资来看，焚烧法投资最大，需 80 万～105 万元，而湿式空气氧化技术最少；从运行费用分析来看，超临界水氧化法最少，而且可以回收利用热能，而焚烧法最大。

通过上述分析，可见超临界水氧化法对化学合成类制药企业的废水处理来说比较适宜，可作为备选方案。

2.3.3.4 化学合成类制药废水其他处理工艺

目前对污染物 COD 浓度高、较难降解的化学合成类制药废水，除以上工艺外，国内外尚有采用如电解、超声波破碎、O_3 氧化、化学沉淀法等物理化学方法进行处理，但在具体应用前应当研究其实际处理效果。

例如，对某厂废水分别进行的有关试验表明，其出水水质均不能达标排放。试验结果见表 2-52。

表 2-52　某厂化学合成类制药废水物化处理试验结果表

项目	进水 COD/(mg/L)	出口 COD/(mg/L)	去除率/%	停留时间/min	结果
电解法	25700	22025	14	15	不能达标排放
超声波破碎	25700	23130	10	30	不能达标排放
O_3 氧化法	25700	24158	6	15	不能达标排放
化学沉淀法	25700	20560	20	2	不能达标排放

因此，化学合成类制药企业在选择废水处理技术时，需结合企业自身的实际情况加以考虑，对处理工艺单元合理组合，切实筛选出适合本企业废水特点的处理技术。

2.3.4 化学合成类制药废水处理工程实例

2.3.4.1 催化氧化-生化法处理工艺

某化学合成原料药企业生产过程中产生的废水成分复杂，COD 浓度较高，处理难度较大。废水中主要含有甲醇、丙酮、二氯甲烷、氯仿、吡啶及芳环、杂环等复杂成分，且含有硝基、氨基芳香族化合物等物质，毒性较大，对活性污泥有抑制作用，可生化性很差。因此废水进入 SBR 曝气池之前，必须进行预处理。

(1) 水质情况（见表 2-53）

表 2-53　废水水质情况

项目	COD /(mg/L)	Na$^+$ /(mg/L)	K$^+$ /(mg/L)	pH 值	SS /(mg/L)	色度/倍	NH$_3$-N /(mg/L)
含量	3000~6000	1000~2000	800~1500	3.0~5.0	1500~2000	800~1500	100~200

(2) 废水处理工艺流程　采用催化氧化-生化法处理废水，整个工艺流程如图 2-55 所示。合成废水经空气催化氧化后分解芳环、杂环等，提高其可生化性，降低毒性，然后与其他车间的废水混合后经气浮、格栅栏进入调节池，污水总量为 250~400m³/d。然后再经厌氧发酵、SBR 生化系统进行处理。

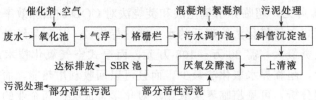

图 2-55　催化氧化-生化法处理工艺流程

（3）系统运行及参数

① 空气催化氧化。经过运行，最佳工艺参数为：曝气量为 $15m^3$ 空气/（m^3 废水·min），反应温度为 80～83℃，催化剂 $MnSO_4$ 的加入量为 $20kg/m^3$，废水反应时间为 8～10h，活性污泥产量为 55～75kg/（m^3·d），母液 COD 去除率为 80%，可生化性由 0.03 升高至 0.18 左右。

② 气浮。气浮时间为 2h，主要去除催化氧化过程中的固体悬浮物，SS 可由 4000mg/L 降至 100mg/L 以下。

③ 加药。经氧化池流出的废水经气浮、格栅栏后进入污水调节池，在其中加入混凝剂硫酸亚铁（$FeSO_4·7H_2O$）及高分子絮凝剂聚丙烯酰胺（PAM）使之形成 FeS 沉淀、$Fe(OH)_3$ 胶体沉聚及其他絮凝物（化学泥）从而去除，出水可以直接进行生物处理而不受 S^{2-} 的影响，沉淀的 FeS、$Fe(OH)_3$ 可以送去制砖或进行填埋处理；亦可以向废水中加酸，将废水中的 S^{2-} 形成 H_2S 吹脱到空气中去，用 NaOH 溶液吸收后形成 Na_2S 再回收用于制药生产。

④ 生化处理系统的驯化。

（a）先用同步驯化法使 SBR 池中的活性污泥对污水有较好的处理能力，再将部分活性污泥通入厌氧发酵池中，延长对厌氧菌的驯化。

（b）原有 SBR 池中活性污泥对中试及其他车间废水有较强的降解能力。污水 COD 值为 2000～2500mg/L，可生化性约为 0.2，活性污泥生长运行正常，处理后 COD 可达到 200mg/L 以下，S^{2-} ≤1mg/L。为了保持 SBR 池正常运行，对活性污泥采用同步驯化，处理运行结果如表 2-54 所示。

表 2-54　催化氧化-生化废水处理系统运行结果

运行时段	进水 COD 含量/(mg/L)	SBR 池运行(COD 含量)/(mg/L)	显微镜检查结果
Ⅰ	药物合成废水 50m³ 3000～4000	1 周 SV 由 33% 降至 20%，进水后 SBR 池曝气 20min，COD＝600～700，曝气 10h 后排水，COD＝200～260	等枝虫大量死亡；有少量豆形虫；菌胶团形态分散
	中试等废水 200m³ 3000～4000	2 周 SV ＝ 19%～24%（相对稳定），进水后 SBR 池曝气 20min，COD＝500～600，曝气 10h 后排水，COD＝190～220	等枝虫数量增加，较活跃；豆形虫数量增多
Ⅱ	药物合成废水 100m³ 3000～4000	1 周 SV 由 24% 降至 17%，进水后 SBR 池曝气 20min，COD＝600～650，曝气 10h 后排水，COD＝220～260	等枝虫闭口，不活跃，豆形虫数量减少；菌胶团老化成分增多
	中试等废水 150m³ 3000～4000	2 周 SV ＝ 17%～20%（相对稳定），进水后 SBR 池曝气 20min，COD＝500～550，曝气 10h 后排水，COD＝190～200	等枝虫开口，活性增强；豆形虫数量增多
Ⅲ	药物合成废水 150m³ 3000～4000	1 周 SV 由 24% 降至 17%，进水后 SBR 池曝气 20min，COD＝600～650，曝气 10h 后排水，COD＝220～260	等枝虫闭口，不活跃，豆形虫数量减少；菌胶团老化成分增多
	中试等废水 100m³ 3000～4000	2 周 SV ＝ 17%～21%（相对稳定），进水后 SBR 池曝气 20min，COD＝500～550，曝气 10h 后排水，COD＝180～190	等枝虫开口，活性增强；豆形虫数量增多

运行时段	进水 COD 含量/(mg/L)	SBR 池运行(COD 含量)/(mg/L)	显微镜检查结果
IV	药物合成废水 200m³ 3000~4000	1 周 SV 由 24%降至 17%,进水后 SBR 池曝气 20min,COD＝600~650,曝气 10h 后排水,COD＝220~260	等枝虫闭口,不活跃,豆形虫数量减少,菌胶团老化成分增多
	中试等废水 50m³ 3000~4000	2 周 SV 由 17%~21%(相对稳定),进水后 SBR 池曝气 20min,COD＝500~550,曝气 10h 后排水,COD＝170~180	等枝虫开口,活性增加,豆形虫数量增多
V	药物合成废水 200m³ 3000~4000	SV 由 19%不断增至 32%,开始向厌氧发酵池排入生物,使 SV 维持 30%左右	菌胶团形态完整
VI	药物合成废水 250m³ 3000~4000	SV 由 19%不断增至 35%,开始向厌氧发酵池排入生物,使 SV 维持 30%左右	菌胶团形态完整

(c) 厌氧发酵池主要是通过厌氧菌分解或部分分解大颗粒有机成分,提高污水可生化性。经过 3 年多的驯化,厌氧菌膜对苯胺、酯类等化合物有较强的分解作用。为了提高厌氧发酵池对药物合成车间污水的降解能力,不断导入部分 SBR 池的活性污泥,经一段时间运行后,白色厌氧菌膜由多变少,再重新生成新的厌氧菌膜毛刷,废水可生化性由 0.1 提高至 0.25 以上,基本符合 SBR 池运行条件。

2.3.4.2 气浮-水解-好氧法处理工艺

(1) 废水的性质及特点 徐州市某制药厂是一家以多种化学原料药合成为主的中型制药企业。生产废水(生产过程产生的废水和冲洗水)约 100m³/d 且排放不稳定,废水中含有苯、甲苯、氯苯等难降解有机物;COD$_{Cr}$ 为 8000~15000mg/L,平均 12000mg/L;BOD$_5$ 为 2530~24800mg/L,平均 3840mg/L;生产废水的 BOD$_5$ 与 COD$_{Cr}$ 的比值稍＞0.3,可生化性较差,但可生化处理。生活废水约 500m³/d。

(2) 废水处理工艺流程 采用气浮-水解-好氧组合工艺,工艺流程如图 2-56。

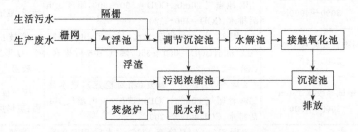

图 2-56 气浮-水解-好氧组合处理工艺流程

① 气浮处理。生产废水间歇性排放且水量少,故对高浓度的生产废水单独进行气浮处理。各车间排放的废水经栅网滤去较大的悬浮物后进入气浮池。气浮池采用部分回流加压溶气工艺,溶气水回流比为 30%~35%,溶气压力为 0.3~

0.4MPa，溶气水取自气浮池出水。气浮池前设一集水池，加药调整废水的 pH 值为 7.2～8.0 后，加入硫酸铁作为凝聚剂，使废水中以胶体状态存在的污染物絮凝成较大的絮状体，吸附截留气泡，加速颗粒上浮。加入药剂后污水中存在的三价铁离子能激活废水中降解微生物某些酶的活性。利用气浮法可去除废水中部分有机物和 COD_{Cr}，降低后续处理过程的有机负荷，利于后续的生化处理。

② 水解（酸化）处理。气浮处理后的废水与全厂的生活污水在调节沉淀池中混合，进行水量、水质的均化。向制药废水加入生活污水，可形成共基质条件，改善对难降解有机物的处理效果。均化后的废水进入水解（酸化）池，水解池是由原曝气池的一部分改造而成，内部尺寸（长×宽×高）为 11.6m×5m×4m，有效容积为 220m³，废水停留时间为 6h。水解阶段，大分子有机物被降解为小分子物质，难以生物降解的物质转化为易生物降解的物质，使得废水在后续好氧处理单元中能在较少的停留时间下得到处理，此阶段的微生物主要是水解细菌和产酸菌。水解池由底部进水，在进水口安装布水装置，使废水在池内能平稳均匀地上升。池子的中段安置生物填料以增加比表面积，为微生物的生长提供了有利条件，增加了污泥的浓度，提高了水解池的处理效率。

③ 好氧处理。好氧处理段采用接触氧化法，该法具有耐冲击负荷、无污泥膨胀、不需进行污泥回流以及维护管理方便等优点。水解酸化后的废水直接进入接触氧化池进行好氧处理。接触氧化池的内部尺寸（长×宽×高）为 11.6m×8m×4m，有效容积为 350m³，废水停留时间为 9h。接触氧化池内置弹性填料，填充率为 75%。好氧处理后的废水自流进入沉淀池，在沉淀池中停留 4h 后，上清液外排。

④ 浮渣及污泥处理。调节池、沉淀池排放的污泥以及气浮池产生的浮渣浓缩后由板块压滤机脱水，干泥运往焚烧炉焚烧。浓缩池上清液与机械脱水滤液回流到调节池再进行处理。

（3）处理效果　经多次对出水水质进行检测，废水处理效果见表 2-55。

表 2-55　废水处理效果

项目	水量/(m³/d)	COD_{Cr}/(mg/L)	BOD_5/(mg/L)	pH 值
气浮设备进水	100	12000	3840	7.8
气浮设备出水	—	5520	1856	7.8
水解池进水	600	1035	631.4	7.8
水解池出水	—	365.2	142.8	7.3
二沉池出水	—	87.4	26.3	7.6

2.3.4.3　水解酸化-接触氧化-气浮-氧化工艺

某制药厂主要生产维生素 H，产生的废水量较小，但浓度高、水质波动大、COD 高，BOD/COD 仅为 0.11，可生化性很差。

(1) 水质水量　生产废水为 95.869m³/d，生活污水约为 13.30m³/d，合计 109.169m³/d。其中维生素车间的高浓度生产废水为 8.369m³/d，主要污染物有四氢呋喃、乙酸乙酯、盐酸、甲醇、乙胺、硫代乙酰胺、甲苯等，占废水的 8.73%；低浓度生产废水占 91.27%。设计处理水量为 120m³/d，要求处理后达标排放。废水水质见表 2-56。

表 2-56　废水水质

项目	高浓度废水		低浓度废水	
	变化范围	平均值	变化范围	平均值
COD_{Cr}/(mg/L)	56000~96628	62000	420~1808	942
BOD_5/(mg/L)	4200~6000	5630	82.3~500	236
pH 值	3.1~5.5	5.0	6.5~7.2	6.8

(2) 工艺流程　工艺流程如图 2-57 所示。

(3) 主要构筑物与设备

① 氧化池 1。2 座，间歇运行，每座尺寸为 $D2.3m×2.6m$，有效容积为 8.4m³。投加 Fenton 试剂，池中设有 LJF-1700 型立轴式机械搅拌机 1 台，搅拌速度为 8r/min。出水设有稳流装置 2 套。

② 调节池。地下式，尺寸为 7.5m×4.0m×3.6m，有效容积为 90m³，水力停留时间为 18h，搅拌方式为空气搅拌，气水比为 5：1，考虑到调节池水位的波动，预曝气采用独立的风机。池内设有潜污泵 2 台，1 用 1 备，水泵的开停根据水位由浮球阀自动控制。

③ 水解酸化池。2 座，并联运行，每座 2 格，合建，尺寸为 6.4m×6.4m×5.1m，总有效容积为 164m³，水力停留时间为 32.8h。池中设有组合填料，填料层高 3.5m，为确保废水中有机物与微生物的充分接触混合，池底设有穿孔管曝气搅拌，气水比 8：1，并依据实际运行情况，使 DO<0.20mg/L。

④ 接触氧化池。2 座，并联运行，每座 4 格，合建，尺寸为 16.0m×8.0m×5.1m，总有效容积为 512m³，水力停留时间为 102.4h，池中设有组合填料，填料层高 3.5m。池底设有穿孔管曝气系统，气水比为 48：1，运行时 DO 约 4mg/L。

⑤ 二沉池。竖流式，尺寸为 $D2.9m×5.3m$，水力停留时间为 2h。二沉池内的污泥采用静压重力排泥，污泥回流至调节池。

⑥ 气浮池。气浮池采用成套设备，型号为 TJQJ-5，平流式，处理水量为 5m³/h，尺寸为 1.5m×1.5m×1.4m，配套空压机、回流水泵、溶气罐、刮渣机、溶气释放器和加药系统等，总功率为 5kW。

⑦ 氧化池 2。尺寸为 $D1.5m×2.0m$，水力停留时间为 30min，投加 Fenton 试剂，池中设有搅拌机 1 台，型号为 BJ-470。

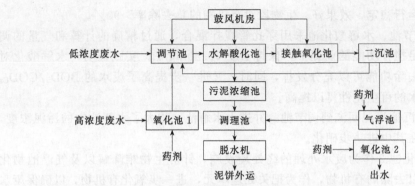

图 2-57　水解酸化-接触氧化-气浮-氧化处理工艺流程

（4）运行结果　环境检测部门对该废水处理工程设施进行了 2 个周期连续 24h 监测，主要监测项目为 pH、COD_{Cr}、BOD_5。监测结果见表 2-57。

表 2-57　废水各处理单元水质监测结果

项目	调节池	水解酸化 池出水	接触氧化池＋ 二沉池出水	气浮池 出水	总排放口 出水
COD_{Cr}/(mg/L)	3420	1610	320	109	60.4
BOD_5/(mg/L)	1490	726	137	49.3	14.0
pH 值	7.12	6.89	7.36	7.18	7.35

由表可以看出：高浓度废水经 Fenton 试剂法氧化预处理，与低浓度废水在调节池混合后，BOD_5/COD_{Cr} 达 0.44，废水的可生化性得到提高。经水解酸化处理，COD_{Cr} 去除率为 53%，BOD_5 去除率为 51%；接触氧化池内 COD_{Cr} 去除率为 80%，BOD_5 去除率为 81%；气浮池内 COD_{Cr} 去除率为 66%，BOD_5 去除率为 64%；气浮池出水再经进一步氧化，COD_{Cr} 去除率为 45%，BOD_5 去除率为 72%。

废水经以上各工序处理单元处理后，COD_{Cr}、BOD_5 去除率分别达到 98%、99%，其余各项污染物抽检合格率为 100%，出水水质良好，优于《污水综合排放标准》（GB 8978—1996）一级标准。

（5）主要经济技术指标　废水处理站总占地面积为 480m²，总投资为 75 万元，折合单位造价为 6250 元/m³。包括电费、药剂费、人员工资等费用在内的运行费用共计 2.30 元/m³。年工作时间以 300d 计，该项目实施后，COD_{Cr} 排放量削减 187t/a，BOD_5 排放量削减 21.96t/a。

（6）总结与讨论

① 针对制药废水水质复杂的特点，采取清浊分流处理的思路是正确的。在本工艺中对酸性高浓度废水采用 Fenton 试剂氧化预处理，可以有效降低难降解和对生物有毒的有机物浓度，减轻后续处理单元的负荷，同时，大幅提高废水的可生化性；高浓度废水氧化后，与低浓度废水混合，再经水解酸化、接触氧化生

物处理，运行稳定，效果好。生物段对有机物的总去除率＞90％。

② 调节池、水解酸化池采用穿孔管搅拌混合，通过精确的计算和气量的调节，在满足搅拌功能的前提下，保持 DO＜0.20mg/L。实践证明，水解酸化对有机物的去除功能可以充分发挥，同时，又进一步提高了废水的 BOD_5/COD_{Cr} 值，使废水的可生化性得以提高。

③ 二沉池污泥回流到调节池，并进入水解池，加大了水解池中的污泥浓度，可使污泥在其中进一步硝化。

④ 氧化池 2 作为废水处理的终处理设施，针对生物难降解以及气浮池物化处理又难以去除的有机物，作为把关处理单元，进一步氧化有机物，以确保废水达标排放。实践证明，这一设计理念是正确的。

2.3.4.4　水解酸化-A/O²-SMBR 处理工艺（高浓度含氮废水）

某制药公司主要生产心血管医药剂原料药及中间体，采用合成工艺制药。废水中主要含甲醇、乙醇、乙酸、丙酮、二氯甲烷、氨基酸、三乙胺、三氯乙酸、对甲苯磺酸、THF、DMF、吡啶、对氟苯甲醛、NaCl、Na_2SO_4、氨水、乙腈、磷酸盐类等。由于产品品种丰富，原料种类多，合成工艺流程较长，副反应也较多，因而生产废水的水质、水量变化很大，氨氮浓度高且废水中含有对微生物有毒性、抑制作用或难降解的化合物，氨氮往往影响废水处理效果及稳定性。因此，合成制药废水达标排放有较大的难度。工程选用水解酸化-A/O²-SMBR处理工艺成功地处理了该类废水，达到了预期目的。

（1）废水水质　废水水质情况见表 2-58。

表 2-58　废水水质

项目	废水量/(m³/d)	COD_{Cr}/(mg/L)	BOD_5/COD_{Cr}	NH_3-N/(mg/L)	有机氮/(mg/L)	含盐量(以 TDS 计)/(mg/L)	Cl^-/(mg/L)
含量	400	6000	0.3	≤200	≤150	≤10000	≤5000

（2）工艺流程　如图 2-58 所示，采用水解酸化-A/O²-SMBR 工艺。

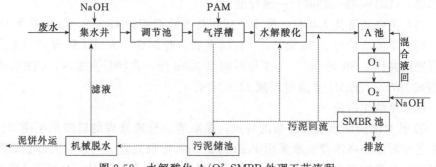

图 2-58　水解酸化-A/O²-SMBR 处理工艺流程

（3）主要构筑物与设备

① 调节池。1座，钢筋混凝土结构，尺寸为 20m×11.5m×5m，有效容积为 1000m³，HRT 为 24h（与另外一套废水处理装置共用）。由于废水来自不同的车间，其水质、水量随时间变化很大，为使水质、水量保持一定的均匀性和稳定性，同时防止 SS 沉积，故设曝气系统，对废水进行预曝气。

② 气浮槽。1台，钢制，置于水解池顶端，处理能力为 30m³/h。附属设备有刮沫机 1台（$N=1.5kW$），德国进口溶气泵 2台（1用1备，$N=7.5kW$），配引水箱引水。PAM 投加量为 10～20g/m³。

③ 水解酸化池。1座，钢筋混凝土结构，尺寸为 19m×7.6m×6m，有效水深为 5.6m；有效容积为 808m³，内设潜水搅拌机 2台（$N=4kW$，$n=730r/min$）。内设组合填料 600m³，HRT 为 27.7h，DO 为 0.3～0.5mg/L。

④ A池。1座，钢筋混凝土结构，尺寸为 19m×4.8m×6m，有效水深为 5.55m，有效容积为 500m³，HRT 为 18h，内设 2台潜水搅拌机（$N=3kW$，$n=730r/min$）。DO<0.3mg/L，脱硝负荷 NO_x^--N/F 为 0.1～0.15g NO_x^--N/(kg MLSS·d)，MLSS 为 3～6g/L。

⑤ 好氧池（O_1、O_2 池）。设 O_1、O_2 两座好氧池，钢筋混凝土结构，O_1 池尺寸为 19m×7m×6m，有效水深为 5.5m，O_2 池为硝化池，尺寸为 16m×815m×6m，有效水深为 5.45m。O_1 池 HRT 为 25h，MLSS 为 6～8g/L，DO 为 2～4mg/L。内设可提升式微孔曝气器 20套。O_2 池，HRT 为 25.4h，硝化负荷 NH_3-N/F=0.07～0.112g NH_3-N/(kg MLSS·d)，MLSS 为 3～5g/L，DO 为 3～5mg/L。混合液回流比 R=300%，回流泵 2台（100GW85-10-42，1用1备），内设可提升式微孔曝气器 22套。

⑥ SMBR池。1座，钢筋混凝土结构，尺寸为 19m×7m×6m，有效容积为 718m³，HRT 为 24.6h，内设处理能力为 117m³/d 的过滤膜 6套，抽吸泵 6台，$N=1.5kW$。每台抽吸泵工作周期为 15min（抽吸 13min，停泵 2min），停泵的目的主要是通过鼓气将过滤膜上的污泥吹落下来。每台抽吸泵都装有电接点压力表，通过 PLC 自动控制泵的工作压力。SMBR 过滤膜下设 250 只可变孔曝气器充氧。气源由 4台（3用1备，其中 SMBR 池专用 1台）三叶鼓风机供应，$Q_s=19.8m³/min$，$P=58.8kPa$，$N=30kW$。MLSS 基本维持在 6～10g/L，每天排泥量约 80t，泥龄约 9d；污泥量少，稳定性好。污泥回流泵 2台（80GW 40-7-2.2，1用1备），$N=2.2kW$。

SMBR 进水水量为 400m³/d，NH^3-N 一般为 40～50mg/L，TN 为 100mg/L 左右，进水氨氮负荷为 0.008～0.02g NH_3-N/(kg MLSS·d)，MLSS 为 6～10g/L，DO 为 3～5mg/L，出水 NH_3-N 一般为 10mg/L 左右，去除率超过 75%，TN 去除率超过 60%。

⑦ 污泥脱水。污泥选用 1台带宽 1m 的宽带式压榨过滤机脱水，型号为 DY-1000（$N=1.1kW$）配 1台 G50-1B 单螺杆泵抽吸泥。每天运行约 8h，反冲洗水

量为 $5\sim10m^3/h$，每天产生的污泥量约为 2t。

（4）系统调试及运行　本工程已连续运行了 3 年，目前处理水量约为 $400m^3/d$，处理效果基本稳定。工程重要的处理装置 SMBR 膜，从日本进口，使用 1 年后，发现膜有堵塞现象，后经取样分析，主要是由于生产原料中有磷酸、氨水、$MgCl_2$、$CaCl_2$ 等无机物，为使 SMBR 池内硝化反应完全，在该池中投加液碱控制废水的 pH 值在 7.5 以上，因而产生了磷酸氨镁、羟基磷酸钙沉淀物，从而引起膜堵塞。目前，要求所有的 SMBR 膜在使用半年后取出清洗：①水洗，将取出的 SMBR 膜用高压水枪洗净所有的污泥；②酸浸，洗净的膜用 $3\%\sim5\%$ 的盐酸酸浸 2h 后，膜表面的垢基本脱落，然后用自来水冲洗至中性；③碱浸，用 1% 的次氯酸钠浸洗 0.5h 后，水洗至中性并更换部分膜。2 年后，所有的 SMBR 膜都需更换。另外控制废水的 pH 值<7.2，可有效防止膜堵塞。在生化池中加入硫酸亚铁，使之成为生物铁泥，也可有效防止膜堵塞。

（5）工程特点及问题讨论

① 污泥浓度高，生物相丰富，出水水质稳定。SMBR 膜采用的是日本生产的外进内出膜片，即使细微粒子也无法通过，污泥浓度高，可达 10g/L，能够保留各种新生的活性好、沉淀性差的菌种及增殖速度慢、世代时间长的硝化菌，生物相非常丰富，使驯化时间大大缩短，并且处理效率高、耐冲击能力强，出水水质稳定。据采样分析，SMBR 池进水混合液自然沉淀后，COD_{Cr} 为 $300\sim500mg/L$，有时高达 $1000mg/L$；经过 SMBR 膜过滤后，COD_{Cr} 约为 $200mg/L$，泥水分离效果明显高于沉淀池。但由于 MLSS 高，需氧量也大，能耗高。

② 膜分离单元不需经常清洗。SMBR 膜分离活性污泥采用的是交叉过滤法，在 SMBR 膜分离单元的下部装有可变孔曝气器，鼓出的空气一方面分解水中的有机物，另一方面，气泡带有的液体与膜表面产生平行流动，使得混合液中的活性污泥不会黏附在膜表面。而且，优质 SMBR 膜的内外表面非常光滑，污泥不易黏附。本工程过滤膜半年洗一次。

③ 制药企业所有的溶剂种类多，所产生的废水气味大，本工程在调节池、水解酸化池、A 池顶部加设阳光板封闭，废气采用引风机引至废气吸收塔处理。

④ 夏季时，本工程废水水温达 46℃，硝化菌活性明显降低，出水 $NH_3\text{-}N$ 在 100mg/L 以上。水温高主要是由空气供氧引起的，同时水池高度也与散热有关。根据现场进行的对比试验，在同等条件下，5.5m 水深比 4.5m 水深，水温高 $1\sim2$℃。因此在 DN350 空气总管上装 $F=80m^2$ 的管式换热器通冷却水降温，并将水深降低 0.5m，能保证夏季水温<41℃，冬季水温>36℃，出水水质达标。从运行情况来看，水温<41℃时，硝化菌活性基本正常。观察发现，水温在 41.2℃时，出水还是正常的。

⑤ 含盐量较高的废水（TDS>6000mg/L），要考虑电解质（盐）溶液对 DO 的影响，一般情况下，DO 因盐析作用而降低。由于当时在 DO 计算时，未考虑

含盐量对 DO 的影响，致使空气量计算值偏小，实际运行时 4 台鼓风机需全开才能满足供氧需求。

2.3.4.5　铁炭 Fenton/SBR 法处理工艺

硝基苯类化合物是我国环境保护中优先控制的 52 种有害物质之一，其化学性质稳定，对微生物具有毒性，不能直接应用常规生化工艺进行处理。

（1）水质水量　原水取自某制药厂氯霉素车间的生产废水，其中硝基苯类化合物的平均浓度为 676mg/L，COD 平均浓度为 9625mg/L。

（2）废水处理工艺　工艺流程见图 2-59。

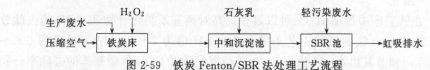

图 2-59　铁炭 Fenton/SBR 法处理工艺流程

首先采用铁炭 Fenton 法对废水进行预处理。它通过向内电解反应器中投加 H_2O_2，使 Fe^{2+} 和 H_2O_2 反应生成氧化能力很强的 Fenton 试剂，以增强对 COD 和硝基苯类化合物的去除效果。与传统方法相比，H_2O_2 的加入增加了污染物的降解途径，提高了污染物的去除效率，同时也充分利用了由废铁屑产生的 Fe^{2+}，节省了药剂用量，达到了以废治废的目的。

铁炭床出水的 pH 值为 4～5，向中和沉淀池投加石灰乳使铁离子和亚铁离子水解、聚合成氢氧化铁、氢氧化亚铁，通过絮凝、吸附和沉淀作用去除废水中的污染物。经预处理后废水中硝基苯类化合物的含量已大幅降低，与厂内轻污染废水混合后进入 SBR 池进行生化处理。

① 铁炭床。预处理装置采用直径为 70mm、高为 1400mm 的有机玻璃柱，以铁屑和颗粒活性炭作为内电解材料，交替装填，每层厚为 30～50mm。铁屑在使用前先通过碱洗和酸洗去除表面的油污和氧化物，然后用水冲洗干净。活性炭采用柱状颗粒炭，使用前用清水漂洗。装置采用底部进水（同时投加 30% 的 H_2O_2 溶液）、顶部出水，运行一定时间后通入压缩空气进行反冲洗，以使柱内孔隙分布均匀，防止发生板结现象。

② 中和沉淀池。有效容积为 10L，投加 5% 的石灰乳调节废水 pH 值为 7～8，慢速搅拌 15～20min 并静沉 2h 后出水进入 SBR 池。

③ SBR 池。有效容积为 20L，运行周期为 12h，其中曝气为 10h，沉淀、排水为 2h。

（3）废水处理效果　预处理出水按照一定比例与轻污染废水混合，混合后废水的 COD 为 1200～1500mg/L，硝基苯＜10mg/L。SBR 反应器中接种污泥的 MLSS 为 3000～3500mg/L。运行初期逐渐增加硝基苯进水的比例，经过约 30d 的培养驯化后 SBR 的污泥负荷达到了 0.2～0.3kg COD/（kg MLSS·d），水力停留时间为 48h，DO 为 2.0～3.0mg/L，对 COD 的去除率为 90%，对硝基苯的去除率＞93%（见表 2-59）。

表 2-59　监测结果

项目	原水	铁炭床出水	沉出水	SBR 进水	SBR 出水
pH	3.0	5.5	7.6	7.3	8.0
COD_{Cr}/(mg/L)	9625	6160	5108	1351	132
硝基苯/(mg/L)	676	85.4	54.8	6.8	<0.5

该厂的硝基苯制药废水经铁炭 Fenton 预处理后,对 COD 的去除率平均为 47%,对硝基苯的去除率平均为 92%。后续混合废水经 SBR 处理后 COD<150mg/L,硝基苯<0.5mg/L,出水水质符合国家污水排放标准。

(4) 结论

① 在铁炭床中投加 H_2O_2 可以显著提高对硝基苯类化合物和 COD 的去除效果,铁炭 Fenton 法的最佳工艺条件:进水 pH 值为 2~3,H_2O_2 投量为 500~600mg/L,调节其出水 pH 值至 7~8 并经沉淀后对 COD 和硝基苯的去除率分别可达 47% 和 92%。

② 经铁炭 Fenton 法预处理后,硝基苯制药废水的可生化性得到明显改善,后续混合废水经 SBR 工艺处理后能满足国家污水排放标准。

③ 采用铁炭 Fenton 法预处理硝基苯制药废水具有除污效果好、药剂费用低、设备投资较少、运行管理方便等优点。

2.3.4.6　AO-PW 膜生物反应器处理工艺

某药业股份有限公司主要生产原料药及中间体,采用合成工艺制药。废水中主要含甲醇、乙酸、丙酮、二氯甲烷、氨基酸、三乙胺、三氯乙酸、对甲苯磺酸、KLM、1NM、吡啶、氨水、乙腈、磷酸盐类等。由于产品品种较多,原料种类多,合成工艺流程较长,副反应也较多,因而生产废水的水质、水量变化很大,且废水中含有对微生物有毒性、有抑制作用和难降解的有机物,影响废水处理效果。选用 AO-PW 膜生物反应器组合工艺处理该类废水,实现了达标排放。

(1) 水质情况　该厂废水的水质情况见表 2-60。由表可见,该废水具有有机物浓度高、含盐量高的特点,由此可见,该废水属于难降解废水。

表 2-60　废水水质情况

废水量/(m³/d)	COD 浓度/(mg/L)	含盐量/(mg/L)	SS/(mg/L)
550~650	2500~6000	6000~10000	200~500

根据当地环保部门要求,处理后的出水要达到《污水综合排放标准》(GB 8978—1996) 一级排放标准,即 pH 值为 6~9,COD≤100mg/L,BOD_5≤20mg/L,NH_3-N≤15mg/L,SS≤70mg/L。

(2) 废水处理工艺设计　针对制药企业产品变化频繁、污染物浓度高、水质波动大、容易对废水处理系统造成水质冲击的特点,结合水质分析结果综合考虑,该工程采用 A/O_1-O_2-膜生物反应器组合工艺。工艺流程见图 2-60。

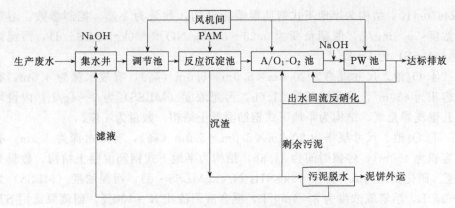

图 2-60　A/O₁-O₂-膜生物反应器组合处理工艺流程

　　由图 2-60 可见，生产废水先进入集水井，通过加入 NaOH 来调节 pH 值；之后用泵打入调节池，调节池内采用穿孔曝气管鼓气搅拌；之后进入反应沉淀池，在反应沉淀池加絮凝剂（PAM），使悬浮颗粒物沉淀分离，沉渣进入污泥脱水系统浓缩处理；沉淀处理后的废水流入 A 池（反硝化池），由于氨氮浓度较高，经好氧处理后的废水回流到反硝化池，在反硝化菌作用下，使 NO_2^-、NO_3^- 变为 N_2，从而达到去除氨氮的目的；O_1 池出水在此通过好氧菌作用，大部分易降解有机物得以去除；经过 O_1 池处理后的废水进入 O_2 池，在 BOD_5 较低的条件下，硝化菌将 NH_3-N 转化成 NO_2^-、NO_3^-，在硝化池处理过程中，由于硝化反应需消耗大量碱度，pH 值将会下降，因此需要添加 NaOH 来调节 pH 值；经过硝化/反硝化处理后的废水进入 PW 池，PW 池为膜生物反应器系统，膜分离单元以一定间隔放置在反应分离槽内，槽内的活性污泥对废水中的有机物进行降解，降解后的水通过中空丝膜排放，由于膜孔极小，颗粒性物质及活性污泥不能通过该膜孔而被分离。经过该系统处理后的废水可以达到国家规定的《污水综合排放标准》（GB 8978—1996）一级排放标准，直接排放。反应沉淀池的沉渣及 PW 池排出的污泥分别排至污泥池，再用泵打至带式脱水机脱水，脱水后的泥饼外运，滤液流入集水井。

　　（3）主要构筑物及设备　由于场地狭小，设计时将调节池、反应沉淀池、A 池、O_1 池、O_2 池、PW 池全部组合在一起，成为合建式构筑物。

　　① 调节池。尺寸规格为 $20m \times 11.5m \times 5.0m$（高），有效水深为 4.5m，有效容积为 $1035m^3$，停留时间为 24h，内设穿孔曝气管曝气，以防悬浮物沉淀及保持水质较均匀。

　　② 反应沉淀池。尺寸规格为 $1.55m \times 2.0m \times 5.0m$（高），反应池投加絮凝剂 PAM，采用空气搅拌，沉淀池采用空气搅拌，空气提升排泥。

　　③ A 池（反硝化池）。尺寸规格为 $20.0m \times 5.0m \times 2.0m$（高），有效水深为 4.5m，有效容积为 $455m^3$，停留时间为 21.8h，内设 2 台潜水搅拌机，型号为

SR4630-410，结构为半地下式钢筋混凝土结构，数量为 1 座。控制参数：溶解氧浓度 $<0.3mg/L$，脱硝负荷为 $0.25\sim0.4kg\ NO_x^{-n}/$（kgMLSS·d），污泥浓度（MLSS）为 $1\sim3g/L$。

④ O_1 池。尺寸规格为 $20.0m\times5.0m\times5.0m$（高），有效水深为 4.5m，有效容积为 $450m^3$，停留时间为 21.6h，污泥浓度（MLSS）为 $2\sim4g/L$，内设可变孔曝气器充氧。结构为半地下式钢筋混凝土结构，数量为 1 座。

⑤ O_2 池。尺寸规格为 $20.0m\times5.0m\times5.0m$（高），有效水深为 4.5m，有效容积为 $450m^3$，停留时间为 21.6h，结构为半地下式钢筋混凝土结构，数量为 1 座。硝化负荷为 $0.08\sim0.16kgNH_3\text{-}N/$（kgMLSS·d），污泥浓度（MLSS）为 $1\sim3g/L$，溶解氧浓度为 $3\sim4mg/L$，混合液回流比 $R=100\%$，回流泵选用 ST-52-2-80 型号，潜污泵 2 台，1 用 1 备，$Q=21m^3/h$，$H=15m$，$N=2.2kW$，内设可变孔曝气器充氧。

⑥ PW 池。尺寸规格为 $20.0m\times6.0m\times5.0m$（高），有效水深为 4.5m，有效容积为 $540m^3$，停留时间为 25.9h，结构为半地下式钢筋混凝土结构，1 座 2 格。内设处理能力为 $83.3m^3/d$ 的 PW 过滤膜 6 套，抽吸泵 6 台，$N=1.47kW$，$Q=8.0m^3/h$，每台抽吸泵工作周期为 15min（抽吸 13min，停泵 2min）；停泵的目的主要是通过鼓气将过滤膜上的污泥吹落下来。每台抽吸泵都装有电接点压力表，通过 PLC 自动控制泵的工作压力。

PW 过滤膜下设可变孔曝气器充氧。气源由 5 台 TSD-150 型鼓风机供气，4 用 1 备，其中 PW 池需专用 1 台，$Q=19.8m^3/min$，$P=53.8kPa$，$N=30kW$。

PW 池内的 MLSS 基本维持在 $6\sim10g/L$，泥龄长达 30d 左右；污泥量少，稳定性好。污泥回流泵选用 ST-51-5-65 型潜污泵 2 台（1 用 1 备），$Q=21m^3/h$，$H=12m$，$N=1.5kW$，内设可变孔曝气器充氧。

⑦ 污泥池。尺寸规格为 $9.2m\times2.25m\times5.0m$（高），有效容积为 $95m^3$，污泥选用 1 台 1m 宽带式压榨过滤机脱水，型号为 DY-1000，$N=1.1kW$，配 1 台 G50-1B 型单螺杆泵抽吸泥。每天运行约 8h，反冲洗水量为 $5\sim10m^3/h$。

（4）运行情况 该工程建成后处理效果稳定，基本达到了设计的出水水质指标，在进水 COD 浓度为 $2500\sim6000mg/L$ 的情况下，出水 COD 浓度为 $80\sim120mg/L$，COD 平均去除率为 96%；污泥脱水后每天产生约 2t 的泥饼，送至垃圾场堆放。出水水质情况见表 2-61。

表 2-61 出水水质情况

项目	设计值	实际值	项目	设计值	实际值
废水量/(m³/d)	500	550~650	出水 NH₃-N/(mg/L)	≤15	1~15
出水 COD 浓度/(mg/L)	≤100	80~120	出水 SS/(mg/L)	70	20
出水 BOD₅/(mg/L)	≤20	20			

（5）工艺特点

① 消除了污泥膨胀。膜生物反应器是一种将高效膜分离技术与传统活性污泥法相结合的新型水处理反应器，由于膜的微孔过滤作用，微生物被完全截留在生物反应器内，实现泥水的完全分离，消除了传统活性污泥工艺中普遍存在的污泥膨胀现象。

② 污泥浓度高，生物相丰富，出水水质稳定。PW 膜采用的是进口外进内出膜片，即使细微粒子也无法通过，污泥浓度高，可达 10g/L，能够保留各种新生的活性好、沉淀性差的菌种及增殖速度慢、世代时间长的硝化菌，生物相极其丰富，使驯化时间大大缩短，并且处理效率高、耐冲击能力强，出水水质稳定。

③ 剩余污泥量少。由于膜能将微生物污泥全部截留在生物反应器内，虽然反应器内容积负荷高，但污泥浓度高，污泥负荷维持在较低水平，污泥泥龄长，因此，剩余污泥量少。

④ 处理设施占地小。由于污泥浓度高，膜反应器内容积负荷高，占地面积较小。

⑤ 膜分离单元不需经常清洗。PW 膜分离活性污泥采用的是交叉运行操作，在 PW 膜分离单元的下部装有可变孔曝气器，鼓出的空气一方面分解水中的有机物，另一方面，气泡带有的液体与膜表面产生平行流动，使得混合液中的活性污泥不会黏附在膜表面。而且，优质 PW 膜的内外表面非常光滑，污泥不易黏附。该工程过滤膜两年洗一次。

2.4　提取与中药类制药废水处理

提取类制药是指运用物理、化学、生物化学的方法，将生物体（人体、动物、植物、海洋生物等，不包括微生物）中起重要生理作用的各种基本物质经过提取、分离、纯化等手段制造药物的过程。提取类药物大多数是以植物提取为主的天然药物和以动物提取为主的生化药物，此外，还有近些年发展的海洋生物提取药物。提取类药物多为单一成分，按化学本质和结构可分为以下几种：氨基酸类药物、多肽及蛋白质类药物、酶类药物、核酸类药物、糖类药物、脂类药物以及其他类药物。

中药类制药则指以中医药理论为指导、以中药材（如药用植物和药用动物）为主要原料生产中药饮片或中成药产品的过程。其中，中药饮片由经过产地加工的净药材进一步切、炮制而成；中成药常以中药饮片作为原料，并经包括提取在内的各种剂型制备工艺进行加工生产。中药多为复合成分。

提取类药物与中药均属于天然存在的物质，其结构不经过化学修饰或人工合成。它们在原材料、生产工艺等方面也具有相似之处，比如在生产过程中的提取工序，只是提取类制药在提取后还需要进行分离以制取单一成分，其工艺流程较中药类制药复杂。不过，提取阶段却是两类制药主要产生废水污染物的共同点源。

2.4.1 提取与中药类制药生产概况

当前，世界各国都认识到天然药物极具医疗价值和市场潜力，国际上植物药的增长速度远超过化学药品的增长速度。在人类回归大自然的国际潮流中，全球大约有 80％的人口将天然药物作为基本医疗保健手段，而中药又以它独特的功效占据了十分重要的地位。近年来我国中药工业总产值增长迅速，超过 7300 亿元，约占整个医药工业总产值的 26％。

统计资料显示：我国植物提取物已达 80 种以上，专业生产企业多于 200 家；我国生化制药企业有 300 余家，当前能生产生化原料药 1350 多个品种以及如注射液、输液、注射用冻干制剂、口服制剂（包括肠溶衣口服制剂）、滴眼剂、外用制剂等多种剂型；我国仅海洋药物的生产企业就有 40 余家，海洋药物的现已正常生产 20 余个品种，且近些年来该产业平均每年以大于 20％的速度迅猛发展，日渐成为中国海洋经济中又一新兴的高新技术产业。

中药和民族药是中国医学科学的特色与优势，是中华民族优秀文化的重要组成部分。在全国 24 个省（区、市），目前已经建立了数百个中药规范化种植基地，中药饮片和中成药生产的主要原料药材已基本实现人工栽培，已有 2469 个传统中药被列入国家中药保护品种。在推进中药现代化的进程中，应注重发挥中药资源优势，加快建立起一整套符合中药特色、符合国际规则的质量检测方法和质量控制体系，着力解决创新能力较弱、工艺及制剂技术水平较低、生产设备落后等束缚其发展的关键问题。

2.4.1.1 提取类制药生产工艺

如图 2-61 所示，提取类制药工艺流程可分为原料药材的选择和预处理、粉碎、提取、分离、精制纯化、干燥包装或生产制剂。其中，提取方法可分为酸解、碱解、盐解、酶解及有机溶剂提取等；分离精制方法可分为盐析法、有机溶剂分级沉淀法、等电点沉淀法、膜分离法、层析法、凝胶过滤法、离子交换法、结晶和再结晶及其组合工艺等。

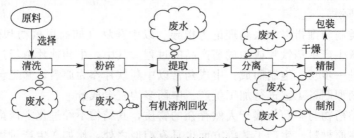

图 2-61 提取类制药工艺流程

由此可见，提取类制药废水的产生点源主要包括以下方面。

(1) 原料清洗废水 主要污染物为 SS、动植物油等。

（2）提取废水　为主要污染源废水，污染物主要是提取后的产品、中间产品以及溶解的溶剂等，主要污染指标为 COD、BOD、SS、氨氮、动植物油等，由提取装置或有机溶剂回收装置排放。

（3）精制废水　提取后的粗品精制过程中会有少量废水产生，水质与提取废水基本相同。

（4）设备清洗水　每批药剂生产后对各工序的设备进行清洗，水质与提取废水类似，一般浓度较高、间歇排放。

（5）地面清洗水　地面定期清洗排放的废水，主要污染指标为 COD、BOD、SS 等。

2.4.1.2　中药类制药生产工艺

（1）中药饮片

① 中药饮片的一般生产工艺流程：中药材→除杂→挑选→制片→包装。

② 中药饮片制药废水的特点。中药饮片生产无提取工序，废水产生点源主要来自药材的清洗和浸泡水、机械设备的清洗水以及炮制工段的其他废水，故一般为轻度污染废水。废水中污染物浓度相对较低，COD 在 200mg/L 左右；若炮制工段需要加入特殊辅料如酒、醋、蜜等，其废水的 COD 浓度一般较高，可达到 1000mg/L 以上。

（2）中成药　中成药的生产工艺流程见图 2-62。中药材进行前处理（炮制）后，经提取、浓缩（干燥），最后按各类制剂工艺制成片剂、丸剂、胶囊、膏剂、糖浆剂等。

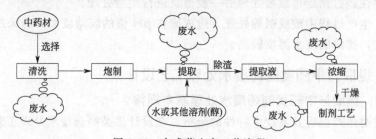

图 2-62　中成药生产工艺流程

中成药类制药废水的产生点源主要包括以下方面。

① 中药材清洗废水。主要污染物为 SS、动植物油等。

② 提取及浓缩废水。提取、分离、浓缩的环节和设备多，因而废水多、浓度高，如醇提过程中产生的废液浓度极高，均为严重污染源。

③ 制剂工艺废水。如产生废水量较大的安瓿清洗水等。

④ 设备和地面清洗水等。

2.4.2　提取与中药类制药废水的特性

中药饮片生产废水的特点如前所述较为简单，这里对提取与中成药类制药废水的特点予以分析。提取与中成药类废水中的污染物按其水溶性分为两类：①水溶性的污染物主要来自提取、煎煮工序，主要成分是糖类、纤维素、蛋白质、木质素、淀粉、有机酸、生物碱等有机物，另外还有制片工序引入的无毒色素等；②水不溶性的污染物主要来自洗药、煎煮等工序，主要构成物是泥沙、植物类悬浮物及无机盐的微细颗粒等。

由于提取与中成药类制药原材料中的药物活性组分含量较低（通常为万分之几），往往需要经过多次有机溶剂或酸碱等提取的过程，加之含有木质素、木质蛋白、果胶、半纤维素、脂蜡以及许多其他的复杂有机化合物，在漂洗过程中部分进入废水中，故产生的废水水质成分复杂（包括固体、胶体和溶解性物质）且含有大量的有机物、COD 较高。在浓缩或精制过程中，排水量及污染程度虽因提取产品的纯度要求和工艺差别会有所不同，其污染程度也比提取过程小得多，但仍继续排放以有机物为主的废水。结合有关调研资料，提取与中成药类制药废水的主要特点可归纳如下。

（1）废水水质成分较复杂，带有颜色和气味。

（2）废水间歇排放，水质、水量波动较大。

（3）废水中 SS 浓度高，主要是动植物的碎片、微细颗粒及胶体。

（4）废水中 COD 浓度高，如提取类制药为 $200\sim40000mg/L$，有些浓渣水甚至更高。

（5）提取类制药废水 BOD/COD 值在 0.3 左右，中成药类制药废水在 0.5 左右，故在经过预处理或前处理后一般适宜进行生物处理。

（6）生产过程中酸或碱的处理，造成废水 pH 值的波动较大；若采用煮炼或熬制工艺，排放的废水温度较高。

2.4.3 提取与中药类制药废水处理工艺设计

2.4.3.1 提取与中药类制药废水处理基本规律

通过对生产过程及其废水特性的分析，在设计该类制药废水处理工艺时，有三点规律可循。

（1）一般而言，提取与中药类制药废水的污染物主要是常规污染物，即 COD、BOD_5、SS、pH、氨氮等，可生化性较好，采用各类生化处理方法较易取得良好的有机物去除效果。

（2）提取类与中药类制药有粗提工序时，废水污染较重，可采用厌氧-好氧或水解酸化-好氧等处理工艺。对于只进行精制和制剂生产的提取类或中药类制药废水，则可采用好氧生化作为主体处理工序。

（3）除中药饮片生产废水外，对污染物浓度较高的提取与中成药类废水，直接采取好氧或厌氧工艺处理很难达到预期效果，需要经过预处理来提高废水的可生化性，必要时还应组合物化后续处理。

国内部分提取与中药类制药企业废水处理的调研情况见表 2-62

表 2-62　提取与中药类制药企业废水处理概况　　　单位：mg/L

生产企业		SS	COD$_{Cr}$	BOD$_5$	处理工艺
山东	进水	626	666.8		废水→格栅池→曝气调节池→水解酸化池→生
(提取类)	出水	61.7	76.8		物接触氧化池→沉淀池→中间池→消毒池→排放
河北	进水	19	193		废水→调节池→厌氧生物滤池→沉淀池→
(提取类)	出水	14	127		排放
深圳	进水	190~268	20000~40400		废水→反应气浮池→UASB 厌氧池→接触
(提取类)	出水	4~8	41~50		氧化池→沉淀池→排放
江苏	进水		14860	9660	废水→隔油调节池→反应沉淀池→水解酸
(提取类)	出水		92	18.5	化池→MSBR 池→排放
四川	进水	108~163	351~539	160~438	废水→兼氧酸化调节池→好氧生化池→混
(提取类)	出水	24~46	10~23	0.9~3.0	凝反应池→沉淀池→排放
××药企	进水	100	801.2		废水→SBR 处理池→排放
(提取类)	出水	24.5	64.9		
广东	进水$_高$		4183~16982		高浓度氨基酸废水→浓缩→结晶→过滤
(提取类)	进水$_混$		445~652		混合废水→碱调节→塔式生物滤器→气浮
	出水		97~141		→过滤→排放
吉林	进水	60~120	800~900		活性污泥法
(中药类)	出水	20~50	30~90		
石家庄	进水	400	1200	680	水解酸化-三级氧化
(中药类)	出水	59	143	47.95	
湖北	进水	100	122	150	WSZ 一元化污水处理设备
(中药类)	出水	60	90	20	
南京	进水		1000~3000		气浮-好氧
(中药类)	出水	30	60	5	
山西	进水	100~165	400~1000	80~100	生物曝气
(中药类)	出水	30~50	18~30		
昆明	进水		1738~513		水解-SBR
(中药类)	出水		145~40		
黄石	进水	85	952	346	气浮-ICEAS 池
(中药类)	出水	36	98	28.8	
通化	进水	1643.8	984.9	153.9	水解-生物接触氧化
(中药类)	出水	57.5	82.7	12.5	

2.4.3.2　提取与中药类制药废水处理工艺设计

　　本类制药废水的处理方法分为物化、生化及其组合工艺，其设计方法概述如下。

　　(1) 提取与中药类制药废水的物化处理方法包括中和、混凝沉淀、气浮、微电解反应器、铁屑还原法等，多采用混凝沉淀和气浮法。物化法除用于预处理或前处理以外，有些情况需要在生化处理后增加后续物化处理。预处理或前处理可去除废水中的分散颗粒和胶体物质，以降低色度和 COD、提高废水的可生化性。如中成药类制药废水的处理一般先采用混凝、破乳、电凝聚、气浮等方法，将废水中的固体有机物凝聚沉降或上浮分离，以尽可能地减少后续生化处理的有机负荷。

（2）提取与中药类制药废水的生化处理方法主要有厌氧、水解酸化和好氧三种技术。厌氧处理包括 UASB 厌氧反应器、UBF 厌氧反应器、ABR 厌氧折流反应器等。好氧处理包括接触氧化、SBR、MSBR、CASS、ICEAS、生物滤池、MBR 等。视进水水质的不同，也可采用厌氧-好氧的组合工艺如 AAO、AO 等。

（3）水解酸化可使难以降解的大分子有机物开环断链，变为易于生物降解的小分子物质，从而改善废水的可生化性、提高后续好氧生物降解的处理效率，常与好氧处理组合使用。而上流式厌氧污泥床（UASB）反应器具有处理负荷高、结构简单、运行稳定等优点，UASB 与好氧法近年来的组合应用显示，对 COD、BOD_5 的去除率可达 95% 以上。

（4）相关调查资料显示，在投资成本方面，延时曝气法、接触氧化-气浮法等较大，水解酸化-好氧法、UASB-好氧法、厌氧滤池-接触氧化法等较低；而在运行费用方面，水解酸化-接触氧化法、接触氧化-气浮法等较高，水解酸化-好氧法、UASB-好氧法、延时曝气法等较低。

综上所述，水解酸化-好氧法、厌氧-好氧法等对提取与中药类制药废水来讲是值得推广的、有效并且经济实用的处理技术，前者适用于浓度较低的原废水，后者适用于浓度较高的原废水；而其中的厌氧处理宜采用 UASB 法，好氧处理宜采用接触氧化、SBR 法及其变形工艺等。当然，在选择废水处理技术时，不应该拘泥于此，还要充分考虑本企业其他各方面的具体因素。更多其他的处理工艺设计可参阅本节工程实例内容。

这里先列举水解酸化-好氧法、UASB-好氧法两个典型的工艺流程设计。

例一　目前国内对中成药类制药废水采用的处理工艺大多为悬浮物预处理→水解酸化-好氧生化（或好氧生化）→物化处理法，工艺流程如图 2-63 所示。

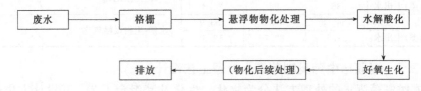

图 2-63　中成药类废水水解酸化-好氧法处理工艺流程

例二　深圳市某生物技术有限公司生产的主要产品为肝素钠，其废水水质：SS 为 200～500mg/L，色度＞100 倍，COD 为 20000～30500mg/L，BOD_5 为 10000～15000mg/L，NaCl 为 18000～26000mg/L，Na_2SO_4 为 4000～6000mg/L，pH 值为 6～9，属生化药物的高浓度提取类废水，采用的主体处理工艺为 UASB-好氧法，工艺流程如图 2-64 所示。

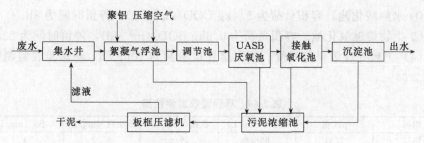

图 2-64 提取类废水 UASB-好氧法处理工艺流程

该废水处理工程通过半年的调试运转，经深圳市环境保护监测站验收监测，出水达到《污水综合排放标准》（GB 8978—1996）中的一级标准要求。

2.4.4 提取类制药废水处理工程实例分析

2.4.4.1 水解酸化-接触氧化法（山东某制药公司）

（1）工程概况 该公司产品全部为制剂，主要产品为多种滴眼液及注射液、医用凝胶、乳膏等，属于不含粗提步骤的提取类制药和制剂的复合型企业，其生产包括肝素和玻璃酸钠（透明质酸）的精制。肝素生产的工艺流程如图 2-65 所示。

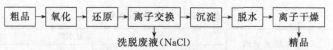

图 2-65 肝素生产工艺流程

废水工程的处理能力为 330m³/d，设计进、出水指标见表 2-63。

表 2-63 设计进、出水指标

指标	进水	出水（污水综合排放二级标准）
COD$_{Cr}$	2820mg/L	150mg/L
BOD$_5$	1365mg/L	—
SS	400mg/L	200mg/L
石油类	—	10mg/L

（2）废水处理工艺流程 废水处理的工艺流程见图 2-66。

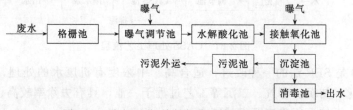

图 2-66 水解酸化-接触氧化法处理工艺流程

（3）主要构筑物设计参数

① 水解酸化池。容积负荷为 5.4kg COD/(m³·d)，停留时间为 8h。

② 生物接触氧化池。容积负荷为 0.6kg BOD/(m³·d)，停留时间为 22.5h。

（4）工程处理效果与评价　废水排放口流量为 10m³/h，环保验收监测数据见表 2-64。

表 2-64　环保验收监测数据

指标	pH 值	COD/(mg/L)	氨氮/(mg/L)	石油类/(mg/L)	SS/(mg/L)
进口	7.81	668.8	29.6	31.2	626
出口	7.49	76.8	2.94	3.02	61.7
标准值	6～9	150	25	10	200

工程总造价为 78 万元（不含土建），运行费用为 0.89 元/t 废水（包括电费 0.45 元、人工费 0.24 元、加药费 0.2 元）。

2.4.4.2　CASS 处理工艺（陕西某中药厂）

（1）工程概况　该药厂的废水主要包括水提工序废水、醇提工序废水、液体制剂车间的洗瓶水以及设备和地面冲洗水。水提工序的废水主要是分离浓缩和喷粉干燥过程排出的，醇提过程废水较少。厂区生产废水与生活污水混合一并进行综合处理，需处理废水量为 75m³/d。具体情况见表 2-65。

表 2-65　废水水质水量

排水部门	排水量均值/(m³/d)	排出水质			
		BOD₅/(mg/L)	COD/(mg/L)	SS/(mg/L)	pH 值
水提车间排水	20	500	1000	600	—
水提车间冲洗设备	26	300	600	300	—
液体制剂车间洗瓶水	20	60	150	80	—
生活污水	9	180	350	200	—
混合后废水	75	274	557	309	6～9

（2）废水处理工艺流程　根据该中药废水水质及间歇排放的特点，本工程预处理选用机械格栅，以去除较大杂质；生化处理选用 CASS（周期循环活性污泥法）技术。其工艺流程见图 2-67。

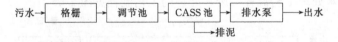

图 2-67　CASS 处理工艺流程

CASS 是 SBR 法的一种改进，适合高、中浓度有机废水的处理，它集传统的水质均化、初沉、曝气、二沉等工艺过程于一池，具有去除率较高、抗冲击负荷能力强、系统运行稳定可靠的特点。

（3）主要构筑物及设备技术参数

① 调节池。有效容积为 70m³，有效水深为 3.5m，平面尺寸为 8m×2.5m，为地下钢混结构。

② CASS 池。本工程的关键构筑物。污泥负荷设计（$BOD_5/MLSS$）＝0.1kg/(L·d)，有效容积为 80m³，池深为 4.5m，有效水深为 4.0m，平面尺寸为 8m×2.5m，设计运行周期 8h（曝气 6h，沉淀 1h，排水 1h），周期排水比 1/3。池前端设置隔墙作为预反应区，长度为 1.6m，隔墙底部开 2 个连通口同主反应区相通，两孔在池宽方向均匀布置，每孔尺寸为 300mm×30mm，主反应区池底设置 2 台水下曝气器，每台功率为 2.2kW，DO＝2～3mg/L，为半地上钢混结构。

（4）系统运行分析　CASS 反应池运行上具有时序性，通常按曝气、沉淀、排水和闲置 4 个阶段根据时间依次进行。CASS 操作周期由曝气、沉淀、灌水 3 个步骤组成。曝气阶段微生物的氧化分解有机污染物，同时污水中 $NH_3\text{-}N$ 通过微生物的硝化作用转化为 $NO_x\text{-}N$。停止曝气后，微生物利用水中的剩余溶解氧进行氧化分解，反应池逐渐由好氧状态向缺氧状态转变，开始进行反硝化作用，活性污泥逐渐沉到池底，上层水变清。沉淀结束后，置于反应器末端的反应器开始工作，自上而下逐渐排出上清液，与此同时，在排水过程中反应池中的微生物逐渐过渡到厌氧状态，继续进行硝化。每个工作周期内，排水开始时 CASS 池内液位最高，排水结束时液位最低，液位的变化幅度取决于排水比，排水比与处理废水的浓度、排放标准及生物降解的难易程度等有关。反应池内混合液体积和基质浓度均是变化的，基质降解是非稳态的。CASS 在反应阶段进行曝气，在沉淀阶段和排水阶段不曝气，因此反应池中溶解氧是周期性变化的。

本工程设计为连续进水，通过管式灌水器间断排水，2 个 CASS 池并联运行。但在实际运行中即使有时没有进水，也不影响处理系统的运行，只是会增加一些能耗。整个处理运行由自动控制系统即 PLC 程序控制器集中控制。CASS 池排水泵的开启采用水位和时序控制相结合的方式来控制。CASS 工艺的特点是程序工作制，其整个周期均可由程序控制器完成，无需专人看管。还可根据进出水的水质变化情况来调整工作程序，保证出水效果。CASS 工艺的自动控制情况见表 2-66。

表 2-66　CASS 工艺的自动控制情况

项目	工作周期		
	曝气阶段	沉淀阶段	排水阶段
水下射流曝气器	开启	关闭	关闭
滗水器	停止	停止	开启从 CASS 池最高水位排到最低水位
进水方式	连续	连续	连续

（5）工程处理效果与评价　工程投产运行期间，环境监测站进行每天 6 次、连续 10d 的监测，结果见表 2-67。

表 2-67 环境监测站监测结果

项目	COD/(mg/L)	BOD$_5$/(mg/L)	SS/(mg/L)	pH 值
进水	325～753	210～340	240～415	6～9
出水	36～88	19～28	36～56	6～9
排放标准	≤135	≤30	150	6～9

工程运行结果表明，本工程省去初沉池、二沉池，占地面积较其他处理方案小，工程建设费用低。采用水下射流曝气机曝气，无需送风管路，基本无噪音，防止了二次污染；耐负荷能力强，自动化控制程度高，运行可靠，运行费用低；剩余污泥量很少，甚至不产生剩余污泥。处理效率高，出水水质好，达到《污水综合排放标准》（GB 8978—1996）二级标准。

2.4.4.3 铁屑还原-UASB-SBR 工艺（湘西某制药公司）

（1）工程概况 该制药有限公司专业生产中药提取物和中药制剂，废水主要来自原料药材的煎汁与提取的工艺残液、工艺设备和管道及车间地面的冲洗水等。废水中大多含有木质素、色素、生物碱、苷、多糖、鞣质、蒽醌类物质及其他水解产物等各种天然有机成分，废水中污染物的浓度较高。由于生产为非连续操作，加之不同时期生产不同的中药提取物，导致废水水质出现较大的差异，水量变化也大。其废水的水质、水量大致情况如下。

① 提取残液及清洗废水≤120m³/d，COD$_{Cr}$＝2000～3000mg/L，BOD$_5$＝200～300mg/L，SS 约 300mg/L，色度约 400 倍。

② 其他车间排水≤50m³/d，COD$_{Cr}$≤500mg/L，BOD$_5$≤200mg/L，SS 约300mg/L，pH 值＝3.0～5.0。

③ 车间地面冲洗水≤10m³/d，COD$_{Cr}$≤200mg/L，BOD$_5$≤80mg/L，SS 约500mg/L。

（2）废水处理工艺设计 本工程废水的 BOD/COD 介于 0.10～0.15 之间，属不易生化的有机废水，直接采用生化处理的难度很大，故考虑采用预处理方法来改善废水的可生化性。根据其他相似工业废水处理的经验，选择在弱酸性条件下的铁屑还原法对该废水进行预处理。这里，主要通过介绍该工程实例，对铁屑还原法予以分析。

当将铁屑和少量的惰性焦炭颗粒浸于电解质溶液中时，在少量氧气的作用下就会形成无数个微小的原电池。在电极电位较低的铁阳极，铁失去电子生成Fe^{2+}进入溶液中，惰性的焦炭则使溶液中的溶解氧吸收电子生成OH^-。在酸性溶液中阴极还会进行析氢反应而产生氢气，其电极反应如下。

阳极：$Fe-2e \longrightarrow Fe^{2+}$ 　　　　$E^{\ominus}(Fe/Fe^{2+})=0.44V$

阴极：$2H^+ +2e \longrightarrow 2[H] \longrightarrow H_2$ 　　$E^{\ominus}(H^+/H_2)=0.00V$

　　　$O_2 + H_2O + 4e \longrightarrow 4OH^-$ 　　$E^{\ominus}(O_2/OH^-)=0.41V$

从电极反应可知，Fe^{2+} 的不断生成，能有效克服阳极的极化，从而形成具有较高吸附活性的絮凝剂，以去除废水中的颗粒态和胶态杂质；阴极反应所产生的新生态［H］能与溶液中的许多组分发生化学反应，并破坏有机物质的发色基团，达到使有机物断链和脱色的目的。故铁屑还原法处理废水的机理是氧化还原、中和絮凝、吸附沉淀和化学反应综合作用。

不易生化的有机废水在经过铁屑还原法处理后，其 BOD/COD 值或废水的可生化性将会显著提高，并可除去较多的有机杂质且脱色。同时，氢氧化铁的沉淀会吸附大量的生物污泥，这种污泥经过逐步驯化从而形成具有特殊结构的生物铁污泥；由于这种结构紧密的团粒状污泥具有良好的沉降性能，因而曝气池可以维持很高的活性污泥浓度，提高了单位池容的处理能力。

具体工艺流程如图 2-68 所示。

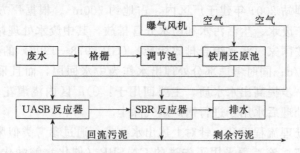

图 2-68　铁屑还原-UASB-SBR 工艺流程

（3）主要构筑物技术参数　铁屑还原池设计有效容积为 45m³；主体尺寸为 5.2m×2.5m×4.5m，铁屑填料高 2.0m，钢结构承托，穿孔 UPVC 板支撑；还原池采用钢筋混凝土结构，池内壁采用环氧类涂料防腐；系统设计气水比为（3∶15）～（5∶1）；HRT＝6h，反应时间为 3h。

（4）工程处理结果与评价　经铁屑还原池处理过的废水，不仅可去除 40%以上的 COD$_{Cr}$，还可显著提高废水的可生化性，其 BOD/COD 由 0.1～0.15 提高到 0.30 以上，为后续的生化处理提供了稳定的水质。

该系统后续用 UASB＋SBR 反应器生化处理，效果稳定，未出现过系统堵塞现象，UASB 反应器和 SBR 反应器内颗粒污泥形成良好，未出现污泥膨胀和其他不良运行工况。系统半年来的运行统计结果见表 2-68。

表 2-68　系统运行统计结果

项目	pH 值		BOD$_5$/(mg/L)		COD$_{Cr}$/(mg/L)		SS/(mg/L)	
废水进口	5.2	5.6	210	260	1550	2060	300	400
铁屑还原池出水	7.0	7.5	280	390	900	1100	500	600
UASB 池出水	6.3	6.9	120	150	300	380	170	200
SBR 池出水	6.5	7.2	25	35	60	90	30	60
排放要求	6.0～9.0		≤30		≤100		≤70	

2.4.4.4 CA-SBR工艺（株洲某药业公司）

（1）工程概况　该公司制药废水主要来自洗涤、煎煮（洗锅）、片剂等制剂工序，其中煎煮工序的洗锅废水及制剂车间的废水污染程度高，洗涤及冷却工段排放的废水量大，总排放量为1350m³/d。

生产废水中的污染物质大致可分为水溶性和水不溶性两类。水溶性的污染物主要是单宁、生物碱、有机酸、糖类、蒽醌、淀粉等有机物，另外还有制剂工序引入的无毒色素，片剂车间排放的高分子物质等；水不溶性的污染物来自清洗、煎煮等工序，主要是泥沙、植物类悬浮物等。生产废水中的有毒物质较少。经测定其废水水质主要指标：COD为1200mg/L，BOD_5为500mg/L，SS为1000mg/L，石油为15mg/L，pH值为5～7。

其废水处理站2001年建于厂区内，占地约700m²。根据厂方的分流制排水规划，厂区生产废水、生活污水和雨水分管排放，其中废水处理站只接纳生产废水。设计出水按国家《污水综合排放标准》（GB 8978—1996）的一级排放标准，规模为1700m³/d；同时考虑部分处理出水作为中水回用，而且采用砂滤和加氯消毒的方法进一步提高出水水质，主要回用于：①厂区内浇灌花草、绿化用水；②必要时部分处理后水用于进行锅炉烟气除尘。

（2）废水处理流程设计　针对上述出水要求，通过参考类似废水处理经验和必要的试验研究，该工程采用了先进的CA-SBR（催化水解酸化-间歇序批式活性污泥反应器）工艺；深度处理则在二级处理的基础上，增加砂滤和加氯消毒工艺，使出水水质进一步提高以达到回用要求。

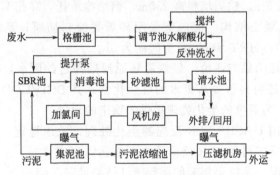

图 2-69　CA-SBR工艺流程

废水处理流程设计如图2-69所示。废水经格栅池和捞毛除渣机除去大颗粒悬浮物后自流入调节池，调节池中放置了废铁屑，通过铁屑在水中的电化学反应对废水中的有机污染物进行水解催化作用，再进入水解酸化池。水解酸化池的分两段，第一段布置了曝气装置，必要时可以进行预曝气，对池中废水进行搅拌。水解酸化池的出水通过污水提升泵进入SBR池，经曝气处理后沉淀、排水。排水可进入砂滤池滤掉悬浮杂质，也可直接经清水池外排。若需要将排水回用时还可以加消毒药水以提高水质。SBR 池的剩余污泥排入集泥池，经污泥浓缩池重力浓缩、压滤机压滤后外运。

在高程布置的设计上，利用厂区废水管网出口的高差让废水自流进入调节水解酸化池，再利用污水提升泵将水解酸化池的出水泵入 SBR 池。SBR 池排水以及砂滤过程利用构筑物之间的高差使废水自然流动。见图 2-70 所示。

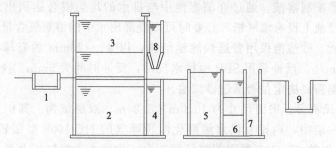

图 2-70　CA-SBR 工艺高程布置

1—格栅池；2—调节水解酸化池；3—SBR 池；4—集泥井；5—消毒池
6—砂滤池；7—清水池；8—污泥浓缩池；9—流量计井

（3）主要构筑物及设备技术参数

① 格栅池。尺寸为 4.4m×2.4m×1.4m，设有栅条间距为 10mm 的人工粗格栅和 CM2000 型捞毛除渣机。

② 调节池。尺寸为 10.0m×9.5m×5.0m，池体超高为 1.0m，设计水力停留时间 HRT＝2.54h。

③ 水解酸化池。尺寸为 20.0m×9.5m×5.0m，内分两格，池体超高为 1.0m，有效容积为 760m³，设计水力停留时间 HRT＝10.7h，第一格池底布置有微孔曝气头，必要时可以进行曝气搅拌。

④ SBR 池。尺寸为 10.0m×9.5m×5.5m，池体超高为 0.5m，共 3 池。进水采用 ZW150-180-15 型污水泵从集水井中将废水提升至 SBR 池，池中利用环状穿孔管布水。曝气采用 SSR 型罗茨鼓风机，曝气装置选用氧利用率 20％以上的 DYW-Ⅲ型微孔曝气器，每池布置 156 个。排水采用 BS250-5000 型滗水器，最大滗水率超过 60％，最大单池周期排水 285m³。3 个 SBR 池采取交错间歇的方式运行，设计单池运行周期为 12h（进水 1.5h，曝气 8.0h，沉淀 1.0h，排水 1.0h，闲置 0.5h），每池每日运行 2 个周期，3 池每日运行 6 个周期，最大日处理量为 285×6＝1710m³。

⑤ 集泥井。尺寸为 10.0m×1.5m×5.0m，共 3 池，其底部与调节池以及水解酸化池连通。SBR 池中的多余污泥通过 SBR 池底的排空阀直接排放到集泥井中，逐渐累积后利用污泥泵抽至污泥浓缩池。

⑥ 污泥浓缩池。尺寸为 3.5m×1.5m×3.3m，底部为斗状，共 2 池。由于 SBR 工艺产生的剩余污泥很少，所以污泥浓缩池设计时没采用一般活性污泥工

艺的设计参数。浓缩采用重力浓缩，设计停留时间为 12～24h，浓缩池上清液通过池壁上的电动阀逐层排出，底部浓缩污泥用螺杆泵抽送至带式污泥压滤机上进行脱水处理。

⑦ 消毒-砂滤-清水池。尺寸为 9.2m×7.5m×6.3m，一体式结构，其中消毒池尺寸为 9.2m×3.5m×6.3m、砂滤池尺寸为 9.2m×2.5m×6.3m。消毒采用氯片消毒器配制溶液，通过在消毒池中与排水的均匀混合达到出水消毒的目的。另在消毒池上设有增氧机，必要时可以提高出水中的溶解氧含量从而进一步提高处理水质。砂滤池采用普通快滤池结构，以 $\phi 1～20mm$ 的瓷球为滤料，设计滤速 12.4m/h，反冲采用 SBR 池排水反冲，反冲时间为 5min。操作中，SBR 池排水可根据需要决定是否通过砂滤池。

⑧ 泵及风机房。平面尺寸为 10.0m×5.24m，双层结构。其中风机房设于泵房下的负一层中，内设有供水解酸化池预曝气的 HC-100S 型回转风机 1 台，供 SBR 池曝气的 SSR125 型罗茨鼓风机 3 台，为滗水器汽缸以及污泥压滤机汽缸提供压缩空气的 Z-0.025/7 型空气压缩机 2 台。

⑨ 污泥脱水间。尺寸为 9.23m×5.24m×5.2m，其中设有 PFMA-500 型带式压滤机一台，用于抽送浓缩污泥的 G（GS）35-1 型螺杆泵 1 台，用于冲洗压滤机的 IS50-32-200A 型清洗水泵 1 台，混凝剂投配装置 1 套。

（4）系统运行分析

① 在 CA-SBR 处理工艺中，SBR 运行周期五个阶段的时间分配都可以根据实际需要灵活安排，而且每周期的排水量也可以根据需要通过滗水器的滗水深度来确定。该工程设计能保证进水量在 200～1700m³/d 范围内整个系统都能正常运行，克服了传统的连续流式活性污泥法由于进水水量达不到设计要求而无法正常运行的缺点。

② 根据从第一个 SBR 池分出部分的活性污泥接种到第二个 SBR 池的实际运行过程来看，新的 SBR 池的启动过程很快，从接种污泥到正常运行只要 10d 左右，而且不会对分出活性污泥的 SBR 池的运行产生不良影响。该废水站 SBR 池的活性污泥来源于某污水厂的剩余污泥，通过接种驯化使其适应该废水的处理，驯化好的污泥呈褐色。

③ 实践发现适时适量的排泥是系统稳定运行的重要保证，通过一段时间的摸索，本处理工程将排泥安排在每天排水结束后，排泥量一般为污泥总量的 5%～10%，即污泥龄在 10～20d。在日常的监测中考虑操作的方便性，以 SBR 池正常水位时池中的污泥沉降比（SV）来表示污泥量，本系统中污泥的增殖性能在 SV<15 时较快，SV>20 后污泥的增殖就变得很缓慢。而根据多次试验得出 SV=20 时的污泥浓度约为 3500mg/L，所以在正常水位时将 SBR 池污泥量控制在 SV=20 左右，即 MLSS=3500mg/L 左右。

④SBR 池曝气运行中的废水溶解氧（DO）含量的变化是确定曝气时间的重

要依据。实际采样测定得出 SBR 池曝气过程中废水的 DO 变化曲线如图 2-71。

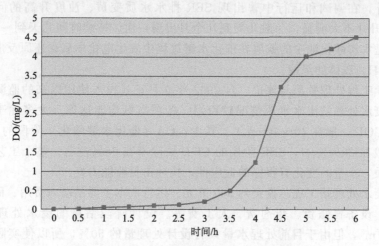

图 2-71　SBR 池曝气过程废水中 DO 变化曲线

图 2-71 显示，刚从水解酸化池进入到 SBR 池的废水，因为有机污染物含量很高，曝气中进入 SBR 池的氧很快就被活性污泥中的微生物消耗掉，开始曝气后 DO 值增加非常缓慢，此时系统处在缺氧阶段。随着时间的推移，废水中的污染物被活性污泥逐渐吸附降解，此时水中的溶解氧开始逐渐上升，水中的绝大部分污染物已被转移至污泥中，系统过渡到富氧阶段，在 DO 达到 1.0mg/L 后，其增长速率明显增快。实测发现当 DO 上升到 4.5mg/L 左右时，其增长速率就会明显降低，这时污染物已被微生物逐渐分解。

⑤ 污泥中的微生物以钟虫、轮虫为主，也有少量纤毛虫、鞭毛虫、线虫。运行过程中曾出现豆形虫大量增多、其他微生物种类很少的状况，这时的污泥絮体出现破碎、沉降性能变差。对此应定期做污泥微生物镜检来了解污泥中生物相的变化，根据观察结果来调整曝气量和排泥量以及排泥操作周期。

⑥ 与传统活性污泥法一样，SBR 工艺在曝气过程中也存在随着时间的推移，废水中的有机物染物会不断地被分解而使需氧量逐渐减少的现象。如何根据系统的实际需氧量控制曝气量是一个需要解决的问题，因为曝气阶段后期多余的曝气量不但会浪费不必要的能耗、加大废水处理的成本，而且有时会因为过量曝气使污泥自身分解、絮体破碎从而难以沉淀，导致出水水质下降。对于这个问题，当前较普遍的解决方法是采用在线监测设备取得数据，通过自动化系统控制变频风机调整曝气量，以适应活性污泥系统需氧量的变化。该废水站为减少前期投入，采取的是经验法，即根据一段时间的运行摸索合适的运行参数，如 SBR 池进水 COD 为 900～1000mg/L 时，曝气时间为 6.0～7.0h 等。但通过这种方法只能确定合适的曝气时间从而保证废水中的有机物被充分分解，并不能根据不同时间段

生化系统对需氧量的变化来合理分配曝气量，后期过量曝气的问题依旧存在。

此外，在调试和运行中曾出现 SBR 排水水质变黄、浊度升高的问题，但COD 上升并不太明显，一般几周到几个月出现一次，持续时间几天到一周不等。这可能是水解酸化池中的铁屑在催化水解过程中发生电化学氧化还原反应，生成了 $Fe(OH)_3$ 胶体的缘故。

（5）工程处理效果与评价　自 2002 年 5 月正式投入使用以来的监测数据表明，该废水处理站出水水质情况较稳定，各项指标均能达到且大多优于设计要求，如 COD 一般在 40～50mg/L。其中，CA（催化水解酸化）阶段的 COD 去除率一般在 20% 左右，SBR 阶段的 COD 去除率在 95% 左右。整个工艺过程对进水水质、水量的变化有很好的适应性，抗冲击负荷能力好。

该废水处理站工程总投资约 300 万元。运行成本主要是动力费用、固定资产折旧费、设备维修费、药剂费、人工费等。设计阶段估算的废水处理成本为0.45 元/m³，但由于目前处理水量只有设计处理量的 50%，所以使实际测算的处理成本相对提高，约为 0.76 元/m³。

2.4.4.5　气浮-SBR-滤池处理工艺（河南某制药公司）

（1）工程概况　该制药公司的产品均为中成药，生产废水主要为各类天然有机污染物，如多糖类、苷类、蒽醌类、生物碱、木质素、鞣质和蛋白质等。该厂投资近 75 万元，改造了污水处理设施，出水 COD≤100mg/L，BOD≤30mg/L，SS≤70mg/L，达到《污水综合排放标准》（GB 8978—1996）一级标准。

（2）废水处理工艺流程

① 废水特性。该厂废水主要来自精制红花油、中药提取、软胶囊、片剂等生产车间及附属车间的生产和清洁用水。废水水质、水量监测分析数据见表2-69。

表 2-69　废水水质、水量监测分析数据

项目	排水量/(m³/d)	COD/(mg/L)	BOD/(mg/L)	pH 值
精制红花油生产车间废水	15～20	1000	600	2～12
中药提取生产车间废水	80～100	3000	2000	6～9
软胶囊、片剂生产车间废水	100～120	600	300	6～9
附属车间废水	20～30	400	200	6～9
综合废水	250	1500	800	6.2～7.8

② 工艺选择。该废水 $BOD_5/COD>0.5$，可生化性较好。与其他活性污泥法相比，SBR 法具有以下优点：（a）不易产生污泥膨胀现象，污泥沉淀性能好，泥水分离效果好；（b）不需设置二沉池和污泥回流系统，处理构筑物的构成简

单，占地面积少，基建费用可节省 30%；（c）可有效脱氮除磷；（d）耐冲击负荷强，氧的转移率高，能处理高浓度废水；（e）工艺成熟，运行稳定且有成功处理相似水质废水的实例。而气浮能有效去除废水中乳化状态的油，对色度、SS 有较好的去除效果，兼有对 COD 的预处理作用。因此，选择以气浮-SBR-滤池为主的废水处理工艺。

③ 工艺流程。废水处理的工艺流程如图 2-72 所示。

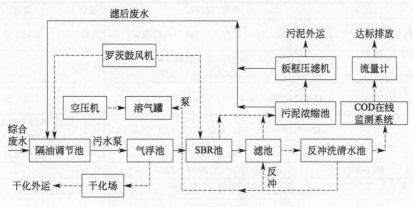

图 2-72　气浮-SBR-滤池处理工艺流程

（3）主要构筑物及设备的技术参数

① 隔油调节池。综合废水水质差异较大，设隔油调节池以调节水质和水量。池内设膜片式微孔曝气器进行预曝气，防止悬浮物沉淀，同时起氧化有机物、降低 COD 的作用。隔油调节池的尺寸为 9.60m×4.60m×3.15m，超高为 0.30m，有效容积为 125m³，水力停留时间为 12h。

② 气浮池。气浮池采用加压溶气气浮法，为成套钢制设备，废水处理能力为 25m³/h。混凝剂选用聚合氯化铝（PAC），其投加的质量浓度为 200mg/L。

③ SBR 池。设计两个钢混 SBR 池，单池尺寸为 13.30m×3.50m×4.30m，超高为 0.30m，单池容积为 200m³。曝气系统采用罗茨鼓风机和微孔曝气器。

④ 滤池。滤池可进一步降低 BOD₅、COD、SS 等指标，使出水达到预期处理目标。滤池平面尺寸为 2.8m×1.4m，分为两格，分别与 SBR 池、污泥浓缩池共壁。滤层采用双层石英砂滤料，粒径为 0.5~1.2mm，厚度为 700mm。设计滤速为 10m/h，反冲洗强度为 14L/(m²·s)。

⑤ 反冲洗清水池。反冲洗清水池与隔油调节池共壁。其尺寸为 1.25m×4.60m×3.15m，有效容积为 16m³。

⑥ 污泥浓缩池。SBR 池沉淀的污泥及滤池的反冲洗废水排入污泥浓缩池。经浓缩后，上清液回到隔油调节池，浓缩污泥通过污泥泵抽入板框压滤机压榨成泥饼外运，且滤后废水进隔油调节池继续处理。污泥浓缩池与滤池合建，为半地

下式钢混结构，其尺寸为 3.86m×2.87m×3.60m，有效深度为 3.30m，有效容积为 36m³，水力停留时间为 10h。

⑦ 附属设备。1 间风机房，其平面尺寸为 12m×5m，门窗隔声处理；1 间设有气浮装置、污水泵及电柜。

⑧ 主要设备及参数见表 2-70。

表 2-70　主要设备及参数

名称	型号	参数/规格	数量	备注
污泥泵	2.5PW 型离心式	$Q=60.00m^3/h, H=9.5m, P=400kW$	2 台	1 用 1 备
浮油吸收器	非标	$Q=3.30m^3/h$，油泵吸程 3m，压力 0.33MPa，$P=1.5kW$	1 台	
三叶罗茨鼓风机	LSR-100	$Q=436.20m^3/h, P=11.00kW$，压力 49.00kPa	3 台	2 用 1 备
流量计		$Q=5.00\sim30.00m^3/h, Q=7.50\sim25.00m^3/h$	2 个	分别用于污水泵、气浮溶气回用水
曝气头		$\phi215mm$	250 个	其中预曝气为 50 个
滗水器	HPS-1000	$Q=70.00m^3/h, P=0.37kW$	2 台	
投药装置	非标	$P=0.37kW, V=1.0m^3$	1 套	
气浮净水器	成套装置	$P=1.10kW$，处理能力 25m³/h	1 套	
反冲泵	WQ100-10-7.5	$Q=100.00m^3/h, H=10.0m, P=7.5kW$	2 台	1 用 1 备
管道泵	SLW40-200	$Q=6.3m^3/h, H=50.0m, P=4.00kW$	1 台	污泥泵
板框压滤机	XMQ15/450-300	过滤面积 15m²，压力 0.50MPa，滤板数量 29 片	1 台	

（4）调试与运行　经过运行调试，气浮单元的实际运行参数确定如下：溶气罐压力为 0.34～0.40MPa；出水回流量为 40%。SBR 池的接种污泥取自某污水处理厂的压缩污泥，采用同步培养驯化法。每池投干泥 5t，加满水闷曝 24d 后换水，水量逐渐增加至满负荷。污泥驯化 8d 后，水处理效果基本稳定，可以实现达标排放；污泥驯化 23d 后，MLSS 从 4800mg/L 降为 3200mg/L，污泥絮凝性能良好，沉降比（SV30）从 10% 增至 20%，污泥培养驯化完成。SBR 池的最佳运行周期确定为 10h。工艺调试结果表明，虽然进水 COD 变化较大，但出水基本稳定，COD 的去除率均达到 95% 以上。

（5）工程处理效果评价　2008 年 1 月底，工程通过验收，出水水质指标（表 2-71）达到 GB 8978—1996 的一级排放标准。

表 2-71　出水水质指标

项目	COD/(mg/L)	BOD5/(mg/L)	SS/(mg/L)	pH 值
出水	14.4～78.6	8.2～26.9	18.5～52.8	6.3～7.4
GB 8978—1996	≤100	≤30	≤70	6～9

① 气浮-SBR-滤池工艺处理制药废水不会发生污泥膨胀问题,处理效果好,出水水质稳定,达到 GB 8978—1996 的一级标准。

② 工程总投资近 75 万元,处理水量为 250m³/d,污水处理站占地 310m²。日常运行费用主要包括动力费、药剂费、人工费。其中,工程每天耗电约 300kW·h,每吨混凝剂市场价为 2000 元,操作管理人员共 3 人。

③ 本工艺尽量采用反应池共壁设置,节约占地面积和投资,运行费用较低,操作简单,易于维护,适用于类似水质的废水处理。

2.4.4.6 气浮+UBF+CASS 处理工艺 (四川某制药公司)

(1) 工程概况 该公司排放的废水包括生产废水和生活污水,排放总量为 400m³/d,其中生活污水约 30m³/d,其余均为车间生产废水。原水水质及出水设计要求见表 2-72。

表 2-72 原水水质及出水设计要求

项目值	pH 值	色度/倍	COD/(mg/L)	BOD₅/(mg/L)	SS/(mg/L)	水温/℃
原水	6.0~6.8	250~400	1200~12000	420~6000	500~2800	25~60
出水	6~9	≤50	≤100	≤20	≤70	

(2) 废水处理流程设计 分析原水水质可知,该废水具有一些特殊性:①呈弱酸性;②进水水质波动性大;③水质成分复杂,有些组分不易被生物降解,甚至对微生物具有一定的抑制作用。考虑到气浮工艺对色度、SS 的去除效果较好,同时兼有对 COD 的预处理作用,故针对性地采用气浮+UBF+CASS 工艺,工程设计的工艺流程如图 2-73 所示。

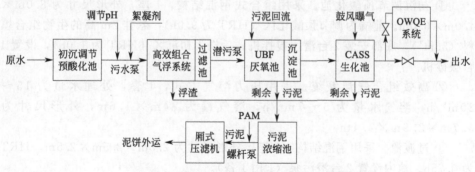

图 2-73 气浮+UBF+CASS 处理工艺流程

整个流程以气浮系统、UBF 池、CASS 池和 OWQE (outlet water quality ensuring) 系统为 4 个关键处理单元,可确保出水的各项指标稳定达标。

① 高效组合气浮系统。通过混凝反应产生的絮体可对废水中各污染物产生聚并、黏结和吸附作用,并随着微气泡群上浮、长大,最终成为浮渣,实现与废水的分离。通过上述作用,废水中的 SS 和色度能得到较充分的去除,同时 COD

也得到一定的预去除（特别是对于不可生物降解的无机组分），从而大大降低了后续生化处理的污染负荷和难度。

② UBF 厌氧池。作为 UASB 和 AF 两种厌氧工艺的优化，UBF 工艺克服了 UASB 中颗粒污泥难于形成和启动的缺点，结合了 AF 耐冲击负荷和适应性强的优点。UBF 反应器底部由沉淀性能良好的厌氧颗粒污泥形成污泥床，上部悬挂填料，填料上附着的生物膜对游离菌胶团具有吸附截留作用，降低了三相分离器的固、液分离负荷和对其性能的要求，同时由于填料层的存在，夹带污泥的气泡在上升过程中与之碰撞，加速了污泥与气泡的分离，减少了污泥的流失，从而使得反应器内部能保持更高的生物浓度。因此，UBF 反应器具有启动快、稳定高效的特点，现已广泛用于处理高浓度、难降解的有机废水。

③ CASS 池。作为 SBR 的改进型，CASS 工艺实现了连续进水，其主要特点包括：（a）采用多池串联、推流的方式，依次流经生物选择、预反应和主反应区，而反应区又呈完全混合的复杂流态，这不仅保证了稳定的处理效果，而且提高了容积利用率；（b）利用前端的生物选择器，能有效地实现对有机底物的快速吸附和吸收，增强了系统运行的稳定性；（c）运行中的池容可变，提高了系统对水量、水质变化的适应性和操作灵活性；（d）通过控制生物反应速率，以厌氧-缺氧-好氧的序批方式运行，降低了系统的运转费用。

④ OWQE 系统。该工程设计开发了 OWQE 系统，集快滤、吸附和化学氧化作用于一体，作为仅在出现事故排放和进水负荷的大幅波动时才启用的出水水质保证措施。

（3）主要构筑物及设备技术参数

① 初沉调节预酸化池。采用组合式钢混结构，1 座，外形尺寸为 8.0m×4.0m×6.0m。前端为调节预酸化区（HRT 为 9.0h），悬挂 2m 高的生物组合填料（56m³），底部安装 2 台潜水搅拌机；后端为初沉区（HRT 为 1.0h），设置 1 台吸砂机。

② 高效组合气浮系统。采用压力溶气方式，1 套，处理水量为 15～20m³/h，溶气水量为 5～7m³/h，溶气罐为 ϕ4m×1.6m，外形尺寸为 4.7m×2.9m×2.4m。

③ 过渡池。采用钢混结构，1 座，外形尺寸为 2.5m×2.5m×2.5m，HRT 为 0.75h。池内设置 2 台潜污泵（1 用 1 备）。

④ UBF 厌氧池。采用钢混结构，2 座，并联，外形尺寸为 5.4m×8.1m×6.0m，容积负荷为 3.36～4.96kgCOD/（m³·d），总 HRT 为 30h。每座池下半部悬挂 1m 高的生物组合填料（44m³），上半部安装 4 套玻璃钢制的三相分离器。

⑤ 沉淀池。该池与 UBF 池为组合池（为 UBF 池的出水沉淀区），1 座，外形尺寸为 1.5m×8.1m×6.0m，HRT 为 3.0h。取污泥回流比 $R=0.5$，安装 2

台排污泵（1 用 1 备），以实现厌氧污泥的回流。

⑥ CASS 生化池。采用钢混结构，2 座，并联，总 HRT 为 17.5h。单池尺寸为 7.3m×3.9m×6.0m，总体容积负荷为 1.03～1.10kgCOD/(m³·d)，$V_{生物选择区}:V_{预反应区}:V_{主反应区}=10:20:70$，池内安装 1 台旋转式滗水器。两池交替运行，单个周期处理水量为 100m³，历时 12.0h，其中：进水 7.5h→曝气9.5h（进水开始时就曝气）→沉淀 1.5h→滗水 1.0h。

⑦ 充氧曝气系统。采用鼓风曝气方式，取气水比为 36:1，选用 2 台罗茨鼓风机交替运转。每座 CASS 池的预、主反应区内均安装 50 套硅橡胶膜微孔曝气管，其动力效率可达 7.0kgO₂/(kW·h)，氧利用率为 29%。

⑧ OWQE 系统。该系统仅在出现事故排放时才应急启用，处理能力为100～150m³/h，配备 ClO_2 发生装置，且需定期清洗、更换过滤和吸附介质。

⑨ 污泥处理系统。污泥以含水率为 99.5% 计，总产量约 10m³/d，经厢式压滤机（1 台）脱水后，产生含水率为 75% 的泥饼 0.2t/d，最终将其外运填埋或作农用肥。

（4）工程处理效果与评价　该工程于 2003 年完成调试后，当地环境监测部门进行采样监测的分析结果见表 2-73。

表 2-73　采样监测的分析结果

指标	pH 值	色度/倍	COD/(mg/L)	BOD₅/(mg/L)	SS/(mg/L)
原水	6.1	380	6150	2583	937
预酸化出水	7.3	345	6227	3795	702
气浮出水	7.1	120	4483	4483	197
UBF 出水	7.0	52	876.0	876.0	110
CASS 出水	6.8	30	53.5	53.5	46.5
最终出水	6.8	30	53.5	53.5	46.5

注：预酸化池出水加碱调节 pH 值，监测时未启用 OWQE 系统。

① 对于高浓度中药提取废水采用气浮＋UBF＋CASS 工艺处理是可行的。实践表明，该工艺解决了中药废水处理中色度、COD 和 SS 去除的难题，各主要处理单元也达到了预期的设计功能和目标。

② 监测结果表明，该工艺对各污染物的去除率均可达到 90% 以上（BOD₅为 99.5%，COD 为 99.1%，SS 为 95.0%，色度为 92.1%），能确保出水水质符合《污水综合排放标准》（GB 8978—1996）中的一级标准。

③ 该套治理设施结构简单，操作简便（自动化程度较高），效果稳定，投资与运行费用也较低。该工程造价约为 145.0 万元，占地面积为 455m² 左右，每吨废水的运行费用约为 0.93 元（含人工费、电耗和药耗等）。

④ 该工程通过工艺和结构优化，在调节池中同时实现了初沉和预酸化的作用；经预酸化、UBF 的高效厌氧处理，废水的可生化性得以提高且降低了后续好氧处理的负荷；充分发挥了气浮＋UBF 工艺组合在脱除色度、SS 方面的优

势，解决了中药废水处理中色度、SS 的治理难题；采用 PLC 自控并设有故障报警系统，保障了运行的自动化和稳定可靠；为适应药品种类随市场的多变性，在流程末端还设置了 OWQE 系统作为出水水质的保证措施。

2.4.4.7　两相厌氧消化-好氧接触氧化工艺（哈尔滨某中药厂）

（1）工程概况　该厂的生产包括提取、喷粉、瓶洗和综合制剂 4 个车间，其废水中的污染物主要为在提取工段中药煎煮过程中溶解的有机物质，包括多糖类、油脂类、蛋白质类物质和残余乙醇。该厂综合排放废水的具体水质测定分析结果如下：COD 为 19251.0mg/L，BOD_5 为 3613.0mg/L，SS 为 417.8mg/L，总氮为 22.0mg/L，总磷为 16.0mg/L，油为 8.04mg/L，pH 值为 4~7。

从以上水质成分来看，该厂排版的废水属于不易生物降解的高浓度有机废水。该厂废水处理站分二期建设，工程总处理废水量设计为 1500m³/d，首期处理废水量设计为 750m³/d。该处理系统采用被推崇为代表今后厌氧技术发展主要方向的分步多段厌氧的两相厌氧工艺，处理后废水达国家《污水综合排放标准》（GB 8978—1996）一级标准中的相关要求。

（2）废水处理工艺设计　该厂的生产提取工艺采用动态提取法、二级固液分离、一级超滤、离心过滤、灭菌冷却、低温真空浓缩、喷雾干燥等单元操作。乙醇提取废液中大部分乙醇经回收从而去除，但残留部分随废水排入污水处理系统；洗罐、洗储桶和冲洗地面等产生的有机废水也属于高浓度有机废水且间歇排放；粉针分装工段所产生的废水主要是洗瓶水，浓度较低、间歇排放；综合生产车间前处理提取液、洗罐及洗瓶等工序产生的废水多为中等浓度废水，其他如糖浆剂、蜜丸、酒剂等生产所产生的废水浓度不高、水量较少；此外，进入废水处理站的污水还有水处理车间离子交换树脂的酸碱液以及厂区的生活用污水等。

虽然废水中含有害物质很少，但浓度高、可生化性很差，废水处理的关键在于使难于降解的大分子有机物迅速转化成易于被后续微生物群降解的底物、提高废水的可生化性。采用厌氧发酵技术，既可以大幅度降低废水浓度，又可以提高废水的可生化性、减轻后续工艺的负荷，而两相厌氧生物处理工艺适合于处理易酸化的可溶性有机废水和复杂的大分子有机污染物，对难降解的有机污染物更为有效。经两相厌氧工艺处理后的出水中仍会有一定量的 BOD 存在，为了使废水经处理最终达标排放，故有必要增设常规的好氧生物处理（以高效的生物接触氧化技术为宜）等工艺。具体的工艺路线设计：①对高浓度的原废水进行沉淀、适当稀释、调整 pH 值等预处理；②将经过预处理后的废水进行生物处理，主要采取两相厌氧消化组合生物接触氧化法，即两相厌氧消化-好氧接触氧化工艺；③生物处理后再进行以过滤为主的后续处理，达标后排放；④预处理和生化处理过程产生的污泥，集中后脱水外运。废水处理的工艺流程如图 2-74 所示。

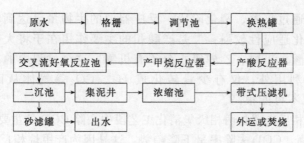

图 2-74 两相厌氧消化-好氧接触氧化工艺流程

（3）工程处理结果与评价 对废水处理前后的水质测定数据结果（表 2-74）证明，采用两相厌氧消化-好氧接触氧化工艺处理该厂可生化性差的高浓度有机废水是有效可靠的。

表 2-74 处理前后的水质测定数据

项目	COD /(mg/L)	BOD$_5$ /(mg/L)	SS /(mg/L)	总氮 /(mg/L)	总磷 /(mg/L)	油 /(mg/L)	pH 值
进水	1925	3613	417.8	22.0	16.0	8.04	4.7
出水	150.0	30.0	150.0	1.0	10.0	—	6.9

表 2-75 则为两相厌氧工艺阶段对高浓度中药有机废水中 COD 的去除情况，可见采用两相厌氧工艺处理高浓度中药有机废水，效果比较理想，若加之适宜的后续处理完全可以使废水达标排放。

表 2-75 两相厌氧工艺阶段对高浓度中药有机废水中 COD 的去除情况

流量 /(mg/L)	调节池 出水 COD /(mg/L)	产酸相 出水 COD /(mg/L)	去除率 /%	产甲烷相 出水 COD /(mg/L)	去除率 /%
0.3	8600	6610	23	390	95
	15600	12210	22	720	95
	21000	17210	18	2010	90
	12500	8200	34	600	95
0.38	19500	15600	20	2200	89

两相厌氧处理工艺针对高浓度难降解中药废水的水质、水量特征，通过产酸相和产甲烷相的协同作用，不但使废水的可生化性大大提高，而且去除了大部分有机物质，极大地降低了废水的浓度。产酸相对进水水质或负荷变化有较强的适应能力和缓冲作用，可有效降低运行条件变化对产甲烷菌的影响，两相的分离可显著改善传统工艺中因酸积累而导致的反应器"酸化"问题，因而可提高系统运行的稳定性。

① 产酸相反应器的 COD 去除率始终在 18%～34% 之间变动，与容积负荷之间无明显对应关系。在一定范围内，有机负荷的变化对产酸相的 COD 去除率影响不大。原因主要有两方面：一是产酸相微生物的生长速度较快、

世代周期短，通过培养、驯化阶段，反应器中的生物量已达到相当数量，对有机负荷的变化适应性较强；二是产酸相的主要作用在于将大分子有机物降解为乙酸、丙酸、丁酸、乙醇等小分子有机物，这个过程中的有机物除部分被微生物吸收利用外，仅有少量转化成 H_2、CO_2 等气体从而被去除，其 COD 去除率也不可能很高。

② 产甲烷相反应器是两相厌氧消化工艺段中去除 COD 的主要部分。随着其有机负荷的提高，COD 去除率呈下降趋势，这是因为产甲烷相反应器接受的产酸相反应器的出水中含有大量有机酸，负荷较高时，产甲烷相中的微生物不能对进入反应器中的所有有机酸进行迅速及时的转化，使之产生积累从而抑制了产甲烷相微生物的活性。如果有机负荷超过了产甲烷相的同化容量，就会因有机酸的大量积累而导致反应器的酸化。本工艺正常运行时，产甲烷相反应器出水的 pH 值为 6.5～7。

两相厌氧技术在处理中药废水中的工程应用，经过中试试验及取样分析，确定在常温、pH 值为 6.0 条件下进行两相厌氧处理可以取得较好效果，并且两相厌氧反应器具有稳定的高去除效率，其承受冲击负荷的能力明显高于普通厌氧装置。

2.4.4.8　水解酸化-UASB-好氧组合工艺（鲁南某制药公司）

(1) 工程概况　该公司的中药生产大都采用水提法，水提法的生产过程主要包括洗药、煮提和制剂三个步骤。因此，废水主要来自原料的洗涤水、原药煎汁残液和地表面的冲洗水。经成分分析，其生产废水中主要含有各种天然有机污染物，主要成分有糖类、苷类、蒽醌、木质素、生物碱、鞣质、蛋白质、色素及它们的水解产物。废水的水质、水量变化系数较大，其中，COD_{Cr} 最高可达 20000mg/L，BOD_5 最高可达 8000mg/L。采用常规的厌氧-好氧法等技术进行处理，效果不好，很难达标。

该公司中药生产废水处理工程的设计处理能力为：2000m^3/d，其污染物的含量和设计排放标准如表 2-76。

表 2-76　污染物含量和设计排放标准

污染物	COD_{Cr} /(mg/L)	BOD_5 /(mg/L)	SS /(mg/L)	NH_3-N /(mg/L)	TP /(mg/L)	pH 值
含量	5000～8000	2700～4300	310～550	21～60	10～15	6～7
排放标准	100	20	70	10	10	6～9

(2) 废水处理流程设计　在本工艺流程确定的过程中，需要考虑以下因素。

① 该废水含有机物多，成分复杂，浓度、色度高，同时对处理水的排放指标值规定严格；

② 该废水中有抑制微生物的物质，可生化性不佳；

③ 本工程要求工艺简单可靠，运行成本低廉。

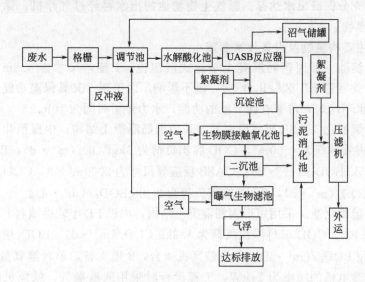

图 2-75　水解酸化-UASB-好氧组合工艺流程

由此采用图 2-75 所示的处理工艺流程。图 2-75 显示，废水通过格栅机进入调节池调节水质、水量，在絮凝剂的作用下，去除废水中的悬浮物和胶体物质等。经泵定量提升进入水解酸化池和 UASB 反应器，在厌氧微生物的作用下，将废水中的各种复杂有机物分解转化成小分子有机物和沼气等物质，剩余污泥回流进入水解酸化池。厌氧处理后的废水再进入生物膜接触氧化池，与附着在生物填料上的好氧微生物进一步作用从而去除剩余的有机物，出水经曝气生物滤池（BAF）再经过气浮机去除悬浮物后废水达标排放。调节池、水解酸化池、UASB 反应器、生物膜接触氧化池及沉淀池的剩余污泥通过污泥泵进入污泥消化池，加入絮凝剂后，经压滤机脱水处理后运走，滤液回流到调节池进行循环处理。具体过程分析如下。

① 废水流经细格栅机，有效去除了细小纤维素等不溶性悬浮物，同时考虑废水排放的不连续性和水质、水量变化大的特点，在细隔栅池的后面设置了一个调节池，以均衡水质、水量，便于后续工序的处理。

② 经上述处理后的废水进入水解酸化池和 UASB 反应器中，水解酸化（不完全厌氧过程）后挥发性有机酸（VFA）和 BOD_5/COD_{Cr} 值升高、pH 值降低；UASB 则采用了自行优化的反应器，设计中利用了水力自流作用，使废水进、出反应器时无需外加动力。

③ 该项工程中好氧处理采用生物膜接触氧化法＋曝气生物滤池（BAF），选用了供氧能力大、氧转移效率高的膜盘式曝气头进行间歇曝气；鼓风机的开启与

停止，均根据接触氧化池和曝气生物滤池中的 DO 浓度实行自动在线控制，取得了良好效果。

④ 为充分保证出水达标，曝气生物滤池的出水再经过气浮机，除去出水中的少量悬浮物。

（3）主要构筑物及设备技术参数

① 沉淀池。采用钢筋混凝土平流式沉淀池，1 座，尺寸为 4.5m×15m×5m；地下式（置于厂区绿化带下），既不影响厂区美观，又具保温功能，同时由于生产排水不均匀，可兼有调节池的功能；水力停留时间为 10h。

② 水解酸化-UASB 厌氧反应器。采用钢筋混凝土结构；中温消化；水解酸化反应器有效容积为 4000m³，COD 容积负荷为 5kgCOD/(m³·d)，BOD_5 容积负荷为 $2.5kgBOD_5/(m³·d)$；UASB 反应器尺寸为 2000m³×3，COD 容积负荷为 3.1kgCOD/(m³·d)，BOD_5 容积负荷为 $2.9kgBOD_5/(m³·d)$。

③ 接触氧化池。采用矩形钢筋混凝土结构，内设 PE 半软性填料，有效容积为 2000m³×2，COD 填料体积负荷为 1.8kg COD/(m³·d)，BOD_5 填料体积负荷为 $1.0kg BOD_5/(m³·d)$；采用鼓风机 4 台，3 用 1 备，单台溶氧量为 120kg O_2/h，配套电机的功率为 14kW，工程运行时采用间歇曝气，鼓风机的开启与停止均根据氧化池中废水的 DO 浓度自动在线控制。

④ 二沉池。采用斜管填料沉淀池，水力停留时间为 1.4h。

（4）工程处理效果与评价 工程经 7 个月调试后，当地环境监测部门对工程出水进行监测，平均结果为：COD_{Cr} = 77.1mg/L，BOD_5 = 13.7mg/L，SS=10.8mg/L，pH 值为 7.11，色度＝7 倍。

废水处理站工程总投资为 659 万元，其中：土建构筑物 360 万元，设备 271 万元，安装人工费 28 万元。经估算运行费用约 0.61 元/m³ 废水，因而达到了预期的设计功能和目标。

2.5 混装制剂类制药废水处理

任何一种药物都必须以适宜于患者使用的有效、安全、稳定的给药形式（即剂型）予以应用，并且每种药物制成多种剂型的制剂产品才能更好、更大程度地满足临床使用的要求。混装制剂类制药是指采取不同的物理工艺途径，将各类原料药与一定的辅料通过混合、加工等技术制造各种药物制剂的生产过程。混装制剂类制药的剂型类别如图 2-76 所示。

药物制剂研发和生产水平在制药工业中具有举足轻重的地位。尽管化学原料药是我国当前医药产业的主体，但随着我国医药产业链的升级，大多数药企开始转变生产模式，向附加值更高的制剂生产领域倾斜。由此，混装制剂类生产废水的处理将逐渐成为制药业环保问题的重要课题。

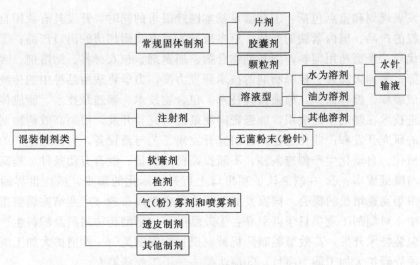

图 2-76　混装制剂类制药的剂型分类

2.5.1　混装制剂类制药生产概况

目前，中国作为化学原料药生产和出口的第一大国，其地位已经确立，并且也已成为仅次于美国的世界第二大医药市场。虽是名副其实的制药大国，但绝非制药强国。原料仿制药本身利润率较低或没有利润，效益一般通过药物制剂来体现；而我国的制剂产品大多由于没有与国际接轨，没有知识产权，不能进入国际市场，低水平重复现象严重，竞争力很低。具体表现在：①制剂研发和生产加工技术较落后——部分原辅材料的质量不过关；②制剂品种少——发达国家 1 个原料药有 10 种以上制剂，我国 1 个原料药一般仅有 2～3 种制剂；③制剂的附加值低——发达国家药物制剂的附加值为原料药的 10 倍左右，印度为 5 倍以上，而我国只有 3 倍。故加快我国医药产业的结构调整和转型升级，以及提高我国的制剂产品质量和制剂产业水平至关重要。

2010 年我国药品制剂的企业数量为 997 家，到 2014 年达到 1132 家，2010～2014 年平均复合增长率为 3.2%。智研数据中心采用历年药品制剂工业的产值数据，通过模型筛选后，预测 2015～2020 年药品制剂的产值将保持高速增长趋势，2020 年达到 11590 亿元，平均复合增长率高达 9.0%。我国现在能生产 34 个剂型、4000 余种制剂，而 95% 以上的化学药品制剂都是仿制专利过期的品牌药，但在我国经济增长趋势和日益完善的医疗保障体系支持下，低价且疗效好的制剂品种将继续成为我国市场的主流需求；化学药品制剂行业最先受益，具有产品研发和规模优势的企业将强者恒强。此外，国内已经有多家制药企业的制剂生产线通过了美国和欧盟的 GMP 认证，具备向这些高端市场输出制剂产品的资格，显示出良好的发展前景。

制剂工业较为环保，更加符合我国医药产业未来发展的方向。国家对制剂工业的发展规划和重点包括：①在满足基本医疗需求的同时，开发具有我国自主知识产权的产品、国内紧缺的产品，更多地开发具有高附加值的出口产品；②重点发展优质、新型药用辅料，如新型黏合剂、崩解剂、包衣材料、助溶剂、表面活性剂等；③加大缓释、控释制剂的技术开发力度，力争将适用品种中的传统制剂改造成缓释、控释制剂，加强微囊技术、包合物技术、渗透泵技术、脂质体技术等先进技术在制剂中的应用，加强靶向制剂的研究与开发，增加高效药物制剂新品种的研究开发和产业化进程；④研究开发新工艺与新设备，为制剂生产的进一步机械化、自动化生产创造条件，不断提高药品质量、改善劳动条件、提高生产效率与降低成本；⑤在制剂认证和出口上迈开国际化的脚步，抓住世界通用名药物市场高速增长的机会。国家发展改革委员会在颁布的《产业结构调整指导目录》中，对制剂工业项目予以引导：①鼓励类——新型药物制剂及辅料生产，输液软包装技术开发，高效节能制药机械制造；②限制类——片剂扩大加工能力项目，硬胶囊扩大加工能力项目；③淘汰类——手工胶囊填充。

2.5.2　混装制剂类制药废水的特性

在我国制药工业水污染物排放标准中，混装制剂类制药分为固体制剂类、注射剂类和其他制剂类三个类别；其他制剂类指除固体制剂类和注射剂类以外的所有制剂产品，包括软膏剂、栓剂等；口服液、中药糖浆等液体制剂归入中药类。各类制剂因生产工艺不同而导致其水污染物的性质、组成、产生量有所区别。

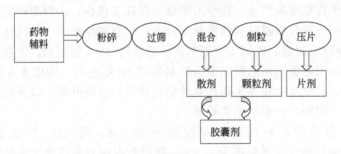

图 2-77　固体制剂的生产工艺流程

2.5.2.1　固体制剂类制药废水

固体制剂类包括片剂、胶囊剂、颗粒剂等剂型，其生产工艺流程如图 2-77 所示。

片剂是应用广泛、产量最大的重要剂型之一。国内现多采用制粒压片技术制备片剂，主要的单元操作包括粉碎、过筛、混合、制粒、干燥、压片、包衣和包装等。此外还有直接压片工艺。

颗粒剂生产的主要流程与片剂制粒压片前的各个工序相同，之后再分剂量包装即完成颗粒剂的整个生产过程。

胶囊剂有硬胶囊剂与软胶囊剂之分，是指药物填充于空的硬胶囊或具有弹性的软胶囊中所制成的固体制剂；填充的药物可为粉末、液体或半固体。

硬胶囊剂的制备过程可分为空胶囊制备和药物填充两个步骤。软胶囊剂又称胶丸剂，生产过程中的填充药物与软胶囊成型同时完成；囊材主要由胶料、增塑剂、附加剂和水等四类物质组成，最常用的胶料是明胶。软胶囊剂的制备方法分为滴制法和压制法：滴制法工艺适用于油状药物制备软胶囊，其生产过程是利用滴制机头使明胶液与油状药物按不同速度喷出，明胶液将定量的油状药物包裹后，滴入不相混溶的液体冷却剂中凝固从而形成软胶囊剂；压制法的生产过程包括囊材消毒、过滤、配制囊材胶液、制软胶片、压制等工序。

(1) 固体制剂类制药废水的产生点源 从固体制剂类的生产过程可以看出，固体制剂类制药废水的产生点源较简单，其生产废水主要来自以下三个方面。

① 包装容器的清洗废水。对药物制剂的包装容器必须进行深度清洗，此部分清洗废水中的污染物浓度很低。

② 生产设备的清洗废水。每次批生产后，对各工序使用的设备进行清洗，产生的废水含 COD 较高，但产生量不大。可将第一遍清洗后的高浓度废水集中后单独处理。

③ 厂房地面的清洗废水。定期清洗厂房地面工作环境所产生的废水，其污染物浓度低，主要污染指标为 COD、SS 等。

(2) 固体制剂类制药废水特点 固体制剂类制药废水的产生点源较为简单，废水中污染物浓度相对较低、成分也不复杂。此类制药废水属中低浓度有机废水。对国内固体制剂类制药企业的有关调查结果显示，水污染物主要有 pH、COD、BOD_5、SS 等，单位产品的废水产生量为 0.35~8.79t/万片或万粒。其中，COD 浓度范围为 68.1~1480mg/L，多数在 500mg/L 以下；BOD 浓度范围为 36.95~660mg/L，多数在 300mg/L 以下；SS 浓度范围为 68~700mg/L，多数在 300mg/L 以下。

2.5.2.2 注射剂类制药废水

注射剂是指专供注入人体内的一种制剂，按照药物的分散方式可分为溶液型注射剂、乳剂型注射剂、混悬型注射剂以及临用前配成液体使用的注射用无菌粉针剂等。其中，溶液型注射剂的溶剂为注射用水、注射用油以及乙醇、甘油等其他注射用溶剂，而水溶液型注射剂的应用最广泛、生产量最大（按装量小于或大于 50mL 又分为水针和输液）；注射用无菌粉针剂按照制备工艺分为无菌分装粉针剂和冻干粉针剂。

水针剂的生产工艺流程如图 2-78 所示。其生产过程包括原辅料的准备、容器的处理、配制、过滤、灌封、灭菌检漏等。主要污染源是注射用水制备过程中产生的酸碱废水，安瓿、设备清洗过程中产生的清洗废水，以及灭菌检漏工序段排出的灭菌检漏用废水。

输液的生产工艺流程如图 2-79 所示。输液的生产过程包括原辅料的准备、浓配、稀配、瓶外洗、粗洗、精洗、灌封、灭菌、检验等。主要污染源是纯化水和注射用水制备过程中产生的酸碱废水，以及输液瓶、胶塞、隔离膜等清洗过程中产生的清洗废水。

输液容器的清洗一般有直接水洗、酸洗、碱洗三种方法，最后用注射用水洗净。天然胶塞经酸和碱处理后，用饮用水洗至洗液呈中性，在纯化水中煮沸，再用流动注射用水清洗。隔离膜先用药用乙醇浸泡或放入蒸馏水中煮沸，再用注射用水动态漂洗。

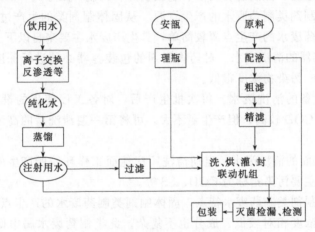

图 2-78　水针剂生产工艺流程

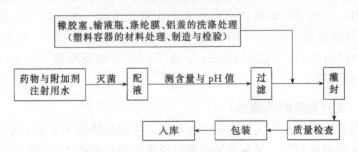

图 2-79　输液生产工艺流程

冻干粉针剂指用冷冻干燥法制得的注射用无菌粉末。冻干粉针剂的生产工序包括洗瓶及灭菌干燥、胶塞处理及灭菌、铝盖洗涤及灭菌、原辅料称量、配液、过滤、分装加半塞、冻干、压盖、检验包装等。主要污染源为纯化水和注射用水制备过程中产生的酸碱废水，以及玻璃瓶、胶塞和铝盖的清洗废水。

分装好药液的安瓿或西林瓶 → 预冻 → 升华干燥 → 再干燥

图 2-80　冷冻干燥流程

冷冻干燥是将需要干燥的药物溶液先冻结成固体，然后在低温、低压条件下从冻结状态不经过液态而直接升华去除水分的一种干燥方法。冷冻干燥流程如图 2-80 所示，而在冷冻干燥前的生产工序与水针剂的基本相同。

无菌分装粉针剂指在无菌条件下将符合要求的药粉通过无菌工艺操作制备的非最终灭菌的无菌注射剂。无菌分装粉针剂的生产工艺流程如图 2-81 所示。其生产过程包括原材料的擦洗消毒、瓶粗洗和精洗、灭菌干燥、分装、压盖、检验包装等步骤。主要污染源为纯化水和注射用水制备过程中产生的酸碱废水，以及玻璃瓶和胶塞的清洗废水。

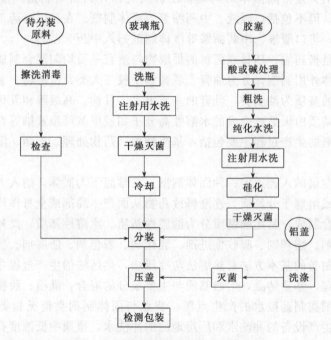

图 2-81　无菌分装粉针剂生产工艺流程

粉针剂玻璃瓶经过粗洗后用注射用水冲洗并干燥灭菌。胶塞用稀盐酸煮洗、纯化水冲洗、注射用水漂洗，洗净的胶塞用硅油硅化并进行干燥灭菌。

（1）注射剂类制药废水的产生点源　从注射剂类的生产过程可以看出，注射剂类制药废水的产生点源同样并不复杂，主要来自纯化水和注射用水制备过程中产生的酸碱废水、包装容器的洗涤水以及生产设备和厂房地面的冲洗水等。

不过，注射剂类制药废水大量来自洗瓶水，这部分废水量约占全部用水量的 50%以上，这是对注射剂类药品容器（安瓿、输液瓶、西林瓶等）的严格洗涤要求所决定的。

用于注射剂类生产中的这类洗涤用水的水质相当高，故其产生的废水水质（电导率为 $50\sim80\mu S/cm$，而自来水的电导率高达 $300\mu S/cm$）也较好，应考虑合理回用。

（2）注射剂类制药废水的特点　注射剂类制药的生产废水同样属中低浓度有机废水。相关调查结果显示，此类制药废水中的污染物主要有 pH、COD、BOD$_5$、SS 等，其中 COD 浓度范围为 63.27～300mg/L，BOD 浓度范围为 30～80mg/L，SS 浓度范围为 51～85mg/L。单位产品废水产生量为：水针制剂 0.3825～20.9t/万支，粉针制剂 2.5～6.27t/万瓶，输液 10～20t/万瓶。

2.5.2.3　其他制剂类制药废水

其他制剂类是指除固体制剂类和注射剂类以外的所有制剂产品，包括软膏剂、栓剂等，但不包括口服液、中药糖浆等液体制剂。在我国制药工业水污染物排放标准中，将口服液、中药糖浆等液体制剂归入中药类范畴。

软膏剂是指药物、药材或药材的提取物与适宜基质均匀混合制成的具有适当稠度的半固体外用制剂，分为油膏、乳膏和凝胶三大类，由药物、基质和附加剂组成。油膏的基质为油脂类，乳膏的基质由水、甘油、高级醇和乳化剂等乳化而成，凝胶的基质由天然或合成的水溶性高分子如羧甲基纤维素钠等在水中溶解后形成。软膏剂的生产过程主要包括：基质处理、药物处理、配制、灌装、封口包装等。

栓剂是专供纳入腔道的一种固体剂型，在常温下为固体，纳入人体腔道后迅速软化熔融或溶解于分泌液，逐渐释放药物从而产生局部或全身作用。栓剂由药物和基质混合制成，常用的基质分为油脂性基质、水溶性基质；此外根据需要还可加入硬化剂、增稠剂、吸收促进剂、乳化剂、着色剂、防腐剂、抗氧化剂等附加剂。栓剂制备的基本方法有热熔法与冷压法，热熔法的生产过程主要包括：药物成分的处理、基质熔融，熔融基质与主要成分的混合，灌模、脱模等。

其他制剂类制药废水的产生点源、特点与固体制剂类情况相类似且差别不大，主要为生产设备的冲洗水和厂房地面的冲洗水，也属中低浓度有机废水。

2.5.3　混装制剂类制药废水处理工艺设计

以上分析表明，混装制剂类制药废水的污染物成分相对较简单，属于中低浓度有机废水。因此，混装制剂类制药废水一般经预处理后，采用好氧生物技术如活性污泥法、接触氧化法、SBR 等成熟工艺处理即可达标排放。

国内一些固体制剂类、注射剂类制药企业的废水处理情况如表 2-77 所示。

表 2-77　固体制剂类、注射剂类制药企业的废水处理情况

生产企业	废水类别	处理工艺流程	处理效果（除 pH 值外）/(mg/L)	运行费用
上海某药企 1	固体制剂类	工业废水→集水井Ⅰ→调节池Ⅰ→污混浓缩池→污泥反应池→集水井Ⅱ→调节池Ⅱ→水解池→曝气池→二沉池→排放	COD 40，BOD 5，SS 30，pH 值 6.5，氨氮 3	1.9 元/m³

续表

生产企业	废水类别	处理工艺流程	处理效果 (除 pH 值外)/(mg/L)	运行费用
上海某药企2	固体制剂类	工业废水→格栅→调节池→计量装置→接触氧化池→二沉池→排放池→排入市政管道网	COD 79.15,BOD 20.3,氨氮 0.895	
某制药公司1	固体制剂类	生产及生活废水→格栅/进水井→预沉池→调节池→SBR→流量计、在线监测排放	COD 72mg/L	3.2 元/m³
广州某药企1	固体制剂类	污水→机械格栅→调节均化池→污水提升泵→一级接触氧化池→二级接触氧化池→二沉池→砂滤池→规范化排放	COD 23.3,BOD 14.2,SS 15,氨氮 1.24,磷酸盐 0.070,pH 值 6.8	0.41 元/m³
某集团制药厂	固体制剂类	厂区污水→除油窖井→固液分离机→调节池→斜板沉淀池→生物氧化→WSZ 型污水处理设备→市政排水管网	COD 67,SS 63,pH 值 7.0	0.7 元/m³
天津某药企1	固体制剂类	生产、生活污水→集水井→调节池→曝气池→沉淀池→市政管道排水	COD$_{Cr}$＜160mg/L,SS＜70mg/L	3.56 元/m³
某制药公司2	固体制剂类	生产、生活污水→一体化污水处理装置(二段生物接触氧化法)→排放入河	COD 56,BOD 20.5,SS 50,pH 值 6~8	8.8 元/m³
哈尔滨某药企	固体制剂类	生产、生活污水→水解酸化调节池	COD 75.6,BOD 20.5,SS 25.3,pH 值 6~8	1.2 元/m³
河北某药企1	固体制剂类	生产、生活污水→化粪池→排放至污水处理厂		
上海某药企3	注射剂类	生产及生活废水→集井水→初沉调节池→PAC→SBR 反应池→排放	SS 24.67,COD 35.5,BOD 3.64,氨氮 0.11,pH 值 7.2	10 元/m³
吉林某药企	注射剂类	生产及生活废水→调节池→SBR 反应池→排放	COD 68.5,BOD 26.7,SS 21,pH 值 7.2	2.61 元/m³
武汉某药企	注射剂类	生产废水→格栅→调节池→中和池→曝气池→接触氧化池→焦炭吸附层→排放	COD 63,BOD 18.8,SS 63,pH 值 7.45	0.8 元/m³
石家庄某药企	注射剂类	厂区生活污水进化粪池处理后与生产废水一起外排入河	COD 70,BOD 17.8,SS 76,pH 值 7.83	

从表 2-77 中可以看出，目前国内混装制剂类制药企业废水处理有两种模式：①各种废水经收集后进入企业的集中废水处理设施，经过一系列预处理、生化处理设施处理后直接排入河道、湖泊等水体中；②企业经过简单的调节中和、沉淀工序预处理，然后排入城市污水处理厂和工业废水处理厂进行二级处理。

如表 2-78 所示，对混装制剂类制药废水采用不同的处理工艺则达到不同的处理效果和水平。

表 2-78　混装制剂类制药废水采用不同工艺处理效果比较

处理工艺及方法		适用条件	处理效果
物化法	简单沉淀物化法		COD＜500mg/L,能达到《污水综合排放标准》(GB 8978—1996)的三级排放标准
	高效气浮物化法		COD＜150mg/L,能达到《污水综合排放标准》(GB 8978—1996)的三级排放标准
好氧生物法	活性污泥法	中低浓度有机废水,且抑制性物质的浓度不能太高;进水必须稳定	COD＜100mg/L,均能达到并优于《污水综合排放标准》(GB 8978—1996)的一级排放标准
	生物接触氧化法	可生化性较好的制药废水(BOD$_5$/COD＞1/3)	
	水解酸化＋生物接触氧化法	难生物降解的制药废水(BOD$_5$/COD＜1/3)	
	SBR 法	小水量、间歇排放的制药废水	

因此,应结合企业自身的实际情况及出水排放要求等加以考虑,选用适合本企业废水特点并经济实用的处理技术。

2.5.4　混装制剂类制药废水处理工程实例分析

2.5.4.1　活性污泥法(天津某制药有限公司)

(1)废水处理工艺流程　混装制剂类制药废水的处理工艺流程如图 2-82 所示。

图 2-82　活性污泥法 (天津某制药有限公司)

(2)主要工艺段技术参数　主要工艺段的技术参数见表 2-79。

表 2-79　主要工艺段技术参数

项目	技术参数	备注
曝气池	HRT＝8h;BOD 容积负荷为 2kg/(m³·d);水力负荷为 2m³/(m²·h)	污泥驯化需要一定时间

(3)处理效率　活性污泥法对废水的处理效率见表 2-80。

表 2-80　活性污泥法对废水的处理效率

项目	COD/(mg/L)	BOD$_5$/(mg/L)	SS/(mg/L)	pH 值
进水水质	373	176	78	6～9
出水水质	＜37.4	＜11.2	＜25	6～9
去除效率	＞90%	＞93.6%	＞68%	6～9

(4)结论与分析　活性污泥法是废水的生物处理中使用最广泛的一种方法。

该法对中低浓度有机废水的处理效率高，并要求进水稳定。天津某制药厂采用该工艺处理制药废水，处理设施运行稳定，处理后出水水质可达到并优于《污水综合排放标准》(GB 8978—1996)的一级排放标准。该工程的处理规模为 500t/d，处理设施投资为 200 万元，运行费用为 3.56 元/t 污水。

2.5.4.2　生物接触氧化法（江西某药业公司）

（1）废水处理工艺流程　废水的处理工艺流程如图 2-83 所示。

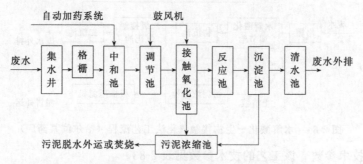

图 2-83　生物接触氧化法工艺流程（江西某药业公司）

（2）技术参数　该工艺的技术参数见表 2-81。

表 2-81　技术参数

项目	技术参数	备注
生物接触氧化池	HRT＝8.29h；BOD 容积负荷为 2.5kg/(m³·d)；平面尺寸为 5.2m×5m×5m；有效容积为 130m³	内置填料，填充率为 81.6%；20d 自然挂膜成功
反应沉淀池	加药反应时间为 30min；沉淀池水力停留时间为 2.16h	

（3）处理效率　生物接触氧化法对废水的处理效率见表 2-82。

表 2-82　生物接触氧化法对废水的处理效率

项目	COD/(mg/L)	BOD₅/(mg/L)	SS/(mg/L)	pH 值
进水水质	1500	800	120	6～9
出水水质	＜82	＜20	＜45	6～9
去除效率	＞94.5%	＞97.5%	＞62.5%	6～9

（4）结论与分析　由于该废水的 BOD_5/COD 约为 0.53，可生化性较好，故采用接触氧化法的处理工艺对废水进行治理。

生物接触氧化法兼有生物膜法和活性污泥法的功能，有较高的容积负荷且对进水有机负荷的变动适应性较强，有机物净化效率高。另外，沉淀池前增设一加药反应池，可进一步强化悬浮物的去除效果。

该工程的处理规模为 400t/d，工程占地面积约 200m²，处理每吨废水的运行成本约为 0.5 元（其中包括电费 0.45 元，药剂费 0.023 元，管理费 0.01 元等），且每年可减少 COD 的排放量约为 197t。该处理系统运行稳定，处理后的出水水质可达到并优于《污水综合排放标准》（GB 8978—1996）的一级排放标准。

2.5.4.3 水解酸化＋生物接触氧化法（哈尔滨某药厂）

（1）废水处理工艺流程　废水处理的工艺流程如图 2-84 所示。

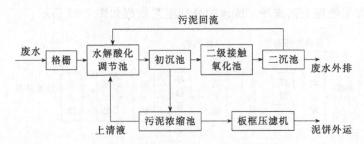

图 2-84　水解酸化＋生物接触氧化法工艺流程（哈尔滨某药厂）

（2）技术参数　该工艺的技术参数见表 2-83。

表 2-83　技术参数

项目	技术参数	备注
水解酸化池	HRT＝10h；填料层高 3m	内置柔性纤维填料
生物接触氧化池	HRT＝8h；BOD 容积负荷为 2kg/(m³·d)；曝气气水比为 15∶1；水力负荷为 2m³/(m²·h)	内置蜂窝斜管填料

（3）处理效率　该工艺对废水的处理效率见表 2-84。

表 2-84　处理效率

项目	COD/(mg/L)	BOD$_5$/(mg/L)	SS/(mg/L)	pH 值
进水水质	1000	300	650	6～9
出水水质	＜76	＜16	＜65	6～9
去除效率	＞92.4%	＞94.7%	＞90%	6～9

（4）结论与分析　该工艺的技术重点主要是水解酸化和生物接触氧化两部分。水解酸化法处理废水是近年来出现的一种新的废水处理工艺，它不仅能改进废水的可生化性，同时还可去除一定的有机负荷。

此工艺目前较成熟地应用于中低浓度的废水处理中（COD$_{Cr}$＜1000mg/L），因此，也常应用于混装制剂类制药工业的废水处理。其工作原理主要是通过水解——产酸细菌将废水中的不溶性有机物水解为溶解性有机物，将难生物降解的大分子物质分解成易生物降解的小分子有机物，进一步提高废水的可生化性指标，同时还有去除生物抑制物质的作用。

经过水解酸化工艺预处理后，可提高废水在生物接触氧化池内的处理效率。采用水解酸化＋生物接触氧化法工艺处理制药废水，处理后出水水质可达到并优于《污水综合排放标准》（GB 8978—1996）的一级排放标准。

2.5.4.4　气浮＋过滤物化法（河北某制剂集团公司）

（1）废水处理工艺流程　废水处理的工艺流程如图 2-85 所示。

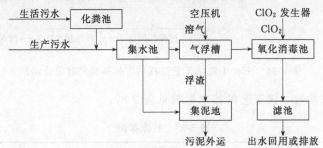

图 2-85　气浮＋过滤物化法工艺流程（河北某制剂集团公司）

（2）技术参数　该工艺的技术参数见表 2-85。

表 2-85　技术参数

项目	技术参数	备注
气浮池	平面尺寸为 $\phi2m\times0.85m$，有效容积为 $1.9m^3$，池深为 600mm	配备溶药罐、加药泵、空压机等配套设备
氧化消毒池	HRT＝36min	配备 ClO_2 发生器、水射等配套设备
滤池	尺寸为 $\phi1m\times4m$，有效容积为 $3.1m^3$	滤层厚度为 2m，采用无烟煤滤料，填料直径为 $2\sim3mm$

（3）处理效率　该工艺对废水的处理效率见表 2-86。

表 2-86　处理效率

项目	COD/(mg/L)	BOD_5/(mg/L)	SS/(mg/L)	pH 值
进水水质	800	—	300	6～9
出水水质	＜150	—	＜30	6～9
去除效率	＞81.2%	—	＞94.7%	6～9

（4）结论与分析　采用该工艺的废水经过先期沉淀和加药气浮，COD 去除率在 50% 以上。气浮出水进入氧化消毒池，ClO_2 氧化法是利用 ClO_2 具有高效氧化、消毒以及漂白的功能，可以氧化分解水中的难降解有机污染物，从而达到净化水质的目的，此段的 COD 去除率在 50% 以上。出水再通过一级加压过滤工序深度处理后排放。

由于该工艺属物化法，对废水中的悬浮物去除率较高，但对 COD 的去除效果一般。采用该工艺处理制药废水，处理后出水水质只能达到《污水综合排放标准》（GB 8978—1996）的二级排放标准，即 COD 指标值＜150mg/L。

该工程的处理规模为 160t/d，处理设施投资为 30.1 万元，运行费用为 1.77 元/t 污水，全厂 COD 的日排放量能减少 42.2t。

2.5.4.5 SBR生物法（吉林某制药有限公司）

（1）废水处理工艺流程　废水处理的工艺流程如图2-86所示。

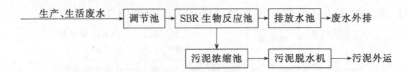

图2-86　SBR生物法工艺流程（吉林某制药有限公司）

（2）技术参数　该工艺的技术参数见表2-87。

表2-87　技术参数

项目	技术参数	备注
SBR生物反应池	BOD-SS负荷(kgBOD/kgSS·d)为0.03～0.4； MLSS(mg/L)为1500～5000；水深为4～6m；HRT=12h	

（3）处理效率　该工艺对废水的处理效率见表2-88。

表2-88　处理效率

项目	COD/(mg/L)	BOD₅/(mg/L)	SS/(mg/L)	pH值
进水水质	177.46	73.87	58.91	7～8
出水水质	<68.5	<26.7	<21	6～9
去除效率	>61.4%	>63.9%	>64.4%	6～9

2.5.4.6 ABR-生物接触氧化工艺（广州某制药有限公司）

（1）工程概况　该公司专门从事肠外营养制剂的生产，主要产品为中/长链脂肪乳注射液和氨基酸等。产生的废水来自设备清洗、反应锅清洗及瓶罐冲洗等过程，主要包括含脂肪乳、氨基酸的生产废水以及反渗透膜（RO）产生的废水等，其中RO产生的废水直接排放。

其废水的主要特点是：有机物含量高，含有一定量的悬浮物，废水量小、有较大的波动性，废水温度为20～35℃，废水生化性较好。从经济效益、环境效益和社会效益相结合的观点出发，采用了气浮＋ABR＋生物接触氧化的组合工艺。

本工程的设计处理水量为20m³/d。设计出水水质见表2-89。

表2-89　设计出水水质

项目	pH	COD_Cr/(mg/L)	BOD₅/(mg/L)	SS/(mg/L)
进水水质	6.0～8.5	700	250	500
出水水质	6.0～9.0	≤90	≤20	≤60

（2）废水处理工艺流程　废水的处理工艺流程如图2-87所示。

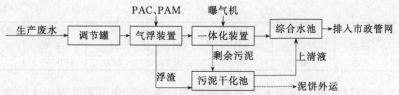

图 2-87　ABR-生物接触氧化工艺流程（广州某制药有限公司）

如图 2-87 所示，生产废水由管道收集进入调节罐，均质、均量后由泵提升至气浮装置，同时投加混凝剂，经絮凝气浮、固液分离的上清液出水进入一体化装置。一体化装置主要由厌氧区、好氧区、沉淀区和过滤区组成。废水先进入 ABR 反应区，水中的一部分有机物被降解为无机小分子物质，出水自流进生物接触氧化区进行好氧处理，通过曝气充氧，水中的有机物被好氧微生物吸附、氧化、分解。好氧处理出水自流进沉淀区进行泥水分离，最后经过滤区过滤后，出水排入综合池，与 RO 产生的水一起排放到市政管网。

气浮装置的浮渣储存到浮渣桶，定期外运处理；一体化装置产生的污泥利用重力排到污泥干化池中，污泥干化后定期清理、外运处置。

（3）构筑物及设备

① 主要构筑物见表 2-90。

表 2-90　主要构筑物

名称	规格	数量	备注
污泥干化池	3.0m×1.5m×1.2m	1 座	砖混
调节罐	3.0m×2.0m×2.5m	1 座	钢结构

② 主要设备见表 2-91。

表 2-91　主要设备

名称	规格型号	技术参数	数量	备注
气浮装置	QF-1	$Q=1m^3/h$，$N=1.5kW$	1 套	含浮渣桶、溶气装置、刮渣机等
污水提升泵	IFZX25-8	$Q=2.3m^3/h$，$H=9m$，$N=0.25kW$	2 台	1 用 1 备
一体化设备	3.5m×3.0m×4.5m	$Q=1m^3/h$，$N=2.2kW$	1 套	含填料、滤料、潜水、曝气机等
加药装置	PT-120L	$N=0.25kW$	2 套	含加药桶、搅拌机和计量泵

（4）运行效果　该系统于 2007 年 10 月设备安装完工后经过调试，自 2007 年 11 月正常运行。系统进、出水主要指标的监测结果见表 2-92。

表 2-92　主要指标监测结果

项目		1 组	2 组	3 组	4 组	平均值	去除率/%
pH 值	进水	8.0	8.1	8.2	8.43	8.18	
	出水	7.0	7.04	7.07	7.08	7.05	
COD_{Cr} /(mg/L)	进水	457	578	601	591	556.75	89.94
	出水	78	49	54	43	56	

项目		1组	2组	3组	4组	平均值	去除率/%
SS/	进水	341	408	411	513	418.25	90.55
(mg/L)	出水	46	39	36	37	39.5	

（5）结论与分析　由以上监测数据可知，整个组合工艺处理废水的去除率分别为：COD_{Cr}89.94%，SS 90.55%。该系统处理效果达标，运行稳定，操作方便。本处理工程总投资为 30 万元，运行费用（不含设备折旧费）为 3.65 元/m^3 废水，其中电费为 2.91 元/m^3 废水，药剂费 0.74 元/m^3 废水。设计中小型工厂污水处理站时应加强自动化控制程度，以减少因人工操作不当而造成的废水处理站处理效果不稳定的情况。

2.5.5　药用辅料生产废水处理

药用辅料是指生产药物制剂时使用的赋形剂和附加剂，是除活性成分以外，在安全性方面已进行了合理评估，且包含在药物制剂中的物质。"没有辅料就没有制剂"，药用辅料是药物制剂形成的重要组成部分，而且与提高药物疗效、降低不良反应有很大的关系，其质量可靠性和多样性是保证剂型和制剂先进性的基础。

药用辅料主要用于化学药物制剂、生物制品和中成药等制剂产品。按作用和用途可分为溶剂、基质、抛射剂、增溶剂、助溶剂、润湿剂、保湿剂、絮凝剂与反絮凝剂、助悬剂、乳化剂、芳香矫味剂、防腐剂、着色剂、填充剂、黏合剂、崩解剂、润滑剂、包衣材料、pH 值调节剂、渗透压调节剂、螯合剂、缓冲剂、增塑剂、渗透促进剂、增稠剂、稀释剂、吸收剂、表面活性剂、稳定剂、包合剂、载体材料、释放阻滞剂等；按来源可分为天然、半合成和全合成药用辅料。国外药用辅料占制剂产值的 10%～20%；国内药用辅料整体水平较低，在制剂中的占比一般认为为 3%～5%。

药用辅料的生产废水主要为真空系统废水、洗涤废水、地面和设备冲洗废水、纯水制备设备反冲废水等，生活污水经化粪池处理后和生产废水一起进入厂区的污水处理站。

这里以浙江中维药业有限公司废水处理工程为例予以简要说明。该公司占地 100 亩（1 亩＝666.667m^2），建筑面积为 54088m^2，主要从事新型药用辅料的生产。厂区内建有五个生产车间：纤维素车间（一分厂），高纯乙酰丙酮车间（二分厂），淀粉车间、树脂车间和综合车间。年产 6000t 药用辅料，项目于 2004 年 6 月开工建设，其中 6 种产品（预胶化淀粉、羧甲基淀粉钠、羟丙甲纤维素、聚丙烯酸树脂Ⅱ号、Ⅲ号和Ⅳ号）合计年生产能力为 4300t，所有 14 种产品已全部投产并正常运行。该公司的药用辅料项目合计总投资为 13000 万元，其中环保投入 756 万元，占总投资的 5.82%。

　　该公司于 2004 年 10 月设计建造了 720t/d 的污水处理站，采用厌氧-好氧-物化处理工艺；2007 年 4 月设计建造了 1000t/d 的污水处理站，采用厌氧-兼氧-好氧处理工艺。上述 2 套污水处理装置为并联设计，厂区废水总排口为 1 个。

　　监测期间该公司的废水排放情况为：真空系统废水 164t/d，洗涤废水 778t/d，设备地面清洗废水 61t/d，软水反冲废水 0.027t/d 及生活污水 48t/d；由于生产废水中盐分含量较高，采用稀释的办法，污水处理站稀释水量为 467t/d；上述废水分别经厂内 2 套污水处理装置处理后集中排入市政污水管网，送污水处理厂处理。

　　该公司 2 套污水处理站的设计处理能力合计为 1720t/d，废水总排放口废水 pH 值、SS、COD_{Cr}、BOD_5、氨氮、总磷的排放浓度均符合《污水综合排放标准》（GB 8978—1996）表 4 中的二级标准。监测期间污水站运行正常，实际处理污水约 1500t/d。

第3章
制药工业废气治理

3.1 制药行业废气污染防治政策

制药行业中废气主要来自锅炉废气、工艺废气和污水处理站产生的无组织排放的废气等。

按照国家《大气污染防治行动计划》的要求，位于禁燃区的制药企业的燃煤锅炉必须淘汰，取而代之的是安装燃气锅炉，减少二氧化硫、氮氧化物和烟尘等污染物的排放量，降低对大气环境的影响。

制药行业的工艺废气主要包括氯化氢等酸性气体、含尘气体和非甲烷总烃等挥发性有机物等。酸性气体可通过碱液吸收后排放；含尘气体，特别是在生产操作过程中产生的含有药物活性成分的废气应该捕集过滤后排放；挥发性有机气体，按照国家 2013 年 5 月 24 日实施的《挥发性有机物污染防治技术政策》，制药行业产生的挥发性有机物的污染防治应遵循源头和过程控制与末端治理相结合的综合防治原则进行处理。

在工业生产中采用清洁生产技术，严格控制含 VOCs 的原料与产品在生产和储运过程中排放 VOCs；鼓励对资源和能源的回收利用；鼓励在生产和生活中使用不含 VOCs 的替代产品或低 VOCs 含量的产品；鼓励符合环境标志产品技术要求的水基型、无有机溶剂型、低有机溶剂型的涂料、油墨和胶黏剂等的生产和销售；鼓励采用密闭一体化生产技术，并对生产过程中产生的废气分类收集后进行处理。

生产过程中产生的废溶剂宜密闭收集，有回收价值的废溶剂经处理后回用，其他废溶剂应妥善处置；在生产过程中，应采取废气收集措施，提高废气收集效率，减少废气的无组织排放与逸散，并对收集后的废气进行回收或处理后达标排放。对于含高浓度 VOCs 的废气，宜优先采用冷凝回收、吸附回收技术进行回收利用，并辅助以其他治理技术实现达标排放。对于含中等浓度 VOCs 的废气，可采用吸附技术回收有机溶剂，或采用催化燃烧和热力焚烧技术净化后达标排放。

当采用催化燃烧和热力焚烧技术进行净化时，应进行余热的回收利用。对于含低浓度 VOCs 的废气，有回收价值时可采用吸附技术、吸收技术对有机溶剂回收后达标排放；不宜回收时，可采用吸附浓缩燃烧技术、生物技术、吸收技术、等离子体技术或紫外光高级氧化技术等净化后达标排放。含有有机卤素成分VOCs 的废气，宜采用非焚烧技术处理，鼓励采用旋转式分子筛吸附浓缩技术、高效蓄热式催化燃烧技术（RCO）和蓄热式热力燃烧技术（RTO）、氮气循环脱附吸附回收技术、高效水基强化吸收技术，以及其他针对特定有机污染物的生物净化技术和低温等离子体净化技术等；采用高效吸附材料（如特种用途活性炭、高强度活性炭纤维、改性疏水分子筛和硅胶等）、催化材料（如广谱性 VOCs 氧化催化剂等）、高效生物填料和吸收剂等；新增挥发性有机物回收及综合利用设备。

同时，企业应建立健全 VOCs 治理设施的运行维护规程和台账等日常管理制度，并根据工艺要求定期对各类设备、电气、自控仪表等进行检修维护，确保设施的稳定运行。当采用吸附回收（浓缩）、催化燃烧、热力焚烧、等离子体等方法进行末端治理时，应编制本单位事故火灾、爆炸等应急救援预案，配备应急救援人员和器材，并开展应急演练。

制药企业污水处理站产生的废气主要包括硫化氢、氨气等恶臭气体，处理不当则可对周边环境产生不良影响。为减少其对周边环境的影响，一是污水站的选址，应在项目所在地的主导风向下方且与周边环境敏感点的距离需满足一定要求；二是应根据处理工艺过程，收集处理过程中产生的废气，并在净化处理后高空排放；三污水处理站周边应种植一些具有净化作用的绿色植物作为天然净化剂。

3.2　制药行业废气污染物排放标准

目前我国制药行业的污染物排放标准中只有水污染物排放标准，大气污染物排放标准尚属空白。上海、浙江、江苏等地分别研究制定了地方制药行业污染物排放标准，针对大气污染物排放做出相应的规定，规定了排气筒的最高允许浓度限值、无组织排放限值和总挥发性有机物和恶臭气体处理设施的最低处理效率等。

排气筒的最高允许质量浓度限值根据现有企业的污染防治现状及排放水平，参照我国《大气污染物综合排放标准》（GB 16297—1996）、上海市《生物制药行业污染物排放标准》和浙江省《生物制药行业污染物排放标准》中的排气筒最高排放浓度限值。

无组织排放限值指企业边界污染物的质量浓度限值，原则上污染物的厂界控制点浓度与背景点浓度差值，按照《环境空气标准质量》（GB 3095—2012）的二级标准限值；无质量标准的污染物按照《工业企业设计卫生标准》中的规定定值，取一次值的 5 倍；否则按照车间卫生标准值计算，取计算值的 5 倍。

总挥发性有机物处理设施的处理效率以非甲烷总烃计算；臭气处理设施的处理效率是以废气中的臭气浓度和排气流量计算，以被处理的臭气浓度和处理前臭气浓度的百分比表示。

3.3 制药行业有机废气处理原则

3.3.1 制药行业有机废气处理的必要性

化学合成类制药行业在反应体系溶解、分离提纯等过程中广泛使用二氯甲烷、二氯乙烷、丙酮、甲醇、乙腈、苯等易挥发的有机溶剂，是有机废气排放的主要行业之一。一方面有机废气通过人的呼吸和皮肤的吸收，对人的造血系统、神经系统、肝和肾等器官造成损坏，部分有机溶剂已经被列入"三致物质"名录。另一方面有机废气作为大气环境中细颗粒物的主要前体污染物，其有效控制对于减缓城市大气灰霾污染具有重要作用，目前已相继列入《蓝天科技工程"十二五"专项规划》和《环境空气细颗粒物污染综合防治技术政策》等国家层面的大气防治规划。因此，加强对化学合成类制药行业有机工艺废气来源分析与防治技术的了解和研究具有重要意义。

3.3.2 制药行业有机废气的收集方式

制药行业有机废气的排放源主要为反应釜、蒸馏釜、高位槽、储罐、放料桶、过滤器（敞口或密闭）、烘箱、真空泵（立式无油泵及水环泵）以及污水处理站等，针对不同的废气排放源，其废气收集方式通常如下。

（1）反应釜排放源 采用法兰连接方式使反应釜放空口与废气管道对接，并设置风阀，控制各集气点的风量，防止物料损失。

（2）蒸馏釜排放源 蒸馏釜配备冷凝器，所排放的气体为未冷凝的有机气体以及不凝气，采用法兰直接与冷凝器放空口连接，并设置风阀。

（3）高位槽及储罐排放源 采用法兰使呼吸口与废气管道连接。

（4）放料桶排放源 放料桶排气口设置集气罩，用胶管与废气总管连接，使集气罩位置可随料桶位置调节，连接管上设置风阀调节风量，如图 3-1 所示。

图 3-1 放料桶废气收集罩

（5）离心机排放源 离心机为密闭离心机，废气从离心机配备的地罐接入废气总管。

（6）真空泵排放源　真空泵包括立式无油泵以及液环泵。对立式无油泵，采用法兰将废气风管与排气管直接连接收集；对液环泵，对水池进行加盖，盖顶设置排风管进行收集。真空泵尾气浓度较高，先对该尾气进行冷凝回收，然后再接入废气总管处理。

（7）污水处理站排放源　污水处理站各构筑物经加盖后，由风管进行收集。盖板材质采用不饱和聚酯类玻璃钢，盖板高度根据构筑物尺寸而定，如图 3-2 所示。

图 3-2　污水池加盖图

3.3.3　制药行业有机废气的处理技术

（1）源头控制技术　减少有机工艺废气排放最好的办法就是从源头减少溶剂的使用，提高溶剂的回收效率，主要方法如下。

① 在工艺路线选取阶段，积极采用超临界萃取、超声波协助萃取、微波协助萃取、反胶团萃取、双水相萃取、大孔吸附树脂、色谱分离和膜分离等现代"绿色"分离提纯技术，尽可能不用或少使用有机溶剂。该类技术首先能够显著提高分离提纯效果，提高产品收率，保持热敏性物质的生物活性。其次也减少了产品中有机溶剂的残留，具有较高的安全性。另外减少或避免了有机溶剂的使用，减轻了对大气环境的污染。

② 在主要单元设计阶段，尽可能采用加盐精馏、共沸精馏、萃取精馏和分子蒸馏等先进的精馏提纯技术，提高溶剂的回收利用率。

③ 优化冷凝器结构设计，对于低沸点溶剂可采用深冷冷阱方法，提高冷凝器的冷凝效率，减少不凝气的产生。

④ 将储罐呼吸阀与溶剂回收冷凝系统连通，使"大""小"呼吸废气中有机物冷凝下来予以回收。

⑤ 提高设备密闭性，如将离心机母液地槽的排空口与溶剂回收冷凝系统连通。

（2）末端治理技术　目前行业常用的末端治理技术主要是吸附法和燃烧法。

① 吸附法。吸附法是目前使用最为广泛的有机废气处理方法，其原理是利用粒状活性炭、活性炭纤维或沸石等吸附剂的多孔结构，将废气中的有机物捕获。吸附过程主要是利用固体表面的吸附能力，使废气与大表面的多孔性固体物质相接触，废气中的污染物被吸附在固体表面上，从而与气体混合物分离，达到净化目的，净化后的气体经风机排出。由于吸附剂的价格较高，需要对其进行脱附再生，循环使用。当吸附剂吸附达到饱和后，通入水蒸气（或者热风）加热吸附床层，对吸附剂进行脱附再生，有机物被吹脱后与水蒸气（或热空气）进入冷凝器，冷凝液经提纯后回收利用。活性炭吸附是目前处理有机废气时使用最多的方法。活性炭是一种多孔性的含碳物质，它具有高度发达的孔隙构造，活性炭的多孔结构为其提供了大量的表面积，能与有机物分子充分接触，由于所有分子之间都具有相互的引力，活性炭孔壁上的大量分子可以产生强大的引力，从而达到将有害杂质吸引到孔径中的目的。活性炭吸附法对有机废气具有良好的吸附性能，技术成熟，对有机废气的吸附率在 80% 以上，若废气中有机物浓度高于 $1000\mu L/L$ 时，吸附率可达 90%。

目前，从工程实际运行来看，活性炭吸附法也存在脱附再生设备一次性投资大、运行能耗较高等问题，行业内多数企业的脱附再生设备闲置不用或未配套设置。活性炭吸附饱和后作为危险废物直接委托相应的有资质单位安全处置。

② 燃烧法。对于不含氯元素且有机物浓度较高的有机废气，可将其引入锅炉或导热油炉等燃烧设备作为燃料燃烧，也是一种切实有效的处理方法。该方法在减少污染物排放的同时又节约了能源，一举两得。但是该方法只适用于工艺设计有燃烧设备的企业，若单独配置燃烧器，则不太经济。另外，对于含有氯元素的有机物，采用燃烧法应经过分析论证，避免燃烧过程形成二噁英。

从实际应用效果来看，当前化学合成类制药行业的有机废气排放控制技术一次性投入大，运行成本较高，阻碍了有机废气净化处理工艺的推广应用。面对这一挑战，化学合成类制药企业和科研机构应加大科研投入，从源头控制着眼，积极研发和使用现代"绿色"分离提纯技术，减少有机溶剂的使用，同时加强高效冷凝器的研制，提高冷凝回收效率，降低有机废气排放。

3.4　制药工业废气处理的主要方法

制药工业是国家环境治理重点监测的 12 个行业之一。首先因为药品生产过程中原材料的投入量大、产出比小，生产过程中大部分物质最终以废弃物的形式废弃，污染问题突出；其次是工艺过程中产生的废气、废水、废渣等是主要的环境污染源；最后，制药行业产品更新快，生产规模小，种类繁多，生产过程复杂，治污难度较大，目前仅化学原料药就有近 2000 种，化学药品制剂 40 余种，剂型达 4000 多个品种，我国中成药的品种也达到 5000 多种。制药工业生产中产生的废气的控制方法主要是利用物理性质和化学性质（如溶解度、吸附饱和度、露点、选择性化学反应等）不同，借助分子间和分子内的作用力来完成的。

制药工业废气处理工艺，从处理的机理考虑，主要分为以下四类。

(1) 物理法　物理法治理废气时，不改变废气物质的化学性质，只是用一种物质将它的臭味掩蔽和稀释，或者将废气物质由气相转移至液相或固相。常见的方法有掩蔽法、稀释法、冷凝法和吸附法等。

(2) 化学法　化学法是使用另外一种物质与废气物质进行化学反应，改变废气物质的化学结构，使之转变为无毒害的物质、无臭物质或臭味较低的物质。常见的方法有燃烧法、氧化法和化学吸收法（酸碱中和法）等。

(3) 生物法　生物法净化无机或有机废气是在已成熟的采用微生物处理废水的基础上发展起来的。生物净化实质上是一种氧化分解过程：附着在多孔、潮湿介质上的活性微生物以废气中的无机或有机组分作为其生命活动的能源或养分，将其转化为简单的无机物（CO_2、H_2O）或细胞组成物质。

(4) 物理化学法　物理化学法主要是针对目标废气的特性，采用一系列物理和化学处理相结合的方法，运用一些特殊处理手段和非常规处理方法，对其进行深度处理，以达到高去除率和无害化的目的。目前应用的简单物理化学方法主要是酸碱吸收、化学吸附、氧化法和催化燃烧等几种方法有机结合的处理方法。

例如，对于氯代有机物废气，可采用变压吸附、高效吸附或强化吸收等分离技术及设备，以达到将尾气中所含的氯代有机物回收再利用，降低尾气中的有机污染物浓度。研究中采用膜分离技术开发以二氯乙烷或二氯甲烷等高效特异性物质的分离为目的的新型有机蒸气分离膜，或者采用新型吸附剂和吸附工艺，从而建立高效特异性的有机蒸气分离膜或吸附剂的治理废气的方法，并进一步利用新型有机蒸气分离膜或新型吸附剂对氯代有机物进行回收、优化工艺条件、再生方法，达到高水平综合治理的效果。

针对制药工业废气的性质，由于其所含有害物质成分复杂，种类繁多，有害组分浓度低而废气总体积大，处理难度相对较大。考虑到实际运营成本和处理效果，采用单纯的物理、化学和生物方法常常不能达到理想的去除效果，因此根据制药企业生产中所产生废气的实际情况，综合考虑制药生产所产生废气的物理性质、化学性质，进行综合治理。

通常把利用物质的溶解度不同来分离气态污染物的方法称为吸收法；利用物质吸附饱和度的差异来分离气态污染物的方法称为吸附法；将气态污染物进行化学转化使其变为无害或易于处理的物质，这类方法有催化转化法和燃烧法；利用物质露点的不同来分离气体污染物的方法称为冷凝法；利用微生物的生命活动过程把废气中的气态污染物转化成少害甚至无害的物质的方法称为生物处理法。

3.4.1 吸收法

气体吸收法是分离气体混合物的一个重要方法。在大气污染治理工程中被广泛用来治理 SO_2、NO_2、氟化物、氯化物、HCl 和烃类等废气。制药工业废气的治理原理与大气污染治理工程相同，但是有更大的难度，对技术水平的要求更高。

用吸收法处理含有污染物的废气是使污染物从气体主流中传递到液体主流中去，是气液两相间的物质传递，即所谓的对流传质理论。当气液两相接触时，两相流体间存在着一个稳定的，两侧各有一个很薄的滞流层薄膜，即气膜与液膜，溶质分子以分子的扩散方式从气相中连续通过两膜从而进入液相中。气相中溶质在液相中的吸收速率取决于溶质在液相中的扩散速度以及液相中溶质的浓度与气相中吸收质的平衡液浓度的差异。

气体吸收根据吸收液与被吸收组分在吸收液中有无化学反应，其操作可分为物理吸收和化学吸收，如用油处理制药废气，除去苯和甲苯等极性小的有机物蒸气属于物理吸收，而用水吸收氮氧化物生成硝酸、发生化学变化的操作属于化学吸收。

3.4.1.1 吸收剂的选择

吸收剂的选择对提高吸收过程的吸收效率、减少设备尺寸、简化设备结构、降低操作费用等有相当大的影响。吸收剂有物理吸收剂和化学吸收剂之分，选择时主要考虑以下 4 点。

(1) 吸收容量大，即单位体积吸收剂吸收有害气体的吸收率高，而对其他非有害气体组分的吸收尽量少。即具有高的选择性，吸收需要除去的有害气体的能力高。

(2) 饱和蒸气压要低，可减少吸收剂的损耗。

(3) 沸点要适宜，特别是在需要采用蒸馏法除去吸收剂中积累的杂质时，过高的沸点将给蒸馏带来困难。

(4) 另外还要求黏度小，热稳定性高，腐蚀性小，无毒，不易燃烧，价格便宜，来源方便。

3.4.1.2 吸收液的种类

按照上述吸收剂选择的原则，吸收液常用的种类如下。

(1) 水　用于吸收易溶的有害废气，水的吸收效率与吸收温度有关，随着温度的增高，吸收效率下降。

例如，有一吸收型废气处理装置的实用新型专利，包括一级吸收处理室和与一级吸收处理室顶端呈可分离装联的二级吸收处理室。一级吸收处理室内腔中部的喷淋柱上，从上到下装设有半圆锥弧形襟板，使该内腔形成气体上升的盘旋通道，襟板下端与一级吸收处理室的柱壳内壁间在工作时形成水封，该柱壳的下部设计有进气口、排渣口，装有排水管；二级吸收处理室的柱壳下部内装有孔板，顶端上装有可分离的盖板，紧靠盖板下面装有环形喷淋管，内腔中装有多孔填料和电动搅动机构，盖板上设计有出气口。因此，该装置可使水吸收型废气被水充分吸收，处理效果十分理想，可广泛用于水吸收型废气的吸收处理。

（2）碱性吸收液　用于吸收那些能和碱起化学反应的酸性有害气体。对 SO_2、NO_x、H_2S、HCl、氯气等酸性气体，常用的碱性吸收液有 NaOH、Na_2CO_3、$Ca(OH)_2$（石灰乳）、氨水等。

例如，有一废气处理技术领域中的发明专利，这是一种关于硫化氢和氨混合气的处理及回收工艺。该工艺是将含有硫化氢等的混合气通入吸收塔中，与塔中的碱液接触，使硫化氢与碱液反应生成硫化碱液；剩下的氨气从吸收塔出来，在输气管中经冷却器冷却后进入吸收罐的氨吸收液中，即水或酸性溶液中，生成氨水或铵盐。硫化碱和氨水或铵盐都是有用的物质，因此变废为宝，减少了环境污染。本发明工艺简单，废气回收率高，适用于有硫化氢和氨混合气排出并进行回收处理的制药工业生产中。

（3）酸性吸收液　有害气体在稀酸中的溶解度比在水中的溶解度增加或是发生化学反应，如 NO、NO_2，在一定的稀硝酸中的溶解度比在水中大得多，再就是碱性气体可以与酸性吸收液发生中和反应从而被吸收。常用的酸性吸收液有硫酸液等。

（4）有机吸收液　对于有机废气一般可用有机吸收液，如碳酸丙烯酯、N-甲基吡咯烷酮、聚乙二醇醚、冷甲醇、二乙醇胺等，还能除去一部分有害酸性气体如 H_2S、CO_2 等。

3.4.1.3　化学吸收

化学吸收是指在气体吸收过程中，气体溶质溶解于液相并伴有显著化学反应的吸收过程。可以是被溶解的气体与吸收剂或与本来已溶解于吸收剂中的其他物质进行化学反应，也可以是两种同时溶解于溶剂中的气体发生化学反应，如用酸溶液吸收氨气，用碱溶液吸收 SO_2、CO_2、H_2S 等。

化学吸收具有如下的优越性：

（1）溶质进入溶剂后因发生化学反应生成新的物质，因此单位体积溶剂容纳的溶质的量就加大，从而大大增加了溶质吸收的量，相应设备容量也增大。

（2）如果化学反应进行的速度快，则溶质在液膜中的扩散阻力小，这就使总的吸收系数增大，吸收速率提高。

（3）在填料吸收塔的填料表面，或者板式塔的塔板表面，有一部分液体停滞不动或流动很慢，对化学吸收来说仍然是有效的吸收剂。

在化学吸收中化学吸收的液相吸收系数不仅取决于液相的物理性质和流动状态，而且重要的是取决于化学反应速度。

3.4.1.4 吸收工艺应注意的工艺问题

吸收工艺应注意的工艺问题主要在于吸收液的处理：吸收操作是将排气中的气态污染物转移到液态吸收剂中，若直接将含有污染物的吸收剂排入水体，会造成水体二次污染和资源的浪费，因此，对吸收液要做适当的处置。一是要回收流失物；二是防止对环境造成二次污染。例如用 Na_2CO_3 溶液吸收废气中的 SO_2，可加热并减压蒸脱吸收液中的 SO_2。使吸收剂再生，而脱出带有大量水的 SO_2。如果 SO_2 量比较大，可进一步用冷凝法脱水，得到浓度更高的 SO_2 进行综合利用。

3.4.1.5 吸收流程

一般多采用逆流操作流程，即在吸收设备中，被吸收气体由下向上流动，而吸收剂则由上向下流动，在气液逆向接触中完成吸收质的传质过程。

按工艺分非循环过程和循环过程两种。非循环过程即没有吸收质的解吸过程；循环过程，包括吸收质的解吸和吸收剂的部分循环使用。非循环工艺流程简单，需处理的气体有可能得到较高程度的净化，但吸收剂耗量大，处理成本较高，一般用于吸附剂廉价易得且用于净化要求较高的情况。循环过程特点是吸收剂封闭循环，在循环中对吸收剂进行再生，因此，流程中需设置吸收剂的解吸装置。待净化气体进入吸收塔进行吸收，塔底排出的吸收液进入解吸塔，在解吸塔内利用减压或加热等其他方法使吸收质从吸收液中解吸，再生的吸收剂返回吸收塔重新使用，吸收剂耗量小，但流程设备较复杂。

3.4.1.6 吸收设备

对用于处理气态污染物的吸收设备，一般要求气液有效接触面积大，气液湍动程度高（以利于提高吸收效率），设备的压力降损失小，结构简单，易于操作和维修，从而减少投资及操作费用。

吸收设备可分为三类：填料塔、板式塔及其他吸收设备（如重力喷雾塔、旋风喷雾塔、文丘里洗涤器、自激喷雾洗涤器），它们主要用于含尘气流的除尘，但在某些特定场合，也可用于处理气态污染物。在制药工业生产中用于净化气态污染物的吸收设备主要是填料塔和板式塔。

(1) 填料塔 填料塔通常为一立式圆柱塔，内装有比表面积很大的填料。在塔内，气相与液相连续接触，吸收液从塔顶进入，通过填料层并在其表面形成一层液膜；废气从塔底进入，通过填料层时与附在填料上的液膜进行接触并发生传质与化学反应，其中有害气体成分被液体吸收，然后从塔顶排出。

在填料塔顶部设有液体分布器，若填料层高度大，中间还要设置液体再分布器，以保证吸收液在填料层中分布均匀，有利用提高气液的有效接触面。填料对吸收塔的性能影响很大,其主要类型有拉西环、鲍尔环、鞍型填料等。

性能优良的填料应具有单位填充体积的表面积大、空隙率大、摩擦阻力小、耐腐蚀性和耐久性较好、价格低廉、重量轻等特点。例如,逆流填料塔吸收废气的流程如图3-3所示。

(2) 板式塔　板式塔所用吸收液与被吸收的有害废气在塔板上分段逆流接触。吸收液从塔顶进入,借重力流到下一块塔板,最后从塔底流出。气体向上通过塔板中的各种孔眼,然后鼓泡穿过液体,分离泡沫后到上面的另一塔板,在这一过程中有害气体组分扩散至气液接触表面从而被除去。总吸收率是气体和液体多次逆流接触的结果。

板式塔内的塔板按不同的开孔形式有筛板和泡罩塔板两种。泡罩塔板单板效率高,操作弹性大,但结构复杂,气相阻力大;筛板结构较为简单,利于加工制造,气相阻力小,但效率不及泡罩塔板高,操作弹性小。例如,板式鼓泡吸收塔吸收废气的流程如图3-4所示。

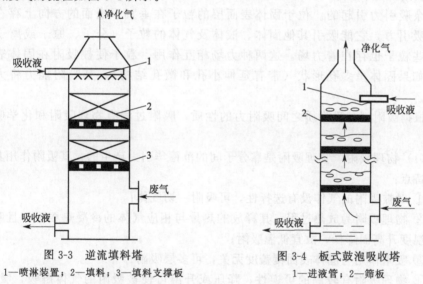

图 3-3　逆流填料塔
1—喷淋装置;2—填料;3—填料支撑板

图 3-4　板式鼓泡吸收塔
1—进液管;2—筛板

(3) 吸收设备的选型　选择吸收设备时应根据具体的吸收过程及要求来考虑。如表3-1中所列内容,对填料塔和板式塔的特点进行了比较,可供参考。选择吸收设备除考虑强化吸收过程、提高吸收速度外,还应考虑操作因素和经济因素。综上所述,填料塔适宜于处理化学反应速率快、受气膜控制的吸收过程,且结构简单,操作方便,造价低,因此广泛应用于气态污染物的控制。

表 3-1　填料塔与板式塔优缺点比较

序号	填料塔	板式塔
1	φ800nm 以下,造价一般比板式塔便宜,直径越大,价格越贵;大于 800nm 时布液不易均匀	φ800nm 以下时,安装较为困难

序号	填料塔	板式塔
2	用小填料时小塔效率高,塔的高度低。塔径增大,所需填料急增	效率稳定,大塔效率比小塔有所提高
3	空塔速度(生产能力)低	空塔速度高
4	大塔检修时,费用大,劳动量大	检修较容易
5	阻力小,适用于对阻力要求小的场合	阻力比填料塔大
6	对液相喷淋量有一定要求	液气比的适应范围比较大
7	内部结构简单,便于用非金属材料制作,可用于腐蚀较严重的场合	多数不便于用非金属制作
8	持液量小	持液量大

3.4.2 吸附法

3.4.2.1 吸附过程

吸附发生在固体表面上,这是由固体表面粒子(分子、原子或离子)存在剩余吸引力引起的。位于固体表面层的粒子在垂直于表面的方向上存在着剩余吸引力,它能吸引其他固体、液体及气体的粒子(分子、原子或离子),而这些粒子也存在着力场,这两种力场相互作用,粒子便被吸附在固体表面上。如果固体呈多孔形状(带有延伸小孔和微孔结构),其吸附能力将大大提高。

根据吸附剂与吸附质之间吸附力的性质,吸附过程有物理吸附和化学吸附之分。

(1) 物理吸附 物理吸附是靠分子间的范德华引力产生的,其吸附作用具有如下特点:

① 对被吸附的气体没有选择性,可吸附一切气体;

② 物理吸附为放热过程,其释放的热量与相应气体的冷凝热相近,且吸附量随温度升高而降低,故宜低温吸附;

③ 吸附作用与固体表面覆盖度无关,可多层吸附;

④ 物理吸附有较高的可逆性,降压或升温可使被吸附的气体解吸,吸附、解吸过程中吸附质的性质不变。虽然吸附剂对各种气体的吸附没有选择性,但其吸附量与吸附质的大小、结构及组成有关,故吸附量不同,从而能把气体中的不同组分分离出来;

⑤ 吸附剂与被吸附的气体结合不够稳定,吸附质的性质不变;

⑥ 吸附剂的吸附量与被吸附气体的压力或浓度成正比;

⑦ 吸附量随温度的升高而升高。

(2) 化学吸附 化学吸附又称活性吸附,它是靠吸附剂与吸附质之间的化学键产生的。其吸附过程具有如下特点:

① 对被吸附物质有明显的选择性,只能吸附某些能参与化学反应的气体

物质；

② 化学吸附为放热过程，但释放的热量较大，与一般化学反应热相当，吸附过程的速度随温度升高而增加，宜在较高温度下吸附；

③ 吸附作用与固体覆盖度有关，随表面覆盖厚度的增加而减少，只能单层吸附；

④ 吸附过程中有化学键的破坏和生成，吸附剂与吸附质之间的吸附力强，故吸附过程是不可逆的，难以解吸；

⑤ 吸附过程中吸附质的性质发生改变。

应当指出，同一物质在较低温度下可能发生的是物理吸附，而在较高温度下所经历的往往又是化学吸附。即物理吸附常发生在化学吸附之前，当吸附剂逐渐具备足够高的活化能后，才发生化学吸附，也可能两种吸附同时发生。因此，在进行吸附操作时，要对物理吸附和化学吸附的需要或不需要进行选择，在操作中设计恰当的控制条件。

3.4.2.2 吸附剂及其再生

作为工业吸附剂应满足如下要求。

(1) 比表面积大　吸附剂的有效表面包括颗粒的外表面与内表面，而内表面总是比外表面大得多，因此吸附主要发生在与外界相通的孔穴的内表面上。孔穴越多，内表面越大，吸附性能越好。

(2) 选择性好　吸附剂对某些物质显示优先吸附的能力称为吸附剂的选择性。吸附剂的选择性愈好，愈有利于混合气体的分离。

(3) 具有一定的粒度、较好的机械强度、较好的化学稳定性和热稳定性　虽然颗粒愈小，表面积愈大，但颗粒过小会形成较大阻力，增加动力消耗，因此，对于具体的吸附操作粒径大小应当有恰当的值。

(4) 吸附容量大　吸附容量是指在一定温度及一定吸附质浓度下，单位质量或单位体积的吸附剂所能吸附的最大量。吸附容量除与吸附剂的表面积有关外，还与吸附剂的孔隙大小、孔径分布、分子极性及吸附剂分子的官能团性质等有关。

(5) 使用寿命长，来源广泛，制造容易，价格低廉　工业上广泛应用的吸附剂主要有活性炭、硅胶、分子筛、吸附树脂、活性氧化铝、沸石、白土及硅藻土等。

活性炭是由骨头、煤、椰壳、木材等含碳物质经炭化后，再用水蒸气和药品进行活化处理而制得的，它具有性能稳定、抗腐蚀等优点。又由于它具有疏水性，常用来吸附回收有机废气及多种无机废气，例如常用活性炭脱除废气中的 NO_x 和 SO_x，一般使用温度不超过 200℃。例如，固定床活性炭吸附-回收流程的应用，如图 3-5 所示。

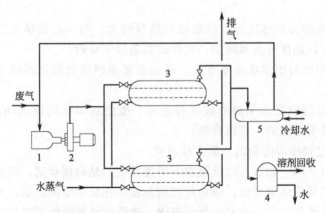

图 3-5　固定床活性炭吸附-回收流程
1—过滤器；2—风机；3—吸附器；4—分离器；5—冷凝器

　　硅胶是由无晶形氧化硅经硫酸、盐酸或酸性盐与硅酸溶液作用而制得，水洗后在 115～130℃以下干燥至含湿量为 5％～7％时制成硅胶，它亲水性较好，常用它来对含湿量高的气体进行干燥脱水，或脱除其他有害气体。

　　分子筛是一种人工合成的沸石，为微孔型具有立方晶体的硅酸盐，它具有高的吸附选择性和较强的吸附能力，对被吸附物质分子的大小有一定的选择性。

　　吸附树脂是一种高分子的高缩聚物，如聚苯乙烯、聚丙烯酯等。有带功能团的和不带功能团的，有极性的和非极性的。它具有良好的物理化学性能，广泛地应用在工业和环境工程的各个领域。

　　在吸附过程中，当吸附剂达到饱和吸附后，为了重复使用吸附剂或回收有用成分，需要使之再生。从吸附剂中清除吸附质的过程称为再生。经再生后的吸附剂能恢复其吸附能力。

　　制药工业或化学工业中常用的再生方法有以下几种。

　　① 加热解吸再生。利用吸附剂的吸附容量在等压下随温度升高而降低的特点，在低温下吸附，然后升高温度，在加热的条件下吹扫脱附，这样的循环方法又称作变温吸附。对于物理吸附，一般采用水蒸气、惰性气体或热气流吹脱，吹脱温度为 100～150℃，称作加热解吸。对于化学吸附，往往需要在 700～1000℃下进行再活化，再活化一般会使吸附剂损失约 5％。变温吸附的优点是给热系数大，加热迅速，解吸完全。用水蒸气加热解吸有机化合物时，解吸后的产物易分层分离。缺点是吸附剂的热导率一般较小，冷却缓慢，再生周期较长。

　　② 降压或真空解吸。利用吸附容量在恒温下随压力的降低而降低的特点，在加压下吸附，在降压或真空下解吸，或采用无吸附性的吹洗气也可达到解吸的目的，这种循环操作称为变压吸附。变压吸附无需加热与冷却床层，故又称无热再生法。其再生时间较变温吸附短，因此循环周期短，吸附剂用量少，吸附器尺

寸小。

③ 置换再生法。对某些热敏性物质，如不饱和烃，因在较高温度下容易聚合，故可采用亲和力较强的试剂进行置换再生，即用解吸剂置换，使吸附质脱附，此法又称变浓吸附。脱附出来的吸附质与解吸剂，可用蒸馏的方法加以分离。选择解吸剂时，应使它的沸点与吸附质组分的沸点相差较大，便于蒸馏分离。

④ 通气吹气再生。向再生设备中通入基本上无吸附性的吹扫气，降低吸附质在气相中的分压，使其解吸出来。操作温度愈高通气温度愈低，效果愈好。

⑤ 化学再生。向床层通入某种物质，使吸附质发生化学反应生成不易被吸附的物质而解吸下来，需要注意发生化学变化后生成的物质应是无害的或者是易于处理的，也不应该影响对废气的综合利用。

⑥ 微生物再生。筛选和驯化特殊的嗜氧细菌，利用它的胞外降解或氧化有机吸附质，使之转化为小分子化合物或者 CO_2、H_2O，使吸附剂达到再生。

3.4.2.3　吸附流程

按照操作时吸附剂的运动状态，可将吸附装置分为固定床、沸腾床。含有少量污染物的气流通过吸附床层时，其中的污染物被吸附剂吸附截留在床层内，净化后的气体排入大气。根据设备类型和操作方式的不同，吸附流程可分为间歇式、半连续式和连续式三种。

（1）间歇式吸附流程　间歇式吸附流程适用于间断排出废气的场合。其特点是吸附剂达到饱和后，便从吸附装置中移走，不设再生装置，流程简单，设置方便。固定床吸附器可用于间歇式吸附流程。制药工业产生的废气多为间歇式的，比较适合用这种吸附流程。例如，吸附剂为细的焦炭颗粒（对焦炭颗粒直径可以有不同的具体要求），待吸附废气后即从吸附器中卸出，然后吸附器再装入新的焦炭颗粒进行吸附。

（2）半连续式吸附流程　在制药废气处理中，常用半连续式吸附流程。即用两个以上的固定床吸附器，气体连续通过床层，当一台吸附器达到饱和时，气体就切换到另一台吸附器进行吸附，而达到饱和的吸附床则进行再生。在这种流程中，气体是连续的，而每个吸附器是间断运行的。解吸是通过导入水蒸气来实现的。该流程的特点是吸附剂反复使用，增大了单位吸附剂的处理废气量，吸附分离出的吸附质往往易于回收，可以减少排气中损失的物料量。例如，在制药生产中反应周期长、不断产生有害废气时，适合采用半连续式吸附流程。

（3）连续式吸附流程　在连续式吸附流程中，废气流和吸附剂都处于连续运转状态，可用回转吸附床或流化床来实现，这种情况在制药工业生产中的应用较少。

3.4.2.4 吸附设备

(1) 固定吸附床　吸附层静止不动的装置称为固定吸附床，它结构简单，工艺成熟，性能可靠。目前应用较多，床层厚度为 0.5～1m，适合用于处理浓度较低的废气，一般空塔速度为 0.2～0.5m/s，空塔速度不宜过大，否则阻力明显增大，吸附剂易流动从而影响气流分布。对于吸附周期超过 3 个月的固定吸附床不设置再生系统较为经济，但对于吸附周期少于 3 个月的应设置再生系统。

在该装置中，床层沿其轴以角速度 ω 旋转，框架和隔板则固定不动。该装置分为三个区：吸附段、再生段和干燥冷却段。制药生产废气从装置端部的入口进入床外侧相应的环形区，流体通过床层到达床内侧的环形区，然后由装置的一端流出。当床层转动通过径向隔板时，床层的一个单元从吸附段流到再生段，另一单元从再生段流到干燥冷却段，第三单元则流到吸附段。这样，床层不断饱和、再生，然后干燥冷却，然后转入另一吸附循环。

其分类如图 3-6 所示。

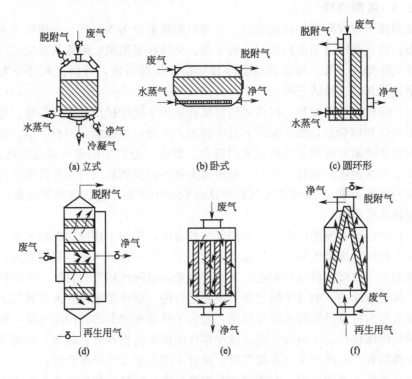

(a) 立式　　　　　　(b) 卧式　　　　　　(c) 圆环形

(d)　　　　　　(e)　　　　　　(f)

图 3-6　固定床吸附器

（2）流化床　由吸附段和再生段两部分组成。制药工业生产的废气从吸附段的下部进入，使每块塔板上的吸附剂形成流化床，经充分吸附净化后从上部排出。吸附剂从吸附段上部加入，经每层流化床的溢流堰流下，最后进入再生段内解吸。再生后的吸附剂再用气流输送到吸附段上部，重复使用。

3.4.3　催化转化法

3.4.3.1　催化反应器

工业上常见的固相催化反应器分为固定床和流化床两大类，而以颗粒状固定床的应用最为广泛，因此，本部分主要讨论固定床反应器。固定床反应器的优点在于催化剂不易磨损、可长期使用，其流动模型简单，容易控制，反应气体与催化剂接触紧密；缺点主要是床温分布不均匀。

固定床催化反应器大体有以下几类。

（1）绝热式固定床反应器　其外形一般呈圆筒形，内有栅板，承装催化剂。气体由上部进入，均匀通过催化剂床层并进行反应。整个反应器与外界无热量交换。这种反应器的优点是结构简单，气体分布均匀，反应空间利用率高，造价便宜，适合用于反应热效应较小、反应过程对温度变化不敏感、副反应较少的反应。

（2）多段绝热式反应器　多段绝热式反应器是为弥补绝热固定床反应器的不足而提出的一类反应器。它把催化剂分成数层，在各段进行热交换，以保证每段床层的温度变化不大，并具有较高的反应速率。通常多段绝热式反应器分为反应器间设换热器、段间设换热构件、冷激式几种形式，适合用于中等热效应的反应。

（3）列管式反应器　在列管内装填催化剂，管间通入热载体，传热效果较好，适合用于反应热特别大的情况。

催化反应对反应器的要求是床温分布均匀，床层压力较低，操作方便，安全可靠，结构简单，设备制造费及运行费用低等。例如，图 3-7 为管式固定床反应器的处理废气流程示意图。

3.4.3.2　影响催化转化的因素

影响催化转化法净化制药工业废气的因素很多，但主要有反应温度、床层气速（空速）、操作压力和废气的初始组成等。

（1）反应温度　催化反应是在催化剂的参与下进行的，反应的快慢与催化剂的活性有关。催化剂的活性与反应温度密切相关，因而对于伴有热效应的催化反应来说，温度的调节和控制对净化设备的生产能力、净化效果均有很大影响。

（2）空速　在一定范围内，空速增加可以提高单位体积催化剂床层的气体处理能力，而转化率降低不大。因此，催化反应一般在保证要求的转化率和允许床层压降的条件下，采用较大的空速。对于制药生产废气的净化而言，由于废气浓

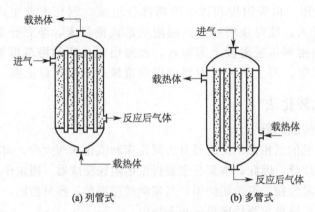

(a) 列管式　　　　　　　　　(b) 多管式

图 3-7　管式固定床反应器的处理废气流程示意

度低，反应中放热不多，高空速下难以维持床层的热平衡，且床层温度往往不易控制，有时会导致不能正常操作。在选择空速的时候，还应保证：对上流式固定床操作时，不能使床层冲起；下流式固定床操作时，床层颗粒承受的总压力应低于其抗压强度，否则影响催化剂的正常使用。

（3）操作压力　加压一般能加速催化反应的进行，减小设备体积，但因催化净化处理的是工厂排放的废气，故回收价值不大，一般将废气的排放压力（略高于常压）作为操作压力。

（4）废气的初始组成　废气的初始组成直接影响反应速率、催化剂的用量和平衡转化率。不同的催化净化过程，理想的初始组成也不相同。另外，废气中少量的催化剂毒物会影响催化剂的活性，因此一般要求对废气进行预处理，以除去这些少量毒物。

3.4.4　燃烧法

3.4.4.1　直接燃烧

浓度高于爆炸下限的废气可在一般的炉、窑中直接燃烧，并回收其热能。而在制药工业中，如果不考虑废气的回收利用，可以直接燃烧，一般也不考虑回收能量。其操作是将废气连续通入烟筒，在烟囱末端进行燃烧，或者设计恰当的燃烧器（炉）进行废气的燃烧。气流混合良好有利于燃烧彻底。蓝色的火焰以蔚蓝色的天空为衬托显示不出色彩，说明操作良好；黄橙色的火焰，并拖着一条黑烟尾巴，说明操作不良。若在烟囱顶部喷入蒸汽，则有助于消除不完全反应的问题。

这种废气燃烧装置应设有阻火器，防止回火引起爆炸。烟囱或者废气燃烧器的操作速度超过火焰的传播速度，一般大于 60m/s，根据流速得出烟囱的直径或合理设计燃烧器。若燃烧产物含有有害气体，则烟囱高度应由大气扩散计算得出，或者需要进一步处理燃烧产生的有害气体。

直接燃烧的优点是安全、简单、成本低，主要缺点是不考虑综合利用和回收热能。

3.4.4.2　热力燃烧

当废气中可燃烧的有害组分浓度较低时，发热值仅为 $40 \sim 800 kJ/m^3$，不能靠它维持燃烧，必须采用辅助燃料来提供热量，使废气中的可燃烧物达到着火温度从而销毁，称为热力燃烧。

热力燃烧是在废气充分湍流流动下，供给充分的氧，在反应温度下接触一定时间，才能得到充分燃烧，即所谓热力燃烧。热力燃烧的 3 个条件：温度、停留时间和湍流。不同的可燃烧制药生产废气的燃烧温度和停留时间是不同的。

热力燃烧的过程可分为三步：①燃烧辅助燃料提供预热能量；②高温燃气与废气混合以达到反应温度；③废气在反应温度下充分燃烧。

在供氧充分的条件下，第一、三步的燃烧过程是一个快速和高度的不可逆反应，其平均停留时间接近于零。但第二步高温燃气与废气的完全混合并不是瞬间的，即使反应器截面的温度分布均匀，也需要一定的停留时间（或反应器长度）。实际上，在许多情况下，操作性能的变化（如转化率的高低、能耗的大小等）都直接或间接地归因于这个混合过程。充分混合，既可降低反应温度，也可缩短停留时间。所以，充分混合是设计和操作的关键。气体合适的停留时间为 $0.2 \sim 0.5 s$。

根据废气与火焰接触的状态不同，可分为配焰燃烧和离焰燃烧两种形式。

（1）配焰燃烧　其特点是辅助燃料在配焰燃烧器中形成许多小火焰，废气分别围绕小火焰进入燃烧室，使废气与火焰充分接触，因此能够迅速均匀混合，使燃烧完全。

（2）离焰燃烧　其特点是辅助燃料先燃烧后混合，火焰较大较长，易于控制，结构简单，但混合较慢，故设计时应着重解决混合问题，例如采用旋风燃烧器就是一种很好的形式。

热力燃烧的优点是可除去有机物及超微细颗粒物，结构简单，占用空间小，维修费用低；缺点是操作费用高，而且有回火及发生火灾的可能性。

3.4.4.3　催化燃烧

催化燃烧主要用来治理制药工业和化学工业产生的有机废气和消除恶臭，在催化剂作用下，有机废气中的碳氢化物可以在较低温度下（$300 \sim 400 ℃$）迅速氧化，生成 CO_2 和 H_2O，使气体得到净化。

催化剂的存在可以降低反应进行的活化能，主要原因在于反应物可以在催化剂表面吸附，生成活化结合物，再转化为产物，这样就改变了由反应物到反应产物的反应途径，转变为：表面吸附→活化结合物→产物，这一过程所需的活化能要比直接反应低得多，从而加快了反应速度。催化剂是进行催化燃烧的关键，因此，必须对催化剂有所要求：①活性高。特别在低温条件下的活性要高，以降低起燃点。②热稳定性要好。即在高温下催化剂仍能保持其催化性能。③抗毒性强。④使用寿命长等。

常用的催化剂有以下两类。

(1) 贵金属类　贵金属类有 Pt、Pd、Rb 等，在催化剂中的含量为 $0.1\% \sim 0.5\%$，活性高，热稳定性好，寿命长，但价格贵，来源困难。

(2) 非贵金属氧化物或盐类　非贵金属氧化物或盐类主要有 Mn、Cr、Cu、Fe、Ni、Co 及稀土金属类氧化物或盐，这类催化剂一般含金属量为 5%。

在催化剂存在下，废气中的可燃组分能在较低的温度下进行燃烧反应，这种方法能节约预热燃料，减小反应器的容积，还能提高反应速率，提高一种或几种反应物与另一种或几种反应物的相对转化率。预热过的制药生产废气流经催化床，在此进行催化反应，排出的高温气体引入换热器，把能量传给入口废气。

催化燃烧的主要优点是操作温度较低，燃料耗量低，保温要求不严格，能减少回火及火灾危险；缺点是催化剂较贵，需要再生，基建投资大，大颗粒物及液滴应预先除去，而且不能用于使催化剂中毒的气体。

3.4.5　冷凝法

冷凝法从废气中分离有害物质时，可有两种基本方法，即接触冷凝和表面冷凝。

3.4.5.1　接触冷凝

接触冷凝是指被冷却的气体与冷却液或冷冻液直接接触。其优点是有利于强化传热，但冷凝液需进一步处理。

接触冷凝可在喷射器、喷淋塔或气液接触塔内进行，接触塔可以是填料塔、筛板塔等。喷射式接触冷凝器，喷出的水流既有冷凝蒸气，又带出废气，不必另加抽气设备。筛板式接触冷凝器，与填料塔相比，单位容积的传热量大。

3.4.5.2　表面冷凝

表面冷凝也称间接冷却，冷却壁把废气与冷却液分开，因而被冷凝的液体很纯，可以直接回收利用。所用装置有列管式冷凝器、淋洒式冷凝器以及螺旋板式冷凝器。列管式冷凝器是一种传统的标准式设备；螺旋板式冷凝器的传热性能好，传热系数比列管式冷凝器高 $1 \sim 3$ 倍，但不能耐高压。

3.4.6　生物处理法

废气的生物处理是指利用微生物的生命活动过程把废气中的气态污染物转化成少害甚至无害的物质。

生物净化废气有两种方式：一是生物吸收法，即先把废气从气相转移到水中，然后进行废水的微生物处理；二是生物过滤法，由附着在固体过滤材料表面的微生物完成。

3.4.6.1 生物吸收装置

生物吸收装置主要包括吸收器和废水生物处理反应器。废气从吸收器底部通入，与水逆流接触，有害废气被水（或生物悬浮液）吸收后由吸收器顶部排出，吸收了废气的水从吸收器底部流出，进入废水生物处理反应器经微生物再生后循环使用。图3-8为生物吸收装置流程示意图。

制药有害废气的吸收是一个物理过程。有害废气被吸收后，进入废水生物处理反应器，实际上是一个废水生物处理设备（参阅有关废水生物处理部分的技术资料）。值得注意的是：吸收有害废气的污水中，生物再生一般需要大约12h，因此应注意吸收时

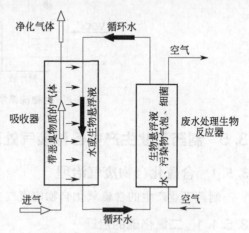

图3-8 生物吸收装置流程示意

间和再生时间的协调。许多生化反应常常需要生物氧化，因而可以通过提高氧的供应来加速生物反应速率，扩大处理能力。

例如，某制药公司废气处理的生物吸收装置针对的是含有胺、酸和乙醛的废气。这一装置包括两个并联的生物吸收器，每一吸收器内都设置了两个吸收段。在第一级中，气体中的碱性成分被吸收剂清除；在第二级中，气体直接与生物悬浮液接触。生物反应器中的氧由压缩空气供给。

3.4.6.2 生物过滤装置

生物过滤法常用于有臭味废气的降解。生物过滤法必须满足：①废气中所含的有害废气成分必须能被过滤材料所吸附；②这些有害废气可以被微生物降解；③生物转化的产物不妨碍主要的转化过程。

用于生物滤池的最好的过滤材料常常是可供微生物生长的培养基，如纤维状泥炭固体废弃物和堆肥等，但这些材料也要被微生物所分解，因而在一定时间后要更换。为了使床层稳定，并增长接触时间，必须使气流速度很低（1～10cm/s），并定期松动过滤材料。

3.4.6.3 生物洗涤净化装置

生物洗涤塔净化工艺流程装置由洗涤塔和活性污泥池构成。洗涤塔的主要作用是为气液两相提供充分接触的条件，从而使两相间的作用能够有效进行。目前较为广泛采用的洗涤塔是多孔板式塔。活性污泥池的作用是降解有机物。生物洗

涤塔的净化工艺流程如图 3-9 所示。

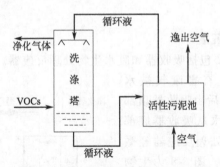

图 3-9　生物洗涤塔净化工艺流程

3.5　制药工业生产中各种废气处理技术

3.5.1　含硫化合物废气治理

制药工业产生的含硫氧化合物的废气主要有：SO_2、H_2S 等。

3.5.1.1　二氧化硫的治理

二氧化硫为酸性氧化物，根据其性质可以采用多种方法处理，主要有：碱处理法，吸附剂吸附处理，氧化吸收处理等。

（1）石灰石/石灰法

① 石灰石/石灰直接喷射法　石灰石/石灰法是最早的除硫氧化物的方法之一，因为石灰石分布广、价廉、运行费用低。因此，采用石灰石或石灰作为吸收剂的脱硫方法很多，有石灰石/石灰直接喷射法、湿式石灰石/石灰-石膏法、石灰-亚硫酸钙法、喷雾法等。

石灰石/石灰直接喷射法的原理是：将固体石灰石或石灰粉料直接喷射到废气处理炉内，在高温作用下石灰石被烧成 CaO，废气中的 SO_2 即被 CaO 所吸收并与之发生反应，在较短时间内即完成煅烧、吸收、氧化三个过程。石灰石粉末直接喷到加热处理炉内，和废气中的 SO_2 反应生成硫酸盐等颗粒物，随气流排至旋风除尘器和电除尘器中被捕集下来。

石灰石/石灰喷法的优越性在于投资少，除储存研磨、高温反应炉和喷射装置外，不再需要其他设备，但脱硫效率低。反应炉内石灰石/石灰与废气反应，可能产生污染物沉积在管束上，使系统阻力增大，气流中未反应的石灰石/石灰导致电除尘效率显著降低，而且由于制药生产比一般的化工生产产量小，废气量也小，因此一般不选用石灰石/石灰直接喷射法处理制药废气中的 SO_2。

② 石灰石/石灰湿式洗涤法　鉴于石灰石/石灰干法脱硫效率低、石灰石利用率低等缺点，因而用石灰石或石灰浆来吸收废气中 SO_2 的方法更受到重视。石灰石/石灰湿式洗涤法可分为抛弃法、石灰-石膏法和石灰-亚硫酸钙法 3 种，

只是因其最终产物及利用情况不同而有所区别。

以石灰-石膏法为代表做介绍。

(a) 脱硫的基本原理。用石灰石或石灰浆液吸收废气中的 SO_2，先生成亚硫酸钙，然后亚硫酸钙再被氧化为硫酸钙，因而可分为吸收和氧化两个过程。

(b) 工艺流程及设备。湿式石灰-石膏法脱硫的工艺过程如下：用石灰石或石灰浆在吸收塔内洗涤废气可得到含 $CaSO_3$ 和 $CaSO_4$ 的混合浆液，然后将浆液的 pH 值调整为 6 后送入氧化塔内，鼓入压缩空气进行氧化，所得到的石膏浆经离心后可得到成品石膏。

由于吸收剂采用石灰石或石灰浆液，因此会发生结垢和堵塞现象，考虑到传质和结垢问题，吸收设备应具备：塔持液量大，气液相间相对速度高，气液接触面积大，内部构件少，压力降小等。

常用的吸收塔有填充塔、筛板塔、喷雾塔及文丘里洗涤器等。

采用石灰-石膏法时，影响二氧化硫去除的因素主要有：①浆液 pH。pH 值宜为 6。②石灰石粒度。200～300 目为宜。③吸收温度。49～50℃。④增加吸收塔的持液量。⑤增加液气比。例如，废气中 SO_2 浓度为 800～900$\mu L/L$，pH 值＝7 时，控制液气比为 10～15L/m^3，脱硫率可以达到 98％以上。

制药企业在实际生产中，可以选用改进的石灰石/石灰法，可根据生产的具体状况，自行设计吸收设备，并制定切实可行的操作工艺。

(2) 氨吸收法　利用氨吸收法处理制药工业产生的含硫氧化合物的废气是一种经典的方法，其主要优点在于处理费用比较低，处理后的产品可以化肥的形式供农业使用。本方法的缺点在于氨易挥发，吸收剂的消耗量较多。

氨吸收法按照吸收液再生方法的不同可分为：氨-酸法，氨-亚硫酸铵法，氨-硫铵法等。

① 氨-酸法。早在 20 世纪 30 年代，一些发达国家就开始使用氨-酸法治理硫氧化物。此方法发展到今天，工艺成熟，设备简单，操作方便，副产品可用做化肥。我国 20 世纪 50 年代有的企业也开始采用此方法治理废气中的硫氧化物。

按照氨-酸法的工艺特点，以 SO_2 为例可分为吸收、分解、中和三个工序。

(a) 吸收。把含 SO_2 的废气和氨水同时通入吸收塔中，SO_2 被氨水吸收。反应如下：

$$2NH_4OH + SO_2 \longrightarrow (NH_4)_2SO_3 + H_2O$$

$$(NH_4)_2SO_3 + SO_2 + H_2O \longrightarrow 2NH_4HSO_3$$

在这步工序中，SO_2 的吸收剂是循环的 $(NH_4)_2SO_3$ 和 NH_4HSO_3 水溶液，随着吸收过程的进行，循环液中 NH_4HSO_3 浓度增大，吸收 SO_2 的能力下降，吸收液中的氨使部分 NH_4HSO_3 转变为 $(NH_4)_2SO_3$：

$$NH_4HSO_3 + NH_3 \longrightarrow (NH_4)_2SO_3$$

(b) 分解。当溶液中 SO_2 和 NH_3 的摩尔浓度比为 0.9 时，应从循环系统中取出部分循环液，送入分解塔中用浓硫酸分解，得到 100％的 SO_2 和 $(NH_4)_2SO_4$ 溶液。分解液中 NH_4HSO_3 含量愈高，硫酸浓度愈高，分解时硫酸消耗量就愈少、反应速度就愈快，设备体积就愈小。一般采用 93％～95％以上的硫酸，理论过量 30％～50％。

（c）中和。分解液中，过剩的硫酸用氨中和：

$$H_2SO_4 + 2NH_3 \longrightarrow (NH_4)_2SO_4$$

$$H_2SO_4 + 2NH_4OH \longrightarrow (NH_4)_2SO_4 + 2H_2O$$

氨的加入量略高于理论值，硫酸铵溶液可直接作肥料或得到固体硫酸铵作化工原料。

吸收液浓度的选择。循环吸收液的选择浓度应满足两个要求：一是保证对 SO_2 有较高的吸收率，使排出的尾气中 SO_2 浓度符合排放标准，保证排放的尾气中 SO_2 浓度小于 $200\mu L/L$。二是制备高浓度的 NH_4HSO_3 吸收液，使分解、中和时尽可能耗用较少的硫酸、氨。

② 氨-亚硫酸铵法。氨-亚硫酸铵法吸收 SO_2 后的吸收液，不用酸分解，而直接将吸收母液加工成亚硫酸铵产品，其产品可用于制造纸浆。该法流程简单，可减少硫酸和氨的消耗。氨来源广，氨气、氨水、固体碳酸氢铵均可作氨源。这里仅介绍固体碳酸氢铵脱硫制取固体亚硫酸铵的基本原理及工艺流程。

（a）基本原理。碳酸氢铵溶液吸收废气中的 SO_2，其反应为：

$$2NH_4HCO_3 + SO_2 \longrightarrow (NH_4)_2SO_3 + H_2O + 2CO_2 \uparrow$$

$$(NH_4)_2SO_3 + SO_2 + H_2O \longrightarrow 2NH_4HSO_3$$

如果废气中同时含有氧，还会发生氧化反应：

$$(NH_4)_2SO_3 + 0.5O_2 \longrightarrow (NH_4)_2SO_4$$

吸收 SO_2 的吸收液中主要含有溶液 NH_4HSO_3，呈酸性，加固体碳酸氢铵中和后使 NH_4HSO_3 转变为 $(NH_4)_2SO_3$。

$$NH_4HSO_3 + NH_4HCO_3 \longrightarrow (NH_4)_2SO_3 + H_2O + CO_2 \uparrow$$

该反应为吸热反应，溶液的温度不经冷却即可降到 0℃以下，由于 $(NH_4)_2SO_3$ 比 NH_4HSO_3 在水中的溶解度小，则生成的 $(NH_4)_2SO_3$ 过饱和而从溶液中结晶析出，将此悬浮液离心分离制取固体亚铵。

（b）工艺流程。治理含有硫氧化物的废气，可以得到副产物固体亚硫酸铵，其工艺流程可分为吸收、中和及分离三部分。为了制取亚硫酸铵，吸收 SO_2 后引出去的中和吸收液半成品必须是高浓度 $(NH_4)_2SO_3$ 溶液，以提高固体亚硫酸铵的结晶产率，要使 SO_2 吸收完全，要求碱度较高，因而采用两段吸收法。

吸收。含 SO_2 的废气依次经过两个串联的吸收塔，第一个吸收塔内应尽可能维持较高的吸收液浓度，并尽量提高吸收液中 $(NH_4)_2SO_3$ 和 NH_4HSO_3 的比例，以便生成较多的 $(NH_4)_2SO_3$，并不断导出部分溶液送至中和工序，制取固体亚铵。

中和。由第一个吸收塔引出的高浓度 NH_4HSO_3 溶液,在中和器内与加入的固体 NH_4HCO_3 经搅拌进行反应后,NH_4HSO_3 转变为 $(NH_4)_2SO_3$,由于过饱和从而有大量的结晶 $(NH_4)_2SO_3 \cdot H_2O$ 析出。

分离。由中和器底部引出的含 $(NH_4)_2SO_3 \cdot H_2O$ 晶体的悬浮液进入离心机,分离出固体亚铵作为产品,滤液进入母液储槽再送入第二个吸收塔继续循环吸收 SO_2。

在吸收 SO_2 的过程中,由于废气中的氧气,使 $(NH_4)_2SO_3$ 氧化成 $(NH_4)_2SO_4$,一般可达 5%~14%;由于 $(NH_4)_2SO_4$ 含量的积累,将会降低二氧化硫的吸收率,而且 $(NH_4)_2SO_4$ 从溶液中结晶析出从而堵塞设备。因此,必须抑制吸收液的氧化。通常可在溶液中加入阻氧剂,如对苯二酚、对苯二胺等。在生产中尽管加入阻氧剂,仍无法避免氧化,$(NH_4)_2SO_4$ 含量仍累积上升,此时可采用7%~8%的 SO_2 气体处理吸收液,使 $(NH_4)_2SO_4$ 结晶出来,从溶液中除去。

③ 氨-硫铵法。氨-硫铵法同样是采用氨作吸收液,用空气氧化的脱硫方法制取 $(NH_4)_2SO_4$,方法简单,设备少,消耗酸少,副产品硫铵是制取氮磷复合肥料的原料。

(a) 基本原理。该法充分利用废气中的氧足以将吸收塔中的吸收液 $(NH_4)_2SO_3$ 全部氧化成 $(NH_4)_2SO_4$ 这一特点。为了促进吸收塔内的氧化,在吸收塔的设计和操作条件上,选取易吸收氧的设备,如填料塔,塔内的气速和溶液的浓度控制得低些,吸收液温度高些;采用催化氧化物质,如活性炭、锰离子等都有促进氧溶解和亚硫酸盐氧化的效能,但是会降低 SO_2 的吸收能力。为保证 $(NH_4)_2SO_3$ 全部氧化,在吸收塔后再设立氧化塔,在氧化塔前用 NH_3 与 NH_4HSO_3 充分作用,使之全部变成 $(NH_4)_2SO_3$,防止 SO_2 从溶液中逸出。

(b) 工艺流程。其工艺流程包括吸收、氧化、过滤、结晶分离、干燥5步。

吸收塔采用填料塔,以提高吸收液的氧化能力,并采用一些增氧措施。

氧化塔内增设旋转雾化器,以产生较多的微气泡,增加空气和溶液的接触面,提高氧化能力。用于氧化的压缩空气,需加湿到饱和,防止雾化器出现 $(NH_4)_2SO_4$ 结晶。

氧化后的溶液用 NH_3 来调整 pH 值,使溶液呈碱性。溶液中的 V、Ni 和 Fe 等重金属以氢氧化物沉淀的形式经过滤除去;溶液中的 NH_3 用 H_2SO_4 中和为 $(NH_4)_2SO_4$;其母液经浓缩、结晶、分离、干燥可得硫铵产品。

(3) 钠碱吸收法 钠碱法采用 Na_2CO_3 或 $NaOH$ 来吸收废气中的 SO_2,并可获得较多的高浓度 SO_2 气体和 Na_2SO_4。

钠碱比其他碱性吸收剂具有更多的优点:①吸收剂在洗涤过程中不挥发;②具有较高的溶解度;③不存在吸收系统中结垢、堵塞等问题;④吸收能力高。

根据吸收液的再生方法不同分为:亚硫酸钠循环法——热再生,吸收剂循环使用；钠盐-酸分解法——吸收液酸分解，吸收液直接加工成产品。

① 亚硫酸钠循环法。工艺原理：该法是利用 NaOH 或者 Na₂CO₃ 溶液作为初始吸收剂，在低温下吸收废气中的 SO_2，并生成 Na_2SO_3；Na_2SO_3 再继续吸收 SO_2 生成 $NaHSO_3$；将含 Na_2SO_3 和 $NaHSO_3$ 的吸收液热再生，释放出 SO_2 纯气体，可进一步制成硫酸和硫酸盐产品；加热再生过程中得到的 Na_2SO_3 经固液分离，并用水溶解后返回吸收系统。

② 亚硫酸钠法。该方法和亚硫酸钠循环法一样，都采用 NaOH 或者 Na₂CO₃ 溶液作为吸收剂，但循环液不循环使用，而是加工成产品——亚硫酸钠，它是一种化工原料，广泛用作织物、化纤、造纸工业漂白剂、照相显影材料及还原剂等。亚硫酸钠法的工艺流程如图 3-10 所示。

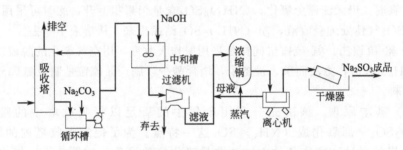

图 3-10 亚硫酸钠法工艺流程

亚硫酸钠法适用于处理含低浓度 SO_2 的废气。亚硫酸钠法有多种工艺流程，但基本都包括 SO_2 吸收、$NaHSO_3$ 中和及无水 Na_2SO_3 的结晶制备 3 个工序。

由于吸收 SO_2 的过程，溶液中的 H^+ 不断增加，使 pH 值下降。为保证产品 Na_2SO_3 的质量，吸收液出塔的 pH 值应保持在 5.0～6.5 以下才不致使废气中的 CO_2 被吸收生成 Na_2CO_3。

中和结晶过程中，用 NaOH 溶液中和吸收液中的 $NaHSO_3$，使 pH=7，并以蒸气加热驱赶 CO_2；然后加入适量的 Na_2S 溶液，以进一步除去 Fe 和重金属离子。继续加碱中和至 pH=12，并用少量活性炭脱色，过滤后即得到含 21% Na_2SO_3 的清液，离心分离得到含结晶水 2%～3% 的亚硫酸钠晶体，母液再循环使用。用热空气烘干 Na_2SO_3。

(4) 双碱法　双碱法首先采用 Na₂CO₃、NaOH 或 Na_2SO_3 来吸收废气中的 SO_2；然后吸收 SO_2 的溶液与石灰或石灰石进行反应，生成 $CaSO_3$ 或 $CaSO_4$ 沉淀；再生后的 NaOH 溶液返回洗涤器或吸收塔更新使用。该法的特点是吸收过程中不生成沉淀物，吸收效率高，但碱耗量大。双碱法有钠碱双碱法、碱性硫酸铝-石膏法等。其中应用较多的是钠碱双碱法。

该方法是采用钠化合物（NaOH、Na₂CO₃、Na_2SO_3）作为第一碱，吸收废气中 SO_2 后的吸收液用石灰或石灰石作第二碱进行再生，制得石膏。再生后的溶液继续循环使用。如图 3-11 所示。

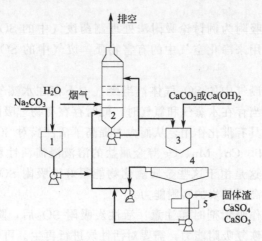

图 3-11　钠碱双碱法工艺流程图
1—配碱槽；2—洗涤器；3—再生槽；4—增稠器；5—过滤器

　　吸收过程的化学反应与亚硫酸钠法相同，可获得组成为 Na_2SO_3-$NaHSO_3$ 的吸收液。由于废气中氧的存在，有 5%～10% 的 Na_2SO_3 被氧化成 Na_2SO_4；由于 Na_2SO_4 的不断积累，会降低吸收液对 SO_2 的吸收率，故必须不断从系统中排除 Na_2SO_4。

　　（5）吸附法除二氧化硫　SO_2 是一种容易被吸附的气体。常用活性炭、活化煤、活性氧化铝、沸石、硅胶等作吸附剂吸附，吸附过程有物理吸附和化学吸附，通过加热或者减压来将已被吸附剂吸附的 SO_2 解吸出来。

　　影响 SO_2 吸附回收的因素有以下几种。

　　① 废气中水和氧的含量。当废气中含有水和氧气时，被吸附的 SO_2 与 O_2 发生作用生成 SO_3，有水时，SO_3 生成 H_2SO_4，增加了 SO_2 的吸附量；如果没有水和氧存在，SO_2 的吸附量很小。

　　② 温度影响。物理吸附对温度的依赖关系很大，温度低时吸附量大，反之则吸附量小。

　　③ 添加剂。用一些对 SO_2 起氧化催化作用的金属盐溶液来处理吸附剂，能提高吸附剂的吸附能力。如用 Ca、Fe、Ni、Mn 和 Ce 的金属盐溶液浸渍活性炭，能提高它对 SO_2 的吸附能力。

　　④ 吸附剂的种类。SO_2 可被多种吸附剂吸附，其吸附容量各不同。活化煤的吸附容量一般只为 0.3g/1000g 活化煤；而活性炭的吸附容量较大，达到 120～150g/1000g 活性炭；硅胶的吸附容量约为 40g/1000g 硅胶；合成沸石的吸附容量最大，可达 290g/1000g 分子筛。

　　实际上活性炭的应用最广泛。近年来新研究出来的硅沸石（增水分子筛）对

SO_2 的吸附有特殊的功效，它可在 N_2、O_2、CO_2 等多种气体存在时，选择性地吸附 SO_2。

在此以活性炭吸附为例讨论吸附法处理制药废气中的 SO_2。活性炭是一种良好的吸附剂，常用来净化空气中的有害物质，废气中的 SO_2 气体经常用活性炭吸附去除。

用活性炭吸附废气中的 SO_2 气体，当废气中不存在水蒸气和氧时，其吸附仅为物理吸附，但当存在水蒸气和氧气时，同时存在有物理吸附和化学吸附。这是由于活性炭表面具有催化作用，从而大大提高了活性炭对 SO_2 的吸附容量。

用 Cu、Fe、Ni、Co、Mn、Ce 等金属盐的溶液浸渍活性炭，可提高活性炭吸附 SO_2 的能力，这是由于这些金属氧化物能很好地吸附 SO_2，并催化 SO_2 的氧化反应，从而提高活性炭的吸附能力。

在应用活性炭作吸附剂时需注意：活性炭吸附 SO_2 后，降低了它吸附 SO_2 的能力，为了使其恢复吸附能力，需要对活性炭进行再生。再生的方法主要有加热再生法和洗涤再生法两种。同时可以考虑 SO_2 和其他副产物的利用。

3.5.1.2　硫化氢的治理

目前，国内外处理硫化氢废气的方法很多，根据其弱酸性和强还原性而进行的处理可分为干法和湿法。干法是利用硫化氢的还原性和可燃性，以固体氧化剂或吸附剂来处理进而直接燃烧。湿法按其所用的不同脱硫剂分为液体吸收法和吸收氧化法两类。液体吸收法中有利用碱性溶液的化学吸收法和利用有机溶剂的物理吸收法以及物理化学吸收法。吸收氧化法主要利用各种氧化剂、催化剂进行处理，这些方法都能得到硫、硫酸或硫铵等副产物。对于硫化氢的处理，近代发展较快，其中微生物处理法的应用，愈来愈受到重视。

处理方法的选择应根据具体废气的来源和其他杂质情况及处理的具体要求等确定。对于制药行业的含硫化氢废气，多采用吸收法或者吸收氧化法及微生物处理法等技术来净化处理。具体处理方法的选择要根据制药生产中产生废气的具体情况和制药企业的客观条件来决定。

(1) 液体吸收法　液体吸收法由于占地面积小、运行费用低，故受到较大的重视，特别与干法除硫化氢相比在经济上具有突出的优点。

① 乙醇胺法。利用乙醇胺易与酸性气体反应生成盐类、在低温下吸收、在高温下解吸的性质可脱除 H_2S 等酸性气体。常用一乙醇胺（MEA）和二乙醇胺（DEA）等，并分别称为 MEA 法和 DEA 法。

乙醇胺类化合物分别有一个以上的羟基和氨基，羟基能降低化合物的蒸气压力并增加在水中的溶解度；而氨基在水溶液中提供了所需要的碱度，以促使对酸性气体 H_2S 的吸收。如一乙醇胺水溶液吸收 H_2S 所发生的化学反应如下：

$$2HOCH_2CH_2NH_2 + H_2S \longrightarrow (HOCH_2CH_2NH_3)_2S$$

$$(HOCH_2CH_2NH_3)_2S + H_2S \longrightarrow 2HOCH_2CH_2NH_3HS$$

生成的这些化合物的蒸气压随温度的增加而迅速增加，加热能使被吸收的气体从溶液中蒸出。

吸收液的浓度根据对设备的腐蚀性和操作经验来选择，一乙醇胺一般为15%～20%，二乙醇胺常采用10%～30%。

含 H_2S 的气体与吸收液逆流接触通过吸收塔。从吸收塔底部流出的富液与从解吸塔底部流出的贫液换热从而被加热，然后流入解吸塔顶部；在换热器内部冷却了的贫液用水和空气进一步冷却后，从吸收塔顶部加入。从解吸塔顶部释放出的 H_2S 气体，经冷却后冷蒸出大部分水蒸气，冷凝液或纯水连续加入回流，以防胺溶液不断蒸浓。

一乙醇胺溶液（MEA）是吸收 H_2S 较好的溶剂，因为它价格低，反应能力强，稳定性好，且易回收。但蒸气压高，溶液损失大。可采用简单的水洗法从气流中吸收蒸发的胺来回收。

② 氨水吸收法。氨水具有弱碱性，故能吸收酸性 H_2S 气体，当把吸收液加热到95℃时又释放出 H_2S，氨水循环再回用。降低温度、提高压力、增加氨水浓度，有利于 H_2S 的吸收。脱除出来的氨和 H_2S 气体采用化学分离法分离，并进一步加工可回收 $(NH_4)_2SO_4$ 等产品。

氨水选择性吸收 H_2S 的方法，按操作方法不同可分为不循环、部分循环和全循环3种流程。全循环法不要求气相中含有吸收 H_2S 的氨气。与氨脱除设备无关，可独立操作，有利于酸性气体与氨分别加工。在3种方法中，H_2S 的选择性吸收程度取决于气-液接触方式，最大选择性的基本要求是较大的相对速度与气液间的密切接触。故各种流程中均设有 H_2S 选择性吸收器，使 H_2S 的脱除更完全，并由于 NH_3 与 H_2S 化合而不与 CO_2 化合，因此可以更好地加以利用。

氨水吸收设备简单，脱硫剂价廉，但该法脱硫效率尚不够高，有一定的局限性，只达到70%～80%。

（2）有机溶剂物理吸收法　气体中 H_2S 浓度很高时，采用有机溶剂物理吸收 H_2S 的方法，然后降低 H_2S 的分压即可解吸，而不必加热，克服了热再生的化学吸收法成本高的缺点。大多数有机溶剂能选择性地从 CO_2 中吸收 H_2S 气体，常用的方法是冷甲醇法、N-甲基-2-吡咯烷酮法、碳酸丙烯酯法等。

物理吸收法流程简单，只需吸收塔、常压闪蒸罐和循环泵，不需水蒸气和其他热源。

冷甲醇法是在低温（20～75℃）和高压（2.2MPa）下吸收 H_2S，能耗低，溶剂的蒸发损失少，能产出含水极少的 H_2S 气体产品。

N-甲基-2-吡咯烷酮法：第一段吸收 H_2S，第二段吸收 CO_2 以进行选择性脱硫，特别适用于 CO_2 存在的情况下，选择性地吸收 H_2S。酸性气体不会使溶剂降解。

(3) 微生物法　利用微生物处理 H_2S 等有害气体的方法近些年发展较快，取得很好的应用成果。例如联邦制药（成都）有限公司主要生产抗生素。制药生产废气的主要成分有 H_2S、NH_3，还含有少量的硫醇、硫醚、有机溶剂等恶臭物质。为处理这些有害及恶臭废气，联邦制药建造了废气处理工程。经过试运行，其处理效果好，通过环保检测，达到设计要求和环保标准，联邦制药（成都）有限公司正式启用。

生产中产生的含硫化氢等恶臭及有害废气被收集后，通过管道进入加湿塔加湿，然后进入生物净化器。生物净化器内装有填料。填料在预处理时，与优选的菌种混合，经培养使得填料上附着大量的微生物，并形成生物膜。废气进入生物净化器后，微生物将废气硫化氢转变为硫磺、亚硫酸、硫酸。通过对填料每天的定时冲洗，硫酸随水清洗到水中。由于其浓度低，清洗水可以直接进入水处理池。用于冲洗的水泵不需要连续运行，每天 $1 \sim 2$ 次，每次 $10min$ 即可，冲洗水可以中和后再循环使用。

当废气浓度高时，微生物可以将部分恶臭硫化物转变为硫磺，储存于细胞内；当废气浓度低或停机时，存于细胞内中的硫磺还可以作为微生物的能量被分解成亚硫酸、硫酸。所以，微生物有自适应能力，同时，生物净化器有一定的抗冲击能力，废气浓度变化将不影响生物净化器的处理效率。

此生物处理废气工程设计，采用集中式设计，即将生产废气进行分散采集，送入高效生物净化器中集中处理、集中排放。废气处理能力可达到 $24000m^3/h$。

3.5.2　含氮氧化物废气治理

氮氧化物主要包括 NO、NO_2 等，可用代表性的符号 NO_x 表示，含氮氧化物废气的性质主要为酸性、还原性及氧化性等。从其性质考虑，对含氮氧化物废气的治理可以有多种方法，对制药废气中的含氮氧化物废气的处理，常采用液体吸收法和固体吸附法。

3.5.2.1　液体吸收法

(1) 水吸收法　用水吸收 NO_2 时，水相 NO_2 反应生成 HNO_3 和 HNO_2。通常情况下生成的 HNO_2 很不稳定，并很快发生分解生成 HNO_3、NO 和 H_2O。常压下水不吸收 NO，并且在水吸收 NO_2 时还放出部分 NO，因此，用水净化 NO 时，气体净化效率有一定的局限性，尤其是 NO 含量达 95% 的废气，不适宜用水吸收。但可采用强化吸收或延长吸收法以提高其 NO_x 的回收效率。

(2) 酸吸收法

① 稀硝酸吸收法。由于 NO 在稀硝酸中的溶解度比在水中大得多，故可用稀硝酸吸收 NO 废气进行物理吸收，一般 NO 在浓度为 12% 的硝酸中溶解度比在水中大 100 倍以上。用作吸收剂的硝酸事先要用空气将其中溶解的 NO 吹除，

脱除 NO 后的硝酸称为漂白硝酸。

影响吸收效率的主要因素如下。

(a) 温度。温度升高,吸收效率下降。$10\sim30℃$ 时,吸收效率达 80%;$30℃$ 时吸收率降到 50%;而 $38℃$ 时降到 20%。

(b) 硝酸浓度。实验证明,硝酸浓度不同,对氮氧化物的吸附效率不同。硝酸浓度为 $15\%\sim30\%$ 时吸收效率较高。

(c) 硝酸中 N_2O_4 含量。硝酸中 N_2O_4 含量增高,吸收效率降低,所以作为吸收剂的硝酸应尽量除去其中的 N_2O_4,使其含量尽可能低。

(d) 气体流速。在吸收温度和液气比相同时,随着气速的上升,NO_x 吸收效率下降。

(e) 压力。压力对吸收效率影响很大,实验研究证明,提高吸收系统的压力是提高 NO_x 吸收效率的一个重要方面。

该法工艺流程简单,操作稳定,易于控制,可将 NO_x 回收为硝酸,是一个较为经济合理的方法。但其气液比较小,酸循环量大,能耗较高。而且该法要求压力高,使得此法在我国废气处理中应用于制药企业处理 NO_x,技术上和经济上都有一定的困难,目前制药企业较少使用。

20 世纪 80 年代,美国提出一种催化剂吸收法,即用硝酸在装满起催化作用填料的填料塔中吸收 NO_x 的流程。含有 NO_x 的废气进入催化吸收塔中,与来自解吸塔并经冷却后的"漂白"硝酸在起催化作用的填料上逆流接触,将 NO_x 回收为 HNO_3。此法适应于含 NO_x 废气的处理,甚至含 NO_x 较低时,可在常压下处理 NO_x,经处理后成为硝酸,再综合利用。

② Bolme 法。用 $25\%\sim30\%$ 的常温硝酸洗涤含 NO_x 的废气,该方法的原理可用下列方程式表示:

$$2NO+O_2 \longrightarrow 2NO_2$$
$$2NO_2+H_2O \longrightarrow HNO_3+HNO_2$$
$$3HNO_2 \longrightarrow HNO_3+H_2O+2NO$$

(a) 吸收。用 $25\%\sim30\%$ 的常温硝酸来洗涤含 NO_x 的废气,洗涤后的废气含氮氧化合物不超过 $150\mu L/L$;再进入第 2 清洗区用水清洗。从第 2 清洗区排出的液体可循环作为吸收液使用。

(b) 利用。吸收后得到的硝酸液可以综合利用。

(3) **碱液吸收法** 碱性溶液与 NO_x 反应生成硝酸盐和亚硝酸盐,与 N_2O_3 $(NO+NO_2)$ 反应生成亚硝酸盐。

当用氨水吸收 NO_x 时,挥发的 NH_3 在气相中与 NO_x 和水蒸气反应生成铵盐。

这些气相中生成的铵盐是气溶胶微粒,不易被水或碱液吸收,逸出的铵盐形成"白烟",吸收液生成不够稳定,当浓度较高且吸收热超过一定温度,或溶液

pH 值不合适时，会发生剧烈的分解甚至爆炸。因而，用氨水吸收 NO_x 的实际应用受到了很大的限制。

通常将 NO_2 在 NO_x 中所占的比例称为氮氧化物的氧化度，当氧化度＞50％～60％（$NO_2/NO_x = 1～1.3$）时吸收速度最大，吸收效率也最高。这是由于 $NO + NO_2$ 生成 N_2O_3 溶解度较大的缘故。如果氧化度＜50％，多余的 NO 不能单独被吸收，所以碱液吸收法不适应处理 NO 比例占很大的 NO_x 废气。

工业上多采用氢氧化钠和碳酸钠，尤以碳酸钠应用较多，但碳酸钠的处理效果不如氢氧化钠，原因在于：①碳酸钠吸收 NO_x 的活性小于氢氧化钠的活性；②碳酸钠吸收 NO_x 的同时产生 CO_2 气体，影响氮氧化物的溶解吸收，其中对三氧化二氮影响最大。氢氧化钠吸收 NO_x 时，则不产生气体。

在实际的废气处理工作中，常用 30％以下的 NaOH 或者 10％～15％的 Na_2CO_3 溶液吸收氮氧化物，采用的设备为 2～3 个串联的填料塔或筛板塔。所得到的吸收液（$NaNO_2$）浓度一般达到 35％，可直接用于染料生产，或者制取亚硝酸钠。

应用碱吸收法处理制药生产中含 NO_x 的废气时，要具体考虑多种因素，例如生产规模、含 NO_x 废气量的多少、含 NO_x 废气的浓度等因素，在此基础上确定是否需要回收亚硝酸盐或硝酸盐副产物；如果不考虑回收副产物，可否直接排放。然后再考虑设备选型或者设备的设计制造。

3.5.2.2 固体吸附法

利用固体吸附剂吸附处理制药废气中的氮氧化物，可以达到较高的净化程度，并进而可将较高浓度的氮氧化物回收利用。常用的固体吸附剂有分子筛、硅胶、活性炭、含氨泥煤等。

(1) 分子筛吸附　利用分子筛处理含氮氧化物的废气有很好的发展前景。据资料报道，此法处理，可将氮氧化物的浓度由 1500～3000μL/L 降到 50μL/L，处理效率较高。用作吸附剂的分子筛有氢型丝光沸石、氢型皂沸石、脱铝丝光沸石等。其中丝光沸石是一种常用的分子筛，具有很多空隙，因而有很大的比表面积，一般为 500～1000m²/g，可以选择性地吸附氮氧化物。

工艺流程要点：在实际使用中，一般采用 2～3 个吸附器，以便交替吸附和再生。含 NO_x 0.35％～0.38％的硝酸尾气经第一、第二氨冷器冷到（10±2）℃和各种的分离器后，其气体自下而上进入吸附器，经吸附净化后的废气由排气筒放空。净化气中 NO_x 升到规定转换浓度 400μL/L 时，切换再生尾气进入另一吸附器。

再生时用空气间接加热到 350℃±20℃ 或 400℃±20℃，由上而下将床层再生。控制床层下部温度为 90℃（或 50℃）时，利用空气净化气将床层的蓄热传到床层下部，可使床层达 300℃，将吸附的 NO_x、水和硝酸解吸，自吸附塔出

来的解吸气中 NO_x 低于 $400\mu L/L$ 时，改用吸附后的低温净化气冷却至常温，即可转入吸附，于是构成吸附再循环。

吸附的影响因素主要表现在以下几方面。

① NO_x 浓度对转效时间和吸附量的影响。自开始吸附到吸附后净化气中 NO_x 含量达到规定的浓度，这段时间称转效时间；单位重量吸附剂在转效时间内吸附 NO_x 的量称为转效吸附量。一般随着 NO_x 浓度的增加，转效时间缩短，吸附容量下降。这是由于绝热吸附使废气中 NO_x 浓度增高，吸附过程放出的热量增加，床层温度随之升高，吸附容量下降。

② 废气中水汽含量的影响。实际吸附过程中，干燥废气比潮湿废气的吸附容量高得多，这是由于水的极性比 NO_x 强。水分子可先被沸石吸附，占据了部分表面，减少了对 NO_x 的吸附量。

③ 空速和温度对吸附量的影响。不同空速和进气温度下的吸附容量为：在相同温度下，空速增大，吸附容量下降，因为缩短了气体与吸附剂的接触时间而使床层"穿透"提前，转效时间缩短从而使吸附容量下降。在相同空速下，温度升高，吸附容量下降。

④ 再生床层温度对吸附量的影响。再生温度低，解吸不完全，造成下一循环吸附量下降。

⑤ 再生气温度的影响。由于增温，床层吸附的水分及生成的硝酸量增加，它们较 NO_x 更难解吸，加热时间长，增加了热能消耗还降低了吸附量。

(2) 活性炭吸附法　活性炭对低浓度 NO_x 有很高的吸附能力，其吸附量超过分子筛和硅胶，解吸后的 NO_x 可以回收。它能吸附 NO_2，还能促进 NO 氧化成 NO_2。利用特定的活性炭可以将 NO_x 还原为 N_2。

影响活性炭吸附的因素如下。

① 氧含量。NO_x 废气中氧含量大，则净化效率高。当 NO_x 废气中氧含量为 0 时，则 NO_x 的出口/入口浓度之比接近于 1；而 NO_x 废气中氧含量为 20％时，经过相同的时间，其 NO_x 的出口/入口浓度比接近于 0。含氧量高时有利于活性炭促进 NO_x 氧化还原作用，如 NO 氧化为 NO_2。

② 水分。水分的存在有利于活性炭吸附 NO_x，当湿度大于 50％时，这种影响更为显著。

③ 吸附温度。降低温度有利于活性炭对 NO_x 的吸附。

④ 接触时间和空塔速度。接触时间长有利于活性炭对 NO_x 的吸附。而加大空塔速度，就是减少接触时间，因而不利于吸附。

3.5.2.3　综合处理法

结合液体吸收法的优点和固体吸附法的优点，采用液体吸收和固体吸附相结合的方法，在吸收过程中既有物理过程，又有化学过程，可以很好地提高对氮氧化物的处理效率。

3.5.3 含氯及氯化氢废气的处理

按照废气中氯含量的高低分为 5 种情况：①氯含量小于 $1\mu L/L$，无害，不需处理。②氯含量在 $1\sim104\mu L/L$ 之间，有害，常用水或碱处理，或者水-碱联合处理。由于氯的浓度低，不需回收再利用。③氯含量在 $1\times10^4\sim2\times10^5\mu L/L$ 之间，毒性大，严重影响人及其他生物的健康和生命，应回收利用。例如，用碱吸收制取次氯酸和漂白剂，氯化亚铁溶液或铁屑吸收制取三氯化铁，还可用溶剂法、吸附法处理，均可综合利用。④氯含量在 $20\%\sim70\%$ 之间，对人和其他生物造成严重危害，必须回收或综合利用。⑤含氯量高于 70%，可直接返回氯化反应循环利用或者储备利用。

3.5.3.1 按废气量大小选择合适的净化方法

对于高含量的含氯废气可采用压缩冷冻法、燃烧-水吸收-电解盐联合法、氯化亚铁溶液吸收-高温氧化三氧化铁联合法。对于中等气量的含氯废气采用氢氧化钙吸收-酸分解联合方法、溶剂吸收法、固体吸收法。对于小气量的含氯废气采用碱液吸收法、溶剂吸收法、固体吸收法、$Ca(OH)_2$ 吸收-酸分解联合法。

究竟采用哪种方法，要根据含氯废气的组成、浓度、气量大小、各工厂企业的设备技术条件以及当地环境保护的具体要求和情况，在进行科学试验的基础上，进行技术论证和分析，从而选取合适的处理方法。

在可能的条件下，要做到净化与综合利用同时进行，尽可能将废气中的氯转化成有用的含氯产品。

净化含氯废气的液体吸收法有水吸收法、碱液吸收法、氯化亚铁溶液或铁屑吸收法、溶剂吸收法等。

① 水吸收法。氯气在水中的溶解度取决于氯气的分压和溶液中氯的摩尔分子数，当增加氯的分压和降低温度（不低于零度）时，就能增加氯在水中的溶解度。国外多采用低温高压水吸收氯气，然后用加热和减压的方式来解吸回收氯气，如英国采用加压水吸收-减压解吸系统，水温维持在 $10\sim100℃$ 之间，对氯-CO_2 混合气体的 CO_2 分压 $<0.15MPa$ 与水接触，氯形成氯-水溶液，然后降低系统压力使氯从氯-水溶液中释放出来，残余的氯-水溶液返回吸收系统循环利用。

由于氯-水系统带压操作，对设备的要求较高，国内在有条件的情况下，可以采用加压水吸收法回收氯气的工艺。

用水吸收处理低浓度含氯废气的工艺相对较为简单，完全适合中国国情。

② 碱液吸收法。碱液吸收是我国制药工业和化学工业当前处理含氯废气的主要方法，常用的吸收剂有 $NaOH$、Na_2CO_3、$Ca(OH)_2$ 等碱性水溶液或浆液。吸收过程中能使废气中氯有效地转变为副产品——次氯酸盐。因此，只要溶液中有足够的 OH^-，氯的溶解、吸收就将继续下去，因此，碱液吸收含氯废气的效

率较高，可达到99.9%。

在一定温度下，碱液吸收氯气的吸收速率取决于碱溶液的浓度或者pH值。

碱液吸收的设备常有填充塔、喷淋塔、波纹塔、旋转塔等，吸收后的出口氯气含量可小于10μL/L。随着吸收过程pH值的降低，溶液中次氯酸盐和金属氯化物浓度的提高，应定期抽出合格的次氯酸盐溶液，并补充新鲜碱液，以保证在较高pH值下吸收氯，并防止吸收液中盐结晶而造成管道堵塞。

由于碱液吸收效率高，吸收速率较快，工艺设备比较简单，价格低廉，并且回收废气中的氯可制取中间产品，因此在制药工业生产的废气处理中，得到采纳应用。与此同时，也需考虑次氯酸盐易分解，会造成二次污染，因此对该产品的综合处理及利用是很重要的。

（a）碳酸钠溶液吸收含氯废气制取次氯酸钠。例如，含氯废气可在波纹填料塔内逆流吸收，生成副产品次氯酸钠。含氯废气从塔底部进入，与自上而下的喷淋水逆流洗涤，除去含尘的固体和盐酸雾，并降低气温。经洗涤后的含氯废气送入波纹板塔底部，被自上而下的含Na_2CO_3溶液逆流吸收，碳酸钠溶液在塔内通过循环泵进行循环，直到碳酸钠含量只有15～20g/L时，由吸收液可制取次氯酸钠和氯化钠。采用的波纹板塔层数、波纹板填料的规格和比表面均根据制药生产中产生含氯废气的具体情况进行设计，孔隙率可高达95%，阻力小，动力消耗低，在波纹板塔上部还应设有小波纹板，目的是除盐酸酸雾并进行气液分离。

利用波纹填料塔、碳酸钠溶液吸收氯气的效率很高，可以达到99%以上。碳酸钠溶液吸收含氯废气工艺流程如图3-12所示。

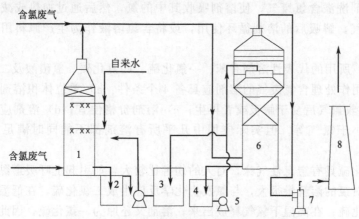

图3-12 碳酸钠溶液吸收含氯废气工艺流程
1—淋洗塔；2—水封槽；3—成品槽；4—碱液槽；5—循环泵；
6—吸收塔；7—风机；8—烟囱

（b）Ca(OH)₂乳液吸收含氯废气。制药工业可利用$Ca(OH)_2$乳液吸收含氯废气，其副产物可得到漂白液、漂白粉和漂白精等不同有效氯含量的漂白剂。

要通过 $Ca(OH)_2$ 乳液吸收含氯废气制取漂白剂，对 $Ca(OH)_2$ 乳液要求含 $Ca(OH)_2$ 量很高，而 $CaCO_3$ 含量应小于 5%，Mg 和 Si 的氧化物含量小于 1%，Mn 和 Fe 的氧化物不得超过痕迹量。

吸收操作的要点在于：在反应塔中，石灰乳从塔顶向下流动，与逆流向上的含氯废气接触反应，石灰乳经多次循环吸收，直至 CaO 含量为 $2\sim4g/L$ 为止，经澄清后，其上清液即为漂白液产品。这是废物利用的有代表性的实例。

③ 氯化亚铁溶液或者铁屑吸收法。用氯化亚铁溶液或者铁屑吸收含氯废气，可制得三氯化铁产品。由具体工艺考虑，分为两步氯化法和一步氯化法。

两步氯化法第一步氯化是用铁屑与浓盐酸反应，或者铁屑与三氯化铁溶液反应生成中间产品氯化亚铁溶液；第二步氯化是用氯化亚铁溶液吸收含氯废气中的氯，生成三氯化铁产品。两步氯化法反应过程中会逸出氢气、氯化氢气等，可通过水洗后排空。第一步氯化的产物氯化亚铁溶液，经过 3 个串联的含氯废气吸收塔吸收氯气，氯化亚铁几乎全部转变为三氯化铁溶液。需要注意，氯化亚铁易于由溶液中结晶析出，如果储存，需夹套保温，或用蒸汽加热。

一步氯化法是将含氯废气直接通入反应塔中，使铁、氯和水一步合成三氯化铁水溶液。其优点在于避免了两步法复杂的工艺流程，消耗大量的盐酸，且氢气不能回收。再者，为防止氯化亚铁结晶析出，两步法需消耗蒸汽。一步氯化法是将含氯废气通过 $2\sim3m$ 高的水浸泡铁屑反应塔，即可反应完毕。一步法反应速度快，对含氯废气的处理效率高，是值得推荐的方法。

④ 溶剂吸收法。所谓溶剂吸收法处理含氯废气是指使用除水以外的有机或无机溶剂洗涤含氯废气，使溶剂吸收其中的氯，然后通过加热或减压解吸溶剂中的氯气，解吸后的溶剂循环使用，或将含氯溶液作为生产原料用于生产过程中。

目前，所用的代表性溶剂有苯、一氯化硫、四氯化碳、氯磺酸及二氯化碘水溶液等。用作处理含氯废气的溶剂应具备 4 个条件：a）单位体积溶剂溶解氯量大；b）吸收氯气后易于解吸或者再生；c）溶剂价格便宜；d）溶剂应无毒或者毒性大大小于氯气等。但实际应用中几乎所有溶剂都不能同时满足上述 4 个条件。

一氯化硫具有窒息性气味，对人的伤害比较大，如引起上呼吸道黏膜的刺激等。但它对氯的溶解量很大，与氯发生化学反应生成二氯化硫，在低温下继而又生成四氯化硫；在高温下氯气释放出来，溶剂又还原为一氯化硫，因此，用它来处理含氯废气，其回收率可达近 100%。

在实际应用中，一氯化硫溶剂处理含氯废气时，可采用装有拉西环的填料塔，本方法的优点是由于一氯化硫和氯气结合得很好，故吸收剂用量少，解吸塔加压，可直接得液氯，消耗动力少。由于一氯化硫和二氯化硫是刺激性物质，很难防止其泄漏，具体操作要求较高，操作难度较大。

3.5.3.2 含氯化氢废气的净化与综合利用

(1) 含氯化氢废气的净化 氯化氢在水中的溶解度相当大,一体积的水能溶解 450 体积的氯化氢,对于浓度较高的氯化氢废气,用水吸收后可降至 0.1% ~ 0.3%。含氯化氢 3.15mg/m³ 的废气,水吸收后可降至 0.025mg/m³,吸收率可达 99.9%。水吸收氯化氢是一个放热过程。因此,在用水吸收后,吸收液的温度会升高,从而增高水面上的氯化氢分压,此时需要用冷却的方式移去溶解热以提高吸收率。

水吸收含氯化氢后的废气可直接制取盐酸或形成废水中和排放。前者适用于氯化氢浓度较高的废气,其吸收设备有喷淋塔、填料塔等。处理含氯化氢浓度较高或较低的废气,需酌情选择合理的设备。处理含氯化氢的废气常采用水流喷射泵,它同时具有抽吸和洗涤吸收两种作用。

由于水价廉无毒,水吸收的设备和工艺流程都较简单,操作方便,水对氯化氢的溶解能力又很大,因此,无论是吸收后制取盐酸还是排放,水吸收都在处理制药工业含氯化氢废气上得到广泛应用,也是目前处理氯化氢废气的主要方法。

(2) 制药工业含氯化氢废气的综合利用 制药工业含氯化氢废气的综合利用主要包括如下 3 种形式。

① 水吸收副产盐酸。与化学工业生产盐酸不同,在大多数情况下,由水洗含氯化氢废气副产的盐酸,浓度是较稀的。近 20 年来国内外开发了许多副产盐酸的利用方法,如我国有的制药厂用水吸收含氯化氢的废气得到 15% 的稀盐酸,再将生产过程中逸出的氨通入盐酸中,得到氯化铵溶液,蒸发结晶出固体氯化铵。

随着工业水平的发展,副产盐酸的应用范围越来越大。可用副产盐酸与金属或其他氧化物反应生产相应的金属氯化物,可用于制造金属清洗剂以代替硫酸,可用来水解有机化合物,也可应用在磷酸生产方面等。

② 含氯化氢废气直接利用在药物合成中。某些药物中间体氯化过程产生的废气中,含有较高浓度的氯化氢,可用这种废气与其他化工原料直接反应,加工成相应的产品。如国内用甘油吸收氯化氢废气制取二氯丙醇,并可在催化剂作用下制取环氧氯丙烷、二氯异丙醇等。此外,含氯化氢废气可用来制取氯磺酸、二氯化碳等产品。

③ 利用含氯化氢废气生产氯气。近年来化学工业的有机氯化技术迅速发展,制药工业中氯化反应的应用大幅度增长,因此,对氯气的需求增长很快,开发生产氯的新方法或者综合利用很有必要。有机氯化过程中约有一半的氯转化为氯化氢,由含氯化氢的废气生产氯气的研究工作,既寻找了氯源,又保护了环境。氯化氢转化的方法有氯化法、电解法、硝酸氧化法等。

(a) 催化氧化法。100 多年前,欧洲开发了用空气中的氧在锰盐或氯化铜催化下,430 ~ 475℃ 的条件下,将 HCl 气氧化为 Cl_2 的方法。

20 世纪 60 年代以来，又研究了多种改进的方法。有些改进方法的反应速度大，氯化氢转化率高、催化剂寿命长、产品纯度高、成本低。有些改进方法的催化剂损失少，并可循环使用，而且对设备的腐蚀性小。

(b) 电解法。电解法的具体过程如下。

a) 吸收和增浓。把制药工业氯化过程中的含 HCl 废气引入吸收塔底部，而来自电解槽的稀电解液（约 20％的盐酸）进入吸收塔中部，水则从塔的上部流入。通过水的蒸发吸收释放出的溶解热，以水蒸气的形式与废气一起排出，同时除去了废气氯化氢中含有的气态有机物杂质。由吸收塔出来的 30％的盐酸与电解槽出来的另一部分 15％的稀盐酸配成 22％的盐酸，经过滤除去悬浮物后送去电解。

b) 22％的盐酸送入以特殊聚氯乙烯布作隔膜、石墨作电极的隔膜电解槽进行电解，盐酸经电化学作用从而分解为氯气和氢气，在阳极析出氯气，在阴极析出氢气。

22％的盐酸在电解槽内电解，至 20％时流出，并送到最初的废盐酸吸收塔，提浓到 30％并配制后送入电解系统。

c) 冷却与干燥。由电解槽出来的氯气和氢气的温度在 347～350K，都含有饱和的水蒸气和氯化氢气体，需要冷却和水洗。氯气在冷却塔内用循环水直接接触，并由石墨换热器移去冷凝热，以保持恒温。大部分蒸气被冷凝下来，HCl气体被吸收为 14％～16％的稀盐酸。此稀盐酸与来自最初的废 HCl 气吸收塔产出的 30％的盐酸配成 22％的盐酸进入电解槽电解。冷却并除去大部分水蒸气的氯气（纯度为 99.8％）用浓硫酸分两步进行干燥制得精制氯气。

氢气用类似氯气的方法冷却，用稀释的 NaOH 中和氢气中的少量氯化氢，得到精制氢气。

3.5.4 治理制药工业废气的发展

3.5.4.1 制药工业废气治理深化研究的必要性

随着社会的发展，人类的健康水平需要更高水平的保障。制药工业高速发展，但是在许多药物的生产中，会伴随产生硫氧化物、硫化氢、氮氧化物、氯化氢、氯气等，严重破坏生态环境，严重危及人类健康，成为环保治理的严重问题。同时，在许多药物生产中，会有品种繁多的有机物废气排放，有机废气的排放也一直是一个很突出的问题；深入研究还发现，一些有机物具有恶臭污染和有毒害的两重性，绝大多数有机废气对人体的健康有害，如有机废气通过呼吸道和皮肤进入人体后，能使人的呼吸、血液、肝脏等系统和器官造成暂时性和永久性病变，或者严重影响子孙后代，尤其是以苯并芘类多环芳烃为代表的多种具有致癌作用的有机物，能使人体直接或间接致癌，严重危害人类健康。有机废气还会造成严重的大气污染，破坏地球的自然环境，引起温室效应。一些有机物进入大气后，在一定条件下形成光化学烟雾，造成二次污染；更有一些有机物进入平流层后，在紫外线的照射下与臭氧发生光化学反应，造成臭氧层空洞。

鉴于制药工业产生的废气有巨大危害，严重危害人类健康，严重危害地球的生态环境，必须深入研究，强化对制药工业三废的处理。

3.5.4.2 我国近期制药工业废气治理实例

针对日益严重的废气对环境造成破坏的问题，制药企业和环保企业及研究单位，应用现代技术开发出新型的处理制药废气的高效能设备。

(1) 恶臭气体 UV 高效光解净化设备

① 工作原理。本产品利用特制的高能高臭氧 UV 紫外线光束照射恶臭气体，改变恶臭气体如氨、三甲胺、硫化氢、甲硫氢、甲硫醇、甲硫醚、二甲二硫、二硫化碳和苯乙烯，硫化物 H_2S、VOC 类，苯、甲苯、二甲苯的分子链结构，使有机或无机高分子恶臭化合物分子链在高能紫外线光束的照射下，降解转变成低分子化合物，如 CO_2、H_2O 等。

② 特色。

(a) 利用高能高臭氧 UV 紫外线光束分解空气中的氧分子会产生游离氧，即活性氧，因游离氧所携带的正负电子不平衡，所以需与氧分子结合，进而产生臭氧。$UV + O_2 \longrightarrow O^- + O^+$（活性氧），$O + O_2 \longrightarrow O_3$（臭氧）。众所周知臭氧对有机物具有极强的氧化作用，对恶臭气体及其他刺激性异味有立竿见影的清除效果。

(b) 能够高效除恶臭。挥发性有机物（VOC）、无机物、硫化氢、氨气、硫醇类等主要污染物，以及各种恶臭味，脱臭效率可达 99% 以上，脱臭效果大大超过国家 1993 年颁布的《恶臭污染物排放标准》（GB 14554—1993）。

(c) 利用高能光束裂解恶臭气体中细菌体内物质的分子键，破坏细菌的核酸（DNA），再通过臭氧进行氧化反应，彻底达到脱臭及杀灭细菌的目的。

(d) 无需添加任何物质。只需要设置相应的排风管道和排风动力，使恶臭气体通过本设备进行脱臭、分解、净化，无需添加任何物质参与化学反应。

(e) 适应性强。可适应高浓度、大气量、不同恶臭气体物质的脱臭净化处理，可每天 24h 连续工作，运行稳定可靠。

(f) 运行成本低。本设备无任何机械动作，无噪音，无需专人管理和日常维护，只需做定期检查；本设备能耗低，（每处理 $1000\text{m}^3/\text{h}$，仅耗电约 $0.2\text{kW} \cdot \text{h}$ 电能），设备风阻极低（<30Pa），可节约大量排风动力能耗。

(g) 无需预处理。恶臭气体无需进行特殊的预处理，如加温、加湿等，设备工作环境温度在 −30～95℃ 之间、湿度在 30%～98% 之间、pH 值在 3～11 之间均可正常工作。

(2) 高压紫光废气处理机 高压紫光废气处理机主要采用 30kV、60kV 的电磁场形成曲波格栅，脉冲、电晕产生的强紫光及臭氧对有害气体在燃烧室进行回弹氧化燃烧分解，从而变成一种无臭无害的碳粉末和气体，再在吸附床逐级电磁场碰撞、催化吸附、分滤的作用下，排出无色洁净气体。

（3）新型空气净化机　借鉴日立公司空气净化核心技术所研发生产的新一代空气净化机，该机将静电吸附粉尘、生物法分解化学异味、等离子体杀菌脱臭三大分解过滤净化技术集于一身，该机的设计既考虑到了异味气体的复杂性和多样性，也考虑了治理的全面性，是新一代治理有害废气的环保产品。该净化机采用大风量柜式结构，净化过程长，能有效去除粉尘颗粒，杀死细菌，达到十万级国家标准要求。

该设备主要包括 3 个系统：生物过滤系统、静电集尘预过滤系统和等离子催化净化过滤系统。静电集尘是利用极不均匀的电场，形成电晕放电，其中包含的大量电子和正、负离子在电场梯度的作用下，与空气中的微粒发生非弹性碰撞，从而附着在上面，使之成为荷电粒子。在外加电场力作用下，荷电粒子向集尘极迁移，最终沉积在集尘极上。

等离子催化净化过滤系统能够产生大量等离子体，高频放电产生瞬间高能量，能打开一些分子键很紧密的有害异味气体分子的化学键，使其分解成单质原子或无害分子；等离子体中包含大量的高能电子、离子、激发态粒子和具有强氧化性的氢氧自由基，这些活性粒子的平均能量高于气体分子的键能，它们和有害气体分子发生频繁的碰撞，打开气体分子的化学键，同时还会产生大量的·OH、HO_2·、·O·等自由基和氧化性极强的 O_3，它们与有害气体分子发生化学反应生成无害产物。在化学反应过程中，添加适当的催化剂，能使分子的化学键松动或削弱，降低气体分子的活化能从而加速化学反应。

（4）低温等离子废气处理设备　低温等离子体废气净化设备是在"等离子体"空气净化器的基础上发展起来的第二代"低温等离子体"系列产品，是目前国内外众多空气净化设备中最先进的一种处理设备。等离子体被称为物质第 4 形态，由电子、离子、自由基和中性粒子组成。依靠专利技术研发、制造的"低温等离子体"系列产品是利用螺旋微波低温冷光技术产生的高能离子束和电子束形成的低温等离子体。以每秒 300 万～3000 万次的速度反复轰击异味气体的分子，去激活、电离、裂解废气中的各种成分，从而发生氧化等一系列复杂的化学反应，再经过多级净化，将有害物转化为洁净的空气释放到大自然中。

低温等离子体空气净化设备的性能特点如下。

①"低温等离子体"设备属高新科技产品，自动化程度高，工艺简洁，操作简单、方便，无需专人看管，遇故障自动停机报警。

②节能。运行费用低廉，是"低温等离子体"专利的核心技术之一，处理 $1000m^3/h$ 臭气，耗电量仅 250W。

③适应范围广。在高温 250℃，低温－50℃的环境内，净化区均可运转，特

别是在潮湿，甚至空气湿度饱和的环境下仍可正常运行。

④ 设备使用寿命长。设备由不锈钢材、铜材、钼材、环氧树脂等材料组成，抗氧化性强，在酸性气体中耐腐蚀。使用寿命长达15年以上。

⑤ "低温等离子体"设备的使用电压在36V以下，安全可靠，对人体不构成伤害。

⑥ "低温等离子体"设备组合性强。可以串、并联混合应用，在处理高浓度异味气体时能发挥明显优势。

(5) 有机废气吸附＋催化一体化装置（图3-13） 该装置的性能特点如下。

① 产品设计采用了先进的技术，性能稳定、操作简便，无二次污染。而且设备占地面积小、重量轻。

② 采用新型的活性炭吸附材料——蜂窝活性炭，与颗粒状活性炭相比具有优越的动力学性能，更适合于大风量下使用。

③ 催化燃烧室采用陶瓷蜂窝体的贵金属催化剂，阻力小、活性高。当有机废气浓度达到$2000\mu L/L$以上时，系统可维持自燃。

④ 耗电量小。由于床层阻力小，采用低压风机就行。催化燃烧时，需电加热起动。有机物在催化床燃烧开始后，其燃烧热足以维持系统反应所需温度，此时电加热自动停止，电加热时间仅为1h。

⑤ 吸附有机污染物的活性炭床，可用催化燃烧后的废气进行脱附再生，脱附后的气体再送入催化燃烧室进行净化，不需外加能量，运行费用低，节能效果显著。

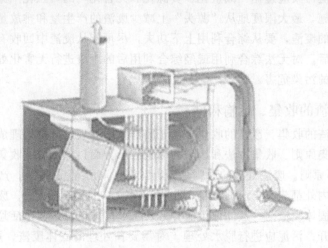

图3-13 有机废气吸附＋催化一体化装置运行示意

第4章
制药工业废渣处理

4.1 制药工业废渣处理概述

制药废渣是指在制药过程中产生的固体、半固体或浆状废物，是制药工业的主要污染源之一。在制药过程中，废渣的来源很多，如活性炭脱色精制工序产生的废活性炭，铁粉还原工序产生的铁泥，锰粉氧化工序产生的锰泥，废水处理产生的污泥，以及蒸馏残渣、失活催化剂、过期的药品、不合格的中间体和产品等。一般来说，药厂废渣的数量比废水、废气少，污染也没有废水、废气严重，但废渣的组成复杂，且大多含有高浓度的有机污染物，有些还是剧毒、易燃、易爆的物质。因此，必须对药厂废渣进行适当的处理，以免造成环境污染。

防治废渣污染应遵循"减量化、资源化和无害化"的"三化"原则。首先要采取各种措施，最大限度地从"源头"上减少废渣的产生量和排放量。其次，对于必须排出的废渣，要从综合利用上下功夫，尽可能从废渣中回收有价值的资源和能量。最后，对无法综合利用或经综合利用后的废渣进行无害化处理，以减轻或消除废渣的污染危害。

4.1.1 废渣的收集、运输和储存

（1）废渣的收集　废渣的收集有利于废渣集中处理，降低处理成本，本节将从废渣的收集原则、收集方法和废渣的标记三个方面讨论废渣的收集问题。

① 收集原则。废渣处理的原则是"谁污染，谁治理"。一般，产生废渣较多的工厂在厂内外都建有自己的堆场，收集、运输工作由工厂负责。废渣的收集原则是：危险固体废渣与一般固体废渣分开；工业固体废渣应与生活垃圾分开；泥态与固态分开；污泥应进行脱水处理。对需要预处理的固体废渣，可根据处理、处置或利用的要求采取相应的措施；对需要包装或盛装的废渣，可根据运输要求和固体废渣的特性，选择合适的容器与包装设备，同时附以确切明显的标记。

根据《中华人民共和国固体废物污染环境防治法》（以下简称《固体法》）第三十二条规定：企业事业单位对其产生的不能利用或者暂时不能利用的工业固体废物，必须按照国务院环境保护行政主管部门的规定建设储存或处置的设施、

场所。该条例明确规定了由企业事业单位负责处置其所产生的工业固体废物，亦是国外固体废物管理立法的通例，它有效地解决了工业固体废物的最终归宿问题，是控制工业固体废物污染环境的关键。

《中华人民共和国固体废物污染环境防治法》第五十条明确规定：收集、储存危险固体废物，必须按照危险固体废物特性分类进行。禁止混合收集、储存、运输、处置性质不相容而未经安全性处置的危险固体废物。禁止将危险固体废物混入非危险固体废物中储存。将危险固体废物混入非危险固体废物中储存，实质上是采取稀释的方式储存危险固体废物，其结果是非但没减少或减轻固体废物的危险性质、数量和体积，反而会使非危险固体废物转化为危险固体废物，从而增加了危险固体废物的数量，增大了其体积，使污染防治更为复杂和困难，并未达到污染防治的目的。因此，这种行为是违法行为，必须予以禁止。

② 收集方法。废渣的收集方法分定期收集和随时收集两种方法。定期收集是指按固定的周期收集。定期收集的优点是：通过固定的周期可将不合理的暂存危险降到最小，能有效地利用资源；运输者可有计划地使用车辆；处理与处置者有时间更改管理计划。另外，由于是在限定条件下收集规定期间产生的废渣，因而会促使生产者努力减少废渣的产生量。随时收集是根据固体废渣产生者的要求随时收集废渣。对废渣产生量无规律的企业，适宜采用随时收集的方法。一般情况下，定期收集适宜于产生废渣量较大的大中型企业；随时收集适宜于小型的企业。

我国对大型工厂的规定为由专业回收公司到厂内回收；中型工厂则定为定期回收；小型工厂划片包干巡回回收，并配备管理人员，设置废料仓库，建立各类固体废物"积攒"资料卡，开展经常性的收集和分类存放活动。

目前，废渣通常采用分类收集的方法。所谓分类收集是指在鉴别试验的基础上，根据固体废渣的特点、数量、处理和处置的要求分别收集。从处理与处置的角度来看，对废渣分类收集是非常必要的。在某些特殊情况下，将废渣混合收集可使危害变小或更有利于处理或处置，此时混合收集是较为理想的方法。然而，不了解固体废渣的特性、成分，盲目将其混合在一起，这样只能增加所处理或处置的危险固体废渣的数量，而且危险固体废渣的混合还会引起爆炸、释放有毒气体等危险反应，这些危险反应不但能造成环境污染，而且也会使废渣的处理与处置变得更加困难。因此，一般对废渣采取分类收集法。分类收集的优点是有利于废渣的资源化，可以减少废渣处理与处置的费用及对环境的潜在危害。对于废渣处置设施太小、废渣产生地点距处置设施较远或本身没有处置设施的地区，为便于收集管理，还可设立中间储存站。中间储存站有双重作用：一是收集分散的废渣；二是对某些废渣进行解毒、中和、干燥脱水等处理。因此中间储存站既有废渣收集和暂时储存设施，又有解毒、中和等处理设施。另外，中间储存站还应建立废渣的"积攒"资料卡，严格执行废渣的操作管理程序。

③ 废渣的标记。废渣的产生者除按规定收集、按运输要求包装外，还要根据废渣的种类进行标记，如美国环保局是按危险固体废物的成分、工艺加工过程和来源进行分类列表，对各种危险固体废物规定了相应的编码，同时规定了几种主要危险特性的标记，以便识别管理。几种主要特性的标记如下。

易燃性（I）　　　　急性毒性（H）

腐蚀性（C）　　　　毒性（T）

反应性（R）　　　　EP 毒性（E）

我国铁路交通部门关于 12 种危险物品的标志方法，目前可参照以上标记使用。随着《中华人民共和国固体废物污染环境防治法》的颁布施行及其他条例和标准体系的不断完善，关于固体废物的鉴别、分类、收集、包装、标记、建档必将科学化、标准化。

（2）废渣的运输　废渣的运输需选择合适的容器，确定装载的方式，选择适宜的运输工具，确定合理的运输路线，并制订泄漏或临时事故补救措施。

① 包装容器的选择。废渣的运输要根据废渣的特性和数量选择合适的包装容器。包装容器选择的一般原则为：容器及包装材料应与所盛固体废物相容，要有足够的强度，储存及装卸运输过程中不易破裂，废渣不扬散、不流失、不渗漏、不释放出有害气体与臭味。对滤饼、泥渣等进行焚烧的有机废物，可采用纤维板桶或纸板桶作容器，使废渣和包装容器一起进行焚烧处理。在实际包装时，由于纤维质容器易受到机械损伤和水的浸蚀从而发生泄漏，故可再装入钢桶中成为双层包装，在焚烧处理之前，把里面的纤维容器取出即可。

对于危险废渣的包装容器，应根据其特性进行选择，尤其要注意其相容性。例如塑料容器不用于储存废溶剂；对于反应性固体废渣，如含氰化物的固体废物，必须装在防湿防潮的密闭容器中，否则，一旦遇水或酸，就会产生氰化氢剧毒气体；对于腐蚀性固体废物，为防止容器泄漏，必须装在衬胶、衬玻璃或衬塑料的容器中，甚至用不锈钢容器；对于放射性废渣，必须选择有安全防护屏蔽的包装容器。总之，废渣可选择的包装容器有汽油桶、纸板桶、金属桶等。这些包装容器在使用时容易损坏，故在储存运输中应经常检查。

② 运输方式。废渣的运输可直接外运，也可经过收集站或转运站运走。在我国，废渣的运输可根据产生地、中转站距处置场地距离、要采取的处置方法、废渣的特性和数量来选择适宜的运输方式，可以进行公路、铁路、水路或航空运输。对于各类危险废渣，最好的方法是使用专用公路槽车或铁路槽车，槽车应设有各种防腐衬里，以防运输过程中的腐蚀泄漏。对于非危险性废渣，可用各种容器盛装，用卡车或铁路货车运输。

运输管理《中华人民共和国固体废物污染环境防治法》第二十六条规定：收集、储存、运输、利用、处置固体废物的单位和个人，必须采取防扬散、防流失、防渗漏或其他防止污染环境的措施。不得在运输过程中沿途丢弃、遗撒固体废物。因此，环境保护行政主管部门必须对从事该项活动的单位或个人实行许可证制度，禁止无经营许可证或者不按照经营许可证规定从事危险废物的收集、储存、处置的经营活动。禁止将危险固体废物提供或者委托给无经营许可证的单位从事收集、储存、处置的经营活动。

直接从事废渣的运输者必须向当地环境保护行政主管部门申请，并接受专业培训，经考核合格、领取经营许可证后，方可从事固体废物的运输工作。同时应当制定在发生意外事故时采取的应急措施和防范措施，并向所在地县级以上地方人民政府环境保护行政主管部门报告。

经营者在运输前应认真验收运输的固体废物是否与运输单相符，决不允许有互不相容的固体废物混入；同时检查包装容器是否符合要求，查看标记是否清楚准确，尽可能熟悉相关部门或单位提供的偶然事故应急处理措施。为了保证运输的安全性，运输者必须按有关规定装载和堆积固体废物，若发生撒落、泄漏及其他意外事故，运输者必须立即采取应急补救措施，妥善处理，并向环境保护行政主管部门呈报。在运输完后，经营者必须认真填写运输货单，包括日期、车辆车号、运输许可证号、所运的固体废物种类等，以便接受主管部门的监督管理。

在运输危险性固体废物时，对装卸操作人员和运输者要进行专门的培训，并进行有关固体废物管理，特别是危险固体废物的装卸技术和运输中的注意事项等方面的知识教育，同时配备必要的防护工具，以确保操作人员和运输者的安全。对危险固体废物的运输，工作人员要使用专用的工作服、手套和眼镜。对易燃或易爆炸性固体废物，应当在专用场地上操作，场地要装配防爆装置和消除静电设备。对于毒性或生物富积性固体废物以及可能具有致癌作用的固体废物，为防止固体废物与皮肤、眼睛或呼吸道接触，操作人员必须佩戴防毒面具。对于具有刺激性或者致敏性的固体废物，也一定要使用呼吸道防护器具。危险性固体废物的运输最常用的方法是公路运输。运输必须是受过培训的司机和拥有专用或适宜的运输车辆。运输指定危险固体废物的车辆，应标有适当的危险符号。运输者必须持有关运输材料的必要资料，并制定有固体废物泄漏情况下的应急措施，防止意外事故的发生。

另外，环境保护行政主管部门应定期或不定期地对从事运输固体废物的经营者进行检查，加强运输管理，从而保证运输工作顺利进行。

4.1.2 危险废渣的收集、运输及储存

由于危险废渣固有的危害特性，在其收集、储存和转运期间必须注意进行不同于一般废渣的特性管理。

(1) 危险废渣的收集 产生者产生的危险废渣可由产生者直接运往收集站或回收站，也可通过地方主管部门配备的专用运输车辆按规定路线运往指定的地点储存或做进一步的处理。其收集转运方案如图 4-1 所示。

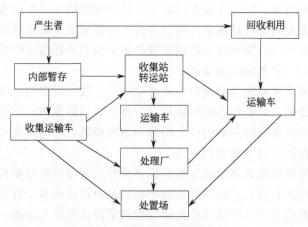

图 4-1 废渣的收集转运方案

收集站一般由砖砌的防火墙及铺设有混凝土地面的若干库房式建筑物组成，储存废物的库房室内必须空气流通，以防止具有毒性和爆炸性的气体积聚从而产生危险。收集的废物应详细登记其类型和数量，并按废物的不同特性分别妥善存放。

转运站的位置应选择在交通便利的场所或其附近，由设有隔离带或埋于地下的液态危险废物储罐、油分离系统及盛有废物的桶或罐等库房群组成。站内人员应负责废渣的交接手续，按时将所收存的危险废物如数装进运往处理厂的运输车厢，并责成运输者负责途中的安全。转运站内部的典型运作方式及程序如图 4-2 所示。

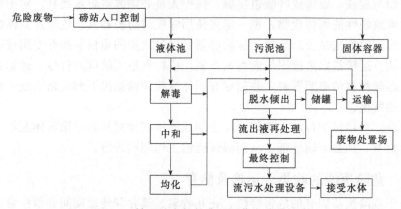

图 4-2 转运站内部的典型运作方式及程序

（2）危险废渣的运输　危险废渣的主要运输方式为公路运输。为确保运输安全，在采用汽车为主要运输工具来运输危险废物时，应采取如下控制措施。

①承担危险废渣运输的车辆必须经过主管单位检查，并持有运输许可证；

车身涂有明显的标志或适当的危险符号，以引起关注。持有的运输许可证上应注明废渣来源、性质和运往地点。

② 负责危险废渣运输的司机应由经过培训并持有证明文件的人员担任，必要时需有专业人员负责押运工作。

③ 组织危险废渣运输的单位，应事先制订出详尽的运输计划、有废渣泄漏时的有效应急措施。

（3）危险废渣的储存　危险废渣的产生者，必须有安全存放危险废渣的装置，如钢桶、钢罐、塑料桶（袋）等。一旦危险废渣产生出来，必须依照法律迅速将它们妥善地存放于这些装置内，并在容器或储罐外壁清楚标明内盛物的类别、数量、装进日期以及危害说明。

除剧毒或某些特殊危险废渣，如与水接触会发生剧烈反应或产生有毒气体和烟雾的废渣、氰酸盐或硫化物含量超过 1％的废渣、腐蚀性废渣、含有高浓度刺激性气味物质或挥发性有机物的废渣、含可聚性单体的废渣、强氧化性废渣等，需予以密封包装之外，大部分危险废渣可采用普通的钢桶或储罐盛装。

危险废渣的产生者应妥善保管所有装满废渣待运走的容器或储罐，直到它们被运出产地做进一步储存、处理或处置。

4.1.3　废渣的预处理

废渣预处理是指采用物理、化学或生物方法，将废渣转变成便于运输、储存、回收利用和处置的形态。预处理常涉及废渣中某些组分的分离与浓集，因此往往又是一种回收材料的过程。预处理技术主要有压实、破碎、分选和脱水等。

例如：对于要填埋的废渣，通常要把废渣按一定方式压实，以便减少运输量和运输费用，填埋时占较小的空间，通常通过压缩，体积可减少为原体积的 1/10～1/3；对于焚烧和堆肥的废渣，通常要进行破碎处理，以便增加比表面积，提高反应速率；废渣的资源回收利用，需进行破碎和分选处理。

（1）压实　压实又称压缩，是利用机械的方法减少废渣的孔隙率，增加其密度。当废渣受到外界压力时，各颗粒间相互挤压、变形或破碎从而达到重新组合的效果。经压实处理后，废渣的体积减小，更便于装卸、运输和填埋。压实不适合用于含易燃易爆成分的材料以及含水废物。

废渣压缩前后的体积比称压缩比。一般废渣压实后的压缩比为 3～5，若破碎后再经压实其压缩比可达 5～10。

固体废物的压实设备称为压实器。压实器有固定及移动两种形式。固定式和移动式压实器的工作原理大体相同，均由容器单元和压实单元构成。前者容纳废物料，后者在液压或气压的驱动下依靠压头将废物压实。

在选择压实器时，首先要根据被压实废物的性质选择压实器的种类。其次，压实器的性能参数应能满足实际压缩的具体要求。常见的废渣压实器有水平式压实器、三向联合压实器和回转式压实器等。

① 水平式压实器。水平式压实器的结构如图 4-3 所示，主要用于固体废渣的处理。将废渣加入装料室，依靠具有压面的水平压头作用使废渣致密和定形，然后将坯块推出。破碎杆的作用是将坯块表面的杂乱废渣破碎，便于坯块的移出。

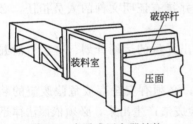

图 4-3　水平式压实器结构

② 三向联合压实器。其结构如图 4-4 所示，适用于金属类废渣的压实。它具有三个互相垂直的压头，依次启动 1、2、3 三个压头，即可将料斗中的废渣压实成块。

③ 回转式压实器。回转式压实器的结构如图 4-5 所示，适用于压实体积小、质量轻的废渣。废渣装入容器单元后，先按水平压头 1 的方向压缩，然后按箭头运动方向驱动旋动式压头 2，使废渣致密化，最后按水平压头 3 的运动方向将废渣压至一定尺寸排出。

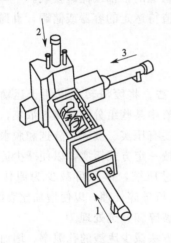

图 4-4　三向联合压实器

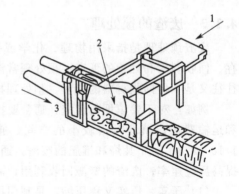

图 4-5　回转式压实器

（2）破碎　废渣的破碎是在外力的作用下破坏固体废渣间的内聚力，使大块的固体废渣分裂为小块，小块的固体废渣分裂为细粉的过程。经破碎处理后，固体废渣变成适合进一步加工或能经济地再处理的形状与大小。有时也将破碎后的废渣直接填埋或用做土壤改良剂。

固体废渣破碎的目的：容易使组成不一的废物混合均匀，可提高燃烧、热解等处理过程的效率及稳定性；可减小容积，降低运输费用；容易通过磁选等方法回收小块的贵重金属；破碎后的生活垃圾及制药废渣进行填埋处置时，压实密度高且均匀，可加快覆土还原进程。

固体废渣破碎的方法按原理可分为物理法和机械法，物理法包括低温冷冻破碎、湿式破碎；机械法主要包括冲击、剪切、挤压 3 种类型。

冲击破碎有两种形式，即重力冲击和动冲击。重力冲击是使物体落到一个硬的表面上，就像玻璃瓶落在石板上摔成碎块一样；动冲击是指供料碰到一个比它硬的、快速旋转的表面时发生的作用，这种情况下，给料是无支承的，冲击力使破碎的颗粒向破碎板以及向另外的锤头和机器的出口加速。

剪切破碎是指切开或割裂物料，特别适合于低 SiO_2 含量的松软废渣。

挤压破碎是将材料在挤压设备的两个硬表面之间进行挤压。这两个表面或一个静止、一个移动，或两个都是移动的。这种作用当供料是坚硬的、脆性的和易碎的材料时最为适合。

① 辊式破碎机。辊式破碎机是利用冲击剪切和挤压作用进行破碎的，用两个相对旋转的辊子抓取并强制送入要破碎的废渣。其抓取作用取决于该种物料颗粒的大小和物性、各辊子的大小和间隙等特征。该种破碎机主要用于破碎脆性材料，而对延性材料只能起到压平的作用。

② 颚式破碎机。颚式破碎机主要利用冲击和挤压作用，为挤压型破碎机械。可分为简单摆动型、复杂摆动型和综合摆动型 3 种，以前两种应用较为广泛。该破碎机主要用于建材和化学工业等领域。颚式破碎机结构简单、操作维护方便、工作可靠，适用于破碎中等硬度和坚硬的物料。

③ 冲击式破碎机。冲击式破碎机可分为锤式破碎机和反击式破碎机。锤式破碎机是一种最普通的工业破碎设备，锤式破碎机利用冲击、摩擦和剪切作用，可分为单转子和双转子两类。此种破碎机可破碎质地较硬的物料，还可破碎含水分及油质的有机物等，破碎后物料的粒度均匀。反击式破碎机是一种新型高效破碎设备，该设备具有破碎比大、构造简单、外形尺寸小、安全方便、易于维护等优点，适合破碎中硬、软、脆、韧性、纤维性物料。

除此以外，还有属于粉磨的球磨机和自磨机，以及低温破碎技术、湿式破碎技术和半湿式破碎技术等。

（3）分选　分选的目的是将固体废渣中可回收利用的或不利于后续处理、处置工艺要求的物料用人工或机械的方法分门别类地分离出来，并加以综合利用的过程。根据物料的物理或化学性质（包括粒度、密度、重力、磁性、电性、弹性等），采用不同的分选方法。分选方法包括人工拣选和机械分选，机械分选又分为筛分、重力分选、磁力分选、电力分选等。

① 筛分。筛分是利用筛子将粒度范围较宽的颗粒群分成窄级别的颗粒群。该分离过程可看作是由物料分层和细粒透过筛子两个阶段组成的。物料分层是完成分离的条件，细粒透过筛子是分离的目的。为了使粗、细物料通过筛面分离，必须使物料和筛面之间具有适当的相对运动，使筛面上的物料层处于松散状态，即按颗粒大小分层，形成粗粒位于上层，细粒位于下层的规则排列，细粒到达筛面并透过筛孔。根据筛分在工艺过程中应完成的任务，筛分作业可分为独立筛

分、准备筛分、预先筛分、检查筛分、选择筛分、脱水筛分。适用于废渣处理的筛分设备主要有固定筛、筒形筛、振动筛和摇动筛。其中用得最多的是固定筛、筒形筛、振动筛。

② 重力分选。重力分选是在活动或流动的介质中按颗粒密度或粒度的不同进行分选的过程。重力分选的方法很多，按作用原理可分为气流分选、惯性分选、重介质分选、摇床分选、淘汰分选等。

③ 磁力分选。磁力分选是利用废渣中各种物质的磁性差异在不均匀磁场中进行分选的一种处理方法。将固体物料送入磁选设备之后，磁性颗粒在不均匀磁场的作用下被磁化，从而受到磁场吸引力的作用，使磁性颗粒吸在磁选机的转动部件上，被送至排料端排出，实现了磁性物质和非磁性物质的分离。在磁选的过程中，固体颗粒在非均匀磁场中同时受到两种力的作用——磁力和机械力（包括重力、摩擦力、介质阻力、惯性力等）。当磁性物质所受到的磁力大于与它相反的机械力合力时，就可以被分离出来。而非磁性物质所受磁力很小，机械力的作用占优势，所以仍留在物料层中。磁选只适用于分离出磁性物质，可以作为一种辅助手段用于回收金属。

④ 电力分选。电力分选是利用废渣中各种组分在高压电场中电性的差异来实现分选的一种方法。电力分选的原理可用图 4-6 来说明。分选器由接地的金属圆筒板（正极）和放电板（负极）组成，放电极与圆筒间有适当的距离，而在极间发生电晕放电，产生电晕电场区。物料随滚筒的转动进入电晕电场区后，由于空间带有电荷使之获得负电荷。物料中的导电颗粒荷电后立即在滚筒上放电，当滚筒进入静电场之后，导电颗粒负电荷释放完毕并从滚筒上获得正电荷从而被排斥，在电力、重力、离心力的综合作用下排入料斗。而非导体颗粒不易在滚筒上失去所荷负电荷，因而与滚筒相吸被带到滚筒后方用毛刷强制刷下，从而完成了分选过程。

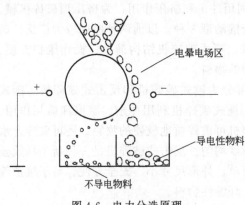

电晕电场区

导电性物料

不导电物料

图 4-6　电力分选原理

(4) 脱水　固体废物的脱水问题常见于制药工业废水处理厂产生的污泥处理以及其他含水固体废渣。凡含水率超过 90% 的固体废渣，必须先脱水减容，以便于包装与运输。脱水的方法有机械脱水与固定床自然干化脱水两类。机械脱水是以过滤介质两边的压力差为推动力，使水分强制通过过滤介质成为滤液，固体颗粒被截留为滤饼，达到除水的目的。机械脱水的方法按压力差的不同有真空过滤脱水、压滤脱水、离心脱水等。真空过滤脱水是在过滤介质的一面造成负压；压滤脱水是通过加压将水分压过过滤介质；离心脱水是在高速旋转下，通过水的离心作用将其除去。自然干化脱水是利用自然蒸发和底部滤料、土壤进行过滤脱水。

自然脱水设备简单,干化污泥含水率低,但占地面积大,环境卫生条件差,适合小规模应用。

4.1.4　废渣处理的方法

药厂常见的废渣包括蒸馏残渣、失活催化剂、废活性炭、胶体废渣、反应残渣(如铁泥、锌泥等)、不合格的中间体和产品,以及用沉淀、混凝、生化处理等方法产生的污泥残渣等。如果对这些废渣不进行适当的处理,任其堆积,必将造成环境污染。

(1) 一般处理方法　各种废渣的成分及性质大不相同,因此处理的方法和步骤也不相同。一般说来,首先应注意废渣中是否含有贵重金属和其他有回收价值的物质,是否有毒性。对于前者,要先回收再做其他处理;对于后者,则先要除毒后才能进行综合利用。例如,含贵金属的废催化剂是化学制药过程中常见的废渣,制造这些催化剂要消耗大量的贵金属,从控制环境污染和合理利用资源的角度考虑,都应对其进行回收利用。图 4-7 是利用废钯-炭催化剂制备氯化钯的工艺流程。废钯-炭催化剂首先用焚烧法除去炭和有机物,然后用甲酸将钯渣中的钯氧化物(PdO)还原成粗钯。粗钯再经王水溶解、水溶、离子交换除杂等步骤制成氯化钯。

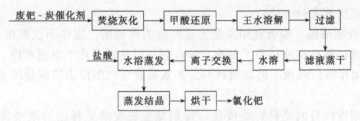

图 4-7　由废钯-炭催化剂制备氯化钯的工艺流程

再如,铁泥可以制备氧化铁红或磁芯,锰泥可以制备硫酸锰或碳酸锰,废活性炭经再生后可以回用,硫酸钙废渣可制成优质建筑材料等等。从废渣中回收有价值的资源,并开展综合利用,是控制污染的一项积极措施。这样不仅可以保护环境,而且可以产生显著的经济效益。

废渣经回收、除毒后,一般可进行最终处理。

(2) 废渣的最终处理　废渣最终处置的目的是使废渣最大限度地与生物圈隔离,阻断处置场内废渣与生态环境相联系的通道,以保证其有害物质不对人类及环境的现在和将来造成不可接受的危害。从这个意义上来说,最终处置是废渣全面管理的最终环节,它解决的是废渣最终归宿的问题。废渣最终处置的原则主要有以下三方面。

① 分类管理和处置原则。废渣种类繁多，危害特性和方式、处置要求及所要求的安全处置年限各有不同。就废渣最终处置的安全要求而言，可根据所处置的废渣对环境危害程度的大小和危害时间的长短进行分类管理，一般可分为以下六类：对环境无有害影响的惰性废渣，如建筑废渣、相对熔融状态的矿物材料等，即使在水的长期作用后对周围环境也无有害影响；对环境有轻微、暂时影响的废渣；在一定时间内对环境有较大影响的废渣，如生活垃圾，其有机组分在稳定化前会不断产生渗滤液和释放有害气体，对环境有较大影响；在较长时间内对环境有较大影响的废渣，如大部分工业废渣；在很长时间内对环境有严重影响的废渣，如危险废渣；在很长时间内对环境和人体健康有严重影响的废渣，如特殊废渣、高水平放射性废渣等。

② 最大限度与生物圈相隔离原则。废渣，特别是危险废渣和放射性废渣，其最终处置的基本原则是合理地、最大限度地使其与自然和人类环境隔离，减少有毒、有害物质释放进入环境的速率和总量，将其在长期处置过程中对环境的影响减至最低程度。

③ 集中处置原则。《固体法》把推行危险废渣的集中处置作为防治危险废渣污染的重要措施和原则。对危险废渣实行集中处置，不仅可以节约人力、物力、财力，利于监督管理，也是有效控制乃至消除危险废渣污染危害的重要形式和主要的技术手段。

各种废渣的成分不同，最终处置的方法也不同。有综合利用法、化学法、焚烧法、填埋法等多种方法。

a. 综合利用法。综合利用实质上是资源的再利用，这样不仅解决了"三废"污染的问题，而且充分利用了资源。综合利用可从以下几个方面考虑。

（a）用作本厂或他厂的原辅材料。如氯霉素生产中排出的铝盐可制成氢氧化铝凝胶等。

（b）用作饲料或肥料有些废渣，特别是生物发酵后排出的废渣常含有许多营养物，可根据具体情况用作饲料或农肥。好氧法产生的活性污泥经厌氧消化后，若不含重金属等有害物质，一般可作农肥。

（c）作铺路或建筑材料。如硫酸钙可作优质建筑材料；电石渣除可用于 pH 值调节外，也可用作建筑材料。

b. 化学法。化学法是利用废渣中所含污染物的化学性质，通过化学反应将其转化为稳定、安全的物质，是一种常用的无害化处理技术。例如，铬渣中常含有可溶性的六价铬，对环境有严重危害，可利用还原剂将其还原为无毒的三价铬，从而达到消除污染的目的。再如，将氢氧化钠溶液加入含氰化物的废渣中，再用氧化剂使其转化为无毒的氰酸钠（$NaCNO$）或加热回流数小时后，再用次氯酸钠分解，可使氰基转化成 CO_2 和 N_2，从而达到无害化的目的。

c. 焚烧法。焚烧法是将可燃固体废弃物至于高温炉中，使其可燃成分充分氧化的一种处理方法，主要用于处理有机废渣，有机物经高温氧化分解为二氧化碳和水蒸气，并产生灰粉。焚烧能大大减少废渣的体积，消除其中的许多有害物质，同时又能回收热量。因此，对于一些暂时无回收价值的可燃性废渣，特别是当用其他方法不能解决或处理不彻底时，焚烧法是一个有效的方法。该法可使废渣完全氧化成无害物质，COD 的去除率可达 99.5％以上，因此，适宜处理有机物含量较高或热值较高的废渣。当废渣中的有机物含量较少时，可加入辅助燃料。焚烧处理法效果好，解毒彻底，占地少，对环境影响小。在国内外被广泛采用，近年来有较快的发展。图 4-8 是常用的回转炉焚烧装置工艺流程。回转炉保持一定的倾斜度，并以一定的速度旋转。加入炉中的废渣由一端向另一端移动，经过干燥区时，废渣中的水分和挥发性有机物被蒸发掉。温度开始上升，达到着火点后开始燃烧。回转炉内的温度一般控制在 650～1250℃。为了使挥发性有机物和由气体中的悬浮颗粒所夹带的有机物能完全燃烧，常在回转炉后设置二次燃烧室，其内温度控制在 1100～1370℃。燃烧产生的热量由废热锅炉回收，废气经处理后排放。

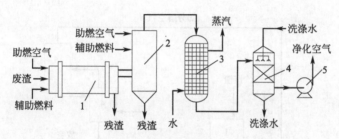

图 4-8 回转炉废渣焚烧装置工艺流程

1—回转炉；2—二次燃烧室；3—废渣锅炉；4—水洗塔；5—风机

关于废渣的燃烧有以下 4 个问题需注意。

（a）废渣的发热量。废渣的发热量越高，也就是可燃物含量越高，则焚烧处理的费用就越低。发热量达到一定程度，如对废渣来说，一般为 2500kcal/kg（1cal＝4.18J，下同）以上，点燃后即能自行焚烧；发热量较低，如只有几百千卡/千克的，不能自行维持燃烧，要靠燃料燃烧产生高温来保持炉温。故燃料的消耗量取决于废物发热量的大小。

（b）焚燃的温度。为了保证废渣中的有机成分或其他可燃物全部烧毁，必须要有一定的燃烧温度。一般来说，较多有机物的焚燃范围在 800～1100℃，通常 800～900℃基本可符合要求。若温度过低，则燃烧不完全，排出的烟气和焚烧后废渣中的污染物不能除尽。

（c）烟气的处理。废渣的焚烧过程也就是高温深度氧化过程。含碳、氢、氧、氮的化合物，经完全焚烧生成无害的二氧化碳、水、氮气等排入大气，一般可不经处理直接排放。含氯、硫、磷、氟等元素的物质燃烧后有氯化氢、二氧化硫、五氧化二磷等有害物质生成，必须进行吸收等处理至符合排放标准后才能排放。

（d）残渣的处理。许多废渣焚烧时可完全转化为气体，有的则仍有一些残渣。这种残渣大多是一些无机盐和氧化物，可进行综合利用或作工业垃圾处理。有些残渣含有重金属等有害物质，应设法回收利用或妥善处置。焚烧残渣中不应含有机物质，否则说明焚烧不完全。不完全燃烧产生的残渣具有一定的污染性，不能随意抛弃，必须妥善处置。

d. 热解法。热解法是在无氧或缺氧的高温条件下，使废渣中的大分子有机物裂解为可燃的小分子燃料气体、油和固态碳等。热解法与焚烧法是两个完全不同的处理过程。焚烧过程放热，其热量可以回收利用；而热解则是吸热的。焚烧的产物主要是水和二氧化碳，无利用价值；而热解产物主要为可燃的小分子化合物，如气态的氢、甲烷，液态的甲醇、丙酮、乙酸、乙醛等有机物以及焦油和溶剂油等，固态的焦炭或炭黑，这些产品可以回收利用。图 4-9 是热解法处理废渣的工艺流程示意图。

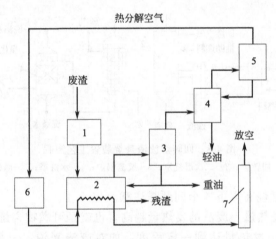

图 4-9　热解法处理废渣工艺流程
1—碾碎机；2—热解炉；3—重油分离塔；4—轻油分离塔；
5—气液分离器；6—燃烧室；7—烟囱

e. 填埋法。填埋法是将废渣埋入地下，通过微生物的长期分解作用，使之分解为无害的化合物。土地填埋作为废渣的常用处置方法，在 20 世纪初就已开始使用。虽然在早些时候，人们曾认为处置城市废渣的主要方法有焚烧、堆肥和土地填埋三种，但从近代的观点看来，这些废渣在经过焚烧和堆肥化处理以后，仍然产生为数相当大的灰分、残渣和不可利用的部分，需要再进行最终填埋。随着人们对土地填埋的环境影响认识的不断深入，废渣的填埋实际上已经成为唯一现实可行的、可以普遍采用的最终处置途径。

由于技术、经济和国土面积等的差异，土地填埋在每个国家的废渣处理处置中所占的比例不同，但对于所有国家，包括那些人口密度极大的工业发达国家在内，废渣的填埋处置都是不可避免的。美国、加拿大、英国、德国等大多数工业化国家，目前仍有 70%～95% 的城市废渣直接进行土地填埋；法国、荷兰、比利时、奥地利等国也都在 50% 以上（图 4-10）。

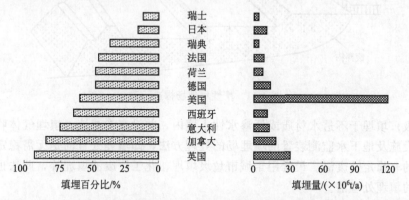

图 4-10　发达国家城市生活垃圾填埋百分比及填埋量

从国外废渣管理的发展趋势看，随着技术进步、经济实力的增强和可利用土地的逐渐减少，焚烧、堆肥和土地填埋技术在废渣处理处置中所占的比重正在发生变化。

到目前为止，土地填埋仍然是应用最广泛的废渣最终处置方法。对现行的土地填埋技术有不同的分类方法，例如，根据废渣填埋的深度可以划分为浅地层填埋和深地层填埋；根据处置对象的性质和填埋场的结构形式可以分为惰性填埋、卫生填埋和安全填埋等。但目前被普遍承认的分类法是将其分为卫生填埋和安全填埋两种。前者主要处置城市垃圾等一般废渣，而后者则主要以危险废渣为处置对象。这两种处置方式的基本原则是相同的，事实上安全填埋在技术上完全可以包含卫生填埋的内容。

惰性填埋法是指将原本已稳定的废渣，如玻璃、陶瓷及建筑废料等，置于填埋场，表面覆以土壤的处理方法。本质上惰性填埋法所填埋的废渣只着重其对废渣的储存功能，而不在于污染的防治（或阻断）功能。由于惰性填埋场所处置的废渣都是性质已稳定的废渣，因此该填埋方法极为简单。图 4-11 为惰性填埋场的构造示意图，其填埋所需遵循的基本原则如下。

（a）根据估算的废渣处理量，构筑适当大小的填埋空间，并需筑有挡土墙。

（b）于入口处竖立标示牌，标示废渣种类、使用期限及管理人。

（c）于填埋场周围设有围篱或障碍物。

（d）填埋场终止使用时，应覆盖至少 15cm 的土壤。

ⓐ 卫生填埋法　卫生填埋场基本结构。卫生填埋法是指将一般废渣（如城

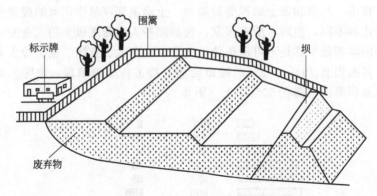

图 4-11　惰性填埋场构造示意

市垃圾）填埋于不透水材质或低渗水性土壤内，并设有渗滤液、填埋气体收集或处理设施及地下水监测装置的填埋场的处理方法，即填埋处置的是无需稳定化预处理的非稳定性废渣。最常用于城市垃圾填埋、化工厂废渣填埋等，此法也是最普遍的填埋处理法。

卫生填埋场防渗结构。卫生填埋场的建设必须防止对地下水的污染，不具备自然防渗条件的填埋场必须进行人工防渗，由中华人民共和国建设部颁布的行业标准《城市生活垃圾卫生填埋技术规范》（CJJ 17—2001）对卫生填埋场采用的自然防渗和人工防渗结构进行了具体规定。

卫生填埋场的封场。卫生填埋场的封场的要求如下。

● 卫生填埋场的封场工作应按设计进行施工，并应在专业人员的现场监督指导下进行。

● 卫生填埋场最后封场应在填埋场上覆盖黏土或人工合成材料。黏土的渗透系数应小于 1.0×10^{-7} cm/s，厚度为 20～30cm；其上再覆盖 20～30cm 的自然土，并均匀压实。

● 填埋场封场后应覆盖植被。根据种植植物的根系深浅来确定植被种类。覆盖营养土层的厚度不应小于 20cm，总覆盖土应在 80cm 以上。

● 填埋场封场应充分考虑堆体的稳定性和可操作性。封场坡度宜为 5%。

● 封场应考虑地表水径流、排水防渗、覆盖层渗透性和填埋气体堆覆盖层的顶托力等因素，使最终覆盖层安全长效。

ⓑ 安全填埋法　安全填埋场结构。安全填埋法是指将危险废渣填埋于抗压及双层不透水材质所构筑并设有阻止污染物外泄及地下水监测装置的填埋场的一种处理方法。安全填埋场专门用于处理危险废渣，危险废渣进行安全填埋处置前需经过稳定化预处理。

安全填埋主要用于处理危险废渣。因此不单在填埋场地构筑上较前两种方法复杂，且对处理人员的操作要求也更加严格。

　　需要强调的是，有些国家要求安全填埋场将废渣填埋于具有刚性结构的填埋场内，其目的是借助此刚性体保护所填埋的废渣，以避免因地层变动、地震或水压、土压等应力作用破坏填埋场，从而导致废渣的失散及渗滤液的外泄。

　　安全填埋场防渗层结构。根据《危险废渣填埋污染控制标准》（GB 18598—2001），安全填埋场防渗层的结构设计根据现场条件分别采用天然材料衬层、复合衬层或双人工衬层等类型，其结构示意如图 4-12 所示，不同种类衬层结构设计的要求如下。

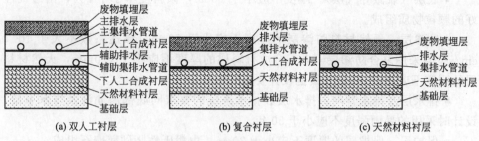

图 4-12　安全填埋场衬层系统结构示意（GB 18598—2001）

　　● 安全填埋场防渗层所选用的材料应与所接触的废渣相容，并考虑其抗腐蚀性。

　　● 安全填埋场天然基础层的饱和渗透系数不应大于 10^{-5} cm/s，且其厚度不应小于 2m。

　　● 安全填埋场应根据天然基础层的地质情况分别采用天然材料衬层、复合衬层或双人工衬层作为其防渗层。

　　● 如果天然基础层的饱和渗透系数小于 10^{-7} cm/s，且厚度大于 5m，可以选用天然材料衬层。天然材料衬层经机械压实后的饱和渗透系数不应大于 10^{-7} cm/s，厚度不应小于 1m。

　　● 如果天然基础层的饱和渗透系数小于 10^{-6} cm/s，可以选用复合衬层。复合衬层必须满足下列条件。

　　天然材料衬层经机械压实后的饱和渗透系数不应大于 10^{-7} cm/s，厚度应满足表 4-1 所列指标，坡面天然材料衬层厚度应比表 4-1 所列指标大 10%。

表 4-1　复合衬层下衬层厚度设计要求

基础层条件	下衬层厚度/m
渗透系数≤10^{-7}cm/s,厚度≥3m	≥0.5
渗透系数≤10^{-6}cm/s,厚度≥6m	≥0.5
渗透系数≤10^{-6}cm/s,厚度≥3m	≥1.0

　　人工合成材料衬层可以采用高密度聚乙烯（HDPE），其渗透系数不大于 10^{-12} cm/s，厚度不小于 1.5mm。HDPE 材料必须是优品品，禁止使用再生

产品。

● 如果天然基础层的饱和渗透系数大于 10^{-6}cm/s，则必须选用双人工衬层。双人工衬层必须满足下列条件：天然材料衬层经机械压实后的渗透系数不大于 10^{-7}cm/s，厚度不小于 0.5 m；上人工合成衬层可以采用 HDPE 材料，厚度不小于 2.0mm；下人工合成衬层可以采用 HDPE 材料，厚度不小于 1.0mm；衬层要求的其他指标同上条。

封场结构要求。安全填埋场的最终覆盖层应为多层结构，包括下列部分。

● 底层（兼做导气层）。厚度不应小于 20cm，倾斜度不小于 2%，由透气性好的颗粒物质组成。

● 防渗层。天然材料防渗层的厚度不应小于 50cm，渗透系数不大于 10^{-7}cm/s；若采用复合防渗层，人工合成材料层的厚度不应小于 1.0mm，天然材料层的厚度不应小于 30cm。其他设计要求同衬层。

● 排水层及排水管网。排水层和排水系统的要求同底部渗滤液及排水系统，设计时采用的暴雨强度不应小于 50 年。

● 保护层。保护层的厚度不应小于 20cm，由粗砥性坚硬鹅卵石组成。

● 植被恢复层。植被层的厚度一般不应小于 60cm，其土质应有利于植物生长和场地恢复；同时植被层的坡度不应超过 33%。在坡度超过 10% 的地方，需建造水平台阶；坡度小于 20% 时，标高每升高 3 m，建造一个台阶；坡度大于 20% 时，标高每升高 2m，建造一个台阶。台阶应有足够的宽度和坡度，要能经受暴雨的冲刷。

● 封场后还应继续进行以下工作，并持续到封场后 30 年。维护最终覆盖层的完整性和有效性；维护和监测检漏系统；继续进行渗滤液的收集和处理；继续监测地下水水质的变化。

● 当发现场址或处置系统的设计有不可改正的错误，或发生严重事故及发生不可预见的自然灾害使得填埋场不能继续运行时，填埋场应实行非正常封场。非正常封场应预先做出相应补救计划，防治污染扩散。

ⓒ 填埋处置的意义　填埋处置的主要功能。废渣经适当的填埋处置后，尤其是对于卫生填埋，因废渣本身的特性与土壤、微生物的物理及生化反应，形成稳定的固体（类土质、腐殖质等）、液体（有机性废水、无机性废水等）及气体（甲烷、二氧化碳、硫化氢等）等产物，其体积则逐渐减少而且性质趋于稳定。因此，填埋法的最终目的是将废渣妥善储存，并利用自然界的净化能力，使废渣稳定化、卫生化及减量化。因此，填埋场应具备下列功能。

● 储存功能。具有适当的空间以填埋、储存废渣。

● 阻断功能。以适当的设施将填埋的废渣及其产生的渗滤液、废气等与周围的环境隔绝，避免其污染环境。

● 处理功能。具有适当的设备以有效且安全的方式使废渣趋于稳定。

● 土地利用功能借助填埋利用低洼地、荒地或贫瘠的农地等，以增加可利用的土地。

ⓓ 填埋处置的特点　填埋处理法与其他方法比较，其优缺点可以概括为以下几个方面。

优点：

● 与其他处理方法比较，只需较少的设备与管理费，如推土机、压实机、填土机等，而焚化与堆肥则需庞大的设备费及维持费。

● 处理量具有弹性，对于突然的废渣量增加，只需增加少数的作业员与工具设备或延长操作时间。

● 操作较容易，维持费用较低，装备和土地不会有较大的损失。

● 比露天弃置所需的土地少，因为垃圾在填埋时经压缩后体积只有原来的30％～50％，而覆盖土量与垃圾量的比是1：4，所以所需土地较少。

● 能够处理各种不同类型的废渣，减少收集时分类的需要性。

● 比其他方法施工期短。

● 填埋后的土地，有更大的经济价值，如作为运动或休憩场所。

缺点：

● 需要大量的土地供填埋废渣用，在高度工业化的地区或人口密度大的都市，土地取得明显很困难，尤其在经济运输距离之内更不易寻得合适的土地。

● 填埋场的渗滤液处理费极高。

● 填埋地在城市以外或郊区，常受到行政辖区因素限制，故运输费用往往是此处理法的缺点之一。

● 冬天或不良气候，如雨季时操作较困难。

● 需每日覆土，若覆土不当易造成污染问题，如露天弃置。

● 优质覆土材料不易取得。

除了上述几种方法外，废渣的处理还有湿式氧化法等多种方法。湿式氧化法是将有机物质在150～300℃的温度下，在水溶液中加压氧化的方法，系统内不会生成粉尘、二氧化硫和氮氧化物。另外，化学处理法处理废渣也是一种很有前途的方法，它可以使废渣中所含有的有机物加氢制成燃料，将含氮、碱的废渣制造肥料等。

4.1.5　废渣的资源化

(1) 废渣资源化途径　废渣具有两重性，它虽占用大量土地，污染环境，但本身又含有多种有用物质，亦是一种资源。20世纪70年代后，由于能源和资源的短缺以及对环境问题认识的逐渐深入，人们对废渣的处理已由消极的处理转向资源化利用。资源化途径很多，但归纳起来有以下方面。

① 提取各种有价值组分。把有价值的各种组分提取出来是废渣资源化的

重要途径。如有色金属冶炼渣中往往含有可提取的金、银、钴、锑、硒、碲、铊、钯、铂等金属，有的含量甚至达到或超过工业矿床的含量，有些废渣回收的稀有贵重金属的价值甚至超过主金属的价值；一些化工废渣中也含有多种金属，如硫铁矿渣除含有大量的铁外，还含有许多稀有贵重金属；粉煤灰和煤矸石中含有铁、钼、钪、锗、钒、铀、铝等金属，也有回收的价值。因此，为避免资源的浪费，提取废渣中的各种有价组分是废渣资源化的优先考虑途径。

② 生产建筑材料。生产建筑材料是一条废渣消耗量最大的利用途径，且一般不会产生二次污染问题，既消除了污染，又实现了物尽其用。可生产的建筑材料主要包括以下几种。

(a) 生产碎石。矿业废渣、自然冷却结晶的冶炼渣，其强度和硬度类似天然岩石，是生产碎石的良好材料，可作为混凝土骨料、道路材料、铁路道渣等。利用废渣生产碎石可大大减少天然砂石的开采，有利于保护自然景观、保持水土和农林业生产。因此从合理利用资源、保护环境的角度来看，应大力提倡废渣生产碎石。

(b) 生产水泥。许多废渣的化学成分与水泥相似，具有水硬性。如粉煤灰、经水淬的高炉渣和钢渣、赤泥等，可作为硅酸盐水泥的混合材料。一些氧化钙含量较高的工业废渣，如钢渣、高炉渣等还可以用来生产无熟料水泥。此外，煤矸石、粉煤灰等还可以代替黏土作为生产水泥的原料。

(c) 生产硅酸盐建筑制品。利用废渣可生产硅酸盐制品。如在粉煤灰中掺入适量炉渣、矿渣等骨料，再加石灰、石膏和水拌和，可制成蒸汽养护砖、砌块、大型墙体材料等。也可以用尾矿、电石渣、赤泥、锌渣等制成砖瓦。煤矸石的成分与黏土相近，并含有一定的可燃成分，用以烧制砖瓦，不仅可以代替黏土，而且可以节约能源。

(d) 生产铸石和微晶玻璃。铸石有耐磨、耐酸和碱腐蚀的特性，是钢材和某些有色金属的良好代用材料。某些废渣的化学成分能够满足铸石生产的工艺要求，可以不重新加热而直接浇铸铸石制品，因此比用天然岩石生产铸石节省能源。

微晶玻璃是国外近年来发展起来的新型材料，具有耐磨、耐酸和碱腐蚀的特性，而且其密度比铝小，在工业和建筑中有广泛的用途。许多废渣的组成适合作为微晶玻璃的生产原料，如矿业废渣、高炉矿渣或铁合金渣等。

(e) 生产矿渣棉和轻质骨料。生产矿渣棉和轻质骨料也是废渣的利用途径之一。如用高炉矿渣或煤矸石生产矿棉，用粉煤灰或煤矸石生产陶粒，用高炉渣生产膨珠或膨胀矿渣等。这些轻质骨料和矿渣棉在工业和民用建筑中具有越来越广泛的用途。废渣还可以用来生产陶瓷、玻璃、耐火材料等材料。

③ 生产农肥。利用废渣生产或代替农肥有着广阔的前景。许多工业废渣

含有较高的硅、钙以及各种微量元素，有些废渣还含有磷，因此可以作为农业肥料使用。城市垃圾、粪便、农业有机废渣等经过堆肥可处理制成有机肥料。

工业废渣在农业上的利用主要有两种方式：直接施用于农田或制成化学肥料。如粉煤灰、高炉渣、钢渣和铁合金渣等可作为硅钙肥直接施用于农田，不但可提供农作物所需要的营养元素，而且有改良土壤的作用。而钢渣中含磷较高时可作为生产钙镁磷肥的原料。但必须注意的是，用工业废渣作为农肥使用时，必须严格检验这些废渣的毒性。如果是有毒废渣，一般不能用于农业生产，但若有可靠的去毒方法，又有较大的利用价值，可经过严格去毒以后，再进行综合利用，如铬渣生产肥料。

④ 回收能源。废渣资源化是节约能源的主要渠道。很多废渣热值高，具有潜在的能量，可以充分回收利用。回收方法包括焚烧、热解等热处理法和甲烷发酵、水解等低温方法。废渣作为能源利用的形式较多，例如产生蒸汽、沼气、回收油、发电和直接作为燃料。

(2) 废渣的综合处理 废渣的种类很多，而且产量很大，对其整个处理过程应有系统的整体观念，也就是应对废渣进行综合处理。所谓综合处理就是将各中小企业产生的各种废渣集中到一个地点，根据废渣的特征，把各种废渣的处理过程结合成一个系统，以便把各过程得到的物质和能量进行合理的集中利用。通过综合处理可对废渣进行有效的处理，减少最终的废渣排放量，减轻对地区的污染，防止二次公害的分散化，同时还能做到总处理费用低、资源利用效率高。

要进行废渣的综合处理，必须清楚废渣产量随时间的变化状况，以便设计的处理方案适应废渣负荷的变化幅度。通常，将各工厂排放的同样或类似的废渣进行混合处理，并在收集方式上进行适当的改变。

废渣综合处理系统类似于一般的工业生产系统，也由一些基本过程所组成，把由这些基本过程组成的总系统称为废渣综合处理系统，如图 4-13 所示。

整个系统可包括废渣的收集运输、破碎、分选等预处理技术，焚烧、热解和微生物分解等转化技术和"三废"处理等后处理技术。预处理过程中，废渣的性质不发生改变，主要利用物理处理方法，对废渣中的有用组分进行分离提取型回收。如对空瓶、空罐、设备的零部件、金属、玻璃、废纸、塑料等有用原材料提取回收。转化技术是把预处理回收后的残余废渣用化学或生物学的方法，使废渣的物理性质发生改变从而加以回收利用。这一过程显然比预处理过程复杂，成本也较高。焚烧和热解以回收能源为目的，焚烧主要回收水蒸气、热水或电力等不能储存或随即使用型的能源，而热解主要回收燃料气、油、微粒状燃料等可储存或迁移型的能源。微生物分解主要使废渣原料化、产品化从而再生利用。

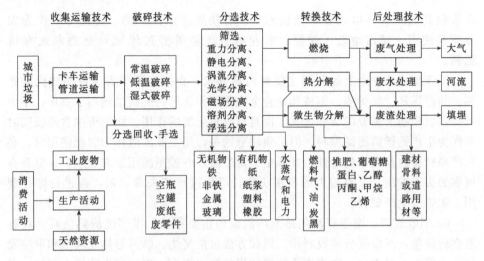

图 4-13　废渣综合处理系统

预处理过程和转化过程产生的废渣可用于制备建筑材料、道路材料或进行填埋等处置。

综上所述,废渣处理系统由若干个过程所组成,每个过程有每个过程的作用。综合处理废渣时,务必从整体出发,选择合适的处理技术及处理过程。

4.2　无机物废渣的处理技术

无机物废渣的处理多采用化学方法。化学处理的目的是对废渣中能对环境造成严重后果的有毒有害的化学成分,采用化学转化的方法,使之达到无害化。该法要视废渣成分、性质的不同采取相应的处理方法,即同一废渣可根据处理的效果、经济投入而选择不同的处理技术。总之化学转化的反应条件复杂且受多种因素影响,因此,仅限于对废渣中某一成分或性质相近的混合成分进行处理,而成分复杂的废渣处理,则不宜采用。化学处理方法主要包括中和法、氧化还原法、沉淀法、化学浸出法、吸附法和离子交换法等。

4.2.1　中和法

中和法处理的对象主要是制药工业中产生的酸、碱性泥渣。处理的原则是根据废物的酸碱性质、含量及废渣的量选择适宜的中和试剂并确定中和试剂的加入量和投加方式,再设计处理的工艺及设备。常用的中和试剂有石灰、氢氧化物或碳酸钠等,用以处理酸性泥渣;而硫酸、盐酸则用于处理碱性泥渣。多数情形下是从经济的角度出发使酸、碱性泥渣相互混合,达到以废治废的目的。中和法的设备有罐式机械搅拌和池式人工搅拌,前者用于大规模的中和处理,后者用于少量泥渣的处理。

有些废渣经处理后得到综合利用。如在萘普生的合成工艺中，其丙酰化工序产生的 $AlCl_3$，$AlCl_3$ 可采用中和法转变为高效净水剂聚合氯化铝，其工艺过程如下：在搅拌下向 $AlCl_3$ 水解液中加入适量浓硫酸，然后在回流的条件下，滴加 $NaOH$ 和 $Al(OH)_3$（摩尔比 1.5∶1）的混合液，加完后回流 1h，自然降温，沉降。上清液则为聚合氯化铝。将上述液体浓缩 1/5～1/4 体积，过滤除去 NaCl，得液态聚合氯化铝，pH 值为 4，相对密度为 1.24。

4.2.2　氧化还原法

通过氧化或还原反应，将废渣中可以发生价态变化的某些有毒、有害成分转化为无毒或低毒，且具有化学稳定性的成分，以便无害化处置或进行资源回收。例如含氰化物的废渣可以通过加入次氯酸钠、漂白粉等药剂从而将氰化物转化为毒性小很多的氰酸盐，达到无害化的目的。而利用还原法可以将铬渣中的六价铬还原为毒性较小的三价铬从而达到无害化的处理。下面以铬渣的处理为例来做简单介绍。

煤粉焙烧还原法是将铬渣与适量的煤粉或废活性炭、锯末、稻壳等含碳物质均匀混合，加入回转窑中，在缺氧的条件下进行高温焙烧（500～800℃），利用焙烧过程中产生的 CO 作还原剂，使铬渣中的六价铬被还原为三价铬。

药剂还原法在酸性介质中，可以用 $FeSO_4$、Na_2SO_3、$Na_2S_2O_3$ 等为还原剂，将六价铬还原为三价铬，以 $FeSO_4$ 为还原剂的反应如下式所示：

$$CrO_4^{2-} + 3Fe^{2+} + 8H^+ \longrightarrow Cr^{3+} + 3Fe^{3+} + 4H_2O$$

在碱性介质中，可用 Na_2S、K_2S、$NaHS$、KHS 等为还原剂进行还原反应：

$$2Cr^{6+} + 3S^{2-} + 6OH^- \longrightarrow 3S + 2Cr(OH)_3$$

还原法处理铬渣一般较难处理彻底，且处理费用也较高。经过上述无害化处理的铬渣，可用于建材工业，冶金工业等部门。

4.2.3　沉淀法

常用的沉淀技术包括氧化物沉淀、硫化物沉淀、硅酸盐沉淀、共沉淀、无机螯合物沉淀和有机螯合物沉淀。

（1）硫化物沉淀　在重金属稳定化技术中，有三类常用的硫化物沉淀剂，即可溶性无机硫沉淀剂、不可溶性无机硫沉淀剂和有机硫沉淀剂。

① 无机硫化物沉淀。除了氢氧化物沉淀外，无机硫化物沉淀可能是应用最广泛的一种重金属药剂稳定化方法。与前者相比，其优势在于大多数重金属硫化物在所有 pH 值下的溶解度都大大低于其氢氧化物（图 4-14）。

需要强调的是，为了防止 H_2S 的逸出和沉淀物的再溶解，仍需要将 pH 值保持在 8 以上。另外，由于易与硫离子反应的金属种类很多，硫化剂的添加量应根据所需达到的要求由实验确定，而且硫化剂的加入要在固化基材的添加之前，这是因为废渣中的钙、铁、镁等会与重金属竞争硫离子。

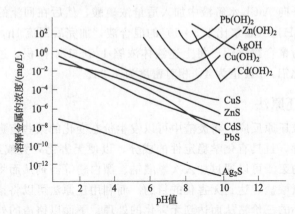

图 4-14 金属硫化物在不同 pH 值条件下的溶解度曲线

② 有机硫化物沉淀。从理论上讲，有机硫化物稳定剂有很多无机硫化剂所不具备的优点。由于有机含硫化合物普遍具有较高的分子量，因而与重金属形成的不可溶性沉淀具有相当好的工艺性能，易于沉降、脱水和过滤等。在实际应用中，它们也显示出了独特的优越性。例如，可以将废水或废渣中的重金属浓度降至很低，而且适应的 pH 值范围也较大等。

在美国，这种稳定剂主要用于处理含汞废物，在日本主要用于处理含重金属的粉尘（焚烧灰及飞灰）。

(2) 硅酸盐沉淀 溶液中的重金属离子与硅酸根之间的反应并不是按单一的比例形成晶态的硅酸盐，而是生成一种可看作由水合金属离子与二氧化硅或硅胶按不同比例结合而成的混合物。这种硅酸盐沉淀在较宽的 pH 值范围（2～11）内有较低的溶解度，但这种方法在实际处理中应用并不广泛。

(3) 碳酸盐沉淀 一些重金属，如钡、镉、铅的碳酸盐的溶解度低于其氢氧化物，但碳酸盐沉淀法并没有得到广泛应用。原因在于：低 pH 值时，二氧化碳会逸出，即使最终的 pH 值很高，最终产物也只能是氢氧化物而不是碳酸盐沉淀。

(4) 磷酸盐沉淀 用磷酸盐对重金属危险废渣进行稳定化处理的机理主要有两种：吸附作用和化学沉淀作用。可溶性磷酸盐（如磷酸钠）的处理机理主要是化学沉淀作用，即通过加入磷酸盐药剂及溶剂水，使可溶的重金属离子转化为难溶或溶解度较小的稳定的磷酸盐，从而达到稳定重金属的目的。而一些磷矿石（如磷灰石）的处理机理则是吸附反应和化学沉淀反应同时进行。研究表明，磷灰石与铅离子的相互作用属于广义的吸附作用，包括两种主要的机理，即矿物水界面的二维加积-表面吸附作用与固相的三维生长-沉淀作用，而通常所说的吸附作用往往指的是表面吸附作用。目前对于羟基磷灰石除去水溶液中铅离子的机理的研究较为深入，已有直接的微观证据证明其机理是以溶解-沉淀作用为主。

（5）石灰沉淀法　石灰沉淀法是处理高浓度含氟废水的经典工艺，利用钙离子和氟离子生成 CaF_2 沉淀从而去除氟离子。石灰价格便宜且处理方法简单，但存在处理效果较差、出水氟离子浓度难以达标、石灰有效利用率低等问题。主要原因是石灰的溶解度低，一般以石灰乳的形式投加，生成的 CaF_2 沉淀包裹在石灰颗粒外表面，使石灰不能进一步溶解，在溶液中难以提供足量的钙离子。氟化钙在 25℃ 时的溶度积常数 $K_{sp} = 3.98 \times 10^{-11}$，按化学计量数 Ca/F 摩尔比为 2∶1 时，氟离子平衡浓度为 8.17mg/L。但在实际废水中，存在其他的阴离子，如 Cl^-、NO_3^-、SO_4^{2-} 等，会增加氟化钙在水中的溶解度。因此，根据同离子效应，若要获得较低的氟离子浓度（<8.18mg/L），需要投加过量的钙盐沉淀剂。但在实际废水处理过程中，即使投加过量的石灰，由于其他影响因素的存在，出水氟离子浓度也只能降低到 20mg/L 左右。也可采用溶解度大的 $CaCl_2$，投加方式为单独投加或者与石灰联合使用，来提高除氟效果。单独使用 $CaCl_2$ 时，产生的 CaF_2 颗粒非常细小，难以沉淀，一般与石灰联合使用的情况较多。

（6）共沉淀　在非铁二价重金属离子与 Fe^{2+} 共存的溶液中，投加等当量的碱调节 pH 值，则反应为：

$$xM^{2+} + (3-x)Fe^{2+} + 6OH^- \longrightarrow M_xFe_{3-x}(OH)_6$$

反应生成暗绿色的混合氢氧化物，再用空气氧化使之再溶解，反应为：

$$M_xFe_{3-x}(OH)_6 + O_2 \longrightarrow M_xFe_3O_4$$

经络合反应生成黑色的尖晶石型化合物（铁氧体）$M_xFe_3O_4$。在铁氧体中，三价铁离子和二价金属离子（也包括二价铁离子）之比是 2∶1，故可试以铁氧体的形式投加 Mn^{2+}、Zn^{2+}、Ni^{2+}、Mg^{2+}、Cu^{2+}。

例如，对于含 Cd^{2+} 的废水，可投加硫酸亚铁和氢氧化钠，并以空气氧化之，这时 Cd^{2+} 就和 Fe^{2+}、Fe^{3+} 发生共沉淀从而包含于铁氧体中，因而可被永久磁铁吸住，不用担心氢氧化物胶体粒子不易过滤的问题。把 Cd^{2+} 集聚于铁氧体中，使之有可能被永久磁铁吸住，这就是共沉淀法捕集废水中 Cd^{2+} 的原理。

实际上，要去除可参与形成铁氧体的重金属离子，Fe^{2+} 的浓度不必太高。但要去除 Sn^{2+}、Pb^{2+} 等较难去除的金属离子，Fe^{2+} 的浓度必须足够高。Fe^{3+} 会生成 $Fe(OH)_3$，同时 Fe^{2+} 也易被氧化为 $Fe(OH)_3$。在此过程中，重金属离子可被捕捉于 $Fe(OH)_3$ 沉淀的点阵内或被吸附于其表面，因此，可得到比单纯的氢氧化物沉淀法更好的效果。据报道 Fe^{2+} 与 Fe^{3+} 的比例在（1∶1）～（1∶2）时共沉淀的效果最好。另外，除了氢氧化铁，其他沉淀物如碳酸钙也可以产生共沉淀。

（7）无机及有机螯合物沉淀　这是一个尚需探索的领域，但若溶液中的重金属与络合剂可以生成稳定可溶的络合物形态，这将给稳定化带来困难。若废水中含有络合剂，如磷酸酯、柠檬酸盐、葡萄糖酸、氨基乙酸、EDTA 及许多天然有机酸，它们将与重金属离子通过配位形成非常稳定的可溶性螯合物。但由于这些螯合物不易发生化学反应，很难通过一般的方法去除。这个问题的解决办法有以下三种。

① 加入强氧化剂，在较高温度下破坏螯合物，使金属离子释放出来。

② 由于一些螯合物在高 pH 值条件下易被破坏，还可以用碱性的 Na_2S 去除重金属。

③ 使用含有高分子有机硫的稳定剂。由于它们与重金属形成更稳定的螯合物，因而可以从络合物中夺取重金属并进行沉淀。

所谓螯合物，是指多齿配体以两个或两个以上原子同时和一个中心原子配位所形成的具有环状结构的络合物。如乙二胺与 Cu^{2+} 反应得到的产物即为螯合物。

螯环的形成使螯合物比相应的非螯合络合物具有更高的稳定性，这种效应被称之为螯合效应，对 Pb^{2+}、Cd^{2+}、Ag^+、Ni^{2+} 和 Cu^{2+} 等 5 种重金属离子都有非常好的捕集效果，去除率均达到 98％以上。对 Co^{2+} 和 Cr^{3+} 的捕集效果较差，但去除率也在 85％以上。稳定化处理效果优于无机硫沉淀剂 Na_2S 的处理效果，得到的产物亦比用 Na_2S 所得到的能在更宽的 pH 值范围内保持稳定，且从有效溶出量试验的结果来看，具有更高的长期稳定性。

4.2.4 化学浸出法

化学浸出法是选择合适的化学溶剂（浸出剂，如酸、碱、盐水溶液等）与废渣发生作用，使其中的有用组分发生选择性溶解，然后进一步回收处理的方法。该法可用于含重金属固体废渣的处理，特别在制药、化工行业中废催化剂的处理上得到广泛应用。下面以生产环氧乙烷的废催化剂的处理为例来加以说明。

用乙烯直接氧化法制环氧乙烷，必须使用银催化剂，大约每生产 1t 产品要消耗 18kg 银催化剂，而催化剂使用一段时期（一般为两年）后，就会失去活性成为废催化剂。这些废催化剂数量很大，仅辽阳石油化纤公司一次更换量就高达 30t。

回收的过程由以下三个步骤组成。

① 以浓 HNO_3 为浸出剂与废催化剂反应生成 $AgNO_3$、NO_2 和 H_2O。

$$Ag + 2HNO_3 \longrightarrow AgNO_3 + NO_2 + H_2O$$

② 将上述反应液过滤得 $AgNO_3$ 溶液，然后加入 $NaCl$ 溶液生成 $AgCl$ 沉淀。

$$AgNO_3 + NaCl \longrightarrow AgCl \downarrow + NaNO_3$$

③ 由 $AgCl$ 沉淀制得产品银。

$$6AgCl + Fe_2O_3 \longrightarrow 3Ag_2O \downarrow + 2FeCl_3$$

$$2Ag_2O \xrightarrow{\text{熔炼}} 4Ag + O_2$$

该法可使催化剂中银的回收率达到 95%，如此既消除了废催化剂对环境的污染，又取得了一定的经济效益。

4.2.5 吸附法

根据吸附机理进行分类，主要有物理吸附和化学吸附。

4.2.5.1 物理吸附法

物理吸附是吸附剂通过分子间作用力吸附重金属。作为处理重金属废渣的常用吸附剂有：活性炭、黏土、金属氧化物（氧化铁、氧化镁、氧化铝等）、天然材料（锯末、沙、泥炭等）、人工材料（飞灰、活性氧化铝、有机聚合物等）等。活性炭具有较大的比表面积（通常能达到 $500\sim1500\,m^2/g$），丰富的内部微孔结构，多种表面官能团且活性炭的吸附容量大，对水量、水质变化的适应性强、效率高等优点，因此，活性炭广泛用于处理含 $Cr(Ⅵ)$ 废水，并得到深入研究。活性炭对重金属的吸附主要通过表面存在的官能团与重金属的络合作用。因此，通过对活性炭进行改性，可以提高其对某些重金属的吸附效果。最常用的改性方法是对制备活性炭的原材料进行酸浸或碱浸。活性炭对 $Cr(Ⅵ)$ 有较好的吸附效果，但处理成本较高，且所需的 pH 值较低，通常为强酸性，限制了其广泛应用。研究发现，一种吸附剂往往只对某一种或某几种污染物具有优良的吸附性能，而对其他污染成分则效果不佳。例如，活性氧化铝对镍离子的吸附能力较强，而其他吸附剂对这种金属离子却表现出无能为力。

由于重金属在废渣中的存在形态千差万别，具体到某一种废渣，需根据所要达到的处理效果对处理方法和实施工艺进行有根据的选择。

4.2.5.2 化学吸附法

化学吸附是通过电子转移或电子对共用形成化学键或生成表面配位化合物等方式产生的吸附。产生化学吸附的吸附剂分子通常含有羟基、氨基、羧基等具有优良吸附、螯合、交联作用的基团，能够与废水中的重金属离子进行螯合，形成具有网状笼形结构的化合物，有效地吸附重金属离子，或是与重金属离子形成离子键、共价键以达到吸附重金属离子的目的。

4.2.6 离子交换法

最常见的离子交换剂是有机离子交换树脂、天然或人工合成的沸石、硅胶等。用有机树脂和其他人工合成材料去除水中的重金属离子通常是非常昂贵的，而且和吸附一样，这种方法一般只适合用于给水和废水处理。随着离子交换树脂的制备技术的持续改进，树脂的种类不断增多，吸附交换性能不断提高，正确选择离子交换树脂类型成为应用离子交换法的关键。另外还需注意的是，离子交换与吸附都是可逆的过程，如果逆反应发生的条件得到满足，污染物将会重新逸出。

可以大规模应用的重金属稳定化方法是比较有限的，但由于重金属在危险废渣中的存在形态千差万别，具体到某一种废渣，根据所需达到的处理效果，处理方法和实施工艺的选择是很值得研究的。

4.2.7　微生物解毒

微生物解毒是通过微生物的新陈代谢过程或代谢产物来还原六价铬，常被用于铬污染土壤的修复，由于其具有经济和环境友好的特点被越来越多的研究者用于含铬废渣的处理。用微生物处理并回收含铬废渣中的六价铬，研究表明从含铬废渣中的分离出的 Ch-1 菌株可有效加速六价铬的浸出和移除，解毒后废渣中的铬含量为 $3.3\mu g/g$，低于国家标准 $5\mu g/g$，六价铬的回收率超过 90%。

4.2.8　化学稳定化法的重要应用

对于常规的固化/稳定化技术，存在一些不可忽视的问题。例如废渣经固化处理后其体积都有不同程度的增大，有的会成倍增加，并且随着对固化体稳定性和浸出率的要求逐步提高，在处理废渣时需要更多的凝结剂，这不仅使固化/稳定化技术的费用接近于其他技术如玻璃化技术，而且极大地增大了处理后固化体的体积，这与废渣的小量化和废渣的减容处理是相悖的；另一个重要问题是废渣的长期稳定性，很多研究都证明了固化/稳定化技术稳定废渣成分的主要机理是废渣和凝结剂间的化学键合力、凝结剂对废渣的物理包容及凝结剂水合产物对废渣的吸附作用。近来，有学者认为物理包容是普通水泥/粉煤灰系统固化/稳定化电镀污泥的主要机理。然而确切的包容机理和对固化体在不同化学环境中的长期行为的认识还很不够，特别是包容机理，当包容体破裂后，废渣会重新进入环境中造成不可预见的影响。对于固化体中微观的化学变化也没有找到合适的监测方法，对固化试样的长期化学浸出行为和物理完整性还没有客观的评价。这些都会影响常规固化/稳定化技术在未来废渣处理中的进一步应用。

针对这类问题，近年来国际上提出了采用高效的化学稳定化药剂进行无害化处理的概念，并成为危险废渣无害化处理领域的研究热点。

用化学稳定化技术处理危险废渣，可以在实现废渣无害化的同时，达到废渣少增容或不增容，从而提高危险废渣处理处置系统的总体效果和经济性。同时，可以通过改进螯合剂的结构和性能使之与废渣中危险成分之间的化学螯合作用得到强化，进而提高稳定化产物的长期稳定性，减少最终处置过程中稳定化产物对环境的影响。

这一技术的开发与研究将为危险废渣的固化/稳定化处理开辟新的技术领域，对整个危险废渣处理系统的环境效益和经济效益产生重要的影响。

4.2.9　无机物废渣处理应用实例

4.2.9.1　电镍含钴废渣提取氧化钴

氧化钴是目前国内外最紧缺的化工原料之一。一般镍资源中均含有钴，利用镍电解净液过程中产生的含钴废渣提取氧化钴，具有很重要的意义。

电镍含钴废渣中，含钴 6%～7%、镍 25%～30%、铁 6%～8%、铜 0.1%～0.5%，以及锰、锌、钙、镁、铅等，主要为金属的氢氧化物。从含量来看，镍和铁分别大于和近于钴的含量，因此，选择从电镍含钴废渣中提取氧化钴的工艺，就必须对钴的提取、镍的回收和铁的去除问题加以综合考虑。

根据国外钴冶金技术的发展情况，再综合考虑上述问题以及对产品的质量要求，选取了如下工艺。该工艺与传统的提钴工艺相比，充分显示了其优越性，不仅比传统的提钴工艺过程简单，且可以提高钴的回收率。

(1) 工艺流程　钴渣用硫酸还原溶解；黄钠铁矾法除铁；P-204 [二(2-乙基己基)磷酸] 萃取 (除杂质和分离镍、钴)；氟化铵除钙、镁；草酸铵沉淀钴；煅烧制取氧化钴。

(2) 提取原理及方法

① 钴渣的硫酸还原溶解。在还原剂存在的条件下，钴渣易溶于酸中。当选用亚硫酸钠作还原剂时，钴渣与硫酸及亚硫酸钠的化学反应过程可用下列反应式来表示：

$$2Co(OH)_3 + 2H_2SO_4 + Na_2SO_3 \longrightarrow 2CoSO_4 + Na_2SO_4 + 5H_2O$$
$$2Ni(OH)_3 + 2H_2SO_4 + Na_2SO_3 \longrightarrow Ni_2SO_4 + Na_2SO_4 + 5H_2O$$
$$2Fe(OH)_3 + 3H_2SO_4 \longrightarrow Fe_2(SO_4)_3 + 6H_2O$$
$$Fe_2(SO_4)_3 + Na_2SO_3 + H_2O \longrightarrow 2FeSO_4 + Na_2SO_4 + H_2SO_4$$

将钴渣放在内衬塑料、带机械搅拌的槽内，加入硫酸和亚硫酸钠，使其进行还原溶解反应 (温度为 70～80℃)。

根据 $Co^{3+} > Ni^{3+} > Fe^{3+}$ 的电位顺序，钴渣的溶解过程按上述反应式进行。还原溶解反应的终点按以下方法确定：用铁氰化钾试液检验样液，如果样液出现纯蓝色 (Fe^{2+})，即表明钴渣中的 Co^{3+} 和 Ni^{3+} 已全部还原成可溶性的 Co^{2+} 和 Ni^{2+}，溶解过程已达终点。钴渣硫酸还原液的成分见表 4-2。

表 4-2　钴渣硫酸还原液的成分

成分	Ni	Co	Fe	Cu	Mn	Zn	Mg	Ca	Pb	Na	Si	SO_4^{2-}	Cl^-
含量/(g/L)	80	19	16	0.4	0.09	0.03	0.11	0.02	0.004	17.5	0.33	250	8.34

注：还原液的 pH 值为 1.5～2.0。

② 黄钠铁矾法除铁。黄钠铁矾法是一种新的除铁方法，具有除铁效果好、形成的铁渣过滤性能良好等优点。采用该法除铁，料液中的钴、镍、锌等金属离子不会形成和铁类似的晶体，因而有利于这些金属的回收处理。

该法除铁的关键是必须使钴渣硫酸还原液中的 Fe^{3+} 形成黄钠铁矾 $[Na_2Fe_6(SO_4)_4(OH)_{12}]$ 晶形沉淀，而不是像传统除铁（调 pH 值）时形成那种难以过滤的氢氧化铁胶状沉淀。

在钴渣硫酸还原液中，虽然铁和其他金属离子的浓度均较高，但经过氧化处理后，其中 Fe^{3+} 的浓度就远高于其他金属离子；加之溶液中同时存在较高浓度的 Na^+ 和 SO_4^{2-}，并且具有合适的酸度（pH 值为 1.5～2.0），这就为形成过滤性能良好的黄钠铁矾晶形沉淀（浅黄色）提供了有利条件，化学反应主要按下式进行：

$$3Fe_2(SO_4)_3 + Na_2SO_4 + 12H_2O \longrightarrow Na_2Fe_6(SO_4)_4(OH)_{12} \downarrow + 6H_2SO_4$$

上述除铁反应，是在装有加热盘管和机械搅拌的釜内进行的，操作温度为 95～98℃。操作步骤：在装有钴渣硫酸还原液的釜中，加入计算好量的 $NaClO_3$，将其进行氧化处理，使溶液中的 Fe^{2+} 全部氧化为 Fe^{3+}；加入适量的碳酸钠溶液，以中和前面反应过程中所产生的游离酸。此步需严格控制碳酸钠溶液的加入速度，使溶液的 pH 值始终保持在 1.5～2.0 之间；用硫氰化钾试液检验溶液中的 Fe^{3+}，至无显色反应时即停止加入碳酸钠溶液，此时除铁结束。采用该法除铁，经过滤、洗涤后的渣中，含铁 30%、钴 0.3%、镍 0.3%、铜 0.2%；经过滤除铁后的溶液中，Fe^{3+} 的含量降至 0.005～0.05g/L，其他金属离子的含量变化不大。采用该法，钴、镍的回收率和铁的去除率均达 98% 以上。

③ P-204 萃取。P-204 能萃取多种金属离子，其顺序为：$H^+ > Fe^{3+} > Zn^{2+} > Cu^{2+} > Fe^{2+} > Mn^{2+} > Co^{2+} > Mg^{2+} > Ni^{2+}$。水相中位于前面的金属可将后面的金属从有机相中置换出来。为了使溶液的 pH 值保持在某一定值下以萃取某一金属，而不受萃取过程中 H^+ 变化的影响，采用 NaOH 将 P-204 皂化为钠盐，化学反应式如下：

$$(RO)_2POOH + NaOH \longrightarrow (RO)_2POONa + H_2O$$

实践证明，在萃取过程中，控制好 P-204 的皂化率、用量以及萃取温度等条件，可达到将多种金属离子分离的目的。

（a）萃取除杂质。除铁后的溶液中，还含有少量的铜、铁、锰、锌等杂质（金属离子）。采用 P-204 对其进行萃取，可将这些杂质同时除去。

萃取除杂质的过程是在多级混合澄清槽内连续进行的，其中的有机相为 10% P-204 磺化煤油溶液，洗钴、反萃铜、反萃铁均采用盐酸溶液（浓度为 10mol/L）。萃取所得溶液的成分见表 4-3。

表 4-3　萃取液的成分　　　　　　　　　　　　　　　　　单位：g/L

萃取液	Ni	Co	Cu	Fe	Mn	Zn	Ca
硫酸钴溶液	74.39	18.32	0.004	0.001	0.002	0.002	0.09
氯化铜溶液	0.14	0.37	3.5	0.1	6.6	1.28	0.20
氯化铁溶液	0.07			4.78			

采用 P-204 对除铁后的溶液进行萃取，虽然能有效地除去铜、铁、锰、锌离子，但不能有效地除去钙、镁离子。萃取除杂质后所得的氯化铜溶液中，尚含有一定量的钴，采用此溶液回流洗钴，可提高铜、钴的分离效果。

（b）萃取分离钴、镍。在 P-204 萃取分离硫酸钴、镍的过程中，料液中的钴、镍比和料液温度愈高，钴、镍的分离效果愈好。

国内外资料报道，采用 P-204 萃取分离钴、镍的过程均选择在钴高镍低（Co/Ni 为 4～5）的料液中及加温（50～60℃）的条件下进行；而与此截然不同的是，本试验所采用的恰恰是镍高钴低（Ni/Co 为 4～5）的钴渣溶液。因此，采用 P-204 对此种料液进行萃取分离钴、镍，正是本工艺的创新之处。

研究证明，在萃取过程中，料液中的钴浓度和料液温度不同，钴与 P-204 会形成不同结构的有机萃合物；在低钴浓度和常温下，钴与 P-204 形成不易萃取、八面体形态的 $[(RO)_2POO]_2Co\cdot2H_2O$（桃红色）；在提高钴浓度和温度的条件下，钴与 P-204 形成易萃取、四面体形态的 $[(RO)_2POO]_2Co$（蓝色）；在萃取过程中，镍与 P-204 形成八面体形态的 $[(RO)_2POO]_2Ni\cdot2H_2O$，不受浓度和温度的影响。因此，要达到钴、镍分离的目的，应选择一种在萃取过程中能使钴、镍形成结构和性能有显著差异的有机萃合物的工艺条件。

为了验证上述论点，在新工艺试生产的过程中，进行了料液中不同钴、镍比和萃取温度的条件试验。其结果见表 4-4 和表 4-5。

表 4-4　料液中的钴、镍比对分离效果的影响

镍钴比（Ni/Co）	分离系数（$\beta_{Ni/Co}$）	钴镍比（Co/Ni）	分离系数（$\beta_{Co/Ni}$）
136	3.0	0.85	133
50	3.2	1.06	172
23.2	5.0	1.42	207
11.3	7.0	1.85	212
5.47	14.7	2.7	223
3.71	54.6	3.7	235
2.15	100.0	11.2	239

表 4-5　温度对钴镍分离效果的影响

温度/℃	22	32	41	51	59
分离系数（$\beta_{Co/Ni}$）	1.56	1.75	2.1	3.7	5.5

针对本研究所采用钴渣溶液的特点（镍高钴低），将萃取温度控制在 50℃，采用 P-204 萃取钴、氯化钴溶液回流洗镍的方法，使溶液中的钴、镍得到分离，所得氯化钴溶液中的钴、镍比（Co/Ni）为 1000～2000，达到和超过了文献中报道的类似工艺的技术指标，同时，所得硫酸镍溶液中的镍、钴比（Ni/Co）≥200，基本上可满足返回镍电解系统的技术要求。制取镍皂、萃钴、回流洗镍、反萃钴等过程，均是在多级混合澄清槽内进行的。有机相为 25% 的 P-204 磺化

煤油溶液，采用氢氧化钠将其皂化；料液为除去杂质后的溶液。制取镍皂和回流洗镍分别为新工艺获得硫酸镍和氯化钴溶液的两个工序；反萃钴液是浓度为 6mol/L 的盐酸溶液。萃取分离钴、镍过程所获得的氯化钴、硫酸镍、硫酸钠溶液的成分见表 4-6。

实践证明，采用氯化钴溶液回流洗镍，可以大大提高氯化钴溶液中的钴、镍比，并且，随着洗镍所用氯化钴溶液中钴、镍比的提高，半成品氯化钴溶液中的钴、镍比也得到相应的提高；采用 P-204 镍皂萃取分离钴、镍，可以提高硫酸镍溶液中的 Ni^{2+} 浓度和去除部分 Na^+，并可回收副产品硫酸钠。

表 4-6 氧化钴、硫酸镍、硫酸钠溶液的成分　　　　单位：g/L

成　　分	氧化钴	硫酸镍	硫酸钠
Ni	0.02	82.62	0.02
Co	81.91	0.30	0.01
Cu	0.0028	0.004	0.004
Fe	0.0022	0.0014	0.003
Mn	0.003	0.001	0.0012
Zn	0.0014	0.001	0.001
Ca	0.11	0.01	0.008
Mg	0.34	0.015	0.001
Pb	<0.001	<0.002	<0.002
Na	0.028	27.43	46.05
Si	0.019	0.22	0.15
Cl^-	128.2	22.66	8.15
SO_4^{2-}	0.19	192.44	92.34

注：氯化钴溶液的 pH 值为 3.15；硫酸镍溶液的 pH 值为 4.7；硫酸钠溶液的 pH 值为 5.0。

④ 氟化铵除钙、镁及氧化钴粉的萃取。对于氯化钴溶液中的钙、镁杂质，采用 P-204 萃取除杂质的方法，只能去除部分 Ca^{2+}，而不能去除 Mg^{2+}，因此，必须采取另外的措施，才能在沉淀 Co^{2+} 前去除溶液中的钙、镁杂质。氟化铵能与溶液中的钙、镁离子反应，生成不溶性的氟化物，而氟化铵不能与溶液中的钴离子生成氟化物沉淀。化学反应式如下：

$$CaCl_2 + 2NH_4F \longrightarrow CaF_2 \downarrow + 2NH_4Cl$$
$$MgCl_2 + 2NH_4F \longrightarrow MgF_2 \downarrow + 2NH_4Cl$$

在进行上述反应的过程中，将料液的 pH 值控制在 6.7～7.2 之间为宜。反应完成后，料液中的 Ca^{2+} 和 Mg^{2+} 含量均降至 0.01g/L 以下。另外，所形成的氟化物渣量较少，故钴的损失亦较小（1% 以下）。

将上述料液进行过滤后，再向滤液中加入草酸铵溶液，滤液中的 Co^{2+} 与草酸铵反应，生成草酸钴沉淀。化学反应式如下：

$$CoCl_2 + (NH_4)_2C_2O_4 \longrightarrow CoC_2O_4 \downarrow + 2NH_4Cl$$

用去离子水洗涤草酸钴沉淀，然后将其烘干，再在 450℃ 的温度下煅烧，最后得到氧化高钴粉末。化学反应式如下：

$$4CoC_2O_4 + 3O_2 \xrightarrow{450℃} 2Co_2O_3 + 8CO_2$$

（3）产品质量及钴、镍的回收率 采用此新工艺流程，制得的氧化高钴粉状产品的质量见表4-7；各工序钴、镍的回收率见表4-8。

表4-7 氧化高钴粉状产品的质量

成 分	含量/%	成 分	含量/%
Co	74.4	Cu	0.0081
Ni	0.02	S	0.0015
Mn	0.002	Pb	≤0.002
Ca	0.0035	Zn	≤0.002
Na	0.004	Mg	0.007
Fe	0.0031	Si	0.004
As	<0.0001	C	<0.05

注：氧化高钴粉状产品的松装相对密度为0.48。

表4-8 各工序钴、镍的回收率

工 序	钴回收率/%	镍回收率/%
钴渣硫酸还原溶解	99	99
黄钠铁矾法除铁	约99	约99
萃取除杂质	98.5	99
萃取分离钴、镍	99	99
氟化铵除钙、镁	99	
沉淀草酸钴	99	
煅烧	99	
总计	不低于92	不低于95

根据测算，采用此新工艺，氧化高钴粉状产品的成本约为人民币5.6万元/t。

（4）结论 用P-204萃取分离钴、镍（尤其对镍高钴低的料液）的新工艺，可以扩大产品的种类。例如，对含钴的有机相采用盐酸溶液进行反萃，可制得氯化钴；采用硫酸溶液进行反萃，可制得硫酸钴。

此外，除了可以采用P-204萃取法生产氯化钴粉外，还可以采用其他方法生产其他产品。如采用蒸发结晶法制取氯化钴或其他钴盐；采用电解法制取金属钴；采用氢还原法制取金属钴粉。

按此新工艺，萃取后所得的硫酸镍溶液中，含有微量的P-204，若将其直接套用于电解流程，则会影响电镍的质量。对此溶液，一般可采用油水分离、活性炭吸附、氯气除钴等方法进行处理，以降低其中的P-204含量。生产实践已经证明，将经过上述方法处理后的硫酸镍溶液再进行电解，可获得质量优良的电镍。

4.2.9.2　砷化镓废渣生产氧化镓

镓是一种稀有元素，自然界中几乎没有单一、具有工业开采价值的矿床，它多伴生在铜、铝、锌和铁矿中，目前主要依靠在冶炼这些金属的过程中回收镓。随着信息技术的发展，镓及其化合物的需求量日益加大，尤其是在砷化镓芯片的生产中，需要大量的高纯镓。氧化镓是制取存储器材料钆镓石榴石的原料之一，同时又可用作有机及无机合成的催化剂及制备高纯镓的原料。

在砷化镓晶片生产的切割和抛光过程中，会产生大量的含镓废渣，这种废渣有70%未经任何处理就被废弃，造成了资源的极大浪费。张向京等在砷化镓废渣生产氧化镓的试验研究中以抛光废渣为原料，经过浸取、除杂、中和沉淀和煅烧等步骤，制得氧化镓。

(1) 处理技术

① 材料。砷化镓废渣取自北京某独资砷化镓晶片生产厂，是抛光废液加铁絮凝剂经过滤而得到的。经分析，其主要成分见表4-9。

表 4-9　废渣主要化学成分　　　　　　　　　　单位：%

Ga	As	Fe	SiO_2	Ce	Na
19.6	20.6	4.8	47.2	0.5	2.7

② 处理仪器。处理仪器有粉碎机、空压机、搅拌器、真空泵、马弗炉、原子吸收分光光度计及其他实验室常用仪器。

③ 处理方法。处理流程如图4-15所示。

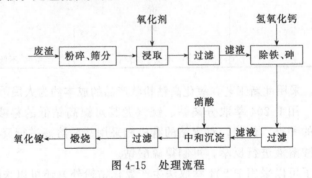

图 4-15　处理流程

取100g经粉碎机粉碎、筛分至40~60目的废渣干料，置于1000mL的烧杯中，加入200mL去离子水，开动搅拌机保持转速为500r/min，使混合物成浆状；在有氧化剂存在的情况下，加入一定量硝酸（在30min内加完）浸取，并按时取少量浸取液测试镓的浓度，计算浸取率。浸取一定时间后，过滤除去不溶物质（主要是SiO_2），滤液用氢氧化钙调至碱性，沉淀完全后过滤除铁、砷。滤液再用酸中和至pH值在4~9之间，使镓以氢氧化镓的形式沉淀下来，过滤并用去离子水洗涤数次，滤饼经煅烧，制得氧化镓。

（2）处理结果及讨论　浸取过程中砷化镓的化学性质稳定，不溶于一般的酸，如 HCl、HF 等，但遇强氧化性酸会发生氧化还原反应从而溶解。本技术采用 HNO_3 作浸取剂，同时为了避免产生剧毒气体 AsH_3，还需加入氧化剂。该处理方法考察了氧化剂种类、酸用量、酸浓度、反应温度等因素对浸取率的影响。

① 氧化剂的选择。在不引入其他杂质离子的前提下，对氧气（采用空气）和过氧化氢作氧化剂进行了比较。在用 HNO_3 作浸取剂时，二者在溶液中分别和砷化镓发生如下反应从而使镓进入到溶液中：

$$GaAs + 2.5H_2O_2 + 3HNO_3 \Longrightarrow Ga(NO_3)_3 + 1.5H_2 + H_3AsO_4 + H_2O$$

$$GaAs + 2O_2 + 3HNO_3 \Longrightarrow Ga(NO_3)_3 + H_3AsO_4$$

保持温度为 60℃，用浓度为 3mol/L 的硝酸浸取，硝酸的用量比理论值（以废渣中总镓完全浸出计，下同）过量 20％。过氧化氢的用量为理论值的 1.1 倍，30min 内加完；空气作氧化剂时，保持在浸取过程中通气强度足够大。浸取率随时间的变化如图 4-16 所示。

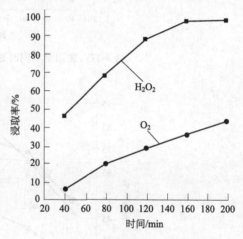

图 4-16　氧化剂不同时镓浸取率随时间的变化

从图 4-16 中可以看出，在相同的浸取时间内，用过氧化氢作氧化剂的浸取率明显高于氧气。其原因在于空气不断通入的过程中，从溶液中带走了一部分硝酸。使溶液中硝酸的有效含量降低，从而引起了浸取率的降低。因此，用过氧化氢作氧化剂要优于氧气，用量稍高于理论值即可，以下实验中取 1.1 倍的理论值。

② 酸用量。保持温度为 60℃，用浓度为 3mol/L 的硝酸浸取，过氧化氢的用量为理论值的 1.1 倍，30min 内加完。考察硝酸用量（所用硝酸量与理论量之比）不同时镓浸取率随时间的变化，结果如图 4-17 所示。

从图 4-17 中可以看出，在浸取时间相同的情况下，随着酸用量的增加，镓的浸取率逐步提高。在浸取时间为 160min 以上时，镓几乎全部浸出，此时，再增大酸用量，对浸取率的提高作用不大，并且会增加后续处理过程中的碱用量。因此，酸的用量以理论量的 1.2 倍为宜。

③ 酸浓度。保持温度为 60℃，过氧化氢的用量为理论值的 1.1 倍，硝酸总用量为理论量的 1.2 倍。考察用不同浓度的硝酸时，镓浸取率随时间的变化，结果如图 4-18 所示。

从图 4-18 中可以看出，在保持酸总用量不变的情况下，改变酸浓度，在浸取的开始阶段，浸取率随酸浓度的增大而增加，但在某一时间以后，随浓度的增

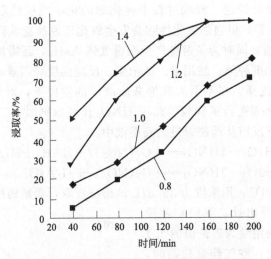

图 4-17　酸用量不同时镓浸取率随时间的变化

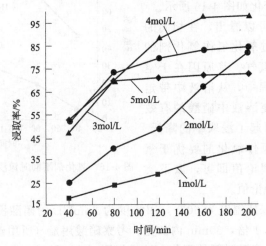

图 4-18　酸浓度不同时镓浸取率随时间的变化

加，会出现浸取率降低的情况。这主要是因为酸浓度高时，溶液中发生了如下副反应：

$$GaAs+4HNO_3+0.5H_2O \Longrightarrow Ga(NO_3)_3+NO_2+0.5As_2O_3+2.5H_2$$

该反应由于放出二氧化氮气体，相当于减少了溶液中的硝酸总量，从而引起浸取率的降低。因此，硝酸浓度维持在 3mol/L 较为适宜。

④ 浸取温度。在氧化剂过氧化氢的用量为理论值的 1.1 倍、用 3mol/L 的硝酸浸取 160min、硝酸总用量为理论量的 1.2 倍的情况下，考察反应温度不同时镓浸取率的变化，结果如图 4-19 所示。

从图 4-19 中可知，在浸取温度为 60℃时，实验值达到最高点，此时再提高温度，浸取率反而降低。其原因为：温度较高时，有利于③中所述的副反应发生，使大量二氧化氮气体从溶液中蒸出。因此，浸取温度应维持在 60℃为宜。

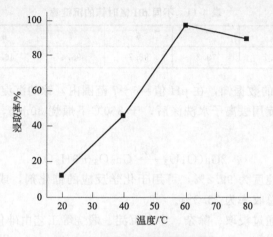

图 4-19　镓浸取率随温度的变化

溶液中除铁、砷浸取得到的滤液，若直接采用中和的方法沉淀 Ga^{3+}，则由于溶液中的 Fe^{3+} 会同时沉淀，必定使得到的 $Ga(OH)_3$ 中混有铁。同时由于 $Fe(OH)_3$ 的絮凝作用，会将溶液中的砷也带入 $Ga(OH)_3$ 中。因此，必须将铁和砷从溶液中除掉。

由于镓在 pH 值＞9 时会形成偏镓酸盐，因此，若用 $Ca(OH)_2$ 调 pH 值，在大于 9 时，溶液中的铁和砷会发生如下反应从而优先从溶液沉淀出来，过滤即可除掉。

$$Fe^{3+} + 3OH^- \longrightarrow Fe(OH)_3 \downarrow$$

$$3Ca^{2+} + 2AsO_4^{3-} \longrightarrow Ca_3(AsO_4)_2 \downarrow$$

试验用 1mol/L $Ca(OH)_2$ 作沉淀剂，考察了不同 pH 值时，沉淀过滤后溶液中铁、砷的含量，结果如表 4-10 所示。

表 4-10　不同 pH 值除铁、砷后两者在溶液中的含量

pH 值	9	10	11	12
Fe/(mg/L)	155	46	49	108
As/(mg/L)	89	25	22	19

由表 4-10 中的数据可知，在 pH 值＝10～11 范围内，铁、砷的去除率均较好。

中和沉淀和煅烧 pH 值在 4～9 之间时，偏镓酸盐会转化成 $Ga(OH)_3$ 沉淀。反应如下：

$$GaO_2{}^- + H^+ + H_2O \longrightarrow Ga(OH)_3 \downarrow$$

对得到的滤液，用10%硝酸调其pH值，使镓从溶液中沉淀出来。不同pH值时镓的沉淀率如表4-11所示。

表4-11 不同pH值时镓的沉淀率

pH值	4	5	6	7	8	9
沉淀率/%	23.7	79.3	98.7	95.4	46.3	19.5

由表4-11中的数据知，在pH值＝6~7范围内，镓的沉淀率较高。

将所得的沉淀用去离子水洗涤后，于850℃下煅烧30min，得氧化镓。反应如下：

$$2Ga(OH)_3 \xrightarrow{煅烧} Ga_2O_3 + 3H_2O$$

经测定，其纯度为99.2%，可用于化学反应的催化剂，或用于制取高纯镓的原料。产品的总收率为73.2%。

(3) 结论 通过浸取、除杂、中和沉淀、煅烧等工艺由砷化镓废渣可制得氧化镓产品。

① 浸取过程。采用3mol/L的硝酸为浸取剂，用量为理论用量的1.2倍；过氧化氢为氧化剂，用量为理论用量的1.1倍；浸取温度为60℃，时间为160min。在此条件下，镓的浸取率可达98%以上。

② 溶液中除铁、砷。用1mol/L的Ca(OH)$_2$作沉淀剂，pH值控制在10~11。

③ 中和沉淀和煅烧。用10%的硝酸调溶液pH值至6~7，沉淀率较高。过滤所得的沉淀于850℃下煅烧30min，得氧化镓，纯度为99.2%，产品的总收率为73.2%。

所得氧化镓可用作化学反应的催化剂，或用于制取高纯镓的原料，使稀有资源得到了再生。

4.2.9.3 氧化锌废渣制备纳米级氧化锌

纳米级氧化锌具有大比表面积、高分散性等特点，在高档化妆品、颜料、油墨、橡胶促进剂、医药、催化剂等方面具有广泛的用途。国内外生产氧化锌的方法有3种：第1种方法是以金属锌为原料的间接法；第2种方法是用锌矿石为原料的直接法；第3种方法是湿法即直接沉淀法，是制备纳米级氧化锌的一种重要方法。它是在可溶性锌盐溶液中加入沉淀剂后，于一定的反应条件下形成不溶性的氢氧化物或盐类后从溶液中析出，并将溶液中原有的阴离子洗去，再经热分解得到氧化锌粉体的一种新工艺。

(1) 处理技术

① 技术原理。脱硫催化剂是由ZnO为99.7%的ZnO和甲基纤维素作黏合

剂煅烧而成，脱除 H_2S 及有机硫后变成 ZnS。主要反应为：

$$ZnO + H_2S \longrightarrow ZnS + H_2O$$

$$ZnO + C_2H_5SH \longrightarrow ZnS + C_2H_4 + H_2O$$

ZnS 经煅烧形成粗 ZnO 的反应如下：

$$2ZnS + 3O_2 \longrightarrow 2ZnO + 2SO_2 \uparrow$$

ZnS 在固定床中进行高温氧化反应时，由于气、固接触不良，高密度的 ZnO 层使 ZnS 难以氧化完全，所以煅烧 ZnS 只能得到粗 ZnO。

② 工艺流程。本工艺流程如下：

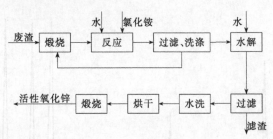

（2）处理过程

① 浸取。原料煅烧后，取 100g 粗氧化锌和 500mL 20％的 NH_4Cl 溶液，混合搅拌，确定浸取时间为 1h，经过滤得锌氨络合物溶液，滤渣并入废催化剂再煅烧。

② 结晶与水解。将锌氨络合物溶液中加入 5 倍的水，使其水解，水解温度为 80℃，时间为 1.5h，冷却，陈化 3h，过滤得 $Zn(OH)_2$ 结晶。

③ 煅烧。用 40℃ 的水洗涤，最后用去离子水洗到无氯离子（Cl^-）为止。在 105℃ 下烘干，然后在 540℃ 下煅烧，得到活性氧化锌。

（3）结果与讨论　氧化锌废渣制纳米级氧化锌的关键工艺是浸取、结晶水解和煅烧，浸取温度、溶液 pH 值、煅烧温度是影响产品质量和产率的重要因素。

① 浸取温度对锌转化率的影响。考察不同温度下的锌转化率，从表 4-12 来看，浸出温度越高越有利于锌的浸出，但温度过高，不易控制，所以浸出温度应控制在 80～90℃。

表 4-12　浸取温度对锌转化率的影响

温度/℃	30	40	50	60	70	80	90	100
转化率/％	65	72	83	88	91	95	96	96

② 溶液 pH 值对锌转化率的影响。浸取温度为 85℃，其他条件同①，考察不同 pH 值对锌转化率的变化。从表 4-13 中可知，最佳 pH 值为 6.5。

表 4-13　pH 值对锌转化率的影响

pH 值	5.0	5.5	6.0	6.5	7.0	7.5	8.0	8.5
转化率/%	65	76	86	95	92	78	34	8

③ 煅烧温度、煅烧时间对产品质量和产率的影响。将 $Zn(OH)_2$ 结晶在 105℃下烘干，然后进行煅烧。温度太低，时间太短，则分解不完全；温度过高，时间过长，得到的氧化锌粒径会增大。处理结果表明：最佳煅烧温度为 540℃，煅烧时间为 2h。通过氧化锌产物的 X 射线衍射图，可以看出氧化锌的衍射峰很尖，这表明它的结晶性好，并且无其他杂质存在，说明产物氧化锌的纯度高（如图 4-20 所示）。

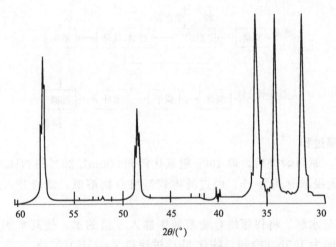

图 4-20　产品在 540℃下煅烧 2h 后 ZnO 的 XRD 曲线

（4）结论　当浸取温度在 80～90℃时，原料中锌的转化率达 96% 以上；沉淀反应 pH 值＝6.5，煅烧温度为 540℃，煅烧时间为 2h，氧化锌产率达 95% 以上。该产品性能稳定，比表面积达 $50m^2/g$，氧化锌含量为 99.45%。利用氧化锌的脱硫废渣制备纳米级氧化锌，工艺简单可行，成本可以降低人民币 1000 元/t 以下，产品质量好，无三废，具有较好的经济效益和社会效益。

4.2.9.4　化学法处理硫酸渣工艺

我国硫酸工业 80% 以上采用黄铁矿作原料，黄铁矿精矿在制酸过程中经沸腾炉焙烧后，绝大部分 S 已转变成 SO_2，并生成 H_2SO_4，而少量 S 和几乎全部 Fe 及原来存在于精矿中的其他杂质元素均残存于烧渣中。硫酸渣能通过各种途径对大气、土壤、水体造成污染，直接或间接危及生态平衡和人体健康。我国在硫酸的生产过程中每年排出黄铁矿烧渣 $1.0 \times 10^7 t$ 以上，约占化工渣的三分之一。

目前我国对硫酸渣还没有找到很好的处理方法，国外一般是将其提炼成铁精粉作为炼铁原料，或生产氧化铁红颜料、聚铁混凝剂等产品。我国很多工厂也尝试研究过很多处理方法，但由于我国硫酸渣含硫量高、含铁量低，而且难以脱除其中的硫，从而没有很好地利用起来。对硫酸渣的利用，关键是富集其中的铁，脱除其中的硫、脉石等。由于硫酸渣中各种矿物相互包裹、浸染，所以传统的磁选、浮选等工艺很难达到理想的分选指标。吴德礼等在化学法处理硫酸渣工艺的机理分析中通过电子探针、X衍射等方法综合研究了硫酸渣的工艺矿物学后，提出了化学药剂浸洗法（简称化学法）处理硫酸渣，得到了较好的效果。

（1）处理工艺及效果　化学法处理硫酸渣的工艺如图4-21所示。硫酸渣首先在化选机进行化学药剂浸洗，然后进入三层浓缩机中用清水清洗，处理后的精样经压滤后送往晒干厂进行晒干，清洗液可经混凝沉淀后循环使用。通过药剂选择、矿浆浓度、浸洗时间、清洗时间、清洗浓度等一系列条件试验和正交试验，得出最佳工艺条件：王水体积分数为1.6%，矿浆质量分数为50%，浸洗时间为90min，清洗液体积分数为20%，清洗次数为4次。

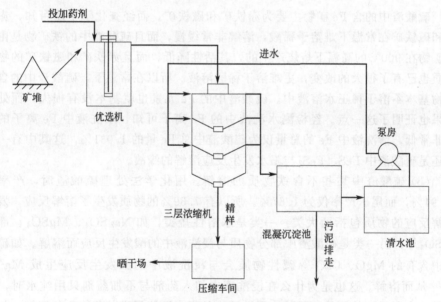

图4-21 化学法处理硫酸渣工艺流程图

按照图4-21所示的工艺和最佳工艺条件，可得到表4-14所示的结果。硫酸渣经过处理后完全能达到铁精粉的条件（S质量分数小于0.5%，总Fe质量分数大于60%），硫酸渣经过处理后可直接作为铁精粉用来炼铁。该工艺投资省，处理成本低，处理1t硫酸渣的成本为90元，回收率高达90%，即1t硫酸渣可生产0.9t铁精粉，铁的回收率高达98%，而1t铁精粉的市售价为200元，有很好的经济效益。

表 4-14　化学法处理硫酸渣的试验结果

试样	Fe 品位/%	S 质量分数/%	Fe 回收率/%	S 去除率/%
原样	57.76	1.63	100	0
精样	62.04	0.21	98.02	87.12

(2) 机理分析

① Fe 品位提高的原因。硫酸渣经过处理后，Fe 的品位提高了 4.28%，而且回收率很高。其主要原因如下：

(a) 硫酸渣中含 Fe 矿物质难以溶解。硫酸渣中 Fe 的赋存状态如表 4-15 所示。

表 4-15　硫酸渣中 Fe 的赋存状态

赤铁矿中铁的质量分数/%	磁铁矿中铁的质量分数/%	黄铁矿中铁的质量分数/%	硅酸盐中铁的质量分数/%	合计/%
55.50	1.16	0.32	0.78	57.76

硫酸渣中的含 Fe 矿物主要为赤铁矿和磁铁矿。而经查化学手册可知，赤铁矿和磁铁矿在常温下难溶于稀酸，溶解非常缓慢，而且硫酸渣中的铁矿物是由天然矿物在 900℃ 的高温下焙烧产生的，其活性降低，而且赤铁矿和磁铁矿的物化性质也已有了很大的改变，更难溶于稀酸溶液。所以在常温下，硫酸渣中的含铁矿物基本不溶于稀王水溶液中。硫酸渣中的 Fe 元素也就基本没有损失，而处理结果也证明了这一点。经检测水洗液中的 Fe 离子可知，水洗液中 Fe 离子的浓度非常低，清洗液中 Fe 的总量仅为硫酸渣中总 Fe 量的 1.031%，这其中有一部分还是硫酸渣中 FeS、FeS_2 与王水发生反应溶解的缘故。

(b) 硫酸渣中某些不含铁物质的溶解。用化学法处理硫酸渣时，产率为 90.94%，而尾矿产率仅为 1.67%。所以有 7.39% 的物质发生了溶解反应，发生溶解反应的物质包括两大类：一类是水溶性盐类，如 Na_2SO_4、$MgSO_4$、部分 $CaSO_4$ 等；另一类是硫酸渣中部分物质与浸洗液中的酸发生反应而溶解。如硫酸渣中含有的 MgO、CaO 等碱性物质会与浸洗液中的酸发生反应生成 Mg^{2+}、Ca^{2+} 从而溶解。这也是为什么在浸洗液中加入药剂与不加药剂只用纯水时，Fe 的品位有所提高的原因。另外，浸洗液中的王水还能促进某些物质的溶解，如王水能明显促进 $CaSO_4$ 的溶解。所以由于硫酸渣中 Fe 损失很少，而硫酸渣总质量却减少了很多，所以 Fe 的品位会有较大的提高。

② 硫酸渣中硫含量明显降低的机理探讨。硫酸渣含硫质量分数由 1.63% 降低到 0.21%，脱除率高达 87.121%，效果非常显著。加入不同的药剂对硫的脱除率也有一定的影响；不加入药剂，只用清水试验时，脱除率只有 57.35%；清洗次数和清洗液浓度对硫的脱除率有着较大的影响，如不进行清洗时，硫的去除率仅为 43.46%。根据这些现象对硫酸渣中硫的脱除机理进行了以下几方面的

探讨。

（a）可溶性硫酸盐的溶解。经过对硫酸渣中硫的物相分析可知，硫酸渣中的硫主要是以硫酸盐的形式存在，约占总硫质量的 85.28%，而其中又有一大部分为可溶性硫酸盐如 K_2SO_4、Na_2SO_4、$MgSO_4$ 等，其中可溶性硫酸盐中的硫约占总硫质量的 56.54%，占总硫酸盐硫质量的 65.66%。因此，在进行浸洗处理时，硫酸渣中的可溶性硫酸盐就会溶解，同时硬石膏（$CaSO_4$）也微溶于水，从而大大降低硫的含量，所以只用清水处理硫酸渣时，硫的含量也能降低一部分。

（b）药剂的作用。当在浸出液中加入不同药剂时，硫的去除率是不一样的。其中加入王水的效果最好。硫的质量浓度可降到 0.21%，这说明加入药剂促进了硫的去除。用清水处理后，硫酸渣中的硫就主要为微溶性硫酸盐 $CaSO_4$ 及 FeS_2、FeS 等硫化物，而从试验及理论都可证明，王水不仅能与 FeS_2、FeS 等硫化物反应，使硫化物溶解，而且能打破 $CaSO_4$ 的溶解平衡，促进 $CaSO_4$ 的溶解，使 $CaSO_4$ 溶解度大大提高。所以加入王水能有效地降低硫的含量。

a）王水促进 $CaSO_4$ 的溶解。X 衍射分析和硫的物相分析证明，硫酸渣中含有一定量的硬石膏（$CaSO_4$）。$CaSO_4$ 是一种微溶性硫酸盐，常温下其溶解度很小，所以单纯用水清洗难以有效溶解 $CaSO_4$。试验和理论分析证明，王水、盐酸等药剂能促进 $CaSO_4$ 的溶解。西南石油学院的尹忠等人曾做过硫酸钙在盐酸和氯化钠水溶液中的溶解度试验，证明盐酸和氯化钠都能增大 $CaSO_4$ 在水溶液中的溶解度。盐酸能增大 $CaSO_4$ 溶解度的原因可以用电解质理论来解释。HCl 是非对称电解质，它的行为不完全符合电解质溶液理论。在低酸质量浓度（低于 13g/100mL）下，当酸浓度增加时，离子强度 I 增加（$I = \sum c_i Z_i^2/2$），活度系数 $\gamma_\pm$ 降低 $[\lg\gamma_\pm = -0.509\,|Z_+ Z_-|\,\sqrt{I}/(1+\sqrt{I})]$，而活度 $a = [\gamma^\gamma \pm (V^{\gamma+} V^{\gamma-})m^\gamma]$，故溶质 $CaSO_4$ 的浓度 m 相对增大，即溶解度增大。在高酸浓度下，Debye-Huckel 理论不太适用。在这种情况下 $CaSO_4$ 作为一种 2∶2 价型的电解质形成正、负离子对，发生离子缔合现象，正、负离子间距离短，短程静电相互作用加强，使溶解度降低，所以 $CaSO_4$ 在盐酸水溶液中的溶解度会随着盐酸浓度的增加先增大后降低。在本试验中也做了 $CaSO_4$ 在王水溶液中的溶解度试验。结果表明，$CaSO_4$ 在王水溶液中的溶解度随着王水浓度的增大先增大而后减小，而且效果比盐酸略好，在一定浓度范围内王水能明显增大 $CaSO_4$ 在水溶液中的溶解度。

b）王水与硫化物的反应。大部分的金属硫化物是难溶于水的。但是从资料上查得，尽管很多含硫化物的矿物都不溶于水和非氧化性稀酸，但它们中的大部分却能溶于 HNO_3。这是由于 HNO_3 具有强氧化性，能与它们发生氧化还原反应。而王水是由盐酸和硝酸按 3∶1 的比例混合而成，具有更强的氧化性。另有资料报道，在酸性介质中及同时有 Cl^- 存在时，NO_3^- 会有更强的氧化能力。如曹顺福等人运用热力学讨论得出，HgS 既不溶于非氧化性稀酸（如 HCl、

H_2SO_4等），也不溶于氧化性稀酸 HNO_3 等，但却溶于王水，部分原因是王水中的 NO_3^- 有着更强的氧化性。

硫酸渣中的金属硫化物主要是 FeS_2、FeS、Cu_2S、PbS 等物质，它们大部分不溶于水和盐酸等非氧化性稀酸，所以单纯用盐酸处理硫酸渣时并不能有效去除硫化物中的硫，而用王水则可以，因为王水中的 HNO_3 或 Cl_2 等强氧化剂能与大部分金属硫化物发生反应，将其中的硫氧化。通过热力学吉布斯函数的计算也可以证明，黄铁矿（FeS_2）是能与硝酸发生氧化还原反应的，从而使硫酸渣中的黄铁矿及其他一些金属硫化物在王水的稀溶液中溶解，使其转移到液相中得到去除。通过检测清洗液中的 SO_4^{2-} 浓度也能说明这一点，加王水时清洗液中 SO_4^{2-} 浓度为 0.0508mol/L，不加药剂只用清水时，清洗液中 SO_4^{2-} 浓度为 0.0369mol/L。

c）水洗的作用。做条件试验时水洗的作用是非常明显的，而且是所有影响因素中最大的一个。这是因为硫酸渣中硫的去除大部分是由于转化成可溶性含硫物质如硫酸盐等进入液相从而实现的。所以可溶性含硫物质在矿浆中大量存在，而如果不用清水清洗，则湿硫酸渣烘干后，水分蒸发掉，可溶性含硫物质如 Na_2SO_4、$MgSO_4$、$CaSO_4$ 等又结晶析出，转变成固体存留于硫酸渣中，并没有去除。因此添加药剂处理后的湿硫酸渣必须经过水洗，把可溶性 SO_4^{2-} 洗掉。而且需要水洗次数，以增大传质动力，使清洗更彻底。经过清洗 4 次、5 次后，硫酸渣中的含硫可溶物已基本都转移到液相中除去。

（3）结论　硫酸渣是一种宝贵的二次资源，应该积极地将其开发为其他产品，变废为宝。国外有很多国家，硫酸渣的利用率都达到 90% 以上，尤其是一些铁矿贫乏的国家。我国尽管从 20 世纪 70 年代就开始研究硫酸渣的综合利用，但都由于分选困难而没有得到很好的应用。

化学法处理硫酸渣的机理主要是药剂和水洗的作用，所以可继续研究更合适的药剂，在硫酸渣工艺矿物学、脱硫机理方面进行进一步研究，以使该方法早日实现工业化应用。

试验证明化学药剂浸洗法处理硫酸渣是一种切实可行的、适合我国国情的方法。经过简单处理后，能将硫酸渣开发为合格的铁精粉，回收率高，成本低，可实现废物的综合利用。

4.3　化学合成药物产生废渣的处理技术

废渣中含有多种有害的污染物，有机物是其中最主要的一种，化学合成药物的生产过程尤其如此。生物处理是以废渣中的可降解有机物为对象，使之转化为稳定产物、能源和其他有用物质的一种处理技术，也是常用的处理方法。

废渣的生物处理方法有多种，例如裂解法、堆肥化、厌氧发酵、纤维素水解、垃圾养殖蚯蚓等。其中，堆肥化是有机固体废弃物实现无害化、减量化和资源化的有效途径，并已经取得较成熟的经验。厌氧发酵也是一种古老的生物处理技术，是指在温和条件下利用厌氧微生物对生物质的有机组分进行分解，产物有较高肥效，故早期主要用于粪便和污泥的稳定化处理，近年来随着对废渣资源化的重视，在制药废渣的处理方面也得到开发和应用。其他的生物处理技术虽然不能解决大规模废渣减量化的问题，但是作为从废渣中回收高附加值生物制品的重要手段，也有多方面的研究。

废渣生物处理的作用可以归纳为以下四个方面：稳定化和杀菌消毒作用、废渣减量化、回收能源和回收物质。不同的生物处理技术可以实现一种或多种作用。本节重点介绍应用较为广泛的废渣热解、好氧堆肥化和厌氧发酵处理技术。

4.3.1　热解

（1）热解处理的原理及特点　固体废物的热解是指在缺氧或无氧条件下，使可燃性固体废物在高温下分解，最终成为可燃气、油、固形炭的过程。与燃烧时的放热反应有所不同，一般燃烧为放热反应，而热分解反应是吸热反应。在有机物燃烧过程中，其主要生成物为二氧化碳和水。而热分解主要是使高分子化合物分解为低分子，因此热分解也称为"干馏"。其产物可分为以下几部分。

① 气体部分：氢、甲烷、一氧化碳、二氧化碳等。

② 液体部分：甲醇、丙酮、醋酸，含其他有机物的焦油、溶剂油、水溶液等。

③ 固体部分：主要为炭黑。

可见，热解处理与焚烧处理相比其显著特点为：焚烧的结果产生大量的废气和部分废渣，仅热能可回收，同时还存在二次污染问题。而热解的结果可产生燃气、燃油，其便于储存运输。

固体废物的热解是一个复杂的化学反应过程，其中发生大分子的断链、异构等反应，热解的中间物质一方面是大分子裂解为小分子，另一方面又有小分子聚合成较大的分子，其过程可用下式说明。

$$有机固体废物 \begin{cases} 高分子、大分子有机液体（焦油＋芳香烃）＋炉渣 \\ 低分子有机液体＋各种有机酸＋芳香烃 \\ ＋CH_4＋H_2＋H_2O＋CO＋CO_2＋NH_3＋H_2S＋HCN \end{cases}$$

例如，纤维素热解（其中 C_6H_8O 代表液态的油品）：

$$3(C_6H_{10}O_5) \longrightarrow 8H_2O＋C_6H_8O＋3CO_2＋CH_4＋H_2＋8C$$

适合热解的废物主要有废塑料（含氯的除外）、废橡胶、废轮胎、废油及油泥和废有机污泥等。

（2）热解的主要影响因素

① 温度。热解温度决定着热解产物的分配比。热解过程中，可通过控制热

解温度来选择热解产品的产量和成分。一般来说，温度升高，气体的产量增加。

② 湿度。热解过程中湿度的影响是多方面的。主要表现为影响产气量及其成分、热解内部的化学过程以及影响整个系统的能量平衡。

③ 反应时间。反应时间是指反应物料完成反应在炉内停留的时间。它与物料的尺寸、物料分子的结构特性、反应器内的温度水平、热解方式等因素有关，同时它也会影响热解产物的成分和总量。一般情形下物料尺寸越小，反应时间越短；物料分子结构越复杂，反应时间越长。反应温度越高，反应时间就会缩短。

④ 热解工艺与设备。热解工艺常按反应器的类型进行分类，反应器一般有立式炉、回转窑、高温熔化炉和流化床炉。

（a）立式炉热分解法。此法的工艺流程如图 4-22 所示。废物从炉顶投入，经炉排下部送来的重油、焦油等可燃物的燃烧气体干燥后进行热分解。炉排分为两层，上层炉排上为炭化物、未燃物和灰烬等，用螺旋推进器向左边推移落入下层炉排，在此，将未燃物完全燃烧。这种方法称为偏心炉排法。

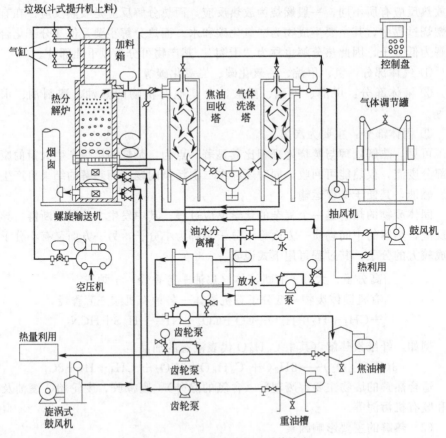

图 4-22　立式炉热分解法系统流程

　　分解气体和燃烧气送入焦油回收塔,喷雾水冷却除去焦油后,经气体洗涤塔洗涤后用作热解助燃气体,焦油则在油水分离器中回收。炉排上部的炭化物层温度为 500~600℃,热分解炉出口温度为 300~400℃,废物加料口设置双重料斗,可以连续投料而又避免炉内气体逸出。

　　(b) 双塔循环式流态化热分解法。如图 4-23 所示,流态化热载体为惰性粒子,燃烧用空气兼起流态化作用,在燃烧炉内加热后,经连接管送至热解炉内,把热量供给垃圾热分解后再经过回流管返回燃烧炉内。垃圾在热解炉内分解,所产生的气体一部分作流态化气体循环使用。如欲产生水煤气,可以加入一部分水蒸气。生成的烟尘、油可在燃烧炉内循环作为载体加热燃料使用。本方法的特点如下:

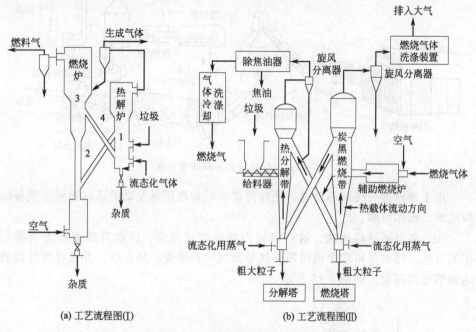

(a) 工艺流程图(Ⅰ)　　　　　　(b) 工艺流程图(Ⅱ)

图 4-23　双塔循环式流态化热分解法流程
1—热解炉;2—回流管;3—燃烧炉;4—连接管

　　a) 热分解的气体系统内,不混入燃烧废气,提高了气体热值,热值(标准状态)为 17000~18900kJ/m³。

　　b) 烟气作为热源回收利用,减少固熔物和焦油状物质。

　　c) 空气量控制为只满足燃烧烟尘的必要量,所以外排废气量较少。

　　d) 热分解塔上装有特殊的气体分布板,当气体旋转时会形成薄层流态化。

　　e) 垃圾中无机杂质和残渣,在旋转载体作用下混入载体的砂中,在塔的最下部设有排除装置,经分级处理后,残渣排除,载体返回炉内。

　　(c) 回转窑热分解法。如图 4-24 所示,将垃圾用锤式剪切破碎机破碎为

10cm 以下送储槽后，用油压式冲压给料器将空气挤出并自动连续地送入回转窑内。在窑的出口设有燃烧器，喷出的燃烧器气逆流直接加热垃圾，使其受热分解从而气化。空气用量为理论完全燃烧用量的 40%，即仅使垃圾部分燃烧。燃气温度调节在 730～760℃，为了防止残渣熔融结焦，温度应控制在 1090℃ 以下。生成燃气量（标准状态）1.5m³/kg 垃圾，热值（标准状态）（4.6～5）×10³ kJ/m³。热回收效率为垃圾和助燃料等输入热量的 68%；残渣落入水封槽内急剧冷却，从中可回收铁和玻璃质。

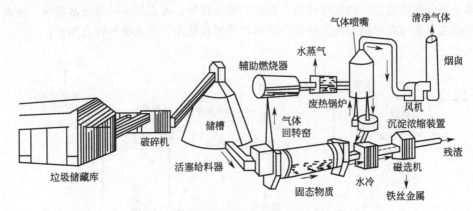

图 4-24 回转窑热分解装置系统

由于预处理只破碎不分选，比较简单，对垃圾质量变动的适应性强。设备结构简单，操作可靠。

(d) 高温熔融热解法。这是将城市垃圾变成能源、回收其残渣作为资源利用的方法。特点是将烟尘用预热空气带至气化炉燃烧、热分解，并能使惰性物质达到熔融的高温。如图 4-25 所示。

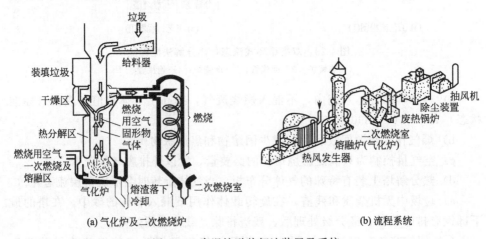

(a) 气化炉及二次燃烧炉   (b) 流程系统

图 4-25 高温熔融热解法装置及系统

垃圾无需预处理，直接用抓斗装入炉内。物料从上向下沉降时受逆向高温气流加热，进行干燥、热分解，成为炭黑。最后炭黑燃烧成为 CO、CO_2；惰性物质熔融。

垃圾干燥热分解及残渣熔融等需要的热量都是靠气化炉内用预热空气（温度1000℃）燃烧炭黑所提供。炉内温度为1650℃，热分解产生的气体和一次燃烧生成的气体，都送至二次燃烧室和大致等量的空气混合，在1400℃以下燃烧。完全燃烧后排出废气的温度为1150～1250℃。

15％的高温废气用以预热空气，85％供废热锅炉。由于高温，使铁类、玻璃等惰性物熔融成熔渣，连续落入水槽急冷，呈黑色豆粒状熔块。可作建筑骨料或碎石代用品，其量仅占垃圾总量的3％～5％。

4.3.2 好氧堆肥化

好氧堆肥化是在有氧条件下，固体和胶体的有机物首先附着在微生物体外，在微生物分泌的胞外酶的作用下使其分解为可溶性物质，再渗透到微生物内部。微生物通过自身的生命活动——氧化还原和生物合成过程，把部分有机物如蛋白质、脂肪、糖类氧化成简单的物质，并释放出微生物生长、活动所必需的能量，同时把另一部分有机物转化、合成为新的细胞物质，使微生物逐渐增殖，从而产生更多的微生物体，并使有机物达到稳定化。如图4-26所示。

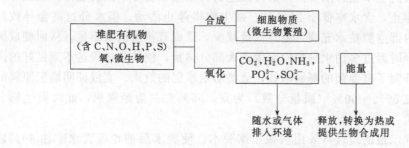

图4-26 有机物的好氧堆肥分解

由图4-26可知，有机物生化降解的同时，伴有热量产生，因堆肥工程中该热能不会全部散发到环境中，就必然造成堆肥物料的温度升高。这样就会使那些不耐高温的微生物死亡，耐高温的细菌快速繁殖。生态动力学表明，好氧分解中，发挥主要作用的是菌体硕大、性能活泼的嗜热细菌群。该菌群在大量氧分子存在下将有机物氧化分解，同时释放出大量能量。据此，堆肥过程应伴随着两次升温，将其分成如下三个过程：起始阶段、高温阶段和熟化阶段。

起始阶段。不耐高温的细菌分解有机物中易降解的葡萄糖、脂肪等，同时放出热量使温度上升。温度可达15～40℃。

高温阶段。耐高温菌迅速繁殖，在供氧条件下，大部分较难降解的有机物（蛋白质、纤维等）继续被氧化分解，同时放出大量热能，使温度上升至60～70℃。

当有机物基本降解完，嗜热菌因缺乏养料而停止生长，产热随之停止，堆肥的温度逐渐下降；当温度稳定在40℃，堆肥基本达到稳定，形成腐殖质。

熟化阶段。冷却后的堆肥，一些新的微生物借助残余有机物（包括死掉的细菌残体）生长，将堆肥过程最终完成。

(1) 堆肥过程参数　在基本掌握了堆肥的原理和过程之后，堆肥过程的关键就是如何选择堆肥的条件，从而促使微生物降解的过程顺利进行，为此必须考虑如下参数。

① 供氧量。对于好氧堆肥而言，氧气是微生物赖以生存的物质条件，供氧不足会造成大量微生物死亡，使分解速度减慢，但提供冷空气量过大会使温度降低，尤其不利于耐高温菌的氧化分解过程，因此，供氧量要适当。实际所需空气量应为理论空气量的2~10倍，供氧方式是靠强制通风和翻堆搅拌完成的，因此，保持物料间一定的空隙率很重要。物料颗粒太大使空隙率减小，颗粒太小其结构强度小，一旦受压会发生倾塌压缩而导致实际缝隙减小。因此颗粒大小要适当，可视物料的组成、性质而定。

② 含水量。在堆肥工艺中，堆肥原料的含水率对发酵过程影响很大，归纳起来水的作用有两点：一是溶解有机物，参与微生物的新陈代谢；二是可以调节堆肥温度，当温度过高时可以通过水分的蒸发，带走一部分热量。可见发酵过程中应有适宜的含水量，水分太少妨碍微生物的繁殖，使分解速度缓慢，甚至导致分解反应停止，含水率低于20%时，微生物将停止活动；但水分过高会导致原料紧缩或内部空隙被水充满，使空气量减少，造成有机物供氧不足，从而变成厌氧状态，同时因过多的水分蒸发而带走大部分热量，使堆肥过程达不到良好的高温阶段，抑制了高温菌的降解活性，最终影响堆肥的效果。实践证明堆肥原料的水分含量在50%~60%（质量分数）为宜，55%左右为最理想，此时微生物分解速度最快。

对高含水量的垃圾可采用机械压缩脱水，使脱水后的垃圾含水率在60%以下，也可以在场地和时间允许的条件下，将物料摊开、搅拌使水分蒸发。还可以在物料中加入稻草、木屑、干叶等松散或吸水的物料。而对低含水量的垃圾（低于30%），可添加污水、污泥、人畜尿粪等。

③ 碳氮比。有机物被微生物分解的速度随碳氮比的变化而改变，且碳氮比的初始比例与最终的腐熟度密切相关。微生物自身的碳氮比为4~30，因此用作其营养的有机物的碳氮比最好也在该范围内，特别是当碳氮比在10~25时，有机物被生物分解速度最大，综合考虑堆肥过程的碳氮比应以25~30为基准。碳氮比超过35，可供消耗的碳元素增多，氮元素相对缺乏，细菌和其他微生物的发展受限，有机物的分解速度缓慢，发酵过程长。此外，碳氮比过高，易造成成品堆肥的碳氮比值过度，即出现所谓的"氮饥饿"状态，施于土壤后，会夺取土壤中的氮，从而影响作物生长。但若碳氮比值低于20，可供消耗的碳素过少，

氮素相对过剩，则氮容易变成氨气从而损失掉，降低堆肥的肥效。表 4-16 列出了各种物料的碳氮比值。

表 4-16　各种物料的碳氮比值

名称	C/N 值	名称	C/N 值	名称	C/N 值
锯木屑	300～1000	人粪	6～10	鸡粪	5～10
秸秆	70～100	牛粪	8～26	活性污泥	5～8
垃圾	50～80	猪粪	7～15	生污泥	5～15

从上表可知，以不同的物料做基质时可根据其碳氮比做适当调节，以达到适宜的碳氮比，一般认为城市垃圾的碳氮比应在 20～35 之间。

④ 碳磷比。除碳和氮外，磷对微生物的生长也有很大影响。在垃圾发酵时添加污泥就是利用其中丰富的磷来调节堆肥原料的碳磷比。堆肥原料适宜的碳磷比为 75～150。

⑤ pH 值。pH 值是微生物生长的重要条件。在堆肥初期，由于酸性细菌的作用，pH 值降到 5.5～6.0，使堆肥物料呈酸性；而后由于以酸性物为养料细菌的生长和繁殖，导致 pH 值上升；堆肥过程结束后，物料的 pH 值上升到 8.5～9.0。当用有机污泥作堆肥原料时，需做 pH 值调节，因为污泥经压滤成饼后，pH 值较高。

（2）好氧堆肥化工艺　好氧堆肥化工艺包括 3 个基本步骤：废渣的预处理；有机组分的好氧分解；堆肥产品的制取和销售。常见的堆肥化工艺有如下 3 种：露天条垛式堆肥法 [图 4-27(a)]、静态强制通风堆肥法 [图 4-27(b)] 和动态密闭型堆肥法 [图 4-27(c)]。尽管这些工艺对废渣的通风方法不相同，但微生物学原理却是相同的，而且只要设计和运行合理，都能在大致相同的时间内生产出质量相似的堆肥产品。

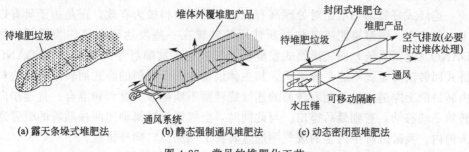

(a) 露天条垛式堆肥法　　(b) 静态强制通风堆肥法　　(c) 动态密闭型堆肥法

图 4-27　常见的堆肥化工艺

① 好氧静态堆肥工艺。我国在好氧静态堆肥技术方面有较丰富的实践经验，在《城市生活垃圾好氧静态堆肥处理技术规程》（CJJ/T 52—93）中明确规定好氧堆肥工艺可分为一次性发酵和二次性发酵两类。图 4-28 为好氧静态条垛堆肥系统示意图。

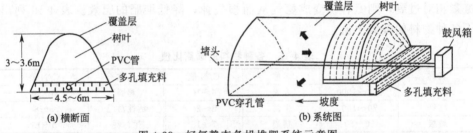

图 4-28　好氧静态条垛堆肥系统示意图

好氧静态堆肥形式一般采用露天强制通风垛，或是在密闭的发酵池、发酵箱、静态发酵仓内进行。当一批物料堆积成垛或置入发酵装置之后，不再添加新料和翻垛，直至物料腐熟后运出。好氧静态堆肥由于堆肥物料始终处于静止状态，有机物和微生物分布不均匀，特别是当有机物含量高于 50％时，静态强制通风难以在堆肥中进行，使发酵周期延长，影响该工艺的推广应用。

②　间歇式好氧动态堆肥工艺。间歇式好氧动态堆肥工艺的技术路线类似于静态一次发酵过程，其特点是发酵周期缩短，有可能减小堆肥体积。具体操作是采用间歇翻堆的强制通风垛或间歇进出料的发酵仓，将物料批量进行发酵处理。对高有机质含量的物料在采用强制通风的同时，用翻堆机械间歇对物料进行翻动，以防物料结块并保证其混合均匀，提供通风从而使发酵过程缩短。

间歇式好氧动态堆肥装置有长方形池式发酵仓、倾斜床式发酵仓、立式圆筒形发酵仓等。各式装置均配有通风管，有的还附装有搅拌或翻堆设施。

③　连续式好氧动态堆肥工艺。连续式好氧动态堆肥工艺是一种发酵时间更短的动态二次发酵技术。其工艺采取连续进料和连续出料的方式进行，在一个专设的发酵装置内使物料处于一种连续翻动的动态下，易于使组分混合均匀、形成空隙利于通风、水分蒸发迅速，使发酵周期得以缩短。

连续式好氧动态堆肥对处理高有机质含量的物料极为有效，正是由于具有以上一些优点，该型堆肥工艺包括所使用的装置在一些发达国家已广为采用。如DANO（达诺系统）回转滚筒式发酵器、桨叶立式发酵器等。图 4-29 为 DANO卧式回转滚筒垃圾堆肥系统流程。其主体设备为一个倾斜的卧式回转滚筒，物料由转筒的上端进入，并随着转筒的连续旋转而不断翻滚、搅和和混合，且逐步向转筒下端移动，直到最后排出。与此同时，空气则沿转筒轴向两排顺着的喷管通入筒内，发酵过程中产生的废气则通过转窑上端的出口向外排放。

DANO 动态堆肥工艺的特点是：由于物料的不停翻动，在极大程度上使其中的有机成分、水分、温度和供氧等的均匀性得到提高和加速，这样就直接为传质和传热创造了条件，增加了有机物的降解速率，亦即缩短了一次发酵周期，使全过程提前完成。这对节省工程投资、提高处理能力都是十分重要的。

（3）好氧堆肥的工艺过程　好氧堆肥过程通常由前处理、一次发酵、二次发酵、后处理、脱臭、储存等工序组成。

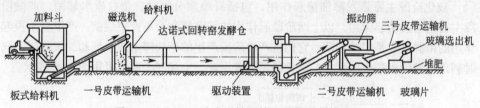

图 4-29　DANO 卧式回转滚筒垃圾堆肥系统流程

① 前处理。把收集的垃圾、粪便、污泥等按要求调节水分和碳氮比，必要时添加菌种和酶。如果垃圾中含有大块垃圾和不可生物降解的物质，应进行破碎和去除，否则大块垃圾的存在会影响垃圾处理机械的正常运行，而不可降解的物质会导致堆肥发酵仓容积的浪费和堆肥产品的质量。

② 一次发酵。一次发酵可在露天或发酵装置中进行，氧气的供给前者通过翻堆，后者是通过向发酵仓内强制通风完成。此时由于原料中存在大量的微生物及其所需营养物，发酵开始时，首先是易分解的有机物糖类等的降解，参与降解的微生物有好氧的细菌、真菌等，如枯草芽孢杆菌、根霉、曲霉、酵母菌。降解产物为二氧化碳和水，微生物将细胞中吸收的营养物质分解，同时产生热量使堆肥温度上升。一般将温度升高到开始降低为止的阶段为一次发酵期。

③ 二次发酵。二次发酵把一次发酵中难降解的有机物可全部降解，变成腐殖质、氨基酸等较稳定的有机物，得到完全成熟的堆肥产品。

④ 后处理。二次发酵后的物料有在前处理中尚未完全除去的塑料、玻璃、金属、小石块等，故还需经一道分选工序排除杂物。

⑤ 脱臭。有些堆肥工艺结束后会有臭味，需进行脱臭处理。方法有加入化学除臭剂、活性炭吸附等。

⑥ 储存。堆肥一般在春、秋两季使用，暂时不能用上的堆肥要妥善储存，可装入袋中，干燥、通风保存。密闭或受潮都会影响其质量。

4.3.3　厌氧发酵技术

厌氧发酵技术是利用厌氧微生物将有机废弃物高效地降解利用并产生清洁能源气体的技术，有控制地使废渣中可生物降解的有机物转化为 CH_4、CO_2 和稳定物质的生物化学过程。由于厌氧发酵可以产生以 CH_4 为主要成分的沼气，故又称为甲烷发酵。

厌氧发酵技术主要有以下特点：可以将废弃有机物中潜在的低品位生物能转化为可以直接利用的高品位沼气；与好氧处理相比，厌氧发酵不需要通风动力，设施简单，运行成本低，属于节能型处理方法；经厌氧消化后的废渣基本得到稳定，可以用做农肥、饲料或堆肥化原料。

（1）厌氧发酵的原理　有机物的厌氧发酵过程可分为液化、产酸和产甲烷三个阶段，三个阶段各有其独特的微生物类群起作用。

液化阶段主要是发酵细菌起作用，包括纤维素分解菌、蛋白质水解菌。产酸阶段主要是醋酸菌起作用。以上两阶段起作用的细菌统称为不产甲烷菌。产甲烷阶段起作用的菌群主要是甲烷细菌，它们将产酸阶段产生的产物降解成甲烷和二氧化碳，同时利用产酸阶段产生的氢将二氧化碳还原成甲烷。上述三个阶段可用图 4-30 表示。

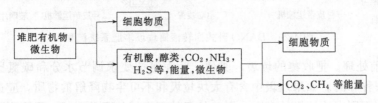

图 4-30　有机物的厌氧堆肥分解

（2）厌氧发酵的影响因素

① 原料配比。配料时应控制适宜的碳氮比。各种有机物中所含的碳素和氮素差别很大，如表 4-17 所示。

表 4-17　常用厌氧发酵原料的碳氮比

原料	碳素/%	氮素/%	碳氮比(C/N)	原料	碳素/%	氮素/%	碳氮比(C/N)
干麦草	46	0.53	87:1	鲜牛粪	7.3	1.29	25:1
干稻草	42	0.63	67:1	鲜马粪	10	0.42	24:1
玉米秆	40	0.75	53:1	鲜猪粪	7.8	0.6	13:1
落叶	41	1.00	41:1	鲜人粪	2.5	0.85	2.9:1
野草	14	0.54	27:1	鲜人尿	0.4	0.93	0.43:1

注：此值为近似值，以质量分数表示。

为达到厌氧发酵时微生物对碳素和氮素的营养要求，需将贫氮有机物和富氮有机物进行合理配比，以获得较高的产气量。大量的报道和实验表明厌氧发酵的碳氮比以 20～30 为宜，并且，近年来的研究表明，厌氧发酵的最佳碳氮比在 15～20 之间，当碳氮比为 35 时产气量明显下降。

② 温度。温度是影响产气量的重要因素，在一定温度范围内温度越高产气量越高，高温可加速细菌的代谢使分解速度加快。表 4-18 列出了我国农村以稻草＋猪粪＋青草为原料的沼气池在不同温度时的产气量。

表 4-18　沼气池在不同温度的产气量

温度/℃	产气量/(m³池容/d)	温度/℃	产气量/(m³池容/d)
29～31	0.55	12～15	0.07
24～26	0.21	8 以下	微量
16～20	0.10		

③ pH 值。对于甲烷细菌来说，维持弱碱性环境是绝对必要的，它的最佳 pH 值范围是 6.8～7.5，pH 值过低，将使二氧化碳含量增加，大量水溶性有机

物和硫化氢产生，硫化物含量增加，从而抑制甲烷菌的生长。为使发酵池内的pH 值保持在最佳范围内，可以加石灰调节。但是经验证明，单纯加石灰的方法并不好，调整 pH 值的最好方法是调整原料的碳氮比，因为底质中用以中和酸的碱主要是氨氮，底质含氮量越高，碱度越大。

（3）厌氧发酵工艺　厌氧发酵工艺类型较多，按发酵温度、发酵方式、发酵级差的不同，划分为几种类型。使用较多的是按发酵温度划分厌氧发酵工艺类型。

① 高温厌氧发酵工艺。高温厌氧发酵工艺的最佳温度范围是 47～55℃，此时有机物分解旺盛，发酵快，物料在厌氧池内停留时间短，非常适合于城市垃圾、粪便和有机污泥的处理。其程序如下。

（a）高温发酵菌的培养。高温发酵菌种的来源一般是将采集到的污水池或下水道有气泡产生的中性偏碱污泥加到备好的培养基上，进行逐级扩大培养，直到发酵稳定后即可作为接种用的菌种。

（b）高温的维持。高温发酵所需温度的维持，通常是在发酵池内布设盘管，通入蒸汽加热料浆。我国有的城市利用余热和废热作为高温发酵的热源，是一种技术上十分经济的办法。

（c）原料投入与排出。在高温发酵过程中，原料的消化速度快，因而要求连续投入新料与排出发酵液。其操作有两种方法：一种是用机械加料出料；另一种是采用自流进料和出料。

（d）发酵物料的搅拌。高温厌氧发酵过程要求对物料进行搅拌，以迅速消除邻近蒸汽管道区域的高温状态和保持全池温度的均一。

搅拌的方式有三种：一为机械搅拌，即采用一定的机械装置，如提升式、叶浆式等搅拌机械进行搅拌；二为充气搅拌，即将厌氧池内的沼气抽出，然后再从池底压入，产生较强的气体回流，达到搅拌的目的；三为充液搅拌，即从厌氧池的出料间将发酵液抽出，然后从加料管加入厌氧池内，产生较强的液体回流，达到搅拌的目的。

② 自然温度厌氧发酵工艺。自然温度厌氧发酵指在自然界温度影响下发酵温度发生变化的厌氧发酵。这种工艺的发酵池结构简单、成本低廉、施工容易、便于推广。图 4-31 是自然温度半批量投料沼气发酵工艺流程。

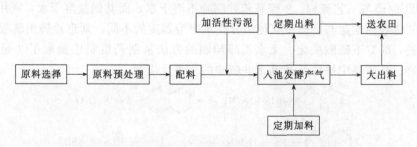

图 4-31　自然温度半批量投料沼气发酵工艺流程

4.3.4 化学合成类制药废渣处理应用实例

4.3.4.1 从头孢噻肟钠生产废渣中回收 2-巯基苯并噻唑

头孢噻肟钠是国内多家制药厂生产的新型头孢类抗生素药物之一，属于第三代头孢菌素。该药在生产过程中的酯化与缩合工段产生大量废渣，由于废渣中含有多种刺激性、腐蚀性、毒性成分，不仅污染环境，而且对人体健康造成严重损害。河北省某制药厂的头孢噻肟钠生产废渣中富含丰富的 2-巯基苯并噻唑和三苯基氧膦，若能提取加以利用，不仅充分地利用了资源，而且解决了制药厂废渣处理难的问题。

2-巯基苯并噻唑是一种橡胶通用型硫化促进剂，具有硫化促进作用快、硫化平坦性低以及混炼时无早期硫化等特点，广泛用于橡胶加工业。用 2-巯基苯并噻唑还可制取农药杀菌剂、切削油、石油防腐剂、润滑油的添加剂、合成噻唑类硫化促进剂、二硫化二苯并噻唑（简称 DM）。三苯基氧膦是一种中性配位体，在不同情况下与稀土离子形成不同配比的配合物，可以用作药物中间体、催化剂、萃取剂等。20 世纪 80 年代以来，对促进剂 2-巯基苯并噻唑工业改进方面的研究主要集中在粗品 2-巯基苯并噻唑中副产物的回收利用，归纳起来有溶剂结晶法、蒸馏萃取法、固液萃取法、液液萃取法，这 4 种方法均采用 CS_2 作溶剂，萃取母液和结晶母液可返回合成反应使用，但是有一定的危险性。本方法采用二次酸碱中和法提取 2-巯基苯并噻唑，以丙酮为溶剂对 2-巯基苯并噻唑进行提纯，三苯基氧膦直接用质量分数 95％的乙醇浸取，丙酮和乙醇容易回收，可循环使用，整个操作过程工艺流程简单，几乎无三废产生，符合绿色化学的要求。

(1) 处理技术

① 废渣的组成。废渣的组成见表 4-19。

表 4-19 废渣的组成

成分	质量分数/%	成分	质量分数/%
2-巯基苯并噻唑	20.0	酯化产物	9.5
三苯基氧膦	10.0	二氯甲烷	8.1
硫甲基苯并噻唑	22.5	其他	29.9

② 原理与工艺流程。2-巯基苯并噻唑不溶于水，而其钠盐溶于水，利用2-巯基苯并噻唑的钠盐与废渣中其他组分在水中溶解度的不同，刘惠玲等用碳酸钠中和废渣、60℃下硫酸酸化、无水乙醇精制的方法从制药废料中提取了 2-巯基苯并噻唑。从废料中提取 2-巯基苯并噻唑的化学反应为：

石起增等从头孢噻肟钠生产废渣中回收 2-巯基苯并噻唑和三苯基氧膦的研究中采用二次氢氧化钠中和、60℃硫酸酸化、丙酮浸取的方法从制药废料中提取 2-巯基苯并噻唑纯品；采用向滤渣中加入 95％（质量分数，下同）乙醇浸取、活性炭脱色、加入适量蒸馏水加热分层、趁热分液、旋转蒸发浓缩结晶的方法得到三苯基氧膦片状晶体。其工艺流程如图 4-32 所示。

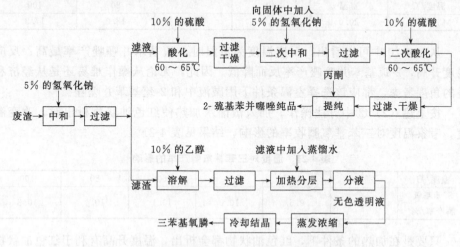

图 4-32　2-巯基苯并噻唑和三苯基氧膦的提取工艺流程

（2）处理方法与步骤

① 2-巯基苯并噻唑的提取。头孢噻肟钠废渣用粉碎机粉碎后，称取 50g 于 400mL 烧杯中，室温下加入 5％（质量分数，下同）的氢氧化钠溶液调 pH 值为 10，反应 2h 后静置，减压抽滤。控制反应温度为 60℃，向滤液中加入 10％（体积分数，下同）的硫酸至 pH 值为 2～3，此时有大量的沉淀析出，静置，过滤，得一次 2-巯基苯并噻唑粗品。

加入 5％的氢氧化钠溶液于干燥后的一次 2-巯基苯并噻唑粗品中，调 pH 值为 10，反应后静置，减压抽滤，控制反应温度为 60℃，向滤液中加入 10％的硫酸溶液至 pH 值为 5～6，此时有大量的沉淀析出，静置，过滤得二次 2-巯基苯并噻唑粗品。向二次粗品中加入丙酮约 100mL，静置，过滤，向滤液中加入适量的蒸馏水至 2-巯基苯并噻唑完全结晶析出，减压抽滤、干燥得到 10g2-巯基苯并噻唑纯品，产品收率为 20.0％。丙酮回收循环使用。

② 三苯基氧膦的提取。加入 50mL 质量分数为 95％的乙醇于滤渣中，搅拌 2h 后静置，过滤，滤液加入活性炭煮沸 5min，趁热过滤、脱色，加入适量的蒸馏水，加热至一定温度，溶液分为上、下两层，上层为无色透明溶液，下层为红色油状物。趁热分液除去下层红色油状物，上层清液转入旋转蒸发仪，旋转蒸发浓缩后倒入烧杯中自然冷却结晶，减压抽滤，干燥，得 5g 白色片状晶体，产品

收率为 10.0%。乙醇可回收循环使用。

（3）处理结果

① 温度的选择。按上述（2）①中方法操作，碱中和 2-巯基苯并噻唑粗品时的反应温度对 2-巯基苯并噻唑产率的影响见表 4-20。

表 4-20　碱中和粗品时的反应温度对 2-巯基苯并噻唑产率的影响

温度/℃	室温	40	60	80	100
M 产率/%	20.0	19.8	19.2	18.2	17.3

从表 4-20 中可以看出，反应温度为室温时 2-巯基苯并噻唑产率最高；反应温度升高，2-巯基苯并噻唑产率反而降低。因此，无论从操作难易还是从经济利益的角度考虑，都应该选择室温条件下用碱液中和 2-巯基苯并噻唑。

按上述（2）②中方法操作，加入蒸馏水加热使红色油状物析出时，改变温度，考察温度对三苯基氧膦收率的影响，结果见表 4-21。

表 4-21　温度对三苯基氧膦产率的影响

温度/℃	室温	40	50	60	80	100
三苯基氧膦产率/%	7.3	9.5	10.0	10.1	10.1	10.3

只要是在加热的条件下，红色油状物都会析出，温度升高有利于红色油状物的析出。从表 4-21 可以看出，温度升高，三苯基氧膦的收率提高，当温度升至 50℃时，收率基本稳定。因此，从节约能源的角度考虑，选择 50℃为宜。

② 溶剂的选择。分别取 10 份 2-巯基苯并噻唑和三苯基氧膦纯品于 10 支试管中，每次都取 0.1g，用 5mL 一次性使用无菌注射器慢慢添加不同的溶剂使其溶解，溶解 2-巯基苯并噻唑所用的溶剂加入量用 A 表示，溶解三苯基氧膦所用的溶剂加入量用 B 表示，溶剂及其加入量见表 4-22。

表 4-22　提取 2-巯基苯并噻唑和三苯基氧膦时溶剂的选择

溶剂	丙酮	95%乙醇	无水乙醇	甲醇	乙酸乙酯	二氯甲烷	氯仿	乙醚	苯	水
A/mL	0.8	4.4	3.7	3.5	2.6	8.7	8.9	9.1	9.2	不溶
B/mL	0.7	0.3	0.3	0.3	1.7	0.2	0.2	10.0	0.2	不溶

从表 4-22 中可以看出，对提取 2-巯基苯并噻唑，丙酮的加入量最少，从节约能源的角度出发，选择丙酮作 2-巯基苯并噻唑的提纯溶剂效果最好；对提取三苯基氧膦，苯、氯仿、二氯甲烷的加入量最少，甲醇、无水乙醇、95%乙醇的量次之。由于苯、氯仿、二氯甲烷、甲醇都有很大的毒性，而无水乙醇很难回收循环使用，因此，从环境友好、节约能源的角度考虑，选择 95%乙醇作三苯基氧膦的提取溶剂比较合适。丙酮和 95%乙醇可以回收循环使用。

③ 溶剂加入量的选择。按照前述方法，改变溶剂加入量，其他条件不变，考察溶剂加入量对 2-巯基苯并噻唑和三苯基氧膦产率的影响，结果见表 4-23。

表 4-23　溶剂加入量对 2-巯基苯并噻唑和三苯基氧膦产率的影响

丙酮加入量/mL	50	70	80	100	120	140
M 产率/%	12.1	14.5	16.3	20.0	19.3	17.9
95%乙醇加入量/mL	10	30	50	70	80	100
三苯基氧膦产率/%	2.3	5.6	10.0	10.1	10.0	10.3

从表 4-23 中可以看出，当 95%乙醇的加入量增至 50mL 后，三苯基氧膦的收率基本稳定。因此，选择 95%乙醇的加入量为 50mL。当丙酮的加入量为 100mL 时，2-巯基苯并噻唑收率最高，丙酮加入量再增加，2-巯基苯并噻唑收率反而降低。因此，选择丙酮的加入量为 100mL。产地不同，产品中富含有用物质的量也不同，溶剂的加入量应根据情况相应调整，尽可能使 2-巯基苯并噻唑和三苯基氧膦完全溶解。

④ 产品鉴定。用熔点测定仪测得 2-巯基苯并噻唑的熔点为 180～181.5℃，三苯基氧膦的熔点为 150～151℃，与文献值相符合；由气质联用仪中的标准图谱，不仅可以直接测出所提取的就是 2-巯基苯并噻唑和三苯基氧膦，而且可测得 2-巯基苯并噻唑和三苯基氧膦的纯度都高达 99%。

（4）经济效益分析　三苯基氧膦的市场价格为 5.5 万元/t，2-巯基苯并噻唑的市场价格为 1 万元/t，氢氧化钠的市场价格为 1400 元/t，硫酸的市场价格为 600 元/t。丙酮和 95%的乙醇可以回收循环使用。从每吨废渣中提取 2-巯基苯并噻唑和三苯基氧膦大约需要 0.2t 氢氧化钠和硫酸，所以每吨废渣可获利大约 7100 元。在年产 20t 头孢噻肟钠的情况下，产生此类废渣约 240t，因此，若能将废渣充分利用，则每年可获利高达 170 万元。

（5）结论　采用质量分数为 5%的氢氧化钠溶液二次中和、体积分数为 10% 的硫酸在 60～65℃下酸化析出、丙酮提纯的方法回收制药废渣中的 2-巯基苯并噻唑，其产率为 20.0%，通过气质联用仪测得其纯度为 99%。用质量分数为 95%的乙醇浸取、加热分层、趁热分液、旋转蒸发浓缩的方法提取三苯基氧膦，其产率为 10%，通过气质联用仪测得其纯度为 99%。该方法技术可行、工艺流程简单、条件易于控制，不仅充分利用了资源，而且解决了制药厂废物处理难的问题。整个操作过程几乎无三废产生，满足绿色化学的要求，有望实现工业化。

4.3.4.2　利福霉素 SV 钠盐药渣制取粗蛋白

据统计，我国每年有 50 万吨左右的抗生素药渣产生。这些药渣除含水 70%～90%以外，还含 10%～30%的粗蛋白、多种氨基酸等组分。若处理不当，会对环境造成严重的污染。而我国目前对蛋白饲料的市场需求量大，据报道供求关系达 1：10，使每年我国鱼粉进口量很大。近年来利用抗生素药渣制取蛋白饲料的报道很多，但对利福霉素 SV 钠盐药渣进行深入研究的很少，刘瑛等就利福霉素 SV 钠盐药渣的物化性质、应用价值、处理方法及经济效益进行了研究。研究的结果为工业化处理药厂废弃物提供了科学的依据，对制药行业的环境保护和二次资源综合利用具有重要意义。

（1）利福霉素 SV 钠盐药渣的物化性质分析　利福霉素 SV 钠盐是利福平的医药中间体，正常情况下，每生产 1t SV 钠盐至少要产生 16 t 药渣。此药渣为黄色黏稠糊状物，为非牛顿型流体。常温下，相对密度为 1.043×10^3，pH＝6，含水 87 %～89 %，蛋白质含量为 8 % 以上。蛋白质溶液是复杂的胶体系统，通常情况下固体分散物质的颗粒大小为 $1.0 \times 10^{-9} \sim 1.0 \times 10^{-7}$ m，在蛋白质颗粒表面分布着各种亲水基团，如—COOH、—NH$_2$、—OH，这些亲水基团与水分子的水合作用使颗粒表面形成一层水膜，颗粒间被分隔开，水膜愈大，胶体越稳定，因而蛋白质水溶液是一种稳定的亲水胶体溶液。利福霉素 SV 钠盐具有蛋白质溶液亲水的性质，同时由于粗纤维等其他杂质的存在，使其物质传递和热传递都较蛋白质溶液困难，以至于不能采用直接脱水干燥的工艺。必须精选水处理剂，进行盐析→脱水→干燥。

（2）药渣利用价值与残留抗生素利弊分析

① 药渣主要成分和营养价值。利福霉素 SV 钠盐药渣的主要成分为残留的培养基、生产抗生素的菌丝体及残留抗生素等。其发酵培养基主要有鱼粉、花生粉、豆饼粉、葡萄糖等。这些原料本身就是很好的蛋白饲料，菌丝体也是上等的微生物蛋白饲料。本药渣经干燥后的组成为（干基）粗蛋白质 30.5%、粗脂 5.0%、粗纤维 7.3%、灰分 10.6%。经生化检验含有除色氨酸以外的 18 种氨基酸，酵母细胞活率为 88%。并含有一定的磷等矿物质，以氯计的盐分含量极低。从以上情况分析，此药渣无疑是极好的蛋白饲料。

② 药渣中残留抗生素的损益分析。该药渣为发酵废渣，抗生素的残留量一般为 1.2～6.5mg/kg 药渣。其不利的方面是残留抗生素在饲料中长期存在，会在动物体内积累，从而对人体健康产生不利影响；抗药性病原菌也会引发抗药性，从而给疾病的预防和治疗造成较大困难。其有利的因素是，抗生素作为一种饲料添加剂可起到保健、防病、促进生长的作用，从而使饲料的成本大大降低。文献报道，采用限时使用、交替使用、高温处理等方法，可防止抗药性病原菌的产生和抗生素的体内残留。因而利福平药渣经加工后作为全价饲料的蛋白原料、而非直接使用是完全可行的。

（3）加工工艺研究　目前我国现有药渣的处理方法有物理法、化学碱法、生物发酵法。从经济效益的角度出发，采用物理法工艺流程简单、易操作、投资少、运行费用低。但由于利福霉素 SV 钠盐药渣流动性差，含水量大且部分含水为结构水的特点，采用直接干燥的方法是不可取的，一是工艺行不通，二是直接干燥不经济。实验研究发现采用盐析法，药渣的机械脱水率高，脱水后的药渣可干燥性能好，选择适当的盐析剂可降低成本，打通工艺是完全可行的，其工艺如图 4-33 所示。

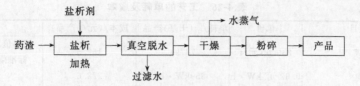

图 4-33 利福霉素 SV 钠盐药渣制取粗蛋白工艺流程

① 盐析原理。通常，发酵液中的细胞或菌体带有负电荷，由于静电引力的作用使溶液中带相反的粒子（即正电荷）被吸引在其周围，在界面上形成了双电层。双电层的存在是胶粒能保持分散状态的主要原因。盐析法是在中性盐的作用下，降低蛋白质胶体溶液的双电层排斥电位，使胶体体系不稳定，从而达到提高机械脱水率和脱水速率的凝聚方法。

② 盐析剂对机械脱水率的影响。盐析剂要根据药渣处理后的物理状态是否有利于机械脱水来选择。在一定的优化处理条件下，铝系、铁系、钙系及无机高分子水处理剂对利福霉素 SV 钠盐药渣盐析机械脱水率的影响如表 4-24 所示。

表 4-24 盐析剂与机械脱水率的关系

盐析剂	无	铝系		铁系		钙系		无机高分子	
		$AlCl_3$	$Al_2(SO_4)_3$	$FeCl_3$	$Fe_2(SO_4)_3$	$CaCl_2$	$Ca(OH)_2$	PAC	PFS
机械脱水率/%	28	32	36	56	69	52	64	52	47

注：铝系、铁系、钙系以固体直接加入；无机高分子水处理剂配成溶液加入。

由表 4-24 中的结果可知，加入适量的盐析剂，均可使药渣机械脱水率显著提高，并使药渣的流动性、可干燥性明显变好。其中铁系、钙系较好，由于采用钙系比铁系每吨干基产品减少药剂费用 300 元左右，为了避免氯的残留，应选择氢氧化钙。另外，钙系与微量的有机高分子絮凝剂的复合使用，可提高机械脱水速率。

③ 机械脱水方式的选择。由表 4-25 可以看出，真空抽滤脱水明显优于离心脱水。其原因是利福霉素 SV 钠盐药渣的密度与水的密度非常接近，所以离心脱水效果不佳，而真空抽滤的滤饼出现干裂现象，说明效果良好，故应选择真空抽滤为利福霉素 SV 钠盐药渣的机械脱水方式。

表 4-25 机械脱水方式对机械脱水率的影响

机械脱水方式	药渣/g	时间/min	机械脱水率/%
真空抽滤	50	15	64
离心脱水	10	15	33

（4）经济和社会效益分析

① 经济效益。使用钙系，以盐析→脱水→干燥→粉碎为工艺，按 1000t（干基）/a 规模，产品单耗及成本如表 4-26 所示。

表 4-26   工艺的单耗及成本

项目	单价	单耗/[t(干基)产品]	成本/(元/t 产品)	备注
煤	230.00 元/t	737kg	169.5	按热值 21000kJ/kg 标准煤 60%效率
电	0.62 元/kW·h	359kW·h	222.6	
化学药剂(钙系)	1000 元/t	181kg	181	
化学药剂(高分子絮凝剂)	7000 元/t	20g	0.14	
合计			573.24	

管理费、销售费、人工费及能耗和化学药剂费总计 850 元左右,将每吨干基产品折成吨产品,则每年产 1120t 产品。由市场调研可知,蛋白饲料的粗蛋白价格为 1100~1300 元/t,按 1200 元/t 计,则吨利润为(1200−850)×1.12＝392.50 元。

② 社会效益。利福霉素 SV 钠盐药渣制取蛋白饲料的社会效益是显著的,对一个年产 200t 利福霉素 SV 钠生产规模的工厂,至少可以减少 1000t(含氮为 5%)的干基排放物,极大减少了废渣和废液对环境的污染。

(5) 结论

① 经中科生测(氨)字(98)第 209 号测定,利用 SV 钠盐药渣制取的粗蛋白含量为 39%,并含有除色氨酸以外的 18 种氨基酸及一定量的粗纤维和粗脂肪。用其作为蛋白源加工成全价饲料是完全可行的。

② 采用盐析→脱水→干燥的工艺,脱水率高,可干燥性能好,有利于打通工艺。

③ 利福霉素 SV 钠盐药渣制取蛋白饲料,既减少了环境污染,又缓解了短缺的蛋白源,年产 1000t 干基产品的年利润约 40 万元。具有良好的社会效益和经济效益。

4.3.4.3　应用 1-氨基蒽醌生产废渣制造染料

目前,在利用溶剂法生产 1-氨基蒽醌时,会分离出大量未反应的蒽醌和副反应产物(硝基蒽醌)等杂质。由于该废渣中各组分含量都不高,难以进行分离提纯,多年来一直无法处理,只能作为"危废"进行焚烧,不但产生了二次污染,而且还造成了大量的资源浪费。

王庆均等在用 1-氨基蒽醌生产废渣制造染料的研究中,利用 1-氨基蒽醌生产废渣制造染料的方法,将原来的"废渣"制成有价值的染料,既达到了"变废为宝"的目的,又减少了环境污染。此废渣的主要成分为未反应完的蒽醌和 1-硝基蒽醌,以及副反应生成的二硝基蒽醌,将此混合的废渣依次进行(硝化反应,离析,过滤水洗;还原反应,过滤水洗;氯化反应,离析,过滤水洗)三步化学反应和一系列操作过程后可制成原染料:氯代-(1,5 或 1,8)-二氨基蒽醌。

原染料加入扩散剂,经砂磨,干燥,拼混商品化加工后,制造成一种分散染料——分散红棕 E-3R。其中，硝化反应是在硫酸介质中进行的，硫酸的浓度为 98%～100%；硝化反应温度为 10～50℃。还原反应的还原剂为硫化钠水溶液，其浓度为 15%～25%，还原反应温度为 80～100℃。氯化反应是在二甲基甲酰胺中进行的，氯化反应温度为 0～15℃。

（1）处理技术

① 原料。工业废渣（含硝基蒽醌），棕色 20 目粉末，水分≤5%；硫酸 ≤98%；发烟硫酸，游离 SO₃ 含量为 18%～25%，铁含量≤0.01%；硫化钠 ≤60%；二甲基甲酰胺≤99%；液氯≤99%；扩散剂 MF4。

② 工艺流程（见图 4-34）。

```
        硫酸 硝酸                        氯化钠
工业废渣 → 硝化反应 → 离析 → 过滤水洗 →滤饼→ 还原反应 → 过滤水洗
                                                              │
         MF4              DMF                                 ↓
成品包装 ← 拼混 ← 砂磨 ←滤饼← 过滤 ← 硝化反应 ← 干燥 ←滤饼← 干燥
        干燥
```

图 4-34　1-氨基蒽醌生产废渣处理工艺流程

（2）基本原理

① 硝化工业废渣在 98%～100% 的硫酸介质中，和硝酸在 10～50℃下进行硝化反应，将废渣中未反应的 1-硝基蒽醌硝化成二硝基蒽醌。

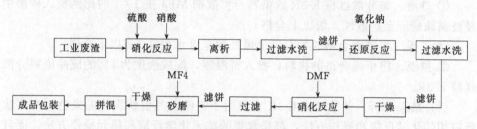

② 还原二硝基蒽醌在水介质中，与含量 15%～25% 的硫化钠溶液在 80～100℃下进行还原反应，生成二氨基蒽醌。

③ 氯化二氨基蒽醌在 DMF 介质中，在 0～15℃下氯气进行氯化反应，生成氯代-1,5（或 1,8）-二氨基蒽醌（分散红棕 E-3R 原染料）。

注：产物中 Cl 有可能在任何空位环境上合成分散红 E-4B 相互拼色使用，属低温型分散染料。其质量指标见表 4-27。

表 4-27　分散红棕 E-3R 质量指标

序号	指标名称	指标	序号	指标名称	指标
1	外观	红棕色均匀粉末	5	扩散性能	5～4 级
2	色光	与标准近似	6	颗粒细度	≤3μm
3	强度	与标准值偏差±3％之内	7	水分含量	≤5％
4	牢度	符合标准			

（3）染料商品化加工

① 砂磨。将分散红棕 E-3R 原染料与扩散剂 MF4 按 1∶1 的比例投入砂磨中经玻璃珠研磨至扩散性 4 级以上合格。

② 干燥。将砂磨合格的物料经干燥处理至含水量在 5％以下合格。

③ 拼混。将干燥合格的物料，投入拼混罐，配成强度为 1％的成品染料分散红棕 E-3R。

（4）结果分析　分散红棕 E-3R 主要用于涤纶及其混纺织物的染色。本方法所应用的化学反应和操作方法，都是常规的单元化学反应和单元操作方法，而且是低温、常压操作，具有操作安全、简单的特点。本方法将原有的工业废渣制成有经济价值的染料，既节约了原材料，又减少了大量的环境污染，经济和社会效益显著。

（5）实例

① 硝化。硝化反应投料量见表 4-28。将 1312kg 98％的浓硝酸加入硝化反应锅中，再向反应锅中加入 100％的浓硫酸 810kg，控制锅内温度在 50℃以下。加完硫酸后降温 10℃以下，开始投入折百量为 500kg 的工业废渣，控制温度在 30℃以下，投料结束后在 30℃保温 4h，准备放料离析。

表 4-28　硝化反应投料表

原料名称	分子量	规格/％	工业品/kg	折百量/kg
工业废渣	277	95	526	500
硝酸	63	98	1312	1286
硫酸	98	100	810	810

注：工业废渣、硝酸、硫酸的物质的量比为 1∶11.28∶4.57。

② 离析。离析加料量见表 4-29。

表 4-29　离析加料表

原料名称	分子量	工业品/kg	折百量/kg
硝化物	298		500
水	18	6000	6000

当硝化反应到终点前，将离析锅中加入水 6000kg，开始搅拌降温至 20℃以

下。接受一批硝化物料，同时控制锅内温度在 50℃ 以下，接料完毕搅拌 30min，取样分析总酸度在 30%～35% 为合格。合格后降温至 30℃ 进行压滤，水洗至中性，滤饼投入还原锅。

③ 还原。还原投料量见表 4-30。

表 4-30　还原投料表

原料名称	分子量	工业品/kg	折百量/kg
二硝基蒽醌	298		500
硝化物	78	60	523
水	18		6000

在搅拌下，将二硝基蒽醌滤饼投入锅中，在 50% 以下加入预先配制的浓度为 20% 的硫化钠溶液 2615kg，均匀升温至 90～95℃ 保温 1h，再降温至 60～70℃。放料，过滤、水洗至中性。其滤饼干燥至含水为 2% 以下合格。

④ 氯化。氯化反应投料量见表 4-31。

表 4-31　氯化反应投料表

原料名称	分子量	规格/%	工业品/kg	折百量/kg
二氨基蒽醌	238	98	510	500
氯气	73	99	99	100
DMF	73	99	2273	2250

在氯化锅中投入工业品二甲基甲酰胺（DMF）2273kg，启动搅拌机，投入二氨基蒽醌，然后降温至 0～5℃，再用 4h 均匀通入氯气，取样测定氯含量为 22%～25% 时合格。放料至过滤槽将 DMF 滤掉。即获得分散红棕 E-3R 原染料。

DMF 应回收后用生物法或物理吸附法处理，以便再利用。

⑤ 商品化加工。将含固量为 20% 的分散红棕 E-3R 原染料的滤饼 1500kg 投入砂磨锅中，再投入扩散剂 MF4 300kg 进行砂磨，砂磨至扩散性能达到 4 级以上为合格。合格的物料进行干燥处理，至水分含量在 5% 以下为合格，得到干品分散红棕 E-3R。将不同的干品分散红棕 E-3R 投入拼混罐，混合均匀，配成强度为 100% 的成品染料，即得商品分散红棕 E-3R。

4.4　发酵生产药物产生废渣的处理技术

发酵工业废渣主要是指发酵液经过过滤或提取产品后所产生的废菌渣。其数量通常约占发酵液体积的 20%～30%，这些废菌渣中含有大量的蛋白质、纤维素、脂肪以及多种未被微生物利用的有机物质多。同时，在发酵过程中又有许多新的有益有机物生成，这些物质都保留在废渣中，含水量为 80%～90%。干燥后的菌丝粉中含粗蛋白 20%～30%，脂肪 5%～10%，灰分约 15%，还含有少量的维生素、钙、磷等物质。有的菌丝中含有残留的抗生素及发酵液处理过程中加入的金属盐或絮凝剂等。

4.4.1　发酵废渣资源化利用研究进展及其发展对策

从化学组成来看，发酵废渣都含有一定数量未被分解利用的淀粉、糖、蛋白质、脂肪、纤维素、维生素、钙、磷等营养物质。几种主要发酵废渣的组成大致如表 4-32 所示。

表 4-32　糟渣干粉饲料的成分

名称	干物质/%	粗蛋白/%	粗脂肪/%	粗纤维/%	无氮浸出物/%	粗灰分/%	钙/%	磷/%
啤酒糟	88.0	25.6	7.1	14.7	35.7	6.4	0.34	0.68
酒糟	88.0	16.1	8.6	12.6	45.1	5.5	0.23	0.18
豆腐渣	88.0	26.4	6.4	16.8	35.2	3.2	0.40	0.24
玉米粉渣	88.0	6.1	2.4	4.7	36.2	1.4	0.07	0.07
马铃薯粉渣	88.0	5.9	2.3	7.6	68.6	3.5	0.35	0.23
酱油渣	88.0	25.7	16.3	12.0	28.6	5.4	0.40	0.11
醋渣	88.0	17.2	6.7	15.5	48.5	2.1	0.28	0.18
薯干酒精渣	88.0	19.45	—	22.1	31.0	15.9	未测	未测
井冈霉素废渣	88.0	25.4	2.8	9.0	25.0	3.0	未测	未测

固态发酵蛋白质富化是糟渣资源化利用的首选方法。

传统的饲料酵母生产工艺多采用深层发酵。近年来，随着生物技术的发展，糟渣固态发酵法生产酵母粉开始引起人们越来越多的关注。其优点在于：①生产过程无废水产生，无二次污染。②投资少，反应装置简单，空间需求小，生产成本低。③发酵产物中活细胞比例高。④发酵产物免疫活性高。⑤产品质量好。糟渣发酵蛋白饲料（俗称酵母粉）是集植物蛋白、酵母蛋白于一体的优质高蛋白饲料，蛋白质丰富、氨基酸配比合理，富含酶、维生素 B_1、B_2、B_6、生理活性物质、未知生长因子和多种常量、微量元素，营养丰富，适口性好，饲用生物效价高，且其价格同鱼粉相比，有竞争优势，其质量优于相同菌株深层发酵的酵母粉。⑥糟渣来源广泛，生产可以连续进行，不受气候条件和生产季节的变化限制。⑦提高糟渣附加值，经济效益显著。⑧彻底消除废渣，营造清洁生产环境。因此，20 世纪 80 年代以来，国内外有关固态发酵生产 SCP 的研究成为人们研究的热点。

国内外由微生物将淀粉质废渣生物转化为高蛋白饲料的工艺路线有 3 种：①采用化学方法或酶法降解底物培养非淀粉水解酵母；②利用同化淀粉能力强的酵母单菌株发酵；③采用淀粉同化酵母与降解纤维素的里氏木霉或绿色木霉混种发酵。上述 3 种工艺路线本质上都是将底物中的淀粉和纤维素降解转化为酵母高蛋白饲料。糟渣发酵蛋白饲料领域内的研究具有极大的复杂性。如何根据各种糟渣的成分及特点，选育 SCP 生产菌种、简化工艺、缩短发酵周期、提高发酵产物酵母数及真蛋白含量、降低生产成本是糟渣发酵蛋白饲料产业化能否顺利发展的关键。糟渣固态发酵周期、产物的酵母数、蛋白质增幅除了与原料组成有关外，受生产菌种和生产工艺的影响更为显著。目前，国内技术条件较好的工厂粗蛋白提高 5%～11%，真蛋白提高 2%～4%，1g 发酵产物的酵母数 5 亿～30 亿个。

近几年来从发酵废渣样品中筛选出几株糖化酵母，具有碳源利用广谱性、同化淀粉和有机酸能力强、耐酸、耐高温、生长速度快、分散性好、抗污染、含有纤维二糖酶的优良特性。同时，筛选出一株降解纤维素、半纤维素能力强的绿色木霉。糖化酵母菌与木霉协同使用对迅速降解淀粉与纤维素、显著提高发酵产物酵母数与真蛋白发挥了重要作用。作者根据糟渣的组分特点，采用酵母单菌株或酵母木霉混种发酵、高密度种子扩培及固态发酵工艺优化控制组合生物技术，先后对井冈霉素废渣、黄酒糟、玉米淀粉渣、茅台大曲酒糟、酱渣、醋渣、玉米皮渣、麸皮、小麦粉等淀粉质糟渣或原料蛋白质富化进行了较为深入的研究，取得了可喜的研究成果。如对黄酒糟采用酵母单菌株发酵后，发酵基质淀粉含量从 31.24% 降到 11.81%，降幅 58.99%；粗蛋白从 39.62% 增加到 57.67%，增幅 44.62%；真蛋白从 37.85% 增加到 50.64%，增幅 33.79%；1g 基质酵母数 140 亿～150 亿个，氨基酸总量 46.11%。对茅台大曲糟进行混种发酵处理后，发酵基质淀粉含量从 11.63% 降到 8.03%，降幅 30.95%；粗纤维从 39.5% 降到 17.8%，降幅 54.94%；粗蛋白从 16.26% 增加到 37.47%，增幅 130.44%；真蛋白从 14.14% 增加到 31.24%，增幅 120.93%；1g 基质酵母数 70 亿～90 亿个，氨基酸总量 25.11%。

各种糟渣经固态发酵后，基质主要成分的变化如表 4-33 所示。除了小麦粉以外，经固态发酵后基质表观粗蛋白提高 10.6%～21.11%；表观真蛋白提高 9.5%～17.1%；1g 基质酵母数达到 48 亿～147.6 亿个。从技术、环保、效益方面评估，可以产业化，预期有显著的经济效益。

表 4-33　糟渣固态发酵前后主要成分变化

废糟种类	主辅料配比/%		粗蛋白/%			真蛋白/%			酵母数/[亿个/g(干基)]	氨基酸总量/%
	主料	辅料	发酵前	发酵后	增幅	发酵前	发酵后	增幅		
井冈霉素废渣	50	50	32.1	45.6	42.1	29.8	39.3	31.9	48	36.56
茅台大曲酒糟	84	16	16.26	37.47	130.4	14.14	31.24	120.9	80	25.84
黄酒糟	85	15	39.62	57.67	44.62	37.85	50.46	33.79	147.6	46.11
玉米淀粉渣	50	50	25.5	38.6	51.4	—	—	—	74.5	—
醋渣	50	50	18.2	31.4	72.5	—	—	—	65.75	—
酱渣	70	30	24.4	35	43.4	—	—	—	67	—
麸皮	60	40	22.45	34.9	55.46	—	—	—	65.30	—
小麦粉	16.5	83.5	19.47	28.17	47.45	18.16	23.45	29.12	—	25.4

固态酵母粉作为粮食饲料工业的蛋白添加剂，广泛应用于猪饲料、鸡饲料、鸭饲料中，替代鱼粉单独添加酵母粉或者混合添加酵母粉、鱼粉，都取得了显著

的喂养效果，已被国内饲料界确认。作者主要在抗生素发酵工业中用酵母粉作发酵工艺的有机氮源替代豆饼粉、生物氮素进行了应用试验。如将黄酒糟生产的酵母粉用于井冈霉素发酵，井冈霉素的效价达到 28360U/mL，而对照组为 25868U/mL，发酵效价提高 2492U/mL，效果比较显著。预期在相关发酵工业领域内也有广泛的应用前景。

4.4.2 复合菌发酵乳酸废渣生产蛋白质饲料

乳酸废渣是乳酸生产中的副产物，其干基含蛋白质 30%～32%，是较好的蛋白质饲料资源。国内研究了以乳酸废渣为原料，通过混合菌种发酵，从来改善乳酸废渣的营养成分，提高了其蛋白质含量。复合菌发酵乳酸废渣生产蛋白质饲料流程见图 4-35。

目前，我国乳酸发酵主要以大米为原料，乳酸发酵完毕后经板框过滤所得的固形物即为乳酸发酵废渣。该废渣由米渣、废菌体及其他固形物组成，其主要成分包括蛋白质、纤维素、糖、乳酸钙等。目前，国内乳酸产量初步估计在 7 万～8 万吨，按每生产 1 t 乳酸可得 0.5 t 乳酸渣（干品）计，国内乳酸干废渣每年有 3 万～4 万吨，其直接用作饲料，适口性较差；如不再次利用将其排放，这不仅给环境带来严重污染，而且造成资源的巨大浪费。

生产中采用复合菌种混合发酵，利用各个菌种的特点，将乳酸发酵废渣的营养组成进行协调，改善其适口性，提高蛋白质含量，同时使产品中具有多种消化酶及维生素等。

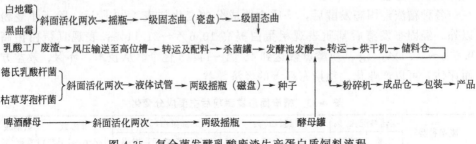

图 4-35 复合菌发酵乳酸废渣生产蛋白质饲料流程

4.4.3 利用发酵法丙酮酸产生的废渣制备超微碳酸钙

超微碳酸钙的合成方法有固相法、气相法和液相法，其中的液相法在实验室和工业生产中的应用较广。液相法主要有钙离子有机介质碳酸盐沉淀法、钙离子溶液碳酸盐沉淀法和 $Ca(OH)_2$ 溶液二氧化碳沉淀法，其钙源多以 CaO 为原料。以电石废渣为原料制备超微 $CaCO_3$ 的也有报道。

利用发酵法丙酮酸产生的废渣中的 $CaCl_2$ 无机盐开展综合利用研究。探讨了发酵废渣中 $CaCl_2$ 等无机成分的分离和预处理方法，以及以 $CaCl_2$ 原料制备市场需求、附加值较高的超微碳酸钙的工艺条件。

4.4.4　抗生素生成过程中的废渣处理

一般抗生素工厂每天排出废菌丝量从几十吨至百余吨。这类废渣在露天环境中放置易腐败、变质发臭。我国作为抗生素生产的大国，至今也没有安全、有效、成熟的处理抗生素菌渣的方法或技术。如此大规模的固体废弃物如何得到安全处理或合理利用，是当今我国抗生素生产企业面临的重大难题。

抗生素菌丝粉的利用价值，根据其有无药效来区分。链霉素、土霉素、四环素、洁霉素、维生素 B_{12} 等产品，由于其稳定性较好，加工过程中不易被破坏，干燥后的菌丝粉中还含有一定量的残留效价，可用来作各种饲料添加剂。如土霉素菌丝粉做成的"肥猪粉"，洁霉素菌丝粉做成的"猪料精"等。将它按一定比例量加入饲料中，可以起到对牲畜防病、治病、促进生长的功效。

青霉素菌丝中的效价被破坏得很快，故此类菌渣只能当作饲料或肥料使用。有些青霉素过滤工艺中使用有毒性的十五烷基溴化吡啶，故不宜用作饲料。

抗生素湿菌丝可以提取核酸或其他物质，但其综合利用价值取决于成本的可行性。例如青霉素湿菌丝经氢氧化钠水解后得到核酸，再经桔青霉产生的磷酸二酯酶水解后，可制成 $5'$-核苷酸。但由于成本高及二次污染问题，现已不采用这种工艺来制取核苷酸。

抗生素湿菌丝直接用作饲料或肥料是最经济的处置方法，但由于不好保存和运输量大，一般需要干燥做成商品，才有利用价值。就地处理是较为经济可行的办法，还可采用传统的厌氧消化处理活性污泥的办法来消化抗生素湿菌体。

有毒害作用的抗癌药抗生素菌丝，或不能利用生化处理的有机废渣，则可以采取焚烧处理的办法。但焚烧设施的投资及运行成本较高。焚烧后排放废气的除臭及无害化处理亦是需要注意的问题。

一些工厂由于设备条件和生产管理的问题，人为将发酵废渣、菌丝排放于下水道，造成下水中悬浮物指标严重超标，堵塞下水管道等。菌丝进入下水后，由于细胞死亡而自溶，转变成水中的可溶性有机物，使下水呈现出很高的 COD 和 BOD_5 污染指标，下水变黑发臭，形成厌氧发酵。所以生产车间要尽量避免菌丝流失进入下水道。下面介绍抗生素废菌丝处置的三种工艺流程。

（1）废菌丝气流干燥工艺流程

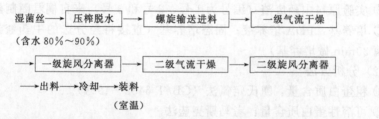

（2）废菌丝厌氧消化工艺流程

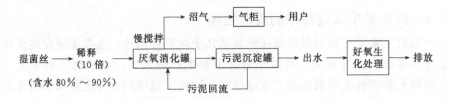

（3）废菌丝焚烧工艺流程

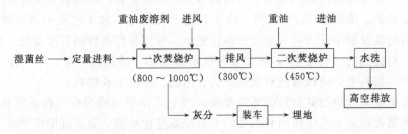

4.4.5　发酵生产药物废渣处理应用实例

4.4.5.1　白腐菌固态发酵中药废渣生产蛋白饲料

中草药是世界各族人民防治疾病的重要物质基础，也是中国传统医学的重要组成部分。目前中药的开发与利用已经越来越受到国内外的重视，与此同时，在中成药的生产加工过程中，会产生大量的药渣，给生产厂家、社会、环境带来急需解决的难题，即药渣处理问题。

中药药渣一般含水量较高，极易腐败，会对环境造成严重的污染。但中药渣中尚含有蛋白质、纤维素、多糖等可利用成分，及时对其进行综合利用，不仅可以解决污染问题，还可带来一定的经济效益。

在中药渣的处理和利用方面，研究者主要集中在中药渣培养食用菌、中药渣堆肥、中药渣造纸等方面。利用白腐菌采用固态发酵方式将中药渣制成蛋白饲料，不仅可以避免中药渣带来的环境污染，还同时解决了限制我国畜牧业发展的饲料短缺问题，具有广阔的前景。

（1）材料和方法

① 菌种：黑曲霉（*Aspergillus niger*）；黄孢原毛平革菌（*Phaneroehaete chrysosporium*）。

② 实验原料中药废渣（编号为1号、2号和3号）来自桐君阁制药二厂。

③ 培养基：PDA培养液；固态培养基（直接将经分选的中药渣经121℃密封灭菌30min做培养基）。

（2）分析方法

① 粗蛋白质含量：凯氏定氮法（GB/T 6432—1994）。

② 可溶性蛋白质含量：考马斯亮蓝法。

③ 辅料麦麸、甘蔗渣购自重庆杨家坪动物园。

（3）工艺流程

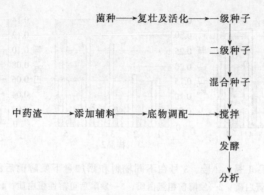

（4）结果分析 原料的蛋白质含量如表4-34所示。

表4-34 样品初始可溶性蛋白质和粗蛋白质含量 单位：mg/g

样品编号	1	2	3
可溶性蛋白质	15.15	33.09	5.18
粗蛋白质	85.98	155.56	69.99

（5）发酵结果及研究分析

（a）辅料对发酵产物蛋白质含量的影响。将黄孢原毛平革菌按接种量30%、料水70%、培养温度30℃、培养时间4d，分别接种到40目的1号、2号、3号中药渣中。添加辅料：1号组甘蔗渣10%、麸皮10%；2号组麸皮15%；3号组麸皮20%；4号组甘蔗渣15%＋麸皮15%；5号组麸皮30%，对比不同辅料对发酵产物蛋白质含量的影响。

由图4-36得出：甘蔗渣、麸皮的加入都有利于白腐菌的菌体生长，对蛋白质的产生都有帮助，其中麸皮更有利于发酵。甘蔗渣15%和麸皮15%的混合使用效果最为明显，发酵产物的粗蛋白质平均增长率为66.5848%。原因是中药渣中的碳素物质主要以纤维素、半纤维素和木质素的形式存在，但纤维素需要被降解为糖类后才能被微生物吸收利用。氮是合成蛋白质的重要元素，中药渣中氮源相对缺乏。

（b）原料粒径对发酵产物蛋白质含量的影响。将黄孢原毛平革菌按接种量30%、料水75%、培养温度30℃、培养时间4d、添加麸皮30%作为辅料，选取不同目数（小于20目、20目、40目、60目、80目）的2号样品。对比不同目数对发酵产物蛋白质含量的影响。

由图4-37得出，原料在20目、40目、60目时发酵效果较好，其中在40目时达到最高。因为适当的粒径可以使得颗粒和细菌的接触面增大，有利于细菌产生蛋白质，而过小的粒径容易使分解纤维的细菌相互之间争夺氧气等资源，进而影响其对营养物质的吸收，抑制细菌体的生长，从而导致真蛋白增长率有所下降。

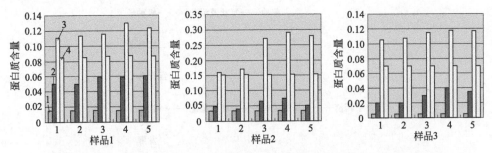

图 4-36　样品 1 号、2 号、3 号在不同辅料和添加量下发酵前后的蛋白质含量

1—发酵前可溶性蛋白质；2—发酵前粗蛋白质；3—发酵后可溶性蛋白质；4—发酵后粗蛋白

（c）温度对发酵产物蛋白质含量的影响。将黄孢原毛平革菌按接种量 30%、料水比 75%、培养时间 4d、添加麸皮 30% 作为辅料，选取 20 目 2 号样品。在 20℃、25℃、30℃、35℃、40℃下发酵对比不同温度对发酵产物蛋白质含量的影响。

由图 4-38 可以得出，温度对发酵产物中可溶性蛋白质的含量影响很大，其中在 30℃ 和 35℃ 时效果最好。由于白腐菌在生长经过对数期时，生物量增长迅速，之后进入稳定期，菌体增长基本停止，开始产生孢子，最后进入衰亡期。而在 30℃ 时，微生物在 4d 的发酵时间内均能够稳定进入对数生长期，保持良好的活性，所以粗蛋白质和可溶性蛋白质含量逐渐增加。

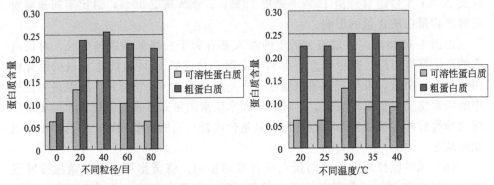

图 4-37　在不同粒径下发酵后蛋白质的含量　　图 4-38　在不同温度下发酵后蛋白质的含量

（d）复合菌种对发酵产物蛋白质含量的影响。将黄孢原毛平革菌和黑曲酶混合液各按 15% 的接种量接种到目数为 20 目的 1 号、2 号、3 号样品中。按料水比 75%、培养温度 30℃、培养时间 4d、以 30% 的麸皮作为辅料进行发酵，对比用复合菌种发酵，三种样品的发酵产物的蛋白质含量。

由图 4-39 得出，黄孢原毛平革菌与黑曲酶的按比例混合使用促进了纤维素酶产生量及酶活性的提高，从而促进了粗蛋白质和可溶性蛋白质含量的增加。

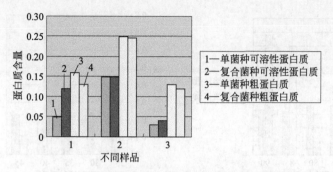

图 4-39　复合菌种发酵与单菌种发酵后蛋白质含量

（e）料水比对发酵产物蛋白质含量的影响。将黄孢原毛平革菌按接种量 30％、培养温度 30℃、培养时间 4d、添加麸应 30％作为辅料，选取 20 目 2 号样品。在不同料水比（70％、75％、80％、85％、90％）下，发酵对比不同料水比对发酵产物蛋白质含量的影响。

由图 4-40 得出，当料水比在 75％时，蛋白质增长率达到最高。料水比低于 75％时，微生物的生长受到抑制。料水比高于 75％时，蛋白质含量降低。可能过高的含水量导致物料多孔性降低，减少了物料内气体的交换，造成局部缺氧，不利于白腐菌对中药渣的生物降解过程。初步确定含水率在 75％时发酵效果最佳。

（f）接种量对发酵产物蛋白质含量的影响。将黄孢原毛平革菌按料水比 75％、培养温度 30℃、培养时间 4d、添加麸皮 30％作为辅料，选取 20 目 2 号样品。在不同接种量（25％、30％、35％、40％、45％）下，发酵对比不同接种量对发酵产物蛋白质含量的影响。

由图 4-41 可知，当接种量为 35％时粗蛋白质含量最高，可溶性蛋白质含量也同时达到最大值，接种量由 25％逐渐增加到 45％的过程中，蛋白质含量随着接种量的增加而增多。上升趋势明显。当接种量超过 40％时，蛋白质含量明显下降，究其原因是菌量较多，所需要的营养物质也多，培养基中的营养物质有限，当生长到一定程度后就不能继续满足微生物的正常生长了。同时由于接种量增多，菌种过早进入衰亡期，出现自溶现象。使菌株的正常生长繁殖受到抑制。

（6）结论与建议　实验结果与综合评分显示，各因素对发酵产物真蛋白质含量和粗纤维含量的影响程度的大小依次为：辅料添加量＞料水质量比＞粒径＞接种量＞温度，混合菌种发酵有非常好的效果。这表明辅料添加量是固态发酵中药渣生产工艺中最主要的影响因素，这是由于培养基中的含氮量直接关系着白腐菌菌体蛋白和酶蛋白的合成，因此在生产中应严格控制辅料的添加量。同时适当的料水质量比和接种量不但可使发酵产品质量提高，而且还可以节省动力和发酵成本。由于白腐菌可在较宽的 pH 值范围内进行生长繁殖，pH 值对中药渣固态发酵的影响最小。

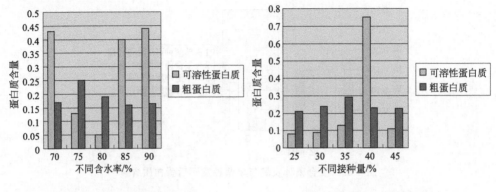

图 4-40 在不同水分含量
下发酵后蛋白质的含量

图 4-41 在不同接种量
条件下发酵后蛋白质的含量

根据上述实验以及前人的研究结果，以黄孢原毛平革菌与黑曲酶为初发菌种，以粗蛋白质含量和可溶性蛋白质含量为考察指标，分别由微量凯氏定氮法（GB/T 14770—94）和考马斯亮蓝法进行测定。确定出了较好的工艺条件：接种量为 35%，发酵时间为 4d，发酵温度为 30℃，含水率为 75%，粒径为 40 目。

4.4.5.2 复合废料袋栽姬松茸技术

姬松茸又名巴西蘑菇，为珍稀食用菌类，具有较高的营养价值和药用价值，已引起医学和药学界的广泛关注，其栽培方法及技术与双孢蘑菇相似。我国于1992 年从日本引进姬松茸，目前国内姬松茸的生产主要集中在福建等地，生产方式有室内架式、室外畦式、大棚生产等几种，均采用床式栽培。近年陇西县引入姬松茸试栽取得初步成功，但因姬松茸籽实体生长的适温为 22～25℃，安排在 8 月中旬到 10 月下旬出菇时发酵培养料床栽，虫害尤为严重，难以防治，往往造成最后 1、2 潮菇少收或绝收。鉴于此，李建荣等参考袋栽双孢菇技术尝试用中药材废渣与平菇、金针菇复合成料，配合畜粪进行姬松茸袋栽生产试验，获得理想效果和效益，其产量比床栽高 10% 左右，出菇整齐、质量较高，可出3～4 潮菇，产量达 5.0 kg/m² 左右，生物学效率达 35%～38%，产品成本仅为0.60 元/kg 左右，成本低，效益高。

培养料配方为改善培养料理化性状和营养互补搭配，采用平菇、金针菇废料和中药材废渣三类废料配合牛粪，其配方为：平菇废料 250kg、金针菇废料240kg、中药材废渣 250kg、干牛粪 250kg、生石灰 10kg、水 65%。

（1）建堆、初发酵和装袋接种 提前将中药材废渣用石灰水预湿后建堆5～7d，翻堆 2 次后拌入牛粪，牛粪要提前打碎，加适当水搅拌后与中药材废渣建堆。建堆地面先放置无树根的长木，用砖头垫起 15～20cm 高，然后铺上一层中药材废渣，撒上一层石灰粉，将牛粪撒在内层，同时将中药材废渣撒在牛粪上，如此一层一层堆制。一般料堆上宽 80～90cm，下宽 120～150cm，高 100cm 左右，长不限，并且每隔 1.0m 埋上圆形段木，堆好后拔出让其透气。最外层撒上石灰粉，注意防风、避雨。建堆时中药材废渣含水量以手握能滴下水为宜，建堆后每天测定料堆中央温度，约 7d 后当温度升至 65℃ 以上时，进行第 1 次翻堆。翻堆时补加适量水，使料手握能滴下 3～4 滴水。过 5d 后第 2 次翻堆，第 2 次翻堆 4d 后药渣由白色、浅黄色变成浅咖啡色，质地疏松柔软后与粉碎晒干的平菇、金针菇废料混匀，调 pH 值为 7.5，水分为 65% 后装袋。袋规格为 23cm×48cm 的聚乙烯袋，料装袋后常压灭菌 11h，闷 2～3h，灭菌后移入接种室双头接种。

（2）菌丝培养　将接种苗袋置于 23℃±4℃、相对湿度 65% 以下的室内，严格进行室内避光发菌培养，及时防治虫害，一般经 32～35d 菌丝满袋。

（3）出菇管理　把满袋菌立即搬入出菇室，先做深约 15cm、长 1.5m、宽 1m 的畦，在畦内灌足水，然后撒上一薄层石灰粉，将菌袋脱袋后摆放在畦内，间距 2～3cm。覆土选用不含肥料、新鲜、保水、通气性好的田底土，暴晒 7～10d 后拌入部分草木灰和石灰，一般覆土厚度为 3.5～4cm，覆土后勤喷水保持覆土层湿润。当全都菌丝布满土面时，早上或晚上重喷水一次（喷水量为 0.3kg/m²）。重喷水后停水 2d，再喷 1 次出菇水，土的含水量以手捏成团为宜，同时注意不要使水渗透入菌袋，这时要加强通风换气和增加光照。第 2 次喷水后 5～7d 土面上即长出大量菇蕾。当菇体长到直径为 2～3cm 时停止喷水，着重增加环境湿度，相对湿度保持在 85%～95%。

（4）采收　采收标准是菌盖尚未开伞，表面为淡褐色、有纤维状鳞片，菌膜尚未破裂，苗益直径为 4～10cm，柄长为 6～14cm。采收时用拇指、食指、中指捏住菌盖，轻轻旋转采下，以免带动周围小菇。

4.4.5.3　香菇发酵中药废渣的科学利用

中药废渣大多是植物残体，含有大量的纤维素、木质素等难以分解利用的物质，微生物，尤其是食用真菌——香菇，在生物转化方面具有很强的功能。王建芳等采用香菇作为初发菌种对中药废渣进行发酵转化。香菇是一种食药同源的真菌。富含蛋白质、香菇多糖等。其中香菇多糖具有抗肿瘤、增强免疫力等药理作用。利用香菇的这一特性，采用香菇来发酵转化中药废渣。香菇生长过程中能够分泌一系列酶，将纤维素、木质素类大分子物质降解。并同时将中药废渣转化为菌体蛋白和香菇多糖，具有较高的营养价值和免疫增强的功能，为开发新型具有免疫增强作用的饲料添加剂开辟了新的途径。

（1）材料与方法

① 材料。（a）菌种：香菇（*Lgntinula edodus*）购自四川省食品工业发酵研

究院菌种保藏中心。(b) 试管：斜面 PDA 固体培养基；液体种子培养基：PDA 液体培养基。(c) 药渣：来源于华神集团股份有限公司生产的鼻渊舒系列产品的药渣。(d) 动物：昆明种小鼠 30 只。体重（20±2）g，雌雄各半，由华西医科大学动物中心提供。

② 方法。(a) 中药废渣固态发酵培养基：中药废渣加少量无机盐，按照 1∶3.5 的水比即可。(b) 液体种子制备：香菇接种于 PDA 液体培养基中，振荡培养液体至形成均匀细密的菌球。(c) 中药废渣的液态发酵条件优化：采用"复杂系统调控技术"对各因素进行调控。(d) 粗蛋白的测定：参照国家标准《饲料中粗蛋白的测定方法》。(e) 粗纤维的测定：参照国家标准《饲料中粗纤维的测定方法》。(f) 多糖的测定：苯酚——硫酸法。(g) 动物实验：30 只昆明种小鼠随机分成 3 组，每组 10 只。a) 饲喂正常饲料，灌胃生理盐水；b) 正常饲料中添加 10％未发酵废渣，灌胃生理盐水；c) 饲喂添加 10％发酵物的饲料，按 0.1mL/10g 体重的剂量灌胃发酵物提取液。每天按上述方法饲喂及给药，连续 10d，每天称一次体重，于最后一次给药后 1h，小鼠按 0.1mL/10g 体重的比例于尾静脉注射稀释至 1/4 的中华墨汁，分别于注射后 1min 及 6min 用毛细管从小鼠眼眶静脉丛取血 50μL 置于 4mL 的 0.1％碳酸钠溶液中，摇匀后于 600nm 处测吸光度值，最后颈椎脱臼处死小鼠，分别取肝、脾称重。实验数据以平均值±标准方差表示，计算各组的 K 值，进行组间 t 检验。廓清指数 $K = (\lg OD_1 - \lg OD_n)/(t_n - t_1)$；校正廓清指数 $\alpha = \sqrt[3]{K} \times$ 体重(g)/[肝重(g)＋脾重(g)]。

(2) 结果和分析

① 发酵条件的确定以及发酵产物的检测。

(a) 液态发酵优化实验。液态发酵优化实验采用"复杂系统调控技术"予以调控。系统调控工作有二：一是确定系统的构件；二是确定各要素的量值。为了确定系统的构件，从可能与系统相关的 13 个因素出发，分别是 X_1 为初始 pH 值，X_2 为豆饼（％），X_3 为玉米粉（％），X_4 为硫酸铵（％），X_5 为尿素（％），X_6 为 KH_2PO_4（％），X_7 为 $CaCl_2$（％），X_8 为 $ZnSO_4$（％），X_9 为发酵天数（d），X_{10} 为中药废渣（％），X_{11} 为转速（r/min），X_{12} 为装样量（mL）使用 500mL 容量瓶，X_{13} 为接种量（％），L 为因素水平。采用 Y_1 为系统粗蛋白含量（％）、Y_2 为系统可溶性多糖含量（％）评价系统的优劣，实验设计及实验结果见表 4-35 和表 4-36。

表 4-35　关于系统因素质的优化配置诊断性实验设计及结果

L	X_1	X_2	X_3	X_4	X_5	X_6	X_7	X_8	X_9	X_{10}	X_{11}	X_{12}	X_{13}	Y_1	Y_2
1	4	0.32	0.24	0.3	0.2	0.4	0.01	0.02	3	8	110	175	8	5.09	27.11
2	5	0.45	0.09	0.4	0.3	0.2	0.02	0.03	6	9	90	150	10	15.88	25.53
3	6	0.42	0.14	0.5	0.1	0.3	0.03	0.01	9	7	100	125	9	18.05	29.77

表 4-36　关于系统因素质的优化配置进一步诊断实验设计及结果

L	X_1	X_2	X_3	X_4	X_5	X_6	X_7	X_8	X_9	X_{10}	X_{11}	X_{12}	X_{13}	Y_1	Y_2
1	5	0.42	0.105	0.4	0	0.25	0.05	0	7	7	95	100	9.5	16.43	22.10
2	6	0.25	0.075	0.6	0	0.25	0.04	0	8	5	95	125	9.5	22.31	25.73
3	7	0.42	0.09	0.5	0	0.25	0.03	0	9	6	95	75	9.5	19.13	25.23

从表 4-35 中的数据可知：X_4、X_9、X_{10}、X_{12} 等是影响发酵效果的主要因素，为确证这一结论，又设计了新的实验，实验设计见表 4-36。在表 4-35 结果的基础上，去掉 X_5 和 X_8 这两个对目标产物积累没有促进作用的因素，重新优化实验。结果显示：a）X_4、X_9、X_{10}、X_{12} 等确实是影响发酵效果的主要因素；b）X_6 可能是影响发酵效果的重要因素。为了确定以上要素的量值，采用"复杂系统调控技术"进行调控实验。实验安排结果见表 4-37。

表 4-37　关于系统因素量的优化实验设计及结果

L	X_1	X_2	X_3	X_4	X_5	X_6	X_7	X_8	X_9	X_{10}	X_{11}	X_{12}	X_{13}	Y_1	Y_2
1	6	0.2	0.06	0.7	0	0.25	0.04	0	8	4	95	140	9.5	17.12	18.78
2	6	0.2	0.06	0.7	0	0.15	0.04	0	8	4	95	140	9.5	19.84	33.37

结果如表 4-37 所示，在表 4-36 实验的基础上，X_6 的用量减少，对于目标产物积累有利，从系统角度分析，当 X_6 降至 0.15% 时，系统目标产物的积累量达到最大。通过以上调控实验得到发酵转化中药废渣的最佳发酵条件：中药废渣为 4%，豆饼为 0.2%，玉米粉为 0.06%，硫酸铵为 0.7%，KH_2PO_4 为 0.15%，$CaCl_2$ 为 0.04%，初始 pH 值为 6，装样量为 140mL（500mL 容量瓶），接种量为 9.5%，发酵天数为 8d，摇床转速为 95r/min，发酵产物中粗蛋白质和多糖的含量分别达 19.84% 和 33.37%。

（b）固体发酵效果分析。固体发酵前后的粗蛋白质、可溶性总多糖以及粗纤维素的含量变化情况见表 4-38。表 4-38 结果显示，中药废渣经香菇发酵后，粗蛋白质含量提高 60%，可溶性多糖提高 150.9%，粗纤维素含量则下降 44.9%。

表 4-38　固态发酵产物含量

项目	粗蛋白质含量/%	可溶性多糖含量/%	粗纤维素含量/%
发酵前	10.22	3.24	37.38
发酵后	17.19	8.13	20.61
绝对量变化	+6.97	+4.89	−16.77
相对量变化	+68.20	+150.90	−44.90

注：+表示升高；−表示降低。

② 发酵产物的药效学试验。

（a）中药废渣的香菇发酵物对小鼠体重的影响（表 4-39）。发酵组与对照组相比，小鼠体重有明显增加，呈显著性差异（$P < 0.01$），且二者料重比的比例是：15.50/40.10＝0.38。说明发酵中药废渣可以促使动物的体重明显增加，

0.38g 添加发酵品的饲料可以达到 1g 正常饲料的营养价值。

表 4-39　中药废渣发酵物对小鼠体重的影响（$\bar{x}\pm s$）

项目	动物数/只	平均体重/g	料重比
正常水对照组＋生理盐水	10	24.05±2.996	40.10
正常饲料＋10%未发酵饲料＋生理盐水	10	25.82±1.240①	34.97
正常饲料＋10%发酵饲料＋灌胃发酵渣煮提液	10	27.81±2.537②	15.50

① 与对照组比较 $P<0.05$。

② 与对照组比较 $P<0.01$。

（b）中药废渣的香菇固态发酵物对小鼠免疫器官的影响。结果显示，发酵组小鼠的脾脏指数较生理盐水对照组明显升高，差异极显著（$P<0.01$），说明香菇发酵中药废渣能够促进小鼠免疫器官的发育，对非特异性免疫有促进作用（见表 4-40）。

表 4-40　中药废渣发酵物对小鼠免疫器官的影响（$\bar{x}\pm s$）

项目	脾脏指数/(mg/10g 体重)
生理盐水对照组	69.88424±5.7594
未发酵饲料＋生理盐水组	85.93281±102930
正常饲料＋发酵饲料＋灌胃发酵渣煮提液	89.60151±10.8542①

① 与对照组比较 $P<0.01$。

（c）中药废渣发酵对小鼠碳粒廓清指数的影响。表 4-41 结果显示，发酵组较对照组能够提高小鼠的碳粒廓清指数 K 和校正指数 α，说明中药废渣发酵物有增加小鼠免疫能力的趋势。

表 4-41　中药废渣发酵物对小鼠碳粒廓清指数的影响（$\bar{x}\pm s$）

项目	肝脾/g	1min OD	6min OD	K（廓清指数）	α（校正指数）
生理盐水对照组	1.825	0.228±0.03804	0.1589±0.01959	0.03139±0.02095	4.1570
未发酵饲料＋生理盐水组	1.917	0.248±0.03092	0.1603±0.01319	0.03786±0.01092	4.5227
正常饲料＋发酵饲料＋灌胃发酵渣煮提液	1.959	0.235±004645	0.138±0.01486	0.04668±0.008968①	5.1116①

① 与对照组比较 $P<0.05$。

（3）讨论和结论　无论是液态发酵还是固态发酵，香菇发酵中药废渣都能提高粗蛋白质和可溶性多糖的含量，降低纤维素含量，使中药废渣的营养价值大大提高，且蛋白质和多糖的增加主要由香菇发酵而来，这种香菇蛋白和多糖具有免疫增强作用，本研究中的小鼠药效实验也充分证明了这一点，说明香菇发酵中药废渣在变废为宝的同时，更为开发具有免疫增强作用的饲料添加剂提供了可能。

本研究对香菇发酵中药废渣的发酵分别采用了固态和液态两种形式，通过"复杂系统调控技术"确定了液态发酵的最佳发酵条件。从小鼠的药效实验来看，中药废渣的发酵物能使小鼠的体重和免疫器官指数（脾脏指数）相对于生理盐水对照组有非常明显的增加，也能使小鼠单核细胞吞噬能力——碳粒廓清指数有增加的趋势，说明中药废渣的香菇发酵物能促进小鼠的生长和免疫器官的发育。

综上所述，利用香菇发酵转化处理中药废渣，不仅能解决目前中药废渣直接排向环境造成污染等问题，而且实现了对中药废渣这一资源的再次开发利用，使发酵中药废渣中粗蛋白和多糖的含量得到提高，同时香菇发酵中药废渣的产物对小鼠的生长和免疫能力有明显的促进作用，很适合作为一种具免疫增强作用的饲料添加剂，因此该项研究也为开发此种新型的饲料添加剂提供了实践基础。

4.5　中药废渣的处理技术

中药提取后药渣的排放和处理是中药提取的棘手问题，每个中药生产企业都要处理大量的药渣，这些药渣如果简单露天堆放，渐渐地就会发酵霉烂，污染环境。

4.5.1　中药渣的主要来源及化学成分

中药渣主要来源于各类中药生产的过程，其中在中成药生产过程中所留的药渣约占中药渣总量的70%。中药中有效成分的含量往往较低，中药材经过提取、煎煮后将会产生大量药渣，而药渣中通常还存在一定量的活性成分。祖庸等对太白花药渣中氨基酸、无机元素以及维生素C的含量进行了测定。测定结果：100g太白花药渣中，总氨基酸含量为1.985g，其中谷氨酸含量最高达到0.293g；其次为天冬氨酸和精氨酸；太白花药渣中还含有硅、锰、铝、锌、钡、铬、镁、铁等多种无机元素及少量的维生素C。潘化儒等对三七、当归、露水草、薯芋等几种中药药渣的化学成分进行了分析。其中三七经提取后皂苷残留量为0.84%～1.27%，此外还含有多种氨基酸、无机元素、粗蛋白质及粗纤维素。而当归经提取挥发油后粗蛋白质含量为15.1%，氨基酸总量为7.07%，微量元素锌的含量达42.13mg/kg。露水草提取蜕皮激素后的药渣含粗蛋白质6.7%，氨基酸的总量为4.29%，其中无机元素硒的含量达0.142mg/kg。小花盾叶薯芋经提取薯芋皂素后的药渣中含有粗纤维素34.1%，粗蛋白质3.4%，氨基酸131%，同时还含有多种无机元素，其中硒的含量为0.183mg/kg。由此可见，中药渣虽然经过提取，但还留存多种化学成分，具开发利用价值。

从以上数据来看，中药药渣应用价值比较高。从另一个角度看，尽管中药药渣还有许多营养成分，但由于中药药渣一般为湿物料，极易腐坏，尤其在夏季更为严重。而且中药药材及生产品种多样，产生的药渣也多种多样，这些因素都给进一步处理带来困难，也是导致企业直接排放的原因之一。所以，药渣应该及时处理，就近处理，否则极易对环境造成污染。

4.5.2　出渣间药渣的处理

中药提取后的药渣排放是中药提取车间的一大难题。2010版GMP中指出：中药提取后的药渣如需暂存、处理时，应当有专用区域。为了更好地避免出渣间出现污染问题，设计时应对中药生产的出渣间做以下要求。

(1) 出渣间与其他功能间要最大限度隔离，将容易污染的空间降低到最小。

(2) 出渣间的药渣排出后立即运走，每次出渣后立即进行全面彻底清洗。如有条件可将药渣由压缩机挤压至原体积的二分之一，挤压所产生的污水由排污管道排出，这样不仅避免了药渣和药渣滴水造成的二次污染，也大大减少了清洗用水，减轻了污水处理站的压力，同时由于药渣体积压缩从而大幅度降低了运输费用。

(3) 出渣间墙面和地面采用瓷类物质贴面，既便于清洗，又能避免提供霉菌附着基。

(4) 出渣高度尽可能降低，以避免渣水四处飞溅，造成污染。

4.5.3　药渣的综合利用处理

药渣的堆积、填埋，都会对环境造成一定的影响，也会造成资源浪费。为了符合绿色环保和清洁生产的发展趋势，通过对中药渣的利用，不仅节省了排污费，也可以把它作为燃料以及用于生产食用菌、有机肥料甚至是动物的保健饲料。中药药渣主要的处理途径如下。

(1) 焚烧处理　它是将提取后的药渣装入药渣收集罐，为了达到焚烧炉的焚烧要求，进一步提高焚烧炉的燃烧效率，节约能源，在焚烧之前需要进行烘干。烘干设备可采用振动烘干机等，可以将物料的含水率降低30%～40%。药渣进行预处理之后，再由倾斜式传输带将药渣传送到焚烧炉进行焚烧。焚烧设备可采用回转窑焚烧炉等。焚烧处理可以将药渣作为燃料用于生产中，降低成本和能源消耗。

固体物质的燃烧过程复杂，除发生热分解、熔融、蒸发及化学反应外还伴随有传热、传质过程。根据可燃物质的性质，燃烧方式有：蒸发燃烧、分解燃烧和表面燃烧。在蒸发燃烧中，固体废物先熔化成液体，再气化，随后与空气混合燃烧，如脂类有机物的燃烧。分解燃烧是指固体废物受热分解，碳氢化合物等轻物质挥发，与空气扩散混合燃烧，固定碳等重组分与空气接触进行表面燃烧，如木材纸类等的燃烧。表面燃烧则是不发生熔化、蒸发和分解过程，直接在固体表面与空气发生燃烧反应，如木炭等与空气发生的燃烧反应。在上述燃烧反应中，挥发燃烧是均相反应，速度快；固体表面的燃烧属非均相反应，速度要慢得多。而对固体废物的焚烧来说，分解燃烧更为普遍，一般把这一燃烧反应分为热分解过程和燃烧过程两部分。

① 热分解过程。

(a) 热分解速度。热分解既包括分解、化合传质过程，又包括吸热、放热的传热过程。其分解速度与废渣的组成、粒度、加热速度及最终达到的温度等因素有关。当粒度均匀且很小时，固体内不存在温度梯度，总的热分解速度可认为是物质的热分解速度。

(b) 热分解时间。加热废渣时，温度上升缓慢，故初期不会发生热分解；随着燃烧的进行，热量不断放出，焚烧体系的温度不断上升，一旦达到某一温度值时，立即引起热分解。和加热速度比较，分解速度要快得多，即分解反应一经引发很快即可分解完全。从而可以假定分解速度就是加热速度，那么，热分解的时间就是分解时间。

② 燃烧过程。由热分解产生的挥发成分，在固体粒子的周围与空气混合形成气体混合层。当达到着火条件时，则立即着火产生气相燃烧，在粒子四周与粒子形成同心的火焰面（反应面）。当挥发速度比氧的扩散速度慢时，反应面稳定在固体表面上，不均一燃烧与气相燃烧同时进行。若挥发速度比氧的扩散速度快时，反应面就稳定在气相中，此时不会发生不均一反应。由于气相燃烧速度远远快于不均一燃烧速度，当有不均一燃烧发生时，固体总的燃烧速度就由不均一反应速度所控制。

影响废渣燃烧的因素有以下几点：

(a) 废渣粒度的影响。加热时间近似与固体粒度的平方成正比，一般来说，燃烧时间也与固体粒度的1～2次方成正比。因此粒度大小显著影响着燃烧速率。(b) 温度的影响。燃烧温度低会造成燃烧不完全，燃烧室的温度必须保持在燃料的起燃温度以上，温度越高，燃烧时间越短。另外，过高的燃烧温度会引发炉子的耐火材料、锅炉管道的耐热问题。因此当燃烧室的温度足够高时，要加强对燃烧速度的控制；当燃烧室的温度较低时，需提高燃烧速度。总之燃烧速度取决于燃料特性、含水量、炉子结构和燃烧空气量等。(c) 氧浓度的影响。通常，氧浓度高，燃烧速度快，为达到固体废物的完全燃烧，必须向燃烧室鼓入过量的空气，但空气量过剩太多会因为吸收过多的热量从而使燃烧室的温度下降。只有当燃烧室处于少量过量空气时，燃烧效率最高。(d) 时间的影响。燃料在焚烧炉中燃烧完毕所需的停留时间为燃烧室加热至起燃与燃尽的时间之和。该时间受进入燃烧室燃料的粒径与密度的制约，粒径越大，停留时间越长，而密度受粒径的影响。为使焚烧停留时间缩短，投料前应预先经破碎处理。

用于固体废物处理的焚烧设备很多，常用的焚烧炉有多膛焚烧炉、回转窑焚烧炉和流化床焚烧炉。

多膛焚烧炉是工业中常见的焚烧炉，可适用于各类固体废物的焚烧。炉体是一个垂直的内衬耐火材料的钢制圆筒，内部由很多段的燃烧空间（炉膛）所构成，炉体中央装有一个顺时针方向旋转的带搅动臂的中空中心轴，各段的中心轴上又带有多个搅拌杆。按照各段的功能，可以把炉体分成三个操作区：最上部是干燥区，温度在310～540℃之间；中部为焚烧区，温度在760～980℃之间，固体废物在此区燃烧；最下部为焚烧后灰渣的冷却区，温度降为 260～540℃。操作时，固体废物连续不断地供给到最上段的外围处，并在搅拌杆的作用下，迅速在炉床上分散，然后从中间孔落到下一段。第二段上，固体废物又在搅拌杆的作用下，边分散，边向外移动，最后从外围落下。这样固体废物在奇数段上从外向里运动，在偶数段从里向外运动，并在各段的移动与下落过程中，进行搅拌、破碎，同时也受到干燥和焚烧处理。焚烧时空气由中心轴下端鼓入炉体下部，焚烧尾气从上部排出。这种燃烧炉的优点是废物在炉内停留时间长，对含水率高的废物可使水分充分挥发，尤其是对热值低的污泥燃烧效率高。缺点是结构复杂、易出故障、维修费用高，因排气温度较低易产生恶臭，通常需设二次燃烧设备。

回转窑焚烧炉窑身为一卧式可旋转的圆柱体，倾斜度小，转速低。废物由高端进入，随窑的移动向下移，空气与物料的移动方向可以同向（并流）也可以逆向（逆流）。回转窑的温度分布大致为：干燥区 200～300℃，燃烧区 700～900℃，高温熔融烧结区 1100～1300℃。废物进入窑炉后，随窑的回转而破碎同时在干燥区被干燥，然后进入燃烧区燃烧，在窑内来不及燃烧的挥发成分，进入二次燃烧室燃烧。最后残渣在高温烧结区熔融排出炉外。回转炉的优点是比其他炉型操作弹性大，可焚烧不同性质的废物。另外，由于回转炉机械结构简单，很少发生事故，能长期连续运转。其缺点是热效率低，只有 35%～40%，因此在处理较低热值固体废物时，必须加入辅助燃料。排出的气体温度低且经常带有恶臭味，需设高温燃烧室或加入脱臭装置。

流化床焚烧炉是工业上广泛应用的一种焚烧炉。主体设备是圆柱形塔体，底部装有多孔板，板上放置载热体砂作为焚烧炉的燃烧床。塔内壁衬有耐火材料。气体从下部通入，并以一定速度通过分配板，使床内载体"沸腾"呈流化状态。废物由塔侧或塔顶加入，在流化床层内与高温热载体及气流交换热量从而被干燥、破碎并燃烧。废气从塔顶排出。夹带的载体粒子及灰渣经除尘器捕集后返回流化床内。流化床焚烧炉的优点是焚烧时固体颗粒激烈运动，颗粒和气体间的传热、传质速度快，所以处理能力大，流化床结构简单，造价便宜。缺点是废物需破碎后才能进行焚烧，另外因压力损失大存在着动力消耗大的问题。

垃圾焚烧所产生的烟气，其主要成分为 CO_2、H_2O、N_2、O_2 等，同时也含有部分有害物质：烟尘、酸性气体（HCl、HF、SO_2）、NO_x、CO、碳氢化合物、重金属（Pb、Hg）和二噁英。故烟气必须经过适当的处理达到排放标准之后，方能排入大气。烟气处理是根据上述其组成分别进行的。

焚烧过程污染物的产生与防治有以下几方面。

(a) 酸性气体的处理。以碱性药剂消石灰和烟气中的 HCl、SO_2 发生化学反应，生成 $NaCl$、$CaCl_2$ 和 Na_2SO_3、$CaSO_3$ 等，根据碱性药剂的状态可分为干法和湿法。干法是以消石灰的粉末与酸性气体作用，形成颗粒状的产物再被除尘器去除。湿法是将消石灰的溶液喷入到湿式洗涤塔内，与酸性气体进行气液吸收，回收吸收液。代表性的工艺流程如下：

$$焚烧 \longrightarrow 炉干法 \longrightarrow 除尘器 \longrightarrow 烟囱$$

$$焚烧 \longrightarrow 炉干法 \longrightarrow 除尘器 \longrightarrow 湿式洗涤塔 \longrightarrow 烟囱$$

(b) NO_x 的去除。焚烧产生的 NO_x 中 95％以上是 NO，其余的是 NO_2。除去 NO_x 的措施有以下几种。

a) 燃烧控制法。通过低氧浓度燃烧从而控制 NO_x 的产生，但氧气浓度低时，易引起不完全燃烧，产生 CO 进而产生二噁英。

b) 无催化剂脱氮法。将尿素或氨水喷入焚烧炉内，通过下列反应而分解 NO_x。

$$2NO+(NH)_2CO+1/2O_2 \longrightarrow 2N_2+2H_2O+CO_2$$

该法简单易行，成本低，去除效率约为 30％。但喷入药剂过多时会产生氯化铵，烟囱的烟气变紫。

c) 催化剂脱氮法。在催化剂表面有氨气存在时，将 NO_x 还原成 N_2。

$$4NO+4NH_3+O_2 \longrightarrow 4N_2+6H_2O$$

$$NO_2+NO+2NH_3 \longrightarrow 2N_2+3H_2O$$

该法去除效率很高，可达 59％～95％。但使用的低温催化剂价格昂贵，还需配备氨气提供设备。

(c) 二噁英的控制。二噁英被称为世界上最毒的物质，毒性相当于氰化钾的 1000 倍。其易溶于脂肪且在体内积累，会引起皮肤痤疮、头疼、失聪、忧郁、失眠等症状。即使在很微量的情况下，长期摄取时也会引起癌、畸形等。焚烧过程会产生二噁英；垃圾本身也含有二噁英；氯苯酚、氯苯在炉内反应会产生二噁英。

二噁英的控制，最有效的方法就是控制"三 T"。

a) Temperature（温度）：维持炉内高温在 800℃以上（最好 900℃以上），将二噁英完全分解。

b) Time（时间）：保证足够的烟气高温停留时间。

c) Turbulence（涡流）：采用优化炉型和二次喷入空气的方法，充分混合和搅拌烟气使之完全燃烧。

对产生的二噁英可采用喷入活性炭粉末吸收、设置催化剂分解器进行分解、设置活性炭塔吸收等方法除去。

(d) 烟尘的处理。烟尘的处理可采用除尘设备。常用的除尘设备有静电除尘器、多管离心式除尘器、滤袋式除尘器等。

(2) 堆肥化处理　处理工艺主要分为无发酵装置和有发酵装置两种。无发酵装置堆肥工艺大多数是自然风简单式堆肥，由于发酵周期长，无害化程度不高，卫生条件较差，现已很少使用。目前我国极力推荐的发酵方法是有发酵装置机械

（动态）堆肥，堆肥周期短（3～7d），物料混合均匀，供氧效果好，机械化程度高等。它使用滚筒式发酵装置，该装置可以极大地降少占地面积和发酵周期。药渣经过预处理过程后，进入一级发酵仓，方案采用地卧式旋转发酵滚筒，可有效控制发酵参数，从而调整发酵状态，缩短发酵周期 2～3d，大大提高了发酵效率。经过一级发酵仓之后进入二级发酵仓，在仓内经数次到仓与空气充分接触，在其他生化条件的配合下对药渣进行进一步的熟化，时间为 3d，经过了堆肥化过程就可以得到绿色农肥成品。

（3）用于食用菌栽培　中药渣栽培食用菌的方法是将中药渣趁热倒入干净的塑料袋中，冷却至室温，喷液态菌种再进行培养，则可长出食用菌。像夏枯草、益母草等一些草本植物的药材，其药渣主要成分是纤维素，纤维素经过加工后，组织结构疏松，能够被食用菌中的酶分解利用，完全可以替代食用菌栽培过程中像棉籽壳等一些物料进行食用菌的栽培。这样不仅可以解决传统的棉籽壳栽培料逐渐缺乏的情况，而且其中的营养价值对于食用菌营养价值的提升也有好处。现通过技术培训和示范种植等形式，食用菌已在国内某些城市如山东省的城阳、胶州等地进行大面积推广栽培。栽培食用菌后的残渣，因为它经过食用菌的酶分解，富含有植物所必需的氮、磷、钾三种元素，以后还可以作为优质的天然有机肥料使用。

利用曲靖地区制药厂生产藿香正气水、首乌片、三七药酒 7 种中成药的 60 多种中药渣，作为栽培料培植金针菇、猴头菇、平菇、凤尾菇、红平菇，对其卫生学指标进行检测分析，结果：5 种食用菌菇的砷、铅、汞、六六六、滴滴涕及卫生学指标均符合国家标准。姜国银等收集中医院水煎剂药渣，主要有白芍、红花、柴胡、玄参、丹皮等 50 余种中药渣，沥去多余水分作为栽培料，进行猴头菇的栽培实验，结果：接种在 4 种含有中药渣的栽培基料上的菌丝长势良好。利用中药渣（主要有板蓝根、甘草、柴胡、生地、百部等 60 余种药渣）以及醋渣，作为栽培基料进行平菇的栽培实验。结果表明，纯中药渣和纯醋渣均可用来栽培平菇，但醋渣配以等量的中药渣栽培平菇从产量来看，均较单用纯中药渣、纯醋渣高。利用夏枯草的药渣配合棉籽壳进行栽培草菇实验，结果：草菇在 4 个配方的培养基上均能生长，且各配方之间的差异并不显著。但应用夏枯草药渣作为栽培基料平均每公斤成本可降低 0.61 元，经济效益显著。利用中药甘草渣为原料，以木屑埋菌棒的方法栽培平菇。实验结果表明以中药渣为主料，合理配比一定的木屑、麸皮等物质栽培平菇其生物转化率明显高于棉籽壳原料组。中药渣中含有的纤维素、还原糖是平菇生长的碳源营养。利用中药渣和醋渣作为栽培灵芝的培养料，结果：醋渣配以等量的中药渣栽培灵芝，其产量、生物效率可达到甚至稍超过纯棉籽壳对照组，其菌丝洁白、浓密、粗壮。利用板蓝根药渣作为栽培料对平菇进行栽培，结果表明，添加板蓝根药渣的栽培料中，平菇的生长速度比对照组棉籽壳慢，但添加板蓝根药渣组的菌丝质量较好，菌丝洁白、粗壮、浓密、结块性强。

例："小柴胡汤"中药药渣栽培金针菇试验

（1）小柴胡汤主要成分　人参、大枣、甘草、生姜、半夏、柴胡、黄芪。

（2）供试菌株　白金针菇8801菌株（江苏天达食用菌所）。

（3）供试配方　①棉壳75％，麸皮25％；②棉壳50％，药渣25％，麸皮25％；③棉壳35％，药渣35％，木屑5％，麸皮25％；④棉壳25％，药渣35％，木屑15％，麸皮25％；⑤棉壳50％，木屑25％，麸皮25％。每种培养基中按总重量的1.5％添加石膏粉。每种配方装100袋，经高压、高温灭菌（0.2MPa、140℃），灭菌80min。两端接种后置于18～22℃下遮光培养，培养期间剔除污染，挑选菌丝生长浓密洁白的栽培袋80袋，移至菇房。待菌丝满袋后，打开袋口，搔菌催蕾出菇。

（4）试验结果

（a）菌丝长势及生长速度对比。菌丝长势强弱明显，配方②、③、①长势基本一致，配方④长势较弱，配方⑤长势最弱、菌丝浅白。接种6d后进行菌丝生长速度对比：菌丝生长速度出现明显不同，配方②菌丝生长速度最快，依次是配方①、配方③、配方④，配方⑤菌丝生长速度最慢。见表4-42。

表4-42　菌丝长势及生长速度对比

配方	①	②	③	④	⑤
长势	+++	++++	++++	++	++
长速/(mm/d)	3.10	3.46	2.95	2.73	2.28
满袋时间/d	23	20	24.5	27.5	33.5

（b）不同配方现蕾期比较。由于菌丝生长的满袋时间不同，所以搔菌期也各不相同，但搔菌后管理及外界条件一致，统计时间有先后。从试验看，配方②现蕾时间最短（12～16d），依次为配方①（14～18d）、配方③（14～18d）、配方④（16～20d）、配方⑤（16～22d）。

（c）不同配方出菇比较。配方②的产量最高，即生物转化最高，生长周期最短，育菇期与配方①相同，但第1潮菇采后，菌丝的恢复时间至菇蕾的再现，需要恢复一段较长时。配方⑤的单产及生物转化率均表现最低，具体见表4-43。

表4-43　不同配方出菇综合调查统计结果

配方	育菇期/d	头潮重/g	两潮间隔/d	两潮重/g	生物转化率/%	生产周期/d
①	8～10	582.3	11	116.4	107.5	84～92
②	8～10	634.5	12	171.2	124.1	82～92
③	9～11	561.7	12	170.8	112.7	91～101
④	10～12	483.2	14	132.3	94.6	101～111
⑤	11～13	405.1	15	96.7	77.2	112～123

注：生物转化率指（头潮菇重＋2潮菇重）/干料重×100％，生产周期是指从接种发菌至2潮菇采收结束。

（4）加工成保健饲料　在中药药材中有一类治疗消化系统的药材，如黄连、木香、吴茱萸以及保肺滋肾的良药五味子等，它们被提取后的残渣还留存疗效，能够预防和治疗鱼类的肠胃病、烂鳃病等病症。把这些药渣烘干以后打成粉，并和鱼的饲料拌在一起。药渣和饲料按1：4的比例拌匀，撒到鱼塘里，连续喂7d。它的效果和抗生素相当，明显优于敌百虫等化学药品，使500g鱼苗的成活率由原来的60％提高到85％以上。一些药渣如大枣、茯苓、麦冬、桑葚等，含有蛋白质、糖类和淀粉。把这些药渣粉掺到饲料里喂鸡、鸭、猪，防治各种疾病的效果也很好，这样就可以减少或不使用抗生素等化学药品，有利于提高畜禽及鱼类的肉质和营养，避免食用者二次摄入抗生素等化学药品。

利用重庆某药厂生产的中药制剂"增长乐"的药渣（主要成分为党参、山楂、陈皮等），按不同比例添加到猪的基础饲料中，观察猪的日增重量，结果表明添加3％的中药渣并配合1％高铜添加剂的饲料组，其日增重量、饲料报酬及经济效益较理想。利用水蛭药渣粉碎加工制成粉状物，进行饲喂肉仔鸡的实验，结果表明用水蛭代替鱼粉，与对照组鱼粉相比，增重效果提高4.32％，在相同营养条件下，饲喂肉仔鸡成本降低，综合效益显著。选用人参渣、花粉渣、珍合灵渣（内含灵芝甘草和珍珠层粉）及复方三宝素糖浆作为饲料添加剂，研究了其对仔鸡生长发育和增重的影响，结果添加中药渣的各实验组增重分别较对照组增加了5.28％、5.47％、3.91％、4.45％，同时采用中药渣作为饲料添加剂，对仔鸡安全、无明显毒性反应。采用主要包括党参、山楂、陈皮等的中药渣，研究中药渣作为饲料添加剂用于肉仔鸡日粮的效果，结果发现，添加了中药渣的饲料，无论从日增重量还是耗料率来看，均无明显差异，且有较高的经济效益。

例：大青叶、板蓝根药渣的饲用价值及利用

为了充分利用药渣，科研人员以南宫市制药厂的大青叶、板蓝根药渣作为饲料进行了饲养试验。

（1）药渣的处理　大青叶、板蓝根药渣的粗纤维素含量在29％～35％之间，其中还含有大量的木质素、半纤维素等，直接饲喂家畜，消化率低，药渣味又稍苦，适口性差，影响采食。根据这些特点，有必要对药渣进行物理和化学处理，使木质素与纤维素之间的联系破坏或削弱，达到软化和提高消化率的目的。

（2）物理处理　首先将药渣风干，然后切碎，将物理处理过的药渣放入不渗水的水池中，并将占药渣重量4％～5％的氢氧化钠配制成30％～40％的溶液，喷洒在粉碎的秸秆上，堆积数日，不经冲洗，直接喂用。堆积时间长短视气温而定。

（3）氨化处理　首先将风干切碎的药渣装在塑料袋中，按每公斤药渣加入20％氨水35kg，然后封口，密封50d后即可食用。

（4）试验结论 将动物分组并进行统一的饲养管理。试验结果表明，大青叶、板蓝根药渣经过化学处理后完全可以作为饲料使用，它们能够提高体重的增加率，特别是氨化饲料，日增重明显，经济效益显著提高。药渣中蛋白质含量低，当与氨相遇时，其有机物与氨发生氨解反应，破坏木质素与多糖（纤维素、半纤维素）链间的脂键结合，并形成铵盐，成为牛、羊胃内微生物的氮源。同时氨溶于水形成氢氧化铵，对粗饲料有碱化作用。因此氨化处理是通过氨化与碱化的双重作用来提高秸秆的营养价值。药渣经氨化处理后，粗蛋白质含量可提高100%～150%，纤维素含量降低10%，有机物消化率提高20%以上，是牛、羊反刍家畜良好的粗饲料。同时药渣还有一定的药用价值，大青叶、板蓝根药渣有预防流感的作用。

（5）其他方法 中药药渣有作为药品包装纸的作用，比如日本的钟纺公司、北越制纸公司和木村印刷公司等，这种方法使得中药药渣得到了有效的利用。中药药渣还能制作絮凝剂，在罗鸿的文献中，我们看到，其能够对造纸废水进行有效的处理，而且在对处理废水的结果中，与其他有机絮凝剂和无机絮凝剂相比较，自制中药渣的絮凝效果更好，用中药渣制备天然高分子絮凝剂的过程简单，效果更佳。板蓝根药渣还能够对低浓度含铅废水进行有效的处理，在韦平英等的研究中发现，板蓝根药渣对大量的铅有快速吸附的作用，尤其适合低浓度的铅溶液，其吸附率更高，吸附速度更快。工业纤维素酶能够有效降解药渣中的纤维素，在侯嵘峤等的研究中，他们将药中的纤维素水解成β-葡萄糖等从而进行有效的循环利用。

通过药渣间药渣的处理以及开展废药渣的循环利用，可大大节省药品生产企业的排污费用，并符合绿色环保的发展趋势，实现无害化处理和资源化利用。如青岛华钟制药有限公司每年产生的1800余吨中药渣全部得到综合利用，这些废物用于当作食用菌栽培料1000余吨，用于生产有机肥料600余吨，用于生产动物饲料200余吨，中药渣每年替代食用菌常规料1000余吨，每年节约、可替代价值50万元的棉籽壳，增加收益近100万元。因此，药渣的合理利用和处理技术——用药渣生产食用菌、生产生物有机肥、把药渣用作生物质气化原料等，普及了无公害农产品生产技术。

4.5.4 中药药渣焚烧和堆肥方案投资分析

针对药渣的治理方法主要有填埋、堆肥化和焚烧等。相对于填埋而言，堆肥化可以变废为宝，符合清洁生产的发展趋势，而焚烧则可以加快药渣的处理周期。

设计焚烧和堆肥化两种工艺流程，方案采用通用流程进行设计及投资分析。现将两种工艺情况介绍如下。

（1）药渣焚烧系统 流程图如下所示：

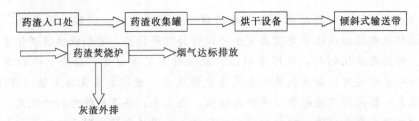

制药厂生产的药渣往往含水率很高，一般焚烧炉要求焚烧物的含水率在30%以下，为了达到焚烧炉的焚烧要求，也进一步提高焚烧炉的燃烧效率，节约能源，需要在焚烧之前将药渣进行烘干。本方案选择的烘干设备是 FGZ2000 型振动烘干机，可以将物料的含水率降低 30%～40%。药渣进行预处理过程之后，可以进入药渣焚烧炉进行焚烧。采用的焚烧炉为 FSL-KSO5 型转窑焚烧炉。

主要设备清单（表 4-44）及投资分析：

表 4-44　主要设备清单

序号	设备名称	型号规格	数量/套	单价/万元	价格/万元	备注
1	药渣收集罐	0.75kW	1	1.2	1.2	占地 25m²
2	转筒烘干机			16	16	占地 20m²
3	倾斜式输送带	3kW	1	2.2	2.2	长 5m
4	药渣焚烧炉		1	50	50	占地 10m×20m
合计			69.4			约 300m²

如果药渣含有诸如树根、粒状、渣状一样的物质，则燃烧过程中需要搅拌，此时可以采用另一种 FSL-KSO5 型焚烧炉。该炉报价为 70 万元。由上表可知，主要设备合计价格为 69.4 万元，预计主要设备土建面积为 300m²。

（2）药渣堆肥化系统　目前堆肥化工艺主要分为无发酵装置和有发酵装置两种，无发酵装置堆肥工艺大多数是厌氧或自然通风半好氧式简单堆肥，由于发酵周期长，无害化程度不高，卫生条件较差。而快速有发酵装置机械化（动态）好氧堆肥化是最先进的，具有堆肥周期短（3～7d），物料混合均匀，供氧效果好，机械化程度高等特点。

鉴于无发酵装置占地面积大，发酵周期长的缺点，如果制药厂每天排出 15t 药渣，处理量小，推荐采用有发酵装置工艺进行处理。适宜的发酵方法是滚筒式发酵装置，该装置可以较好地降低占地面积和发酵周期。

流程图如下所示：

药渣经过预处理过程之后，进入一级发酵仓，本方案采用地卧式旋转发酵滚筒，可有效控制发酵参数，从而调整发酵状态，缩短发酵周期 2～3d，大大提高

了发酵效率。药渣经过一级发酵仓之后进入二级发酵仓，在仓内经数次到仓与空气充分接触，在其他生化条件的配合下对药渣进行进一步的熟化。熟化时间为3d。经过堆肥化过程可以得到农肥成品。

主要设备清单（表4-45）及投资分析。

表4-45 主要设备清单

序号	设备名称	型号规格	数量/套	单价/万元	价格/万元	备注
1	药渣收集罐	0.75kW	1	1.2	1.2	占地25m²
2	倾斜式输送带	3kW	1	2.2	2.2	长5m
3	卧式旋转发酵滚筒	3X3	1	合计约100万元		占地50m²
4	二次发酵仓	φ2.8XFSL-H9	1			占地10m×20m
合计		103.4				约300m²

根据工艺要求，如果药渣含水率过高，仍需要添加烘干设备。由表4-45可知，主要设备合计价格为103.4万元，预计占地面积为300m²。

（3）两种方案对比分析　通过这两个方案可以看到，对于焚烧工艺，具有处理时间短、随到随烧、设备投资低、处理效果好的优点，但是它的投资回报率相对低一些，而且占地面积比较大（主要是炉的面积）。而堆肥工艺，克服了传统堆肥工艺的一些缺点，占地面积大大减少，处理周期也短了许多，最终产物得到有益的肥料。它的缺点是与焚烧相比，处理周期仍然长一些，并且设备投资高。

4.5.5 中药废渣处理应用实例

4.5.5.1 从葡萄穗轴废渣中提取白藜芦醇

白藜芦醇（resveratrol，Res）又称芪三酚，化学名称为3,4′,5-三羟基-1,2-二苯乙烯（3,4′,5-trihydrolystilbene），它存在于葡萄、虎杖、花生、桑椹等12个科、31个属的72种植物中，分子式为$C_{14}H_{12}O_3$，为无色针状结晶，难溶于水，易溶于乙醚、甲醇、乙醇、乙酸乙酯、丙酮等。白藜芦醇主要有抗肿瘤、抗炎、抗菌、抗氧化、抗自由基、保护肝脏、保护心血管和抗心肌缺血等功能。其中，最令人瞩目和最有发展前景的是抗肿瘤作用，因此，它在医药、食品工业上的应用越来越广泛，市场价值极高。

近年来，欧美各国已将白藜芦醇开发成产品上市，国内的生产厂家大约有10余家，大部分产品用于出口。目前，在欧美已批准上市的白藜芦醇高端制剂产品（包括药品及保健品）已近千种，该品全球的使用者约2亿人，并且平均每年以5000万人的速度增长。据估计，白藜芦醇制剂的销售在未来8年内将达到5亿～8亿美元，市场缺口较大，将形成非常巨大的产业。

白藜芦醇的生产目前主要以虎杖为原料。由于虎杖资源有限，开发其他原料的提取工艺具有重大意义。葡萄穗轴是葡萄酒厂酿酒后的废渣，国内一般只简单地将其丢弃成为固体垃圾或进行焚烧处理，造成资源浪费，污染环境。对葡萄穗轴废渣加以合理利用，提取其中的有用物质，不但可以解决葡萄酒厂的后顾之忧，而且还可以创造经济价值。因此，从葡萄穗轴废渣中提取白藜芦醇具有重要意义。李梦青等探索了从葡萄穗轴废渣中提取白藜芦醇的工艺条件，期望开发出一条生产白藜芦醇的绿色工艺路线。

(1) 处理技术

① 材料、试剂及仪器。葡萄穗轴废渣为天津葡萄酒厂酿酒后的废弃物；白藜芦醇标准品为美国 Sigma 公司产品；乙醇为医药级，由天津市科锐思精细化工有限公司提供；甲醇、丙酮、乙酸乙酯、氯仿为 AR，由天津大学科威公司提供。

756MC 型紫外可见分光光度计（上海精密科学分析仪器厂）；ZF-2 型四用紫外分析仪（上海顾村电光仪器厂）；RE52CS 旋转蒸发器（上海亚荣生化仪器厂）。

② 分析方法。用薄层色谱法进行定性分析和分离白藜芦醇，薄层板为 2.5cm×10cm 的 GF_{254} 硅胶板，展开剂为氯仿：乙酸乙酯：甲酸＝5.0：4.0：0.4，展开后和标准品的比移值进行对照分析。定量分析采用紫外分光光度法，白藜芦醇在紫外光区 306nm 处有最大吸收，实验中提取浓缩液经薄层层析分离提纯后，用 756MC 型紫外可见分光光度计在 306nm 处测其吸光度值，由标准曲线计算出白藜芦醇质量浓度。

③ 提取方法。精密称取白藜芦醇标准品，置于容量瓶中，用甲醇溶解并稀释至刻度定容。分别配制不同浓度的标准溶液，用 756MC 型紫外可见分光光度计在 306nm 处测其吸光度值。测得标准曲线为：$y = 0.1464x + 0.0788(R^2 = 0.9914)$。其中 y 为吸光度值，x 为白藜芦醇的质量浓度，线性范围为 1.25～10.00μg/mL。

称取一定量干燥粉碎好的葡萄穗轴废渣粉，加入适量的提取剂，在一定温度下进行搅拌，加热提取一定时间后，提取液用旋转蒸发器蒸发掉乙醇，浓缩，取一定量的浓缩液用薄层层析法分离纯化后，收集白藜芦醇斑点后用一定量的甲醇溶解，用紫外分光光度计测其吸光度值，由标准曲线计算得出白藜芦醇质量浓度，进而得出其提取率。

(2) 结果与分析

① 单因素实验

(a) 提取溶剂的选择。根据白藜芦醇的溶解性，考察了甲醇、乙醇、丙酮、乙酸乙酯 4 种有机溶剂对提取率的影响，如表 4-46 所示。可见，不同溶剂所得的提取率不同，甲醇的提取效果最好，白藜芦醇的提取率达到 0.14%，乙醇次之。由于甲醇和乙醇的极性较强，更有利于原料中具有较大极性的白藜芦醇的溶出，采用丙酮和乙酸乙酯为提取剂，白藜芦醇的提取率较低，可能与它们的极性较弱有关，另外极性较强的溶剂能使原料的组织纤维溶胀，提高提取率。但甲醇毒性较大，综合考虑，选择安全、无毒且易回收的乙醇为提取剂。

表 4-46　不同提取剂对白藜芦醇提取率的影响　　　　　单位：%

提取剂	提取时间/h			
	1.0	2.0	3.0	4.0
甲醇	0.10	0.11	0.12	0.14
乙醇	0.08	0.08	0.09	0.10
丙酮	0.04	0.05	0.05	0.06
乙酸乙酯	0.06	0.06	0.07	0.07

提取条件：葡萄穗轴粉（60～100 目）20.00g，提取剂体积 200mL，提取温度 50℃。

（b）提取剂体积分数的影响。在其他条件不变的情况下，以不同体积分数的乙醇水溶液对葡萄穗轴废渣进行提取，结果见表 4-47。

表 4-47　不同体积分数乙醇水溶液对白藜芦醇提取率的影响

项目	φ（乙醇）/%						
	30	40	50	60	70	80	90
白藜芦醇提取率/%	0.18	0.20	0.21	0.21	0.19	0.15	0.11

提取条件：葡萄穗轴粉（60～100 目）20.00g，提取剂体积 200mL，提取温度 50℃，时间 4h。

乙醇体积分数为 50%～60% 时，提取率最高，达到 0.21%。随着乙醇体积分数的增加，极性不断减小，白藜芦醇虽具有极性基团酚羟基，但二苯乙烯骨架又是非极性基团，所以在高体积分数的乙醇溶液中溶解度较高。但用体积分数高于 70% 的乙醇提取，提取率反而下降，可能是由于植物组织在高体积分数的乙醇水溶液中不易溶胀，影响了溶剂的扩散作用，导致提取率降低。从薄层分析结果看，用体积分数为 60% 的乙醇水溶液提取时，杂质点也较少，提取效果较好。

（c）提取时间的影响。提取时间对提取率的影响如图 4-42 所示。在 0.5～4.0h，提取率随提取时间的增加而迅速增加；再延长时间，变化不大；延长到 5.0h 时，提取率稍有下降，可能是由于提取时间太长，白藜芦醇易氧化所致。因此，4.0～4.5h 是较佳的提取时间。

提取条件：葡萄穗轴粉（60～100 目）20.00g，200mL 体积分数 60% 的乙醇作提取剂，提取温度 50℃。

（d）提取温度的影响。以体积分数加 60% 的乙醇溶液作提取剂，在 40～80℃下进行提取，结果如图 4-43 所示。

提取条件：葡萄穗轴粉（60～100 目）20.00g，200mL 体积分数 60% 的乙醇作提取剂，提取时间 4h。

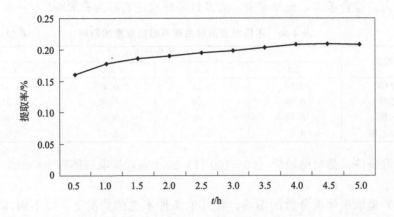

图 4-42　提取时间对白藜芦醇提取率的影响

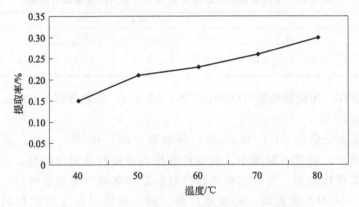

图 4-43　不同提取温度对白藜芦醇提取率的影响

温度越高，提取率越大，但考虑高温下白藜芦醇的酚羟基容易氧化，乙醇挥发而引起的损耗也较大，综合考虑确定 70℃ 为较优提取温度。

（e）物料比 m（葡萄穗轴）∶m（乙醇）的确定。溶剂用量大，可增加固液两相间白藜芦醇的浓度梯度，有利于提取率的增加，但乙醇用量过大将增加溶剂的回收成本。随着乙醇用量增加，白藜芦醇的提取率增加，但 m（葡萄穗轴）∶m（乙醇）＝1∶31 后，增加乙醇量，白藜芦醇提取率增加不明显。见图 4-44。综合考虑，物料比以 m（葡萄穗轴）∶m（乙醇）＝1∶17 为宜。

提取条件：葡萄穗轴粉（60～100 目）15.00g，体积分数 60% 的乙醇作提取剂，提取温度 70℃，提取时间 3.0h。

② 正交实验　从单因素实验结果看，提取剂乙醇的体积分数、物料比、提取时间、提取温度对提取率有一定影响，在单因素实验基础上，设计了四因素三水平正交实验方案，见表 4-48，结果见表 4-49。

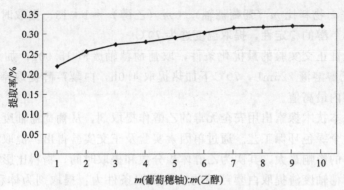

图 4-44　不同物料比对白藜芦醇提取率的影响

表 4-48　因素水平表

水平	因素			
	A	B	C	D
	乙醇体积分数/%	m(葡萄穗轴)：m(乙醇)	提取时间/h	提取温度/℃
1	50	1：13	3	60
2	60	1：17	4	70
3	70	1：21	5	80

表 4-49　正交实验结果

实验号	A 乙醇体积分数/%	B m(葡萄穗轴)/m(乙醇)	C 提取时间/h	D 提取温度/℃	白藜芦醇 提取率/%
1	1	1	1	1	0.24
2	1	2	2	2	0.27
3	1	3	3	3	0.33
4	2	1	2	3	0.33
5	2	2	3	1	0.22
6	2	3	1	2	0.23
7	3	1	3	2	0.23
8	3	2	1	3	0.24
9	3	3	2	1	0.22
K_{1j}	0.84	0.80	0.71	0.68	
K_{2j}	0.78	0.73	0.82	0.73	
K_{3j}	0.68	0.78	0.78	0.90	
$\overline{K}_{1j}$	0.28	0.27	0.24	0.23	
$\overline{K}_{2j}$	0.26	0.24	0.27	0.24	
$\overline{K}_{3j}$	0.23	0.26	0.26	0.30	
极差 R_j	0.05	0.03	0.03	0.07	

　　从极差 R_j 的大小知，提取温度对白藜芦醇提取率的影响最显著，其次为乙醇的体积分数，提取时间和物料比的影响最小。因为该实验指标越高越好，由 $\max$（$\overline{K}_{1j}$，K_{2j}，K_{3j}）相应的各因子的水平，得到最优提取条件为：乙醇体积

分数为 50%，物料比 m（葡萄穗轴）：m（乙醇）＝1：13，提取时间为 4.0h，考虑到白藜芦醇的稳定性，提取温度选为 70℃。

为了验证正交实验的最优化条件，取葡萄穗轴废渣 15.00g，加入体积分数为 50% 的乙醇溶液 225mL，70℃下加热提取 4.0h，白藜芦醇提取率达 0.34%，是实验范围内最高值。

结论。本技术探索出用安全无毒的乙醇作提取剂，从葡萄穗轴废渣中提取白藜芦醇的一个绿色环保工艺。通过单因素实验及正交实验得出：提取温度对白藜芦醇提取率的影响最大，其次为乙醇体积分数和提取时间，物料比影响最小。确定了从葡萄穗轴废渣提取白藜芦醇的较优提取条件为：提取剂为体积分数 50% 的乙醇，提取温度为 70℃，物料比 m（葡萄穗轴）：m（乙醇）＝1：13，提取时间 4.0h，提取率达 0.34%。

4.5.5.2 自甘草废渣中分离黄酮类化合物

甘草为豆科植物甘草（*Glycyrrhiza uralensis* Fisch）、胀果甘草（*Glycyrrhiza inflata* Bat）或光果甘草（*Glycyrrhiza glabra* L）的干燥根及根茎，具有补脾益气、清热解毒、祛痰止咳、缓急止痛、调和诸药的功效。甘草中的主要有效成分是甘草酸和甘草黄酮类物质，药理学研究表明甘草中的黄酮类化合物具有抑菌、抗真菌，增强机体免疫功能，抗 HIV、抗肿瘤、抗氧化、保肝等广泛的药理作用，可广泛应用于药品、食品、化妆品等领域。

甘草废渣是在生产甘草酸的过程中排出来的废弃物，含有大量黄酮类化合物。因此，甘草废渣是一种宝贵的可再利用资源。张娟等从甘草渣中分离出 6 种单体黄酮，并对其进行结构鉴定，为甘草废渣再利用提供依据。

（1）仪器与试剂　高效液相色谱分析仪（Waters 2690-996-alltech ELSD2000），UV-VIS 检测器；色谱柱：Merck C-18（4.0mm × 125mm，5μm）。制备 HPLC 仪器：VarianproSD-1（泵）-320（UV 检测器）-701（收集仪）；制备柱：Merck C18（50mm×250mm，12μm）。KQ3200 型超声波清洗仪，Mettler AE163 电子天平。乙腈为色谱纯，水为超纯水。甘草废渣由新疆阿拉尔新农甘草产业有限责任公司提供，甘草渣醇提物由实验室自制。

（2）方法与结果　甘草渣醇提物 100g 用热水超声溶解，过滤，上 AV-8 大孔树脂，然后用 20%、40%、60%、95% 的乙醇洗脱。将洗脱物用 TLC（氯仿：甲醇＝9：1）检测，分得 3 个部位：GC60，GC40H1，GC40H2。分别将 GC60、GC40H1 和 GC40H2 进行制备液相、分离。对于样品 GC60，制备后得到 3 个较纯的峰，经 Sephdex LH-20 纯化得到 GC60A（20mg），GC60B（10mg）和 GC60C（30mg）。样品 GC40H1 和 GC40H2 通过制备液相，再经 Sephdex LH-20 纯化得 GC40H1（17mg）、GC40H2（40mg）和 GC40H3（7mg）3 个组分。

经 LC-MS 和 H-NMR 鉴定结构如下：

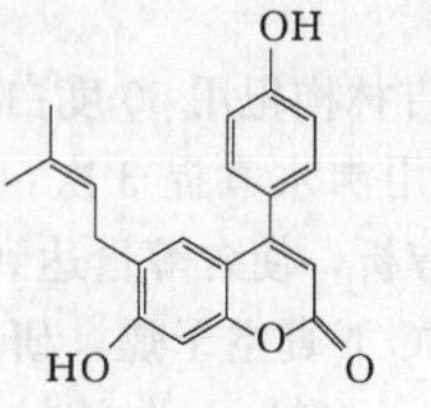

GC60A

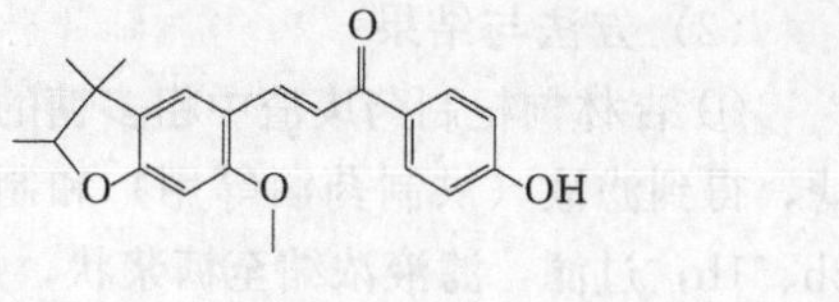

GC60B

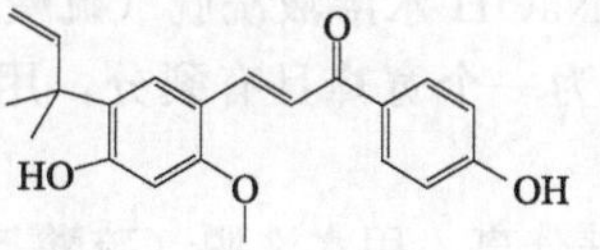

GC60C

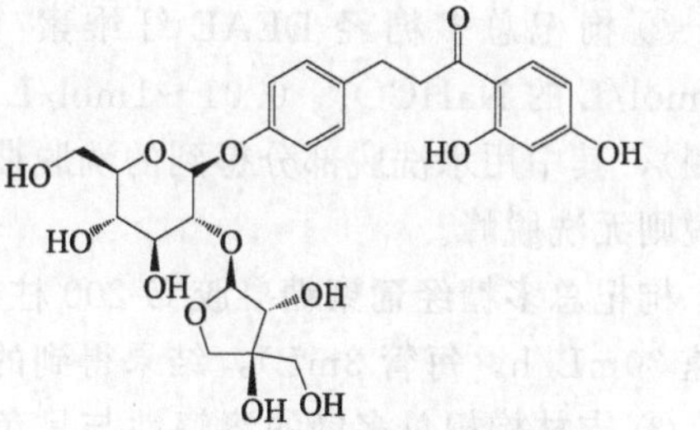

GC40H1

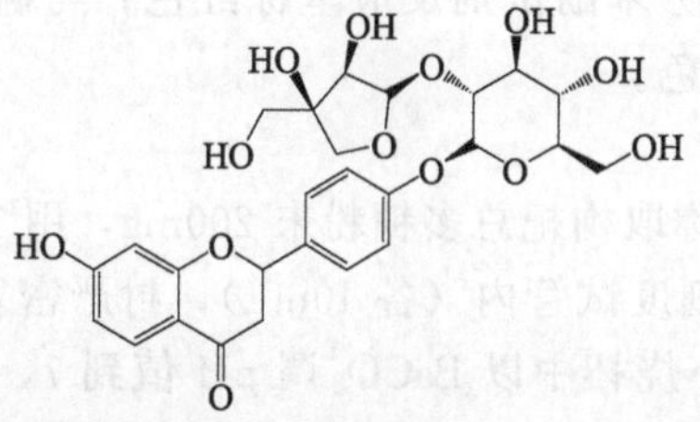

GC40H2

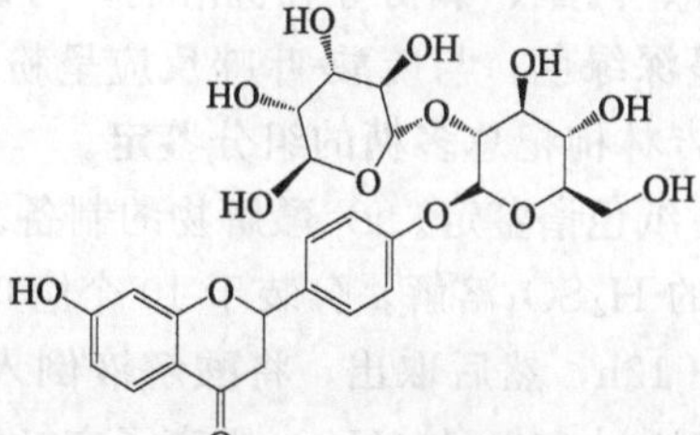

GC40H3

查阅图谱数据库得知：GC60A 为胀果香豆素甲 *Inflacoumarin* A，GC60B 为 *Dehydrolicochalone* A，GC60C 为甘草查尔酮甲 *Licochalone* A，GC40H1 为异芹糖甘草苷 *Isoliquiritin apioside*，GC40H2 为芹糖甘草苷 *Liquiritin apioside*，GC40H3 为柚皮苷 *Naringin*。

4.5.5.3 吉林枸杞制药废渣中粗多糖的提取纯化与相关成分分析

近年来，对宁夏枸杞多糖的药理与临床研究已有很多报道，证明了其具有增强免疫、抗氧化、抗衰老、抗肿瘤、降血脂、保肝等多方面的活性。枸杞在制成药酒、口服液等剂型应用时，多采用 50 度白酒或低度醇浸提，其醇提后残渣多被弃掉。为了开展对枸杞的综合利用，牛艳秋等从吉林产的枸杞制药废渣中提取出粗多糖，并对其进行了组分鉴定与相关成分分析。

（1）材料与仪器　材料为吉林省通榆产枸杞［是指吉林省通榆县引种的茄科植物（宁夏枸杞 *Lyciumbarbarum* L.）的干燥成熟果实。以下简称吉林枸杞］，经 50 度白酒提取后的制药废渣经水提、醇析后得到的棕色无定形粉末。各单糖标准品均为上海试剂二厂的生化试剂，其他化学试剂均为分析纯。721 型分光光度计，岛津-GC7A 型气相色谱仪。

（2）方法与结果

① 吉林枸杞制药废渣中粗多糖的提取纯化。将吉林枸杞用 50 度白酒浸提、过滤，得到滤液（供制药酒等用）和制药废渣。后者用沸水煮提 3 次，依次为 3h、2h、1h，过滤，滤液浓缩至糖浆状，加 95％的乙醇醇析，使含醇量达到 80％以上，依次用 95％乙醇、丙酮、乙醚、无水乙醇洗涤，60℃下真空干燥，研细称重，得到棕色无定形粉末，即为吉林枸杞制药废渣粗多糖（总多糖），收率为 4.1％。

② 枸杞总多糖经 DEAE 纤维素（OH^- 型）柱层析。依次用水、$0.01\sim$ $0.1mol/L$ 的 $NaHCO_3$、$0.01\sim1mol/L$ 的 $NaOH$ 水溶液洗脱（硫酸-苯酚法进行监测），其中用水洗脱部分得到的洗脱曲线为一个宽峰且有裂分，用其他洗脱液洗脱则无洗脱峰。

枸杞总多糖经葡聚糖凝胶 G-200 柱色谱分离，用水洗脱（硫酸-苯酚法监测，流速 30mL/h，每管 3mL），结果得到的洗脱曲线为一个宽峰且有裂分。

③ 吉林枸杞总多糖的溶解性与呈色反应。枸杞总多糖可溶于水及碱水，难溶于乙醇、丙酮、氯仿等有机溶剂，与硫酸-苯酚试剂反应呈棕红色；与硫酸-蒽酮反应呈深绿色；与硫酸-咔唑反应呈粉红色。

④ 吉林枸杞总多糖的组分鉴定。

（a）纸色谱鉴定。a）酸解物的制备。称取枸杞总多糖粉末 200mg，用 100mL 1mol/L 的 H_2SO_4 溶解，分装于 10 个磨口刻度试管内（各 10mL），封严密塞。置沸水浴中 12h，然后取出，将酸解液倒入小烧杯中以 $BaCO_3$ 调 pH 值到 7，抽滤，再将滤液通过 732 型（H^+）阳离子交换柱，流出液浓缩至少许，收集于磨口试管中，供纸层色谱点样用。b）总多糖的纸色谱鉴定。将枸杞总多糖制备的酸解物、各标准单糖以及总标准单糖（即各标准单糖的混合物）分别点于新华 3 号滤纸（20cm×30cm）上，以正丁醇-苯-吡啶-水（5：1：3：3）为展开剂，展开约 17h，用苯胺-邻苯二甲酸显色，于 105℃恒温干燥 10min。根据总多糖酸解物样品与各标准单糖在纸色谱上的 R_f 值与斑点颜色进行对照的结果，可初步判定总多糖是由半乳糖醛酸、半乳糖、葡萄糖、甘露糖、阿拉伯糖、木糖、鼠李糖等单糖所组成。

（b）气相色谱鉴定。使用岛津-GC7A 型气相色谱仪；氢焰离子化检测器；2m×4mm 玻璃柱，担体为 101 白色担体（60～80 目），5％SE-30 为固定液，柱温为 180℃，载气（N_2）流速为 50mL/min。

称取枸杞总多糖 10mg，悬浮于 10mL 2mol/L 的 HCl-无水甲醇溶液中，封管，80℃下水解 24h。用 Ag_2CO_3 中和，抽滤，滤液减压蒸干，置于硅胶干燥器中放置过夜，用 0.2mL 吡啶溶解，加六甲基二硅胺烷及三甲基氯硅烷（2：1）0.15mL，于 50～60℃下放置 5min 后进样。用标准单糖的三甲基硅烷衍生物做对照。气相色谱结果如图 4-45 所示。

⑤ 吉林枸杞制药废渣粗多糖中总多糖含量分析。组分鉴定实验证明，吉林枸杞制药废渣总多糖是由半乳糖醛酸、半乳糖、葡萄糖、甘露糖、阿拉伯糖、木

糖、鼠李糖等 7 种以上单糖组成的酸性杂多糖，因此本研究总多糖的含量测定，是采用与总多糖组成相似的标准单糖混合物为标准品，精密称定，用蒸馏水定容得到浓度为 97.6μg/mL 的标准溶液；另取吉林枸杞制药废渣粗多糖（以下简称样品）约 25mg 共 5 份，精密称定，用蒸馏水溶解定容，使其浓度为 100μg/mL 的样品溶液（标准品与样品均需预先干燥至恒重）。

按硫酸-苯酚法，用 721 型分光光度计在波长 490nm 处比色测定吸收度 A，建立回归方程：$A=0.006742W+0.0029$，$r=0.9991$，平均回收率为 99.55%。样品中总多糖平均含量 $X=18.16\%$，$S=0.039$，RSD=0.21%。

⑥ 吉林枸杞制药废渣粗多糖中半乳糖醛酸的含量分析。半乳糖醛酸是吉林枸杞制药废渣粗多糖中的重要组分，故采用预先干燥至恒重的半乳糖醛酸为标准品，精密称定，用蒸馏水溶解定容，得浓度为 99.6μg/mL 的标准溶液；样品溶液的浓度同前述总多糖的测定。

按硫酸-咔唑法，用 721 型分光光度计在波长 530nm 处比色测定吸收度 A，建立回归方程：

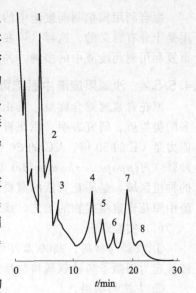

图 4-45　枸杞总多糖甲醇解单糖衍生物的气相色谱图
1—阿拉伯糖；2—鼠李糖；
3—木糖；4—甘露糖；
5—半乳糖醛酸；6—半乳糖；
7—葡萄糖；8—未知糖

$A=0.009312W-0.02929$，$r=0.9991$。平均回收率为 102.0%，测得样品中半乳糖醛酸的平均含量 $X=6.94\%$，$S=0.035$，RSD=0.504%。

（3）技术总结与讨论　采用水醇法从吉林枸杞制药废渣中提取的粗多糖收率为 4.1%。

吉林枸杞制药废渣粗多糖为棕色粉末，含色素较多，而色素是阴离子，可被 DEAE 纤维素（OH⁻型）柱所吸附，用水不能洗脱，故水洗脱液无色。依次用不同浓度的 $NaHCO_3$，$NaOH$ 水溶液洗脱时，部分色素也能洗脱，随碱度增加，洗脱液颜色亦加深。故 DEAE 纤维素（OH⁻型）柱对枸杞制药废渣粗多糖有很好的脱色纯化作用。

根据吉林枸杞制药废渣总多糖在 DEAE 纤维素（OH⁻型）和葡聚糖凝胶 G-200 两个柱上的洗脱曲线均为宽峰且有裂分，故可初步判断该总多糖不止含有 1 种多糖。

纸层色谱与气相色谱结果均表明，吉林枸杞制药废渣总多糖是由半乳糖醛酸、半乳糖、葡萄糖、甘露糖、阿拉伯糖、木糖、鼠李糖等单糖组成的，气相色谱结果还进一步证明，总多糖是以阿拉伯糖为主体的酸性杂多糖，其中阿拉伯糖占总糖含量的 42.27%。

综合利用枸杞制药废渣中的多糖，将其作为免疫增强剂等药物加以开发和利用是十分有意义的。这样，可在利用枸杞白酒或低度醇提取物的前提下，进一步重复利用制药废渣中的多糖，并可为枸杞的综合利用开拓新的途径。

4.5.5.4 沙棘果废渣中原花青素粗提物的纯化工艺

原花青素属缩合鞣质，是由黄烷-3-醇或黄烷-3,4-二醇聚合形成的一类聚合多酚类物质。研究表明，原花青素是天然的抗氧化剂，其抗氧化、清除自由基的能力是 VE 的 50 倍、VC 的 20 倍，已广泛应用于食品、药品、化妆品等领域。沙棘（$Hippophas\ rhamnoides$ L.）为胡颓子科的灌木或小乔木，在中国有广泛的种植区域，是原花青素的重要来源。方鲁延等考察了大孔吸附树脂纯化沙棘废渣中原花青素粗提物的工艺，该工艺可得到含原花青素 85% 以上的产品。

(1) 实验部分

① 仪器与材料。2300 紫外可见分光光度计。原花青素对照品；沙棘果废渣经鉴定为胡颓子科沙棘属植物沙棘的果实；大孔吸附树脂；其余试剂为分析纯。

② 方法与结果。

(a) 树脂的预处理。将新树脂用 95% 的乙醇浸泡 4h，湿法装柱；用 2BV 0.5% 的 HCl 或 2% 的 NaOH 以 4～6 BV/h 的流速通过树脂，用纯化水以相同流速洗至流出液 pH 为中性；用 5BV 95% 的新乙醇以 2BV/h 的流速洗至流出液在 200～400nm 处扫描时最大吸光度 A 为 0.2 为止，再用相同的流速用纯化水洗尽乙醇至流出液无醇味为止，备用。

(b) 上柱液的预处理。称取 100g 沙棘果废渣，以 10 倍料液比用 70% 的乙醇于 40℃下提取（50min×2）。过滤后合并滤液，减压、浓缩回收乙醇，加入适量去离子水在室温下静置 12h，滤去不溶物后用去离子水溶解并稀释至一定浓度，即得上柱液。

(c) 树脂的筛选。加入 1g 预处理好的不同型号的树脂和 15mL 5.02mg/mL 的原花青素样品溶液于具塞锥形瓶中，置振荡器中室温振荡 8h（2Hz），过滤，测定吸附后溶液中原花青素的浓度，计算树脂的静态吸附量。然后分别加入一定体积 70% 的乙醇溶液进行洗脱，测定脱附液中原花青素的浓度，计算各种树脂的脱附率。结果表明，HPD-700 型树脂最佳（表 4-50）。

表 4-50　五种树脂的物理结构参数及对原花青素的吸附和脱附结果

样品	极性	粒子直径/mm	比表面积/(m²/g)	平均孔径/Å	吸附能力/(mg/g)	吸附率/%	洗脱率/%
HPD-100	非极性	0.3～1.25	650～700	90～100	63.22	88.82	75.81
HPD-700	非极性	0.3～1.25	650～700	85～90	70.08	93.22	92.22
AB-8	中等极性	0.3～1.25	500～550	75～80	69.19	92.23	85.42
HPD-400	极性	0.3～1.25	500～550	100～120	63.02	83.86	30.40
聚酰胺	极性		120～360		68.82	91.63	20.20

注：1Å＝0.1nm，下同。

　　(d) HPD-700 树脂纯化工艺条件的考察。原花青素粗提物中含有较多的糖、黏液质、皂苷等物质，故依次用约 8BV 去离子水除去后再用一定浓度的乙醇洗脱。取不同浓度等量的样品溶液，分别通过 3 根树脂柱（流速 2BV/h），用 8 倍量的去离子水洗涤树脂柱，用 2 倍树脂柱体积的 70% 的乙醇洗脱，测定洗脱液中原花青素的含量。结果表明，以 0.05g/mL 上样可得到最大的上样量和最高的原花青素含量。

　　称取一定量已预处理的树脂，分别装入不同径高比的柱子中（1∶5、1∶10、1∶20），取一定浓度的样品溶液上样，用 8 倍量的去离子水洗涤树脂柱，再用 2BV 70% 的乙醇洗脱，测定不同径高比柱中洗脱液中的原花青素含量，结果表明柱子为 1∶10 为最佳的径高比。

　　取相同浓度的样品溶液通过 5 根树脂柱（径高比 1∶10），分别用 8 倍的去离子水洗涤树脂柱，再分别用 15%、30%、50%、70%、95% 的乙醇洗脱，测定洗脱液中原花青素的含量，结果表明 50% 的乙醇浓度为适合的洗脱条件。

　　取 10BV 0.05g/m 的样品溶液，以 2.0BV/h 的流速通过树脂柱，待上样结束后，依次用 8BV 去离子水洗涤树脂柱，10% 的乙醇以 2.0BV/h 的流速洗脱 1h，再用 50% 的乙醇洗脱，每 10m 采集一次，记录所用洗脱液的体积并测定原花青素的含量。以洗脱体积为横坐标，原花青素的洗脱量为纵坐标，绘制动态脱附曲线。可知 50% 的乙醇以 2.0BV/h 的流速进行洗脱，洗脱剂用量为 1BV 时达到洗脱曲线的高峰，用去 2BV 的洗脱剂即可全部洗脱原花青素量。该曲线对称性好，无拖尾现象。

　　称取预处理后的 HPD-700 大孔吸附树脂 12.0023g，湿法装柱（径高比 1∶10），药液浓度为 0.05g/mL，按流速 2BV/h 上样，收集流出液，每 10mL 采集一次，TLC 检识出现粉红色斑点（硫酸-香草醛显色）即为树脂发生泄漏；同时继续收集流出液 TLC 检识至树脂发生明显泄漏（约 1/10 上柱液浓度），停止上样，共收集 30 份。按含量测定方法测定泄漏液中原花青素的含量，以流出液的体积为横坐标，原花青素的含量为纵坐标作图，即得 HPD-700 树脂对沙棘子皮废弃物中原花青素的泄漏曲线，可知该型号树脂对原花青素具有良好的动态吸附性能，较长时间保持低泄漏，流出液达到 12BV 时，流出液中原花青素的浓度仅为 0.29mg/mL。

　　除吸附目标产物外，吸附树脂还会吸附毒化树脂的杂质，必须在下一次使用时再生树脂，因此需考察树脂的再生性能。同一根树脂柱连续使用 5 次后，对其进行原花青素吸附率和含量的考察，结果表明，树脂连续使用 3 次后吸附率下降较明显，故在循环使用 3 次后进行一次再生。

　　(e) 盐酸-正丁醇法测定。取 1mL 含原花青素的待测样品溶液置于 50mL 具塞锥形瓶中，再加 6mL 盐酸-正丁醇（5∶95）、0.2mL 2.0% 的硫酸铁铵溶液，摇匀，95℃ 下水浴回流 40min 后，迅速置冰水浴中冷却，在 550nm 处以 1mL 甲醇加入 6mL 盐酸-正丁醇（5：95）、0.2mL 2.0％的硫酸铁铵溶液为空白，调零，测定吸光度。

（f）原花青素标准曲线的制备。精密称取适量原花青素对照品，用甲醇配成 0.03～0.15mg/mL 的对照品溶液，按（e）项方法测吸光度，以原花青素对照品的浓度为横坐标，吸光度为纵坐标，绘制标准曲线。回归方程为：$Y = 4.023X + 2.300 \times 10^{-3}$（$r=0.9996$），线性范围 0.03～0.15mg/mL。

（g）专属性试验与显色稳定性考察。取样品溶液加入 NaOH 溶液进行碱破坏后，按（e）项方法测吸光度，结果表明该方法专属性较好。精密吸取 1mL 供试品溶液，按（e）项方法分别于室温避光放置 0min、10min、20min、30min、40min、50min、60min 后测吸光度，可知吸光度在 40min 内 RSD＝1.06％，样品溶液显色在 40min 内稳定。

（h）精密度与重复性考察。精密吸取 1mL 供试品溶液 6 份，按（e）项方法测定，RSD＝0.63％，表明该方法稳定，符合测定要求。取纯化产品约 10mg，精密称定，配制供试品溶液，精密吸取该溶液 1mL，6 份，按（e）项方法测定，RSD＝1.14％，表明该方法稳定，符合测定要求。

（i）回收率试验与样品的测定。高、中、低浓度加样回收试验的回收率分别为 100.25％（RSD＝0.82％）、99.04％（RSD＝0.43％）、100.95％（RSD＝0.55％）。将洗脱液减压浓缩，除去溶剂，冷冻干燥，按（e）项方法测定 3 批纯化产品含量，原花青素的平均含量分别为 89.08％、88.82％、89.58％。

（2）讨论　经预处理后的药液上柱可避免堵塞树脂柱。用稀碱、稀酸预处理树脂可破坏残留的有机溶剂与树脂间的相互作用，有助于后续处理中乙醇洗脱有机残留物。原花青素含酚羟基，具有多酚的结构，显弱极性，因此各种极性的树脂对其都有一定的吸附力，故需考虑吸附量和树脂的脱附率，以筛选适合的树脂类型。

第 5 章
制药工业三废综合处理
——以实例阐述制药工业三废综合处理

医药产品按其作用、来源、制造方法等可分为抗生素、有机药物、无机药物、中草药和生化药物等。目前我国生产的常用药物达 4000 种，不同种类的药物采用的原料种类和数量各不相同。此外，不同药物的生产工艺及制备方法又区别较大，在工业化生产的提纯和精制过程中，采用的工艺方法常常有所不同。为了保证和提高药品的质量，确保药品的疗效和安全性，在医药生产过程中往往需要多学科的理论知识和多种先进技术相结合，如生物发酵法生产的药物（抗生素等），有许多药物的生产是在发酵得到产物的基础上，进行结构修饰或改造，目的在于提高活性，或减小不良反应，或降低毒性，或改变药物的某些性质，更加有利于临床应用。制药生产的特殊性导致制药工艺复杂，生产过程中产生的废水、废气、废渣的化学成分也十分复杂，其中包含很多有毒、有害的物质，因此三废处理任务非常艰巨。

药物生产过程中不同的药物和不同的生产工艺产生的三废存在着较大差异。一般情况下，制药生产的三废（按医药产品特点）主要有四大类，即：

(1) 合成药物生产中产生的三废　该类三废所含物质的种类、所含物质的产量变化较大，常常含有难以生物降解的物质和有毒、有害的物质；

(2) 生物制药（一般指抗生素和部分维生素）发酵生产中产生的三废　该类三废以废水为主，根据其生产特点可分为提取废水、洗涤废水、维生素生产废水和其他废水，其中提取废水中有机物和抑菌物质的浓度最高，该类废水中的有毒、有害物质较难处理；

(3) 中成药生产中产生的三废　中成药三废的物质种类、产生量波动较大，COD 可高达 6000mg/L，BOD_5 达 2500mg/L，该类三废以天然有机污染物为主；

(4) 各类制剂生产过程中产生的三废　制剂生产的三废一般污染程度不大，主要来自辅料粉尘、有机试剂、洗涤水等。

对制药工业三废的处理，首先应加强物料的回收和综合利用，通过改进工艺过程来减少污染物的排放量，如发酵菌体的回收利用、提取用溶剂的回收、重金属的回收等。对制药废水中的高浓度有机废水，可考虑制取饲料酵母，采取综合利用技术，既可创造效益，又可降低 50％的 COD，对此类高浓度的发酵提取废水，国外有些生产企业采用蒸发浓缩技术，既可解决污染问题，又有较好的经济效益。

20 世纪 80 年代，我国制药工业的三废处理水平还较为落后，极需提高和发展，从上海市 1987 年统计的医药工业废水中各类污染物排放情况可以看出制药三废中含有大量有用的物质。因此，加强制药三废处理具有非常重要的意义，既减少了污染物的排放量，又可将大部分有用物质加以回收利用。见表 5-1。

表 5-1　上海市医药工业废水中各类污染物排放情况表　　　单位：t/a

污染物种类	折纯量	污染物种类	折纯量	污染物种类	折纯量
COD	19303.28	甲苯	7.023	二甲苯	0.328
BOD_5	7282.89	苯	3.876	氟化物	0.209
SS	4618.76	挥发性酚	3.067	氰化物	0.164
NH_3-N	434.03	镍	1.987	铅	0.0578
石油类	388.13	Cr^{3+}	0.83	砷	0.0431
硝基苯类	52.311	Cr^{6+}	0.0989	汞	0.022
锌及其化合物	28.586	硫化物	0.679	镉	0.00986
苯胺类	15.31	铜及其化合物	0.312		

制药生产的特殊性导致制药工艺复杂，生产过程中产生的废水、废气、废渣的化学成分也十分复杂，其中包含很多有毒、有害的物质，因此需要高度重视"制药工业清洁化生产"。

清洁化生产不是简单地保持车间环境的清洁，减少"跑、冒、滴、漏"，而是应用清洁技术，即从产品的源头削减或消除对环境有害的污染物。清洁技术的目标是分离和再利用本来要排放的污染物，实现"零排放"的循环利用策略。清洁技术可以在产品的设计阶段引进，也可以在现有工艺中引进，使产品生产工艺发生根本性的改变。清洁化生产研究的内容主要分为以下几个方面。

① 原料绿色化。用无毒、无害的化工原料或生物原料替代剧毒、严重污染环境的原料，生产特定的医药产品和中间体是清洁技术的重要组成部分。如碳酸二甲酯已被国际化学品机构认定是毒性极低的绿色化学品，它可以取代剧毒的光气和硫酸二甲酯，作为羰基化试剂、甲基化试剂和甲氧羰基化试剂参加化学反应。又如催化氢化、替代化学反应，用空气或氧气替代有毒、有害的化学氧化剂等。

② 化学反应绿色化。Trost 在 1991 年首先提出原子经济性的概念，理想的原子经济反应是原料分子中的原子全部转化成产物，最大限度地利用资源，从源头上不生成或少生成副产物或废物，争取实现废物的"零排放"。在原子经济性理论的基础上，设计高效利用原子的化学合成反应，称为化学反应绿色化。据报道采用钛硅分子筛作催化剂（H_2O_2 氧化法）进行环己酮的肟化，反应条件温和，氧源安全易得；选择性高，副反应少，副产物为 O_2 和水；环己酮的转化率达 99％，基本实现了原子经济反应。

③ 催化剂或溶剂的绿色化。实现催化反应的催化剂和溶剂的绿色化也是制

药工业中清洁技术的重要内容。近年来催化反应在改进氨基酸半合成抗生素的生产工艺以及酶动力学拆分等方面取得显著进展。

④ 研究新合成方法和新工艺路线。化学和中成药物品种繁多，工艺复杂，污染程度和污染物性质各不相同，而且频繁出现的新品种又不断带来新的污染物。因此研究新合成方法和新合成路线时，指导思想是从传统的寻求最高总收率转变到将排出废物减少到最低程度的清洁化技术上来。

5.1　制药工业三废处理的改造工程——实例：上海医药第十五制药厂有限公司污水处理工程

5.1.1　工程概况

上海医药第十五制药厂有限公司主要生产 SMZ、格列吡嗪、二甲双胍盐盐酸、氯氮平等产品，生产排放的污水中主要含醋酸、醋酸钙、丙酮、醇胺类和酯类有机物等。1986 年建成 1 座污水处理站，由于产品品种和产量的变化，污水的水质、水量比原设计参数已有较大的变化，加之污水处理站长期未正常运转，许多设备已不能适应要求，因此需对处理站进行改造，以使出水达标排放。

5.1.2　工艺流程

工程根据污水现状对原处理工艺进行了以下改进：原高浓度生产污水无预处理设施，本工程采用混凝沉淀预处理；在原污水集水池内增加 pH 计在线检测，保证后续混凝沉淀处理的正常运行；在集水池和调节池内铺设曝气管，防止杂质沉淀，同时均匀水质；将兼氧池改作水解酸化池，高负荷曝气池改作高负荷接触氧化池，低负荷曝气池改作低负荷接触氧化池，原有高负荷沉淀池也改作低负荷接触氧化池；调整接触氧化池的进水和布气设施，增强水解和接触氧化效果；低负荷沉淀池改作沉淀池和气浮池，兼具沉淀和气浮作用，相当于增加了三级处理，保证出水的达标排放。

在充分利用已有构筑物和设备的基础上，现有处理工艺流程如图 5-1 所示。

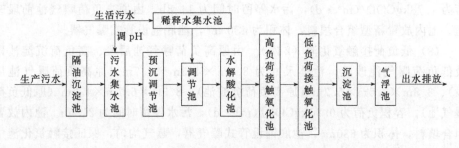

图 5-1　处理工艺流程

生产污水经格栅去除杂质后，首先通过隔油池除油，然后在污水集水池内调节 pH 值，此过程由 pH 计控制，中和后污水由泵提升至预沉调节池，混凝剂通过管道混合器加入。经测定，该步骤可以去除 30％的 COD 和大部分 SS。预沉调节池在原有调节池的基础上改造。生活污水经过格栅后进入稀释水集水池，然后由泵提升至调节池，与生产污水混合一起进入水解酸化池。该池由原兼氧池改造，可将污水中难降解的有机物转化为易降解的有机物。经水解后出水流入高负荷接触氧化池（2 座平行，由原高负荷曝气池改造），随后污水流入低负荷接触氧化池（2 座平行，由原低负荷曝气池改造），经氧化处理的污水流入改造后的沉淀池，为了保证 COD 达标，沉淀出水进行气浮处理，沉淀池和气浮池均由原低负荷沉淀池改造。

5.1.3 工艺设计参数及特点

根据处理工艺流程，结合原有构筑物，列出各处理构筑物及设计参数（有关尺寸均为净尺寸）。

（1）隔油沉淀池　长度 $L=5.8m$，宽度 $B=3.7m$，高度 $H=3.45m$，生产污水水力停留时间为 2.2h。

（2）污水集水池　池体尺寸为 8.7m×6.6m×3.45m，水力停留时间为 5.5h。池底铺设 ABS 曝气管，起中和搅拌作用。

（3）稀释水集水池　池体尺寸为 5.8m×4.7m×3.45m，生活污水水力停留时间为 6.5h。池底铺设曝气管，间歇曝气，起搅拌作用。

（4）预沉调节池　池体尺寸为 8.6m×2.0m×5.3m，生产污水水力停留时间为 3.0h。

（5）调节池　池体尺寸为 8.9m×8.6m×5.3m，混合污水水力停留时间为 8.7h。池底铺设 ABS 曝气管，起搅拌作用，防止池底沉泥。

（6）水解酸化池（2 座）　池体尺寸为 8.6m×3.2m×5.3m，污水水力停留时间为 6.5h，由原兼氧池改造，池内放置新型组合填料，体积为 200m³，池底铺设布水管，使布水均匀。

（7）高负荷接触氧化池（2 座）　池体尺寸为 8.6m×8.6m×4.7m，容积负荷为 1.78kgCOD/(m³·d)，污水停留时间为 14.8h，由原高负荷曝气池前段改造。池内放置新型组合填料，体积为 430 m³，池底铺设管式曝气器。

（8）低负荷接触氧化池（2 座）　由原高负荷曝气池后段、高负荷沉淀池以及低负荷曝气池改造，池体尺寸为 8.6m×4.3m×4.7m（原高负荷曝气池后段）、3.8m×3.0m×5.7m（原高负荷沉淀池）、8.3m×6.7m×4.7m（原低负荷曝气池）。容积负荷为 0.80kgCOD/(m³·d)，污水停留时间为 21.5h。池内放置组合填料，体积为 630m³，池底铺设管式曝气器，曝气均匀，保证接触氧化池中微生物得到充足的氧气。

（9）沉淀池（2座） 池体尺寸为 3.8 m×3.0m×5.7m，由原低负荷沉淀池改造。

（10）气浮池 池体尺寸为 3.8 m×3.0m×5.7m，由原低负荷沉淀池改造。反应时间为 30 min，接触区上升流速为 10～15mm/s，分离区下向流速为 1mm/s，溶气水回流比为 30%。

（11）出水池 出水池专为储存气浮溶气水，池体尺寸为 3.8m×3.0m×5.7m，由原低负荷沉淀池改造。

（12）污泥浓缩罐（2座） 每座尺寸为 ϕ2.4 m×8.06m，钢制，为原有设备。

5.1.4 运行数据汇总

（1）原水水量 根据目前的产品结构和用水量，确定生产污水水量为 700m³/d，即 29 m³/h；生活污水水量为 300 m³/d，即 12.5 m³/h，所以设计总水量取 42m³/h。

（2）原水水质 生产污水：COD 4000mg/L，BOD_5 1500mg/L，SS 150mg/L，pH 值 3～5。生活污水：COD 300mg/L，BOD_5 150mg/L，SS 60 mg/L，pH 值 6～9。

（3）处理出水要求 根据《污水综合排放标准》（GB 8978—1996），处理后水质要求达到：COD≤300mg/L，BOD_5≤60mg/L，SS≤200mg/L，pH 值 6～9。

（4）污水站运行数据汇总（见表 5-2）

表 5-2 污水站水质分析

处理阶段	COD/(mg/L)		BOD_5/(mg/L)	
	进水	出水	进水	出水
混凝沉淀池	4035	3203	1512	1350
调节池	—		—	
水解池	3108	—	997	—
高负荷接触氧化池	2100			
低负荷接触氧化池	1153		350	
沉淀池	350	332	50	47
气浮池		260		45

注：混凝沉淀池只处理高浓度生产污水，其余构筑物处理生产与生活混合污水。

5.1.5 经济分析

（1）电费 装机容量为 160kW，平均运行负荷为 65kW，则电费为 $E_1 = 65 \times 0.6/42 = 0.93$ 元/m³。

（2）药剂费 主要为混凝沉淀和气浮加药，则药剂费为 $E_2 = 1500 \times 0.1/1000 = 0.15$ 元/m³。

（3）处理成本（仅考虑电费和药剂费） 处理成本 $E = E_1 + E_2 = 0.93 + 0.15 = 1.08$ 元/m³。

5.2 制药工业三废的回收综合利用——实例：东北制药总厂三废回收利用

东北制药总厂是一个以化学合成为主、兼有生物合成的原料药厂。由于产品种类多，工艺复杂，耗用原料种类多、数量大，所以生产 1kg 产品往往需要消耗几十千克乃至几吨的原料。据分析，在原料中，作为组成产品化学结构的原料仅占产品全部原料消耗的 15%～30%，其余原料和副产品如果不加综合利用，就会以三废的形式流失。这不仅浪费了资源和能源，也污染了环境。该厂年排废水 6.52 万吨，排放各种化学三废 1.68 万吨，以化学耗氧量计，从废水中排放的污染物量就相当于 25 万居民生活所产生的污染量。十多年来，东北制药总厂通过三废综合利用、产品技术改造和环保科研，在生产逐年增长的情况下，排污逐年下降，工业总产值增长 24.27%，年排污水下降 42.98%，减少了污染，改善了环境。

5.2.1 综合利用，实现三废资源化

化工三废是在一定的化学反应中产生的，因此可以再给它创造一些条件，促使它再经过另外一些化学反应变成有用的物质。实行回收利用、加工改制是废料资源化或资源再利用的一种形式。对一个企业或一个产品来说，资源的综合利用程度也是客观反映其生产技术和管理水平的重要标志。通过回收利用、加工改制、循环利用等方式加以利用的产品，仅据不完全统计就有 11 种、六百余吨之多，价值 347 万元。全厂从综合利用的利润中提留九十多万元用作三废的再治理费用。

(1) 回收利用 从废水中蒸馏回收多种有机溶剂，以氯霉素生产为例，全年处理近 3000t 废液，回收了甲醛酯、乙酸异丙酯、异丙醇等八百多吨。对酸碱中和产生的盐，也逐步加以回收。氨苯磺胺精制时的副产品氯化钠，经加工制成精盐，供金属加工热处理淬火用；维生素丙酮化反应后的副产品硫酸钠，经改进操作，得到无水硫酸钠，无水硫酸钠具有加快水泥凝固的超强作用。据有关部门测定，在水泥中掺入 3% 的该下脚硫酸钠，可使水泥构件的早期强度 1d 提高 70%～100%，7d 提高 80%～140%，达到 200♯混凝土 28d 强度的 70%，从而为混凝土提高质量、增加产量，加快工程进度提供了方便。

(2) 反复实验 在氯磺酸的尾气治理中，每年要回收几千吨盐酸，如何利用这些回收的盐酸经历了多次实验过程：第 1 次用以制氯化铵，因氨水供应不上而停产；第 2 次以再沸法得到氯化氢气，用以合成氯磺酸，结果因设备腐蚀严重没能投产；第 3 次用以制无水氯化钙，因包装木箱存在问题，也没能投产。最后，在相关工厂和建筑研究院的协助下，用回收的盐酸加菱苦土制得"合成卤

水"——氯化镁液，代替"天热卤水"作为调和剂，制成镁质水泥构件，最终找到了合适的回收利用途径。另外，将氯霉素生产中的含铝废水，浓缩得三氯化铝，再纯化制得药用氢氧化铝，既清除了污染物，又增加了产品品种。

（3）循环利用　在对苯二酚用重铬酸钠酸性氧化制苯醌时，排出大量含铬的稀硫酸液。为消除铬害，将废液用次氯酸钠氧化，使三价铬变为六价铬，再返回用于生产中，形成了一个再生循环利用的闭合工艺，铬的利用率达到 85%，而稀硫酸则在铬的再生处理时被碱中和。为彻底根除铬害，将氧化剂改为氯酸钠，在酸性条件下氧化，副产品氯化钠无害，含酸母液可循环使用。

（4）以废治废　在维生素 E 的生产中需用大量的盐酸气，如采用盐酸滴加氯磺酸法，工艺上不合理，废酸液又多，经常因盐酸气的发生和下一岗位间的配合不当，造成盐酸气过剩，产生大气污染；后改为直接用氨苯磺胺分离副产品盐酸气，不但解决了污染危害，每年还可节约氯磺酸 25t。除此之外，还有用苛性钠溶液吸收糠氯酸尾气得到次氯酸钠，次氯酸钠可作为氧化剂用于生产；从氢化可的松废液中提炼出精碘等。

5.2.2　工艺改革

三废是产品在特定生产工艺条件下产生的。因此，三废的治理需要从工艺抓起。没有三废治理措施的产品生产，其生产工艺不能说是完整的；造成三废污染危害的产品生产，其生产工艺不能说是先进的。因此，该厂有计划、有重点地对主干产品进行技术改造，同时，还广泛调动工人积极性，加强工艺改革，深化治理三废。

（1）寻找低毒、无毒代用品　以低毒代高毒，以无害代有害。例如，在乙炔加压合成丙炔醇和 γ-丁内酯脱氢催化剂的制备过程中，采取了传统的硝酸盐高温焙烧法，在焙烧过程中产生大量的氧化氮气体，污染环境。后试用硫酸盐加碱的沉淀法，制备了铜铋、铜锌催化剂，达到同样效果，从而消除了氧化氮废气的污染。又如，在利福平生产中，用三氯化铁代替铁氰化钾氧化利福霉素 SV，避免含氰废水的产生。

（2）选择合理原料　在甲酸乙酯的合成中，将浓硫酸脱水改为甲酸与乙醇直接反应，蒸出生成的酯，打破平衡，使酯化反应得以继续进行，1 年就节约发烟硫酸 40 多吨。此外，在制无水乙醇时用 732 树脂代替苯-水共沸法，在消除了含苯废水的同时，改善了操作条件。

（3）把三废消灭在生产过程中　维生素 B₁ 是国内和国际市场上的畅销产品，二十多年来，一直采用甲基呋喃作为侧链合成的起始原料，但会产生具有强烈催泪性和腐蚀性的废渣，严重污染地面和地下水，使花草树木无法正常生长。经过研究，以乙酰丁内酯为原料的新工艺，根除了这种毒害性废渣，同时原料消耗下降了 3.3%。

(4) 改变工艺路线，提高原料利用率　磺胺嘧啶原来以糠氯酸为起始原料，工序多，周期长，成本高，消耗大，环境污染严重。先后经过几年、多次试验和试产，实现了新工艺路线。与老路线相比，生产工序减少一半，原料总单耗减少70%，成本下降32%。三废也得以大大减少。

(5) 采用新工艺、新技术　应用生物合成代替化学合成是提高反应专属性的一种办法。该厂成功地用"二步发酵"和碱转化法生产维生素 C 新工艺，不但使维生素 C 生产技术跃居世界先进水平，而且节约了大量苯、丙酮等有机溶剂和硫酸镍等化工原料；每吨产量可减少消耗 10.58 t 原料，改善了劳动条件，减少了物料流失，还使废水易于生化处理。

(6) 充分利用中间体，发展系列产品，集中处理特殊的有机污染物　例如，用黄连素中间体胡椒乙胺开环制多巴胺，产品成本降低，原料消耗减少，优于原工艺路线。同样还可利用黄连素的中间体和副产品，生产平喘安、抗癫灵等产品。基于在这些产品结构中皆含胡椒环这一共性，还可将废水合并处理。

5.2.3　加强科研，突破治理技术难题

解毒净化是废水排放前的一个关键环节，目的是为了达到排放标准。对于那些目前由于技术和经济等原因无法合理利用的三废必须进行解毒净化。该厂经过八年、多次试验对比，终于探索出用好氧生物氧化、厌氧生物消化和焚烧炉的"二气一炉"法处理制药有机废水和废渣的综合治理办法，在处理技术上也取得了突破。

5.3　制药工业不同工艺三废的综合处理技术——实例：浙江新昌制药厂污水处理工程

5.3.1　工程概况

(1) 生产及排水状况　浙江医药股份有限公司新昌制药厂现有员工 2100 余人，占地面积 23 万平方米，建筑面积 11 万平方米，主要生产氟喹诺酮类、维生素类、抗生素类 3 大原料药及制剂，同时兼产饲料添加剂、兽药、营养食品、化工中间体，年产值达到 10 亿吨。

由于生产规模日益扩大，已建成的污水处理设施已超负荷运转，难以满足企业发展的需要，因此，需要扩建污水处理二期工程。根据企业规划预测将产生高浓度污水 $1500m^3/d$，其他稀污水 $1900m^3/d$，规划在厂区的西南面预留 1 块污水处理用地，面积约为 8.5 亩（1 亩＝666.667m^2）。其中高浓度污水水质为：COD＝12000mg/L，BOD$_5$＝4700mg/L，SS＝2000mg/L，色度 1000 倍；稀污水水质为：COD＝500mg/L，BOD$_5$/COD＝0.25～0.4。出水水质要求：污水处

理后达到 GB 8978—1999 的一级标准，即 COD≤100mg/L，BOD$_5$≤30 mg/L，SS≤70 mg/L，pH 值为 6～9，NH$_3$-N≤15 mg/L。

污水二期工程由上海市政工程设计研究院于 2000 年 5 月完成设计，8 月底完成施工，10 月调试成功，并由浙江省环保局和国家药监局共同主持竣工验收。

(2) 污水处理现状　该制药厂的废水处理一期工程采用图 5-2 所示处理工艺。

一期工程生化反应池总停留时间为 5d，最终出水 COD 达 150～300mg/L，不能满足排放要求。

图 5-2　原有污水处理工艺流程

5.3.2　工艺流程

为选择合适的工艺流程，根据资料的检索，一般有以下三大类处理工艺：

(1) 预处理（混凝）＋常规二段接触氧化法，二段接触氧化法的第 1 段为厌氧或兼氧，第 2 段为好氧（该制药厂的污水处理一期工程采用的工艺）；

(2) 预处理（混凝）＋深井曝气法（苏州第四制药厂采用的工艺）；

(3) 催化氧化法＋工程菌生化法（太仓茜泾化工厂制药污水采用的工艺）。

采用前两种工艺处理制药污水，出水达不到国家《污水综合排放标准》(GB 8978—1996) 中的一级排放标准，而第 3 种工艺的太仓茜泾化工厂制药污水处理工程，出水达到《污水综合排放标准》中的二级排放标准，获得江苏省科技进步奖。

综合以上经验，本工程提出了以下废水处理新工艺。

(4) 预处理（混凝）＋工程菌生化法，具体工艺流程如图 5-3 所示。

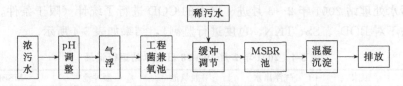

图 5-3　设计污水处理工艺流程

5.3.3　工程设计参数及特点

(1) 调节池　数量 1 座，停留时间 24h。

(2) 涡凹气浮池　数量 1 座，单池处理量 75m^3/h。

(3) 工程菌兼氧池　数量 2 座，污泥产率 0.1kgSS/kgCOD，COD 负荷 2.35kg/(m^3·d)，污泥回流比 50%。

(4) 缓冲调节池数　数量 1 座，停留时间 2.5h。

（5）MSBR 池　数量 2 座，容积利用率 0.75，进水流量 3900m³/d，污泥产率 0.1kgSS/kgCOD，进水 COD1315mg/L，每序批区回流泵 2 台（1 用 1 备），进水 BOD₅179mg/L，单泵流量 100m³/h，进水 SS122mg/L，扬程 1.2m，混合液平均浓度 4000mg/L，剩余污泥泵 2 台，（1 用 1 备），反应区 COD 容积负荷 0.5 kgCOD/m³，单泵流量 25m³/h。

（6）混凝沉淀池（后处理）　数量 1 座，斜管高度 0.8 m，进水流量 3900 m³/d，斜管管径 ϕ35 mm，出水流量 3900 m³/d，停留时间 2h。

（7）技术特点　①采用工程菌 MSBR 法处理制药污水新工艺；②一次大量投加工程菌（0.4%），以后无需再添加；③兼氧池停留时间超过一般概念（12h），在兼氧提高废水可生化降解的同时，极大地提高有机物去除效率；④去除率极高，出水 COD 达到小于 100mg/L。

5.3.4　污水站实际运行数据

浙江省环境监测中心站于 1999 年 10 月 11～13 日对新昌制药厂污水处理站进行了监测，监测期间浓污水流量为 35m³/h，稀污水流量为 24m³/h，进、出水水质指标（均值）如表 5-3 所示。

表 5-3　1999 年监测期间进出水水质

项目	COD/(mg/L)	BOD₅/(mg/L)	SS/(mg/L)	NH₃-N/(mg/L)	色度/倍
浓污水进水	10420	3630	2110	420	667
稀污水进水	607	225	39.9	1.1	10
气浮出水	7723	—	—	—	—
兼氧出水	1963	—	—	—	—
缓冲调节池出水	1257	—	—	—	—
MSBR 出水	80.4	25		11	

工程竣工一年半以后，为了考察系统的运行情况，在业主的帮助下对新昌制药厂污水处理站 2001 年 2～5 月进、出水的 COD 进行了统计（限于条件，厂内污水站不对 BOD₅、SS、TKN、色度进行监测），结果如表 5-4 所示。

表 5-4　2001 年 2 月 10～28 日污水站运行记录

项目	原水		气浮出水		兼氧池		缓冲池		MSBR	
	COD/(mg/L)	pH 值	COD/(mg/L)	pH 值	COD/(mg/L)	pH 值	COD/(mg/L)	pH 值	COD/(mg/L)	pH 值
范围	7938～13109	7.45～9.31	6031～8915	6.25～7.18	2010～3020	7.69～8.19	743～1590	8.07～8.84	51～123.9	7.35～7.97
平均	10423	8.88	7522	6.77	2601	7.94	1179	8.46	73	7.74

5.3.5　经济分析

（1）处理能力分析　由表 5-3 可见，1999 年 10 月 11～13 日监测污水处理站的进水水质已经达到了设计值，尤其是浓污水的进水 NH_3-N 非常高，但整个装置对 COD、BOD_5 和 NH_3-N 的总去除率达到了 99.2%、99.3% 和 97.4%，表明工程菌在本工程中发挥了效用。但是监测期间进水流量偏小，只有设计值的 56%。

到 2001 年 2 月时污水处理站的进水流量达到 $50m^3/h$，是设计值的 80%。从表 5-4 的测定结果看，系统运行稳定，出水值与进水值有一定关系，进水浓度高，出水也相应高，但整个过程的去除效率也相应提高。

（2）经济分析 工厂的污水处理设施不但要建设好，还要运行好；要设法降低运行成本，才能保持持久的运行，因此环境监测中心站还对处理站的运行费用进行了相关统计，如表 5-5 所示。

由表得总消耗经费为 5628.2 元/d，按监测时的处理量 $1416m^3/d$ 计，则每吨污水的处理成本为 3.97 元，这在同行业中较低。

5.3.6 存在问题及建议

（1）处理水量只有设计值的 80%，因此需要考察处理水量增加后的处理效果。

表 5-5 污水处理成本核算表

成本名称	单位	用量	单价/元	费用/元	备注
水	t	10	0.983	9.83	
电	kW·h	3407.2	0.63	2146.54	
人工	工	8	50	400	定员 8 人
液碱	kg	1500	0.48	720	
石灰	kg	100	0.95	95	
PAM	kg	9.5	41.88	397.86	
PFS	kg	2175	0.8547	1858.97	

（2）对工程菌加入强化的变化情况未进行深入研究，处理机理尚不清晰。

5.3.7 平面布置图

污水处理工程平面布置图详见图 5-4，构筑物见表 5-6 所示。

表 5-6 构筑物一览表

编号	构筑物名称	尺寸/m	数量	备注
1	综合池	1758×225	1 座	
2	兼氧池	φ23.1	2 座	
3	缓冲调节池	14.6×9.0	1 座	
4	MSBR 池	24.4×18.5	2 座	
5	混凝沉淀池	11.05×9.65	1 座	
6	污泥沉淀池	9.45×6.4	1 座	
7	污泥均衡池	9.45×6.4	1 座	
8	脱水机房	11.9×8.7	1 间	
9	围墙		84m	重建

编号	构筑物名称	尺寸/m	数量	备注
10	道路	4m 宽	282m	混凝土道路
11	渠道	0.4m 高	140m	设盖板
12	渠道	0.5m 宽	90.6m	设盖板

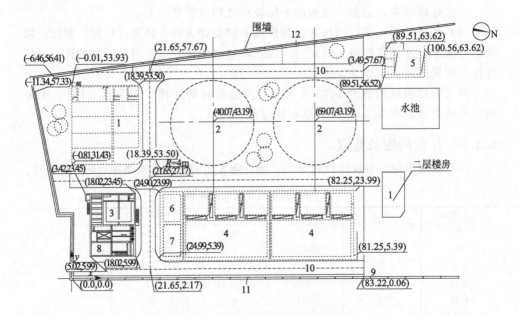

图 5-4 污水处理工程平面布置图

5.4 制药工业不同种类三废的综合处理技术——实例：上海小西生物技术有限公司制药污水处理工程

5.4.1 工程概况

上海小西生物技术有限公司的污水主要来自养兔场。兔在屠宰前，向兔体内注射石炭酸、牛痘苗等，之后将兔剥皮，冲洗干净，屠宰取血制药，兔肉焚烧处理。企业生产时间为 1 班制 8h，在此期间排放的污水量为 $100m^3$。该公司有 60 人，设有食堂、浴池等，产生一定量的生活污水，日排放量为 $20m^3$。

5.4.2 工艺流程

（1）污水处理流程（如图 5-5 所示）

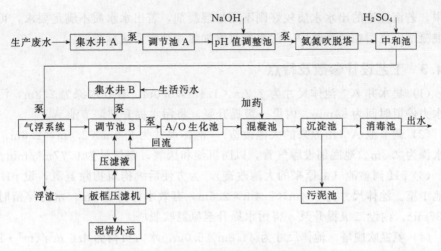

图 5-5　污水处理工艺流程

（2）流程说明　通过对污水水质的分析，可以看出，污水的氨氮含量很高，仅生化处理无法使出水的氨氮达标，所以在生化处理前应设计除氨氮的工艺。另外，污水中悬浮物含量很高，在生化处理前应进行预处理，此类水质气浮处理的效果比混凝沉淀好。为保证出水的细菌达标，在生化处理后，设计深度处理，如杀菌、消毒等。

生产污水首先经过机械细格栅 A，将污水中大的悬浮物去除，这样可以避免大的悬浮物对后续处理设备的影响，减轻后续处理工艺的负荷，格栅 A 设在集水井 A 中。通过一级泵将集水井中收集的污水提升到调节池 A，调节池 A 为原有的生产污水调节池（大池），用于调节生产污水的水质、水量。将原生产污水调节池（大池）的末端改造成 pH 值调整池，保证进入后续处理设施氨氮吹脱塔的 pH 值在 10～11，以利于氨氮的吹脱。通过二级提升泵将污水由 pH 值调整池送至氨氮吹脱塔，利用风机提供气源将溶解在污水中的氨氮吹出。吹脱塔的出水自流入中和池，在中和池中用酸将污水的 pH 值调至 9 以下。中和池的污水经三级提升泵送至气浮池，气浮池去除部分悬浮物和不溶性及溶解性的 BOD 和 COD。生产污水经气浮预处理后自流进入调节池 B，调节池 B 汇集了生产污水和生活污水。

生活污水经过机械细格栅 B 后进入集水井 B。集水井 B 中为原有的小池，机械细格栅设在集水井 B 内。集水井 B 中的生活污水通过泵提升至调节池 B，调节池 B 的作用是调节生活污水与生产污水，保证 A/O 生化池全天水质、水量稳定。

调节池 B 内的混合污水通过提升泵进入 A/O 生化池，A 级池的目的是水解酸化去除部分 COD 或将 COD 转化为可生物降解的小分子。混合污水通过 O 级池的好氧降解和硝化后进入了混凝池，硝化液 200% 回流到调节池 B。在日常运行中，若沉淀池的出水水质较好则不用加混凝剂，若出水水质不满足要求，可加入混凝剂。之后在消毒池中，污水经过投加氯片消毒后达标排放。

5.4.3 工艺设计参数及特点

(1) 集水井 A　池体尺寸为 2.2m×1.4m×3.0m，有效水深为 2.3m，污水的水力停留时间为 34min。内设一级提升泵，将污水提升到调节池 A。

(2) 调节池 A（由原来的大池改造）　池体尺寸为 6.9m×2.4m×2.6m，有效水深为 2.3m。池底铺设曝气管，以防沉淀和厌氧，曝气量为 0.77m³/min。

(3) pH 调整池（由原来的大池改造）　为方便后续构筑物除氨氮，设 pH 调整池 1 座。池体尺寸为 1.4m×2.4m×2.6m，有效水深为 2.3m，水力停留时间为 37min。内设二级提升泵，将污水提升至氨氮吹脱塔。

(4) 氨氮吹脱塔　池体尺寸为 ϕ1.8m×6.0m，水力负荷为 4.6 m³/(m²·h)。内设半软性填料，另外设通风机，空气通量为 5000m³/(m³ 容积·d)。

(5) 中和池　目的是调节 pH 值使之小于 9，以利于后续气浮池除悬浮物和不溶性物质。池体尺寸为 1.4m×1.9m×3.0m，有效水深为 2.7m，水力停留时间为 34min。内设曝气系统，通过空气搅拌，使混合均匀。

(6) 气浮池　池体尺寸为 4.55m×1.95m×2.2m，表面负荷为 0.9 m³/(m²·h)，回流比为 40%，溶气压力为 300～400kPa。出口处设流量计，控制出流。

(7) 集水井 B（原有的小池）　设 1 座集水井，专门负责收集生活污水。池体尺寸为 3.0m×2.0m×2.1m，有效水深为 1.8m。前面设机械细格栅，截留大的污物。内设一级提升泵 B，将污水提升至调节池 B。

(8) 调节池 B　由于工业污水和生活污水混合，需设调节池调节水质、水量。池体尺寸为 10.0m×3.0m×3.0m，有效水深为 2.7m。内设曝气系统，使混合均匀，曝气量为 1.62m³/min。

(9) A 级生化池　池体尺寸为 2.5m×3.0m×3.1m，水力停留时间为 4.2h。池底铺设曝气管道，便于调试期间填料上生物膜的生长。填料的填充率为 75%。

(10) O 级生化池　池体尺寸为 5.0m×3.0m×3.1m，有效容积为 40.5m³，水力停留时间为 8.1h。池底铺设爆气管道，曝气量为 1.7m³/min。内设填料，填充率为 75%。

(11) 混凝反应池　为便于后续的沉淀池除悬浮物，设混凝反应池 1 座。池体尺寸为 1.0m×0.7m×3.1m，有效水深为 2.8m，水力停留时间为 23min。池底铺设曝气管。

(12) 竖流式沉淀池　池体尺寸为 1.8m×1.5m×3.1m，有效水深为 2.7m，表面负荷为 0.92m³/(m²·h)。泥斗倾角为 60°。

(13) 消毒排放池　为去除水中的有毒、有害物质，确保出水水质，设消毒池 1 座。池体尺寸为 2.0m×0.7m×3.1m，有效容积为 3.5m³，水力停留时间为 42min。

（14）污泥池　池体尺寸为 2.7m×1.9m×3.0m，有效深度为 2.7m，集泥时间 3.5d。内设曝气系统，避免污泥沉积。螺杆泵将污泥提升至脱水机房，用板框压滤机脱水后，泥饼外运。

5.4.4　运行数据汇总

（1）原水水量　污水设计总水量为 120m³/d，其中生活污水 20m³/d，生产污水 100m³/d（8h 内排放）。

（2）原水水质和排放要求见表 5-7。

表 5-7　原水水质和排放要求

项目	生产污水	生活污水	排放水质要求
pH 值	7.6	6~9	6~9
BOD_5/(mg/L)	570	250	≤30
COD/(mg/L)	2280	400	≤100
SS/(mg/L)	538	250	≤150
NH_3-N/(mg/L)	276	30	≤15

（3）污水站运行数据汇总见表 5-8

表 5-8　污水站水质分析

处理单元	指标	COD/(mg/L)	SS/(mg/L)	NH_3-N/(mg/L)
氨氮吹脱塔	进水	—	—	276
	出水	—	—	≤50
气浮系统	进水	1950	482	—
	出水	≤1026	≤342	—
A/O 生化池	进水	920	250	50
	出水	≤160	—	≤15
混凝沉淀池	进水	100	—	—
	出水	93	≤100	12

5.4.5　经济分析

（1）电费　计算用电负荷为 12.10kW，以每度电 0.60 元计，则电费 E_1=12.10×0.60/5=1.45 元/m³。

（2）药剂费　污水水质比较特殊，没有固定的用量，在此只给出平均值，E_2=0.25 元/m³。

（3）运行费用（仅考虑电费和药剂费）　运行费用 $E=E_1+E_2$=1.45+0.25=1.70 元/m³。

5.4.6 存在问题及建议

该污水处理过程中将产生大量的脱水后污泥，对此污泥的处理，建议厂方会同有关部门妥善协商解决，避免造成二次污染。

5.5 制药工业三废处理多种技术的综合利用——实例：安徽省皖北药业生产废水综合处理工程

5.5.1 工程概况

安徽省皖北药业股份有限公司是集原料药、注射剂、片剂、颗粒剂、胶囊剂生产为一体的综合性企业。主导产品为盐酸林可霉素原料药，年产能力 800t；克林霉素磷酸酯原料药 100t；水针剂 5 亿支；片剂、胶囊 10 亿粒；颗粒剂 1000万袋。公司现有污水处理设施 1 座，设计废水处理规模为 1500m³/d，原有废水处理工艺如图 5-6 所示。由于受当时技术水平的限制等因素，存在处理效率低，运行不稳定且运行费用较高等问题，突出表现在厌氧处理单元的处理效果较差，出水指标较高，影响后续处理单元的正常运行。在此基础上，公司决定对原有污水处理设施进行改造，重点为厌氧处理单元。

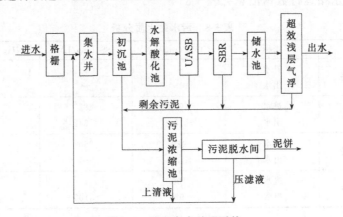

图 5-6 原有废水处理系统

5.5.2 工艺方案

(1) 工艺流程 根据安徽省皖北药业股份有限公司生产废水的水质特征和本单位设计的类似废水处理工程的设计经验，本废水处理工程的设计方案工艺流程图如图 5-7 所示。

(2) 工艺技术说明 本废水处理工程主要由预处理系统、厌氧处理系统、好氧处理系统、污泥处理系统、沼气利用系统组成。采用的主要处理技术为 IC 厌氧处理技术、SBR 反应器、超效浅层气浮技术。

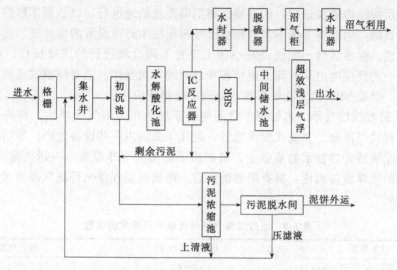

图 5-7　废水处理设计方案工艺流程图

① 预处理系统。初沉池主要是去除废水中的颗粒物质，防止在调节池中生成沉淀，难于清理、减小调节池的有效容积，同时尽可能降低后续生化处理系统的有机负荷。竖流式沉淀池作为初沉池既满足处理效果，同时又可减少占地面积。

水解酸化调节池主要调节废水的水质、水量，从而避免水质、水量的变化对后续生物处理单元造成较大的冲击，影响处理系统运行的稳定性；另外，废水中含有对生化反应具有抑制作用的部分残留抗生素和生物发酵过程中产生的难降解大分子物质，废水进入水解酸化池，多种水解菌能够改变抗生素的结构，把大分子有机物转化为小分子有机物，消除抗生素的毒性，提高废水的可生化性。

② 厌氧生物处理系统。内循环厌氧反应器（IC）是第 3 代高效厌氧生物反应器。IC 反应器由两个厌氧反应室组成，下部为高负荷区，上部为低负荷区，这种结构能够创造良好的微生物群体生长环境，提高反应器单位容积的生物量和生物种类。同时可利用反应过程中产生的沼气实现反应液的内循环和生物搅拌，强化了传质作用，加速了有机物从废水中向微生物细胞的传递过程。IC 反应器处理有机废水的能力远远超过目前已成功应用的厌氧反应器。IC 反应器具有结构合理紧凑、效率高而能耗低、启动快且运行稳定、抗冲击负荷能力强的显著特性，是最具发展潜力和应用前景的高效生物反应器之一。

③ SBR 反应器。间歇式活性污泥法（SBR）也称序批式活性污泥法，SBR 的反应机制和标准活性污泥法基本相同，但运行操作程序完全不同。SBR 法的操作模式由进水、反应、沉淀、出水和待机等 5 个基本过程组成，从废水流入开始到待机时间结束为一个周期，在一个周期内一切过程都在 1 个设有曝气或搅拌

装置的反应池内依次进行，这种操作周期周而复始地进行，以达到不断进行废水处理的目的，因此本方法不需要标准活性污泥法中必须设置的沉淀池、回流污泥泵等装置。标准活性污泥法是在空间上设置不同设施进行的连续操作，而 SBR 是在单一的反应池中从时间上进行各种目的的不同操作。随着间歇式活性污泥法的发展，目前 SBR 技术在许多废水处理中已得到应用。

④ 超效浅层气浮。水处理中常用的气浮法为压力溶气气浮法，传统的气浮池有平流式气浮池、竖流式气浮池等，近几年来国内一些设备生产厂在引进、吸收、消化国外先进技术的基础上，研制出了新型的气浮设备——超效浅层气浮，与传统的气浮设备相比，具有明显的优点。超效浅层气浮与传统气浮技术的比较见表 5-9。

表 5-9 超效浅层气浮与传统气浮技术的比较

技术指标	超效浅层气浮	传统气浮
水力负荷/[m³/(m² · h)]	3～4	3～4
水力停留时间/min	3～5	25～50
有效水深/m	0.4～0.6	水平式 1.5～2 立式 2.5～3
部分回流比/%	30	30
溶气水压力/MPa	0.4～0.5	0.2～0.3
占地面积	小,架空安装后底部空间可放置旋转气浮回流泵、溶气罐等配套设备,不需专门的设备房	大
荷载及放置	负荷小,安装位置灵活	负荷较大

由表 5-9 可见，由于超效浅层气浮独特的设计，使其具有有效水深小、停留时间短、体积小、处理水量大、占地面积小、处理效果稳定等特点。

⑤ 污泥处理系统。处理工艺中，污泥主要在初沉池、IC 反应器、SBR 反应池、超效浅层气浮工艺中产生。污泥脱水、干化的作用是去除污泥中的大量水分，从而缩小其体积。经过脱水、干化处理，污泥的含水率能从 98% 降低到 75%，其体积降为原来的 1/8～1/6，有利于运输和后续处理。采用的脱水机械主要为板框压滤机、带式压滤机和离心机。本工程采用现有的带式压滤机进行污泥脱水，脱水后的污泥可以直接外运。

⑥ 沼气利用系统。在厌氧生物处理系统中产生大量的优质沼气，沼气是重要的生物能源，综合利用沼气是该处理系统的重要组成部分。IC 反应器产生的沼气经过气液分离器，在储气柜中缓冲后连续进入沼气利用系统。

沼气可以作为能源直接燃烧加热锅炉，也可以利用沼气发电机发电后给处理站或生产车间自用，亦可作为民用燃料。

(3) 处理效果 污染物主要在水解酸化调节池、IC 反应器、SBR 反应池、高效浅层气浮系统中加以去除，本处理工艺各单元的处理效果见表 5-10。

表 5-10 各处理单元处理效果

处理单元		SS	COD	BOD
预处理单元	进水/(mg/L)	2500	18000	9000
	出水/(mg/L)	1500	14000	6750
	去除率/%	40	22	25
IC 反应器	进水/(mg/L)	1500	14000	6750
	出水/(mg/L)	900	3500	1350
	去除率/%	40	75	80
预曝气池 (原有 SBR)	进水/(mg/L)	900	3500	1350
	出水/(mg/L)	540	2450	878
	去除率/%	40	30	35
新建 SBR	进水/(mg/L)	540	2450	878
	出水/(mg/L)	216	490	132
	去除率/%	60	80	85
超效浅层气浮	进水/(mg/L)	216	490	132
	出水/(mg/L)	65	245	66
	去除率/%	70	50	50
排放标准/(mg/L)		150	300	100

5.5.3 工程设计

本废水处理工程的设计处理废水量为 1500m³/d，设计废水厌氧处理工程进水 COD 浓度为 14000mg/L，设计厌氧处理系统 COD 处理量为 21000kg/d。公司现有预处理系统、SBR、超效浅层气浮及污泥处理设施，运行良好，本方案仅对 IC 反应器和沼气利用系统进行设计。

（1）预处理系统 现有预处理系统，包括初沉池、水解酸化调节池。其中水解酸化调节池 1 座，钢筋混凝土结构，水力停留时间为 48h，尺寸为 35m×26m ×4m。水解调节池增设 2 台污水提升泵，参数如下。

① 型号：150WL80-34-22。

② 流量：80m³/h。

③ 扬程：34 m。

④ 配套电机功率：22kW。

（2）厌氧处理系统 废水厌氧生物处理系统是整个废水处理工程的核心，大部分有机物在厌氧处理单元被去除，并产生大量的优质沼气可以利用。厌氧生物处理采用先进高效的 IC 反应器，具有处理效率高、运行费用低的特点，已成功地应用于工业高浓度有机废水处理工程中。

调节后的废水采用高效的 IC 反应器处理，可去除大部分有机物，减轻后续构筑物的处理负荷，最大限度地发挥后续构筑物的作用。

IC 反应器设计 COD 处理量为 21000kg/d, 采用中温厌氧处理 (35℃), COD 去除率设计为 75%, 容积负荷设计为 2.0 kgCOD/ (m³·d)。设 6 座, 反应器直径为 12m, 高为 20m, 单体反应器容积为 2260m³。

主要设计参数如下。

① 进水 COD 浓度: 14000mg/L。

② 出水 COD 浓度: 3500mg/L。

③ 容积负荷: 2.0kgCOD/ (m³·d)。

④ 有效容积: 10500m³。

⑤ 沼气产量: 6300m³/d。

⑥ 污泥产量: 120m³/d (含水率为 98%)。

(3) 好氧处理系统 现有 SBR 反应池两套, 原有直径 14 m 的两组改造为预曝气池, 有效容积为 615m³; 经预曝气的废水进入另 1 套 SBR 反应池继续处理, 有效容积为 6750m³, 结构尺寸为 39m×30.5m×5.8m。

(4) 气浮处理系统 现有气浮池规模为 2000m³/d, 池体直径为 6m, 配套设施有加药系统、溶气水系统和电控系统。

(5) 污泥处理系统

① 污泥浓缩池。企业现有钢筋混凝土结构的污泥浓缩池 1 座, 设计停留时间为 12h, 有效容积为 600m³, 配套设备有: 污泥泵 4 台 (3 用 1 备), 型号为 G50-1, 流量为 12m³/h, 扬程为 30m, 功率为 3kW。

② 污泥脱水机。原有污泥脱水机能够满足废水处理系统污泥产量的处理要求。

(6) 沼气利用系统 厌氧处理系统中沼气产量为 6300m³/d, 为了连续稳定利用沼气, 建 1 座 300m³ 的沼气柜, 沼气经过气水分离器进入沼气柜, 对沼气进行储存和稳定以便于利用, 产生的沼气进入沼气发电或锅炉燃烧系统。

① 水封箱。水封箱采用 SF-Ⅱ型, 设视镜和加水管、排水管, 以便调节水位高度。

② 沼气净化装置。沼气净化装置包括气水分离器和脱硫器, 脱硫器采用干法脱硫。

③ 沼气储柜。本设计采用湿式储柜, 有效容积为 300m³。上设自动排空装置和容积报警控制系统, 保证沼气发电安全运行。

(7) 主要新建构筑物及设备 主要新建构筑物见表 5-11, 主要设备及用电负荷见表 5-12。

表 5-11　主要新建处理构筑物

序号	名称	规格	单位	数量	备注
1	IC 反应器	D12H20	座	6	钢结构
2	沼气柜	容积 300m³	座	1	钢结构

表 5-12 主要新增设备及用电负荷

序号	名称	规格、型号	单位	数量	配套功率
1	污水泵	ISWRL00-160	台	4	45/60kW

5.5.4 运行费用与效益分析

运行费用与效益分析主要针对厌氧处理部分。

（1）环境效益 厌氧处理工程运行后每年去除 COD5198t，生产沼气 208 万立方米，大大减轻了后续处理的构筑物处理的有机负荷，为生产废水处理的最终达标排放打下良好基础。这对促进区域经济发展和生态环境改善都将产生积极的作用。

（2）沼气利用经济效益 本工程 IC 厌氧反应器产生的沼气量为 $6300m^3/d$，产生的沼气进入沼气发电机发电。$1m^3$ 沼气的发电量按 1.8 度电计，电费价格按 0.6 元/度计，则回收的沼气利用于发电获得的经济效益为：$6300 \times 1.8 \times 0.60 \times 330/10000 = 224.5$ 万元/年。

（3）运行费用

① 人工费。本工程运行需要人员 4 人，每人工资按 1500 元/月计算，则人工费为：$4 \times 1500 \times 12/10000 = 7.2$ 万元/年。

② 电力费。本废水处理工程用电负荷为 45 kW，每度电费按 0.6 元计算，则电力费为：$45 \times 24 \times 330 \times 0.6/10000 = 21.4$ 万元/年。

③ 折旧费。折旧费按工程建设投资的 5% 计算，则折旧费为：$825.0 \times 5\% = 41.3$ 万元/年。

④ 维修费。维修费按设备投资的 2% 计算，则维修费为：$797.4 \times 2\% = 15.9$ 万元/年。

⑤ 本工程总运行费用为：$7.2 + 21.4 + 41.3 + 15.9 = 85.8$ 万元/年。

5.6 制药工业三废部分处理和总体处理结合——实例：浙江某化学有限公司医药化工废水治理工程

该化学有限公司是中国独家研究、开发、生产医药中间体苯硫酚系列产品的生产基地，主要产品有苯硫酚、邻氨基苯硫酚、对氯苯硫酚等。生产过程中有多种少量的高浓度有机废水排放。根据"一控双达标"要求，该厂废水必须经过处理达标后才能外排。为此，在小试及类似工程实践的基础上提出治理工程方案。

5.6.1 设计水质、水量及处理要求

根据企业提供的情况，现有高浓度废水约 $87.5m^3/d$，考虑到企业的发展，

要求设计水量为 $164m^3/d$，各种废水及综合废水的水量、水质见表 5-13。

表 5-13　各种废水及综合废水的水量和水质

单位	废水名称	设计水量 /(m³/d)	pH 值	COD_{Cr} /(mg/L)	BOD_5 /(mg/L)	硫化物 /(mg/L)	苯 /(mg/L)	甲苯 /(mg/L)	氯苯 /(mg/L)
一分厂	二硫代水杨酸废水	32.0	1.0~2.0	11500	432	11	0.32	22.6	—
	对氯苯硫酚废水	3.0	1.0~2.0	8600					
	对甲基苯硫酚废水	3.0	1.0~2.0	7800					
二分厂	酸化废水	28.8	2.0	2500	53	<1.0	1.55	0.05	1.00
	合成废水	25.6	4.0	8900	640	59	24.40	—	2.80
	茴香硫醚废水	25.6	5.5	31200	232	1.1	1.10	0.51	0.51
三分厂	邻氨基硫酚废水	40.0	3.0	13800	450	1.1	0.02		
四分厂	重氮化废水	3.0	1.0~2.0	12000	580	4.0	—		
五分厂	重氮化废水	3.0	1.0~2.0	11500	491	<1.0	30.34	3.18	3.18
	其他废水	1336.0	6.0~7.0	300	150				

根据当地环保部门的要求，该厂废水处理后出水必须达到《污水综合排放标准》(GB 8978—1996) 中的一级标准，即：$COD_{Cr} \leqslant 100mg/L$，$BOD_5 \leqslant 30mg/L$，$SS \leqslant 70mg/L$，pH 值 6～9，硫化物 $\leqslant 1.0mg/L$，石油类 $\leqslant 5.0mg/L$，苯 $\leqslant 0.1mg/L$，甲苯 $\leqslant 0.1mg/L$，氯苯 $\leqslant 0.2mg/L$。

5.6.2　污水处理工艺流程

(1) 工艺流程　根据实验室小试及国内外实践，该废水的处理工艺流程如图 5-8 所示。

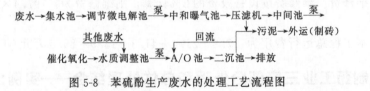

图 5-8　苯硫酚生产废水的处理工艺流程图

(2) 工艺流程说明　废水通过集水池收集后，自流至微电解池，然后用泵提升到中和曝气池，经中和曝气后的废水全部到压滤机进行泥水分离，之后废水再进行催化氧化，催化氧化出水与其他废水（生活污水等）混合经水质调节池调整后一并进入 A/O 池，通过兼氧菌及好氧菌的降解，分解废水中的大部分有机物质，使废水得以净化，A/O 池出水自流至二沉池进行泥水分离，分离后的出水经计量后排放，沉淀池污泥回流到 A/O 池中的 A 段，多余的污泥经压滤后外运制砖。

5.6.3　主要新建构筑物尺寸及设计参数

(1) 集水池　每只平面尺寸为 $2.0m \times 4.0m$，有效水深为 2.8m，总深为

3.2m，地下钢筋混凝土结构，内壁氰凝防腐。

（2）调节微电解池　HRT 为 16h，平面尺寸为 6.0m×8.0m，有效水深为 3.0m，总深为 3.2m，分两格轮流使用，地下钢筋混凝土结构，内壁氰凝防腐，内填 Fe-C，穿孔管曝气，气水比为 5∶1。可考虑采用草坪除臭。

（3）中和曝气池　HRT 为 16h，平面尺寸为 6.0 m×10.0m，有效水深为 4.0m，总深为 4.5m，分两格轮流使用，地上钢筋混凝土结构，穿孔管曝气。

（4）中间池　平面尺寸为 2.0m×4.0m，有效水深为 3.0m，总深为 3.2m，地下钢筋混凝土结构。

（5）水质调整池　平面尺寸为 6.0m×4.0m，有效水深为 3.0m，总深为 3.2m，地下钢筋混凝土结构。

（6）A/O 池　HRT 为 24h，平面尺寸为 21.0m×18.0m，有效水深为 4.6m，总深为 5.0m，分 3 格，半地下钢筋混凝土结构，内挂组合填料，穿孔管曝气，气水比为 15∶1。

（7）二沉池　设 3 座竖流式沉淀池，表面负荷为 0.65m³/(m²·h)，每座平面尺寸为 6.0m×6.0m，总深为 6.6m，钢筋混凝土结构。

（8）机泵房　设机泵房两间，平面尺寸为 7.8m×3.9m，布罗茨风机及电控设备。

5.6.4　主要设备

主要设备见表 5-14。

表 5-14　主要设备表

序号	名称	型号	功率/kW	数量	备注
1	水泵（防腐）	40FS-20	2.2	4 台	2 用 2 备
2	清水泵	IS80-65-160	5.5	2 台	1 用 1 备
3	污泥回流泵	80QW40-15	2.2	1 台	
4	风机	TSC-100/D22×21	11.0	3 台	2 用 1 备
		LZB-80		4 台	空气
5	流量计	LBW-150		1 台	出水水量
		LZZH-F-25/LFS-25		4 台	废水
6	压滤机	XAY50/810	4.0	2 台	含滤布
7	螺杆泵	G35-1	4.0	2 台	
8	催化氧化塔	DY-K-1800		4 套	
9	氧化剂发生器	DY-J-800	1.5	4 套	
10	机械过滤器	φ1500		1 套	
11	曝气系统	DY-I	1.0	1 套	
12	化石灰及加药系统		1.5	1 套	
13	分气包	φ700		1 台	
14	生物填料及支架	DY-15		1350m³	

5.6.5 运行情况

出水水质见表 5-16。

表 5-16 出水水质

处理单元	pH 值	COD$_{Cr}$		BOD$_5$	
		出水/(mg/L)	去除率/%	出水/(mg/L)	去除率/%
高浓度废水	3	14000		2000	
微电解	8～9	9800	30	1960	2.0
催化氧化	6～7	4900	50	1715	12.5
混合水	6～7	500		170	
A/O 池	6～7	100	80	17	90
二沉池					
标准	6～7	100		20	

工程总投资为 274 万元，废水处理成本见表 5-17。

表 5-17 废水处理成本表

序号	项目	数量	单价	费用/(万元/年)
1	工资费	12 人	6000 元/年	7.2
2	电费	52.92×10^{4}kW·h	0.8 元/(kW·h)	42.336
3	药剂费	—	0.84 元/t 废水	45.36
4	维修费	2%		5.48
5	折旧费	5%		13.7
	合计			114.076

本废水处理工程的年运行费用为 114.076 万元，年直接运行费用为 94.896 万元，单位处理成本为 2.11 元/m³ 废水，单位直接处理成本为 1.76 元/m³ 废水。

5.7 中药制药工业三废综合处理技术——实例：青海三普药业股份有限公司废水净化处理

青海三普药业股份有限公司是目前青海省内最大的中藏药生产基地。该公司从事中藏药的开发、研制和经营已达 30 余年，对青海省的经济发展具有相当重要的作用。现年产片剂 12.5 亿片，胶囊 2.4 亿粒，丸剂 500 万丸，酊水剂 1000 万支，口服液 2000 万支，主要产品有乙肝健、虫草精、六味地黄丸、红景天胶囊等。但是因建设较早，未能同时建设相应的废水处理设施，所以该公司结合排放废水的特点，于 2001 年 10 月建设了符合公司排污特点的、一座处理能力为 240 m³/d 的污水处理站。本节对青海三普药业股份有限公司制药废水中污染物的来源及处理情况进行了分析。

5.7.1　主要污染物及其排放情况

藏药及天然药品的生产过程主要包括净洗、润药、提取、浓缩、制丸及包装等工序，生产废水主要来自车间设备的冲洗、洗涤用各种废液等，出水水质极不稳定。三普药业股份有限公司目前进入污水处理站的废水主要来源于生产废水和生活污水。生产废水来自提取车间、胶囊车间和片剂车间，主要为冲洗容器和地面水，为间断性排水，日排放量约 50m³，主要污染物为 COD_{Cr}、BOD_5 等；生活污水日排放量约 30m³，主要污染物为 SS、COD_{Cr}、BOD_5、NH_3-N、石油类等。

5.7.2　污水处理工艺

（1）废水处理工艺（图 5-9）

图 5-9　废水处理流程图

（2）设备特点

① 压力的影响。在加压条件下，空气溶解得多，溶入的空气经急剧减压，释放出大量微细、粒度均匀、密集稳定的微气泡，微气泡集群上浮过程稳定，对液体扰动微小，确保了气浮效果。

② 吸附剂表面积大小的影响。活性炭表面积巨大，所以吸附能力极强。可除去废水中的有机物、胶体分子、微生物、痕量重金属等，并可使废水脱色、除臭。

③ 工艺过程与设备特点。该工艺过程及设备比较简单，便于管理维修；有较大的灵活性、稳定性和可操作性。

5.7.3　废水处理过程

（1）预处理部分　预处理设备包括格栅槽、渣滤槽、调节池、酸化池。废水中的较大颗粒悬浮物和漂浮物经格栅槽除去后，经渣滤池强化过滤后进入调节池，进行废水水量的调节和水质的均衡，把排出的高浓度和低浓度废水混合均匀，保证废水进入后序工序构筑物的水质和水量相对稳定，保证对污染物去除率的稳定性。

（2）物化处理部分　采用二级加压容器气浮装置，通过加入絮凝剂和助凝剂使废水中的溶解性污染物絮凝，形成细小的絮凝体。空气在一定压力下溶于水中，将施加于水的压力急剧降低至大气压时，空气则呈微小气泡释放出来，这种微小气泡与刚刚形成的微小絮凝体碰撞黏附，然后在上浮过程中再相互聚合长大，形成"颗粒-气泡"复合体,浮至液面,使废水得到澄清,实现去除污染物的目的。再经过活性炭过滤塔,通过过滤、吸附等原理对废水进一步处理,使废水得到净化,达到达标排放的目的。表 5-17 为 2001 年 12 月 26~27 日青海三普药业股份有限公司污水处理站进、出口废水的监测结果。

表 5-17　废水处理前后水质监测结果

检测项目	监 测 结 果		处理效率/%
	处理前	处理后	
BOD_5/(mg/L)	144	2	98.6
COD_{Cr}/(mg/L)	462	31.6	93.2
SS/(mg/L)	73.7	19.5	73.5
pH	7.22	7.5	—
NH_3-N/(mg/L)	16.0	2.25	85.9
石油类/(mg/L)	1.56	0.55	64.7

(3) 中水回用　经过处理以后的水可以用于厂区绿化、锅炉除尘、冲洗车辆及厕所等非生活用水。

5.7.4　污泥处理

由于废水调节池的管网曝气处理,再经絮凝气浮处理,减轻了污泥处理的许多负荷,但是浓缩后的污泥仍是能流动的,游离水基本在污泥浓缩中分离,内部水较难分离,所以除去的是黏附于污泥表面的附着水,需进一步处理。用板框污泥脱水机(压滤机)进行污泥脱水,并同时施以部分脱水剂使污泥脱水干燥,这样动力消耗少,操作方便,脱水效果好。经脱水后的泥饼,可外运用于农田。

5.7.5　结果

青海三普药业股份有限公司废水总排口处 BOD_5、COD_{Cr}、SS、pH、NH_3-N、石油类的排放浓度分别为 2mg/L、31.6mg/L、19.5mg/L、7.5(无量纲)、2.25mg/L、0.55mg/L,符合《污水排放标准》(GB 8978—1996)二级标准;废水处理设施对 BOD_5、COD_{Cr} 的处理效果较高,分别为 98.6% 和 93.2%,对 SS、NH_3-N、石油类也有不同程度的处理效率。水体污染物的来源广泛,成分复杂,因此较难处理,根据污染物的实际排放情况和废水的水量、水质等特征,采取相应的处理方法和工艺路线。

5.8　制药工业医药原料药中间体三废处理技术——实例:杭州某化学厂医药化工原料药中间体的废水处理

5.8.1　废水水量、水质

杭州某化学厂排放的综合废水约 260m³/d,包括:甲砜霉素铜盐工艺废水

20m³/d，甲砜霉素强酸工艺废水 60m³/d，3-氟-4-氯苯胺、盐酸环丙沙星工艺废水 80m³/d，水冲泵池更换水 20m³/d，其他废水（地面冲洗水、蒸汽水、生活污水）80m³/d，废水处理站上马后还要排放冷却水 100m³/d，故废水处理站的设计处理能力为 360m³/d，设计进水水质及排放标准见表 5-18。

表 5-18 设计进水水质及排放标准

项目	pH 值	COD/(mg/L)	NH₃-N/(mg/L)	Cu²⁺/(mg/L)
综合废水		16000	300	2000
排放标准	6~9	≤100	≤15	≤0.5

5.8.2 工艺流程

该厂采用化学原料直接进行合成生产，生产过程中未反应完的原料、中间产物及产品不可避免地会进入废水中，这大大增加了处理难度。经过近 2 个月的小试，最后确定采用物化预处理＋生化的方法进行处理。工艺流程如图 5-10 所示。

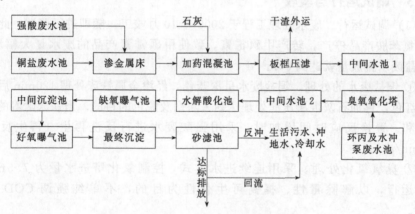

图 5-10 工艺流程图

（1）物化预处理 铜盐废水中的铜主要以铜氨络合物形态存在，稳定性极好，采用碱中和法不起作用，采用硫化钠或硫化钾处理除铜不彻底，且硫化钠或硫化钾用量过大，大量 S²⁻ 进入废水中还会严重抑制后续的生化处理。采用渗金属铁床处理，通过置换反应使络合铜变成单质铜后，加石灰混凝压滤处理达到去除铜及脱色的目的，废水中不增加新的无机盐，有利于后续生化处理，可确保出水中铜离子达标。可利用强酸废水对渗金属床体进行再生处理，解决了铜饱和后床体再生酸水的来源问题。

甲砜霉素和盐酸环丙沙星均为抗生素类药物，其生产废水的可生化性极差。其中工艺废水混合后 Cl⁻ 含量为 9600~11400mg/L，所有废水混合后总盐含量约为 8000mg/L。经比较，认为采用臭氧预处理方法最合适，通过臭氧氧化作用使废水中难降解的有机物开环、断链，既可脱毒又提高了废水的可生化性，为下一步生化处理创造了条件。

（2）生化处理　因生产过程中以氨水为原料，工艺废水中含有较高的氨氮（约 400mg/L），故考虑采用具有脱氮功能的 A^2/O 工艺。

A_1 段为水解酸化，利用厌氧与兼性微生物把大分子有机物断裂成小分子有机物，进而使这些小分子有机物转变成有机酸。水解酸化池采用升流式进水方式，滤床采用组合填料。

A_2 段为缺氧曝气，利用兼性微生物在缺氧条件下去除绝大部分的有机物和氨氮。缺氧曝气池采用氧化沟型式，曝气设备采用转刷曝气机。

O 段为好氧曝气，利用好氧微生物和硝化菌去除剩余的有机物和氨氮。好氧曝气池采用氧化沟型式，曝气设备采用转刷曝气机。向好氧曝气池定期投加粉末活性炭可有效地抑制丝状菌的生长和繁殖，提高难降解有机物的去除效果和硝化反应效率。

5.8.3　调试运行与验收

（1）调试运行　废水处理工程于 2000 年 10 月竣工，随即进行调试，此间 3-氟-4-氯苯胺产品停产，转产甲砜霉素，致使甲砜霉素产品的废水量大幅增加，仅铜盐废水排放量就达到 50m³/d。

① 铜盐废水的处理。铜盐废水呈深蓝色，经渗金属铁床处理 120min 后废水呈棕红色，再加石灰混凝压滤处理达到去除铜及脱色的目的。当铁床附着的铜接近饱和、置换反应时间增加时，采用强酸废水进行反洗再生（再生反应为 120min/次）。

② 臭氧氧化处理。采用连续进水方式，控制氧化塔进水量为 7.5m³/h，全天运行，以解除毒性、提高可生化性为目的，不单纯强调 COD 的去除率。

③ 菌种驯化培养。取杭州四堡污水厂的干污泥分别投入水解酸化池、曝气池，在 10d 内共投入干污泥 200t，同时投进少量预处理后的废水和营养物质，定期换水进行定向驯化。半个月后水解酸化池池面有密集气泡出现，曝气池污泥沉降比为 10%～15%。30d 后缺氧曝气池、好氧曝气池内污泥的 SV 值分别达到 30% 和 15%，通过镜检发现污泥中有大量菌胶团，之后陆续加大进水量，减少营养物加入量。45d 后好氧曝气池的 COD 去除率大于 95%，预处理后废水全部进入生化处理部分，同时停加营养物，废水处理设施正常运行 30d 后出水各项指标达到设计要求。

（2）验收监测　2001 年 1 月该工程进行了验收监测，历时 3 个月，此间生产正常进行，验收监测结果见表 5-19。

表 5-19　验收监测结果

项目		水量/(m³/d)	pH 值	COD/(mg/L)	NH₃-N/(mg/L)	Cu²⁺/(mg/L)
废水	强酸废水	40	0.15～0.36	8670～9050	249～286	
	铜盐废水	50	8.92～9.12	8490～8600		1860～1960
	环丙及水冲泵废水	100	5.90～7.69	12100～17400	232～292	
	生活污水、冲地水、冷却水等	110	5.90～6.79	265～350	13	
处理单元	渗金属床	90	9.11	8660		423
	氧化塔	190	8.76～8.82	4840	257	
	水解酸化池	300	6.9	2510	202	
	最终沉淀池	300	7.59～7.70	92	2.37	<0.05
	砂滤池	300	7.35～7.70	80	1.48	<0.05

5.8.4　经济分析

该工程投资为 269 万元，占地 1800m²，总装机容量为 137.28kW。砂滤出水可回用于厂内冷却系统（取代自来水补水）。

按综合废水量为 300 m³/d 计，电耗为 1147kW·h/d [电价为 0.7 元/(kW·h)]，则电费为 268 元/(m³·d)；编制为 4 人 [1000 元/(人·月)]，则人工费为 0.44 元/(m³·d)；投药：石灰为 240 kg/d（200 元/t），铁屑为 180 kg/d（1500 元/t），粉末活性炭为 50 kg/d（5000 元/t），则药剂费分别为 0.16+0.90+0.83（元/m³）；折旧费（20 年折旧）为 1.49 元/m³；维修费为 0.10 元/m³，以上合计为 6.60 元/m³。

5.8.5　存在问题及建议

首先，由于实际运行时铜盐废水量增加很多，4 个月后发现渗金属床内铁屑基本耗尽，由于更换床工作量较大，不利于日常操作，故建议改用活动床进行处理。目前，铜盐废水已改为间歇活动床处理，同时回收金属铜（100kg/d），降低了废水处费用。

其次，设计之初为降低工程投资，缺氧曝气池、好氧曝气池仅各配备 1 台曝气设备，不利于设备的运行维护，应考虑增加备用设备。

最后，在调试过程中发现，该厂甲砜霉素水解工段的废水中含有毒物质溴化氢 35kg/t，具有较高的回收价值。建议厂方安装一套溴素回收装置，可回收溴素 600kg/d，创造直接经济效益达 5100 元/d。溴化氢被去除后，废水 COD 也降至 2570mg/L，更有利于后续处理。

5.8.6　结论

采用渗金属床/臭氧氧化/A²O 工艺处理医药中间体废水，运行结果表明，系统工艺及参数选择合理、运行稳定，出水水质达到《污水综合排放标准》（GB 8978—1996）的一级标准。砂滤出水可部分回用于全厂冷却水循环系统，减少了自来水的消耗量。特别是采用臭氧氧化作为预处理措施，效果较好。

5.9 咔唑酮制药废液的处理及综合利用

氯化锌和冰醋酸的混合液作催化剂，废液中冰醋酸和锌盐的含量较高（17％），其颜色为深褐色，化学耗氧量（COD）和生物耗氧量（DOD）均较高。且酸性强，带有刺鼻的气味。这样的废水不加处理直接排放，必然恶化水质，破坏土质，污染空气。进而通过食物链危害人体健康。再者，也造成醋酸和锌盐的极大浪费。

5.9.1 回收冰醋酸

生产废液→加热浓缩→减压蒸馏收集 118.1℃馏分（冰醋酸）。

也可以回收得到其他浓度的醋酸，不过需要掌握不同的工艺参数。

5.9.2 废液处理

回收冰醋酸后的废液→加入废液量 60％的水稀释→用 NaOH 溶液中和至 pH 值为 4.5→加入 NaClO 溶液缓缓搅拌下氧化废液中残留的有机物（氧化分三次进行）→抽滤氧化后的废液（第 1 次氧化抽滤的滤液为深红色，第 2 次氧化抽滤的滤液为橙色，第 3 次氧化抽滤的滤液为近无色）→滤液用稀盐酸调节 pH 值为 2→减压加热浓缩至有结晶氯化锌析出→控温热结晶法回收氯化锌（热结晶法回收所得的氯化锌质量相对较好）。

5.10 中药药渣资源化综合利用项目概况

据不完全统计，我国制药企业仅植物类药渣年排放量就多达 3000 万吨。因此，药渣处理已成为中草药和中成药生产加工过程中一个不容忽视的问题。目前绝大多数中药生产企业均将药渣作为废料垃圾通过填埋、焚烧、固定区域堆放等方式进行处理，不仅耗费了大量的人力物力、增加了企业的生产成本，还在一定程度上造成了植物资源的巨大浪费，药渣在运输、堆放、填埋、焚烧等过程中还容易对周围环境造成污染。同时，还有少数不法商贩利用药渣加工制假药，重新销售给药企，谋财害民。为此，如何有效地对中药药渣进行处理，减少或消除其带来的环境污染和安全隐患；同时对其进行合理的资源化利用、变废为宝，节约中药生产成本，为制药企业带来经济效益，加强药渣安全监控，已成为中药制药企业迫切需要解决的难题。

由于中药制药企业所生产的药物种类不同、生产工艺的差异以及药物生产周期的不确定性（生产计划主要按市场实际销售调整），因此，中药药渣的资源化处理有较高的难度和复杂性。目前中药药渣的资源化处理一般是作为肥料施于田园，但由于中药药渣用作肥料的效果与影响有待进一步研究和澄清，而且一般土壤微生物对它们的分解转化能力和植物对它们的吸收利用等情况都还需要研究，故此资源化方法尚待研讨认定。使用不当还可能带来副作用，影响作物或食品安全。

另外，对中药药渣进行综合利用，使其应用到畜牧生产中，不仅可以有效解决中药药渣的存留问题、降低中药生产成本，更可以利用中药药渣中残留的活性成分具有的增强免疫力、抗菌消炎等作用提高动物健康水平、降低畜牧生产中抗生素等药品的用量，为开发促生长、保健和抗应激功能性的饲料奠定基础。

针对纤维素、木质素含量较少的抗衰老片、永真片、麦冬等药渣，拟通过筛选的药用真菌、酵母菌、乳杆菌等菌种进行限定混合发酵，增加微生物多糖含量、蛋白质含量，减轻中药气味，提高发酵产物的动物适口性，同时利用药渣中残留的免疫调节活性成分与药用真菌多糖共同作用，增强发酵产物的免疫调节功能，开发以猪等单胃家畜为主要对象的免疫调节功能性饲料。譬如抗衰老片药渣、永真片药渣、麦冬醇提药渣发酵的微生物的种类、菌种配伍性及其比例、主辅料的配比、接种量、发酵温度、料层厚度、初始 pH 值等发酵工艺，确定产物干燥工艺及参数需要深入实验研究。

针对纤维素、木质素含量较大的黄芪、丹参、红参等药渣，拟以药用真菌、纤维素降解菌、酵母菌、乳酸菌进行限定混合发酵，增加真菌活性多糖含量，减轻中药气味，提高发酵产物的适口性，同时对药渣中的纤维素、木质素进行预降解，提高药渣饲料利用率，利用药渣中残留的活性成分与药用真菌多糖共同作用，增强发酵产物的免疫调节功能，开发以牛、羊等反刍家畜、家禽为主要对象的免疫调节功能性饲料。需要分别确定黄芪药渣、丹参药渣、红参药渣发酵的微生物的种类、菌种配伍性及比例、主辅料的配比、接种量、发酵温度、料层厚度、初始 pH 值等发酵工艺，确定产物干燥工艺及参数。

丹参水提醇沉药渣、黄芪水提醇沉药渣为半固体膏状物，黏度极大，不利于运输及堆放，是正大青春宝药业公司，也是环保公司最难处理的一类废弃物，同时也是药渣处理过程中费用最高的部分。然而由于丹参水提醇沉药渣、黄芪水提醇沉药渣的主要成分为水溶性活性多糖及蛋白质，因此具有极高的保健价值和营养价值。

综上所述，中药药渣的再利用已经受到广泛关注，但是中药药渣的再利用还不够系统，应该针对药渣各自的特点，进行分类，综合利用。如：含有多种活性成分的药渣可以反复提取；微量元素含量高的药渣可以作为食用菌的营养基；吸附作用好的药渣可用来处理废水；纤维素含量高的药渣可以用来造纸，也可以用于裂解供能；多糖类含量高、有保健作用的药渣可以用于发酵生产等。目前中药药渣较成熟的再利用途径主要是栽培食用菌、作为饲料、有机肥料等。更深入地研究中药药渣发酵、裂解等用途，能使药渣得到更深层次的利用，尚需制药企业与研究机构联合攻关。

参考文献

[1] 国家环境保护部 . 制药工业水污染物排放标准及编制说明[S]. 北京：中国环境科学出版社，2008.

[2] 胡晓东 . 制药废水处理技术及工程实例[M]. 北京：化学工业出版社，2008.

[3] 王凯军，胡超，林秀军 . 新型高效生物反应器类型和应用[J]. 环境污染治理技术与设备，2006，7 (3)：120-122.

[4] 潘志彦，陈朝霞，王泉源 . 制药业水污染防治技术研究进展[J]. 水处理技术，2004，30(2)：67-70.

[5] 王明霞，丁乃春，冯晓环，等 . 制药废水处理技术研究进展[J]. 环境污染与防治网络版，2006，(12)：1-6.

[6] 陈小平，米志奎 . 制药废水的物化处理技术与进展[J]. 安徽医药，2009，13(10)：1279-1281.

[7] 郑怀礼 . 絮凝法处理中药制药废水的试验研究[J]. 工业水处理，2002，28(6)：339-342.

[8] 吴敦虎，李鹏，王曙光 . 混凝法处理制药废水的研究[J]. 水处理技术，2000，26(1)：53-55.

[9] 夏文林，李武 . 煤灰吸附-两级好氧生物工艺处理制药废水[J]. 环境工程，1999，17(2)：13-15.

[10] 马文鑫，陈卫中，任建军，等 . 制药废水预处理技术探索[J]. 环境污染与防治，2001，23(2)：87-89.

[11] 李颖 . 电解-CASS 工艺处理制药废水工艺研究与设计[J]. 环境工程，2003，21(1)：33-34.

[12] Jia ZQ, He F, Liu Z Z. Synthesis of polyaluminiuam chloride with a membrane reactor: operating parameter effects an reaction pathways [J]. Indus & Eng Chem Res, 2004, 43(1):12-17.

[13] 白晓慧，陈英旭 . 一体式膜生物反应器处理医药化工废水的试验[J]. 环境污染与防治，2000，22 (6)：19-21.

[14] 朱安娜，吴卓，荆一凤，等 . 纳滤膜分离洁霉素生产废水的试验研究[J]. 膜科学与技术，2000，20 (4)：47.

[15] 赵庆良，蔡萌萌，刘志刚，等 . 气浮-活性污泥工艺处理制药废水[J]. 中国给水排水，2006，22(1)：77-79.

[16] 杨志勇，何争光，顾俊杰 . 气浮-SBR-滤池工艺处理制药废水[J]. 环境污染与防治，2008，30(7)：104-105.

[17] 赵艳锋，王树岩 . 高浓度制药废水处理实例[J]. 水处理技术，2008，34(3)：84-87.

[18] 肖利平，李胜群，周建勇，等 . 微电解-厌氧水解酸化-SBR 串联工艺处理制药废水试验研究[J]. 工业水处理，2000，20(11)：25-27.

[19] 李向东，冯启言，于洪峰 . 气浮-水解-好氧工艺处理制药废水[J]. 环境工程，2005，23(3)：17-18.

[20] 冯昭华 . 中药提取废水的治理工程[J]. 环境工程，2005，23(5)：29-31.

[21] 刘振刚 . 预处理-厌氧-好氧-气浮过滤处理制药废水[J]. 中国给水排水，2004，20(1)：81-82.

[22] 李巧萍 . 吸附-混凝-高级化学氧化法处理安乃近废水的研究[J]. 水处理技术，2003，29(6)：348-351.

[23] 王良均，吴孟周 . 污水处理技术与工程实例[M]. 北京：中国石化出版社，2007.

[24] 马承愚 . 高浓度难降解有机废水的治理与控制[M]. 北京：化学工业出版社，2011.

[25] 史瑞明，王峰，杨玉萍 . 抗生素废水处理现状与研究进展[J]. 山东化工，2007，36(11)：10-14.

[26] 黄建，张华，杨伟伟 . 抗生素废水的铁屑微电解预处理研究[J]. 工业安全与环保，2007，33(8)：1-3.

[27] 冯婧微，李辉，王晓丹，等 . 抗生素废水生物处理的试验研究[J]. 沈阳化工学院学报，2007，21 (1)：17-21.

[28] 马立艳 . 厌氧水解-CASS 工艺在抗生素废水处理中的应用[J]. 科学技术与工程，2008，8(10)：2624-2627.

[29] 毛卫兵，岳术涛，籍秀梅，等 . UBF 处理抗生素废水运行稳定性的影响因素分析[J]. 中国给水排

水, 2007, 23(18):85-88.

[30] 孙京敏, 韩美清, 任立人. 膜生物反应器（MBR）工艺处理抗生素废水中试研究[J]. 环境工程, 2007, 25(5):14-16.

[31] 韩剑宏, 孙京敏, 任立人. 水解酸化-膜生物反应器处理抗生素废水[J]. 北京科技大学学报, 2007, 29(6):565-567.

[32] 胡大锵, 司知侠. 混凝沉淀-UASB-水解酸化-接触氧化处理抗生素废水[J]. 工业给排水, 2008, 34(7):55-58.

[33] 黄华山, 祁佩时, 刘云芝, 等. 复合好氧生物法处理高质量浓度抗生素废水[J]. 哈尔滨商业大学学报:自然科学版, 2008, 24(1):32-35.

[34] Johnson T L. Kinetics of halogenated organic compound degradation by iron metal[J]. Environ Sci Technol, 1996, 30(8):2634-2640.

[35] Wang Minxin. Study on micro-electrolysis treatment for decolorizing dyed water[J]. Journal of China University Mining & Technology, 2001, 11(2):212-216.

[36] 周培国, 傅放大. 微电解工艺研究进展[J]. 环境污染治理技术与设备, 2001, 2(4):19-24.

[37] 张学才, 陈寿兵, 曹怀新, 等. 微电解法处理二硝基重氮酚工业废水[J]. 精细化工, 2003, 20(2):9-11.

[38] 黄其明. PW-膜生物反应器法处理制药发酵废水[J]. 工业用水与废水, 2001, 32(5):49-51.

[39] 周少奇, 周吉林. 生物脱氮新技术研究进展[J]. 环境污染治理技术与设备, 2000, 1(2):11-19.

[40] 祁佩时, 李欣, 韩洪彬, 等. 复合式厌氧-好氧反应器处理制药废水的试验研究[J]. 哈尔滨工业大学学报, 2004, 36(12):1721-1723.

[41] 初李冰, 张兴文, 杨凤林, 等. UASB 启动过程中污泥颗粒化的形成机制[J]. 环境科学与技术, 2005, 28(2):22-25.

[42] 于宏兵, 林学钰, 杨雪梅, 等. 超高温厌氧水解酸化特征与效果研究[J]. 中国环境科学, 2005, 25(1):75-79.

[43] 余宗莲. 厌氧-好氧序列间歇式反应器处理生物制药废水的研究[J]. 环境科学研究, 1998, 11(1):49-52.

[44] 姚宏, 孙向东, 马放, 等. 难降解有机废水回用中固定化技术研究[J]. 哈尔滨工业大学学报, 2003, 35(12):1471-1473.

[45] 黄显怀, 刘绍根, 黄明. 淹没式附着生长生物反应器在废水处理中的应用[J]. 哈尔滨工业大学学报, 2003, 35(5):557-560.

[46] 卢然超, 张晓健, 张悦. SBR 工艺污泥颗粒化对生物脱氮除磷特性的研究[J]. 环境科学, 2001, 21(5):577-581.

[47] 郎咸明, 魏德洲, 崔振强, 等. 水解-UNITANK 工艺处理制药废水工序的优化[J]. 东北大学学报, 2005, 26(9):904-906.

[48] 邓良伟, 彭子碧. 絮凝-厌氧-好氧处理抗菌素废水的试验研究[J]. 环境科学, 1998, 19(6):66-69.

[49] 杨挺, 张小平. 生物铁-生物接触氧化组合技术处理抗生素制药废水[J]. 环境污染与防治, 2005, 27(6):460-461, 464.

[50] 梅竹松, 韩天强, 叶小忠. 生物接触氧化与兼氧水解-Bardenpho 脱氮工艺应用于农用抗生素废水处理的比较分析[J]. 环境污染与防治, 2007, 29(8):631-634.

[51] 李森, 杨家栋, 高双琴. 抗生素废水 BOD_5 的测定误差分析[J]. 中国环境监测, 2005, 21(3):48-49.

[52] 王凯军, 秦人伟. 发酵工业废水处理[M]. 北京:化学工业出版社, 2001:474-475.

[53] 孙孝尤, 普红平. 一体式膜生物反应器(SMBR)处理抗生素废水研究[J]. 四川环境, 2003, 22(5):

12-14.

[54] 黄其明. PW 膜-膜生物反应器法处理制药发酵废水[J]. 工业用水与废水, 2001, 32(5):49-51.

[55] 孙振龙, 陈绍伟, 吴志超. 一体式平片膜生物反应器处理抗生素废水研究[J]. 工业用水与废水, 2003, 34(1):33-38.

[56] 李世善. 水解酸化 UASB-AB 工艺在抗生素生产废水处理工程中的应用[J]. 给水排水, 2002, 28 (5):44-49.

[57] 孟祥海, 高山行, 舒成利. 生物技术药物发展现状及我国的对策研究[J]. 中国软科学, 2014, (4): 14-24.

[58] 周瑜, 丁少华. ABR-MBR 联合工艺在生物制药废水处理中的应用研究[J]. 医药工程设计, 2012, 33(3):55-57.

[59] 王方园, 盛贻林. 甲红霉素、环丙沙星医药生产废水处理工程[J]. 重庆环境科学, 2003, 25(12): 117-118.

[60] 姬广磊, 奚旦立, 季萍. 膜生物反应器在高浓度有机废水处理中的应用[J]. 环境科学与技术, 2002, 25(2):35-36.

[61] 李向东, 冯启言, 于洪锋. 气浮-水解-好氧工艺处理制药废水[J]. 环境工程, 2005, 23(3):17-18, 2.

[62] 张记市. 药物合成废水处理工程[J]. 环境污染治理技术与设备, 2005, 6(9):79-82.

[63] 宋旭, 梅荣武, 唐颖栋. 水解酸化-A/O²-SMBR 工艺处理高浓度含氮合成制药废水[J]. 给水排水, 2007, 33(5):57-59.

[64] 李欣, 祁佩时. 铁炭 Fenton/SBR 法处理硝基苯制药废水[J]. 中国给水排水, 2006, 22(19):12-15.

[65] 乔俊莲, 郑广宏, 徐远雄. 水解酸化/接触氧化/气浮/氧化工艺处理制药废水[J]. 工业水处理, 2006, 26(2):67-69.

[66] 杨志勇, 何争光, 顾俊杰. 气浮-SBR-滤池工艺处理制药废水[J]. 环境污染与防治, 2008, 30(7): 104-105.

[67] 刘庆斌, 陈超产. CASS 工艺处理中药废水工业[J]. 安全与环保, 2008, 34(3):9-10.

[68] 罗亚田, 曾勇辉, 张列宇, 等. 高浓度中药制药废水的处理研究[J]. 工业水处理, 2006, 26(12): 57-59.

[69] 贺志勇, 曾秋云. 某中成药制药废水治理工程应用实例[J]. 环境保护, 2005, (6):39-41.

[70] 申立贤. 高浓度有机废水厌氧处理技术[M]. 北京:中国环境科学出版社, 1992:2-8.

[71] 童辅祥, 董欣车. 城市与工业节约用水理论[M]. 北京:中国建筑工业出版社, 2000:159-162.

[72] Pohland F G, Ghosh S. Developments in Anocerobic Stabilization of organnic Wastes-the Two-phase Concept[J]. Environ Technol, 1971, 1(2):255-266.

[73] Callander J, Barford J P. Recent Advances in Anaerobic Digestion Technology[J]. Process Biochem, 1983, 18(4):24-30.

[74] Cardinal L J, Stenstrom M K. Enhanced Biodegradation of PHA in the Activated sludge process [J]. Research J WPCF, 1991, 63:950-956.

[75] Romli M, Greenfield P E, Lee P L. Effect of Recycle on a Two-phase High-rate Anaerobic wastewater Treatment System[J]. Water Research, 1994, (28):475-482.

[76] 董元芳. 国内医药工业的污染与防治概况[J]. 医药设计, 1984, (2):34.

[77] 施悦. 中药废水两相厌氧生物处理关键因素及生产性试验研究[D]. 哈尔滨:哈尔滨工业大学, 2005.

[78] 陈志强, 吕炳南, 孙哲, 等. 低压蒸馏法处理高浓度中药废水的研究[J]. 哈尔滨建筑大学学报, 1999, 32(6):16-18.

[79] 张福林, 张艳玲. 粉煤灰处理中药废水初探[J]. 天津纺织工学院学报, 2000, 19(1):61-63.

[80] 孙满，赵淑婷，王永广. 电解-Fenton 法处理中药废水[J]. 油气田地面工程，2004，23(12):28.

[81] 郑怀礼，龙腾锐，袁宗宣. 絮凝法处理中药制药废水的试验研究[J]. 水处理技术，2002，28(6): 339-342.

[82] 李建政，任南琪，刘艳玲，等. 中药废水高效生物处理技术的研究[J]. 中国给水排水，2000，16 (6):5-8.

[83] 白晓慧，张立秋，王欣泽，等. 复合式厌氧反应器处理中药废水[J]. 中国给水排水，1999，25(4): 39-40.

[84] 李倪，何芳，解斌，等. 生物接触氧化-气浮工艺处理中成药生产废水[J]. 环境污染与防治，1993，15(5):21-22.

[85] 袁守军，郑正，孙亚兵，等. 水解酸化-两级接触氧化法处理中药废水[J]. 环境工程，2004，22(4): 22-23.

[86] 施悦，任南琪，闫险峰，等. 中药废水高效生物处理技术生产性试验研究[J]. 大连理工大学学报，2003，43(4):438-441.

[87] 程汉林，林晓生，白明超，等. 零价铁强化活性污泥法处理高浓度中药废水试验研究[J]. 给水排水，2004，30(6):52-55.

[88] 王永广，张键. 微电解好氧组合工艺处理中药废水的研究[J]. 扬州大学学报：自然科学版，2001，4(4):79-82.

[89] 李建政. 中药废水高效生物处理技术的研究[J]. 中国给水排水，2000，(6):5-8.

[90] 聂云，张青，李伟森. 混凝-SBR 组合工艺处理中药厂废水的研究[J]. 天津化工，2000，(4):14-15.

[91] 韩相奎，崔玉波，黄卫南. 用 SBR 法处理中药废水[J]. 中国给水排水，2000，16(4):47-48.

[92] 沈扬，张光辉. 铁屑还原法在中药提取物废水处理中的设计应用[J]. 化工设计通讯，2003，29(2): 37-39.

[93] 程春民，赵英武，赵艳. 接触氧化-改良 SBR 工艺处理中药提取废水实例[J]. 给水排水，2006，32 (7):53-55.

[94] 冯昭华. 高浓度中药提取废水的治理技术[J]. 中国给水排水，2005，21(8):74-76.

[95] 李道伟，徐梓怀，郝友娟. 中药提取废水处理工程设计[J]. 齐鲁药事，2008，27(7):436-437.

[96] 郑土章，王诗发. ABR-生物接触氧化工艺处理制药废水[J]. 广东化工，2008，35(7):101-103.

[97] 崔福德. 药剂学[M]. 北京：人民卫生出版社，2011.

[98] 欧阳二明，匡彬，王娜. BIOFOR 处理混装制剂类制药废水工程实例[J]. 环境工程，2015，33(1): 37-39.

[99] 贾晓东，金锡鹏. 我国有机溶剂危害的现状和预防[J]. 中华劳动卫生职业病杂志，2000，18(2): 65-67.

[100] 沈秋月，羌宁. 有机溶剂回收技术的研究[J]. 四川环境，2006，25(6):101-105.

[101] 李淑芬，白鹏. 制药分离工程[M]. 北京：化学工业出版社，2009.

[102] 赵建国，张明祥. 发酵废渣资源化利用研究进展及其发展对策[J]. 粮食与饲料工业，2001，(12): 18-20.

[103] 何玉玲. 三废治理及后续循环综合利用[J]. 黑龙江科技信息，2008，(2):114.

[104] 舒瑞友. 4-氯丁醛的合成工艺及工艺中的三废回收处理[J]. 齐鲁药事，2006，25(2):123.

[105] 刘峰. 综合制药废水生物处理工程化技术研究[D]. 吉林：吉林大学，2008.

[106] 龚英. 生态文明中"三废"综合利用因素探讨[J]. 中国软科学，2008，(8):11-18.

[107] 郝利，赵予生，阳志刚. 综合治理"三废"实现清洁化生产[J]. 氯碱工业，2002，(7):30-32.

[108] 侯建伟，彭欣，李小敏. 综合治理制药三废，实现民族兽药的可持续发展[J]. 中国兽药杂志，1999，33(4):38-39.

[109] 陈垒, 申维. 关联维数在工业"三废"综合利用中的应用[J]. 华侨大学学报: 自然科学版, 2009, 30(2):183-185.

[110] 谯华. 生物流化床处理药厂废水的研究[D]. 昆明: 昆明理工大学, 2001.

[111] 石纪军, 张道峰. UASB-SBR 法在林可霉素原料药生产废水中的应用[J]. 医药工程设计, 2002, 23(4):47-48.

[112] 兴雅娟, 高兴春. 特丁硫磷原药生产废水的治理[J]. 辽宁城乡环境科技, 2004, 24(5):37-38.

[113] 毛晓东, 李康奎, 杜凯, 等. 庆大霉素原料药生产废水治理技术[J]. 水处理技术, 2006, 32(7): 88-90.

[114] 万兴, 黄海燕, 尚美彦. 保健药制药废水处理工程设计[J]. 中国给水排水, 2008, 24(12):57-59.

[115] 王元, 陈翠红, 金恒刚, 等. 东北制药厂废水对混凝土的腐蚀与防护——东药废水处理工程混凝土防腐技术[C]// 全国高性能混凝土学术交流会. 2004.

[116] 林禾. 浅谈药企废水处理技术[J]. 浙江化工, 2007, 38(11):18-22.

[117] 阎娥, 姜桂荣, 秦俊. 中藏药生产中废水的净化处理[J]. 青海师范大学学报:自然科学版, 2005, (2):42-44.

[118] 吕子健. 医药化工废水处理工艺分析与工程化设计[D]. 南京: 南京农业大学, 2005.

[119] 岳中德. 发展循环经济促进"三废"综合利用[J]. 资源与发展, 2007, (2):30-31.

[120] 武兰顺, 任钢, 马跃涛, 等. 高浓度有机废水处理和资源化利用的有效途径——从某制药企业废水处理设计方案优化中得到的启示[C]//环境与健康: 河北省环境科学学会环境与健康论坛暨 2008 年学术年会论文集. 2008.

[121] 董志义, 尤建平, 杨天雄. 医药原料药中间体废水处理[J]. 中国给水排水, 2005, 21(1):82-84.

[122] 吴雪琳. 药企清洁生产审核评估实践与应对方案[J]. 创新科技, 2014, (8):72-73.

[123] 冯君臣. 浅谈废渣的处理与利用[J]. 山东化工, 2014, 43(01):148-149.

[124] 王斌远. 含氟含铬废水及含铬废渣的综合处理处置研究[D]. 哈尔滨: 哈尔滨工业大学, 2014.

[125] 张帆, 李菁, 谭建华. 吸附法处理重金属废水的研究进展[J]. 化工进展, 2013, 32(11): 2749-2756.

[126] 赵莎. 北方某制药厂废水二级处理出水的深度处理研究[D]. 哈尔滨: 哈尔滨工业大学, 2014.

[127] 王斌远. 含氟含铬废水及含铬废渣的综合处理处置研究[D]. 哈尔滨: 哈尔滨工业大学, 2014.

[128] 肖轲, 徐夫元, 降林华. 离子交换法处理含 Cr(Ⅵ)废水研究进展[J]. 水处理技术, 2015, 41(06): 6-11, 17.

[129] 赵洪颜, 李杰, 刘晶晶. 沼液堆肥化与牛粪堆肥化的发酵特性及腐熟进程[J]. 农业环境科学学报, 2012, 31(11):2272-2276.

[130] 张光义, 李望良, 张聚伟, 等. 固态厌氧发酵生产沼气技术基础研发与工程应用进展[J]. 高校化学工程学报, 2014, 28(01):1-14.

[131] 吕华薇. 城市垃圾好氧堆肥化的研究[J]. 科技创业家, 2012, 15:12.

[132] Guo R, Li G, Jiang T, et al. Effect of aeration rate, C/N ratio and moisture content on the stability and maturity of compost [J]. Bioresource Technology, 2012, 112:171-178.

[133] 张存胜. 厌氧发酵技术处理餐厨垃圾产沼气的研究[D]. 北京: 北京化工大学, 2013.

[134] 李定龙, 戴肖云, 赵宋敏. pH 对厨余垃圾厌氧发酵产酸的影响[J]. 环境科学与技术, 2011, 34(04):125-128, 167.

[135] 刘瑛, 程秀莲. 利福霉素 SV 钠盐药渣制取粗蛋白的工艺研究[J]. 当代化工, 2003, 32(04): 229-231.

[136] 李少文, 王江虹. 利用 1-氨基蒽醌废渣制备分散染料的研究[J]. 染料与染色, 2014, 51(01):12-14, 11.

[137] 王虎. 利用井冈霉素发酵废渣制备悬浮种衣剂的研究及其应用[D]. 上海：上海师范大学，2013.

[138] Bashir S M, Ahmad I, Abdulhamid U. Microbiological features of solid state fermentation and its applications-an overview [J]. Research in Biotechnology, 2011, 2(6):21-26.

[139] 朱培，张建斌，陈代杰. 抗生素菌渣处理的研究现状和建议[J]. 中国抗生素杂志，2013，38(9)：647-651，673.

[140] 陈宇，陈焕亮. 论我国中药资源现状与可持续开发利用[J]. 辽宁中医药大学学报，2014，16(4)：218-219.

[141] 林戎斌，林陈强，张慧. 姬松茸食药用价值研究进展[J]. 食用菌学报，2012，19(2):117-122.

[142] 陈美兰，申业，周修腾. 施用不同中药渣对甘草生长及有效成分含量的影响[J]. 中国中药杂志，2016，41(10):1811-1814.

[143] 马丽娜，陈静，吴志伟. 中药残渣的生物学处理方式研究进展[J]. 时珍国医国药，2016，27(1)：194-196.

[144] 石连成，叶琛，李霄. 中药生产企业药渣处理方法和综合利用[J]. 中国医药指南，2012，10(14)：385-386.

[145] 张媛媛，伍雅欣. 浅析中药提取车间的工艺设计[J]. 工程设计与装备，2015，4:52-55.

[146] 石连成，叶琛，李霄. 中药生产企业药渣处理方法和综合利用[J]. 中国医药指南，2012，10(14)：385-386.

[147] 刘西德，崔培英. 咔唑酮制药废液的处理及其综合利用[J]. 化学工程师，2005，19(10):34-36.